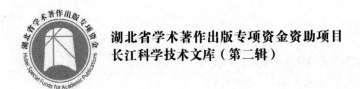

湖北省学术著作出版专项资金资助项目
长江科学技术文库（第二辑）

南水北调工程建设运营管理重大难题研究与对策

NANSHUI BEIDIAO GONGCHENG JIANSHE YUNYING GUANLI
ZHONGDA NANTI YANJIU YU DUICE

赵鑫钰　主编

长江出版传媒

湖北科学技术出版社

图书在版编目（CIP）数据

南水北调工程建设运营管理重大难题研究与对策 /
赵鑫钰主编. —武汉：湖北科学技术出版社，2021.12
　　ISBN 978-7-5706-1757-9

　　Ⅰ. ①南… Ⅱ. ①赵… Ⅲ. ①南水北调—水利工程—
运营管理—研究 Ⅳ. ①TV68

　　中国版本图书馆 CIP 数据核字（2021）第 258337 号

策　　　划：宋志阳

责任编辑：徐　竹　王子依　　　　　　　　　　　　　封面设计：喻　杨

出版发行：湖北科学技术出版社　　　　　　　　　　电话：027-87679468
地　　址：武汉市雄楚大街 268 号　　　　　　　　　邮编：430070
　　　　　（湖北出版文化城 B 座 13-14 层）
网　　址：http：//www.hbstp.com.cn

印　　刷：湖北新华印务有限公司　　　　　　　　　邮编：430035

787×1092　　1/16　　　　　　　　　　　19.75 印张　　320 千字
2021 年 12 月第 1 版　　　　　　　　　　2021 年 12 月第 1 次印刷
　　　　　　　　　　　　　　　　　　　　　　　　　定价：120.00 元

前　言

我国北方大部分地区干旱缺水,而南方大江大河频发洪涝水患,使国人长期饱受缺水和洪水双重痛苦。中华人民共和国成立初,党中央领导高瞻远瞩提出了"南水北调"的宏大构想。1952年10月,毛泽东主席视察黄河途中,听取了有关负责人"引江济黄"的汇报,毛泽东主席当即表示:"南方水多,北方水少,如有可能,借点水来也是可以的。"1953年2月,毛泽东主席乘"长江舰"视察长江中下游期间又一次提到南水北调,并强调"三峡问题暂时还不考虑开工,但南水北调工作要抓紧。"1958年3月,毛泽东主席在成都召开的中央政治局扩大会议上,再次提出了引江、引汉济黄和引黄济卫的调水问题。

1958年9月1日,南水北调初期水源工程——丹江口水利枢纽正式开工;1974年,初期工程基本建成。在其后相当长的时间里,南水北调工程始终停滞在规划、论证过程中。20世纪80年代开始,我国西北、华北地区持续干旱,缺水导致西北、华北部分河流断流、湖泊干涸;部分地区超采地下水,又加速了地面沉降、地表干化。持续的水资源短缺,不仅制约北方地区经济社会的正常发展,而且给该区域生存、生态环境带来进一步的挑战。1998年,长江、嫩江、松花江发生大洪水,促使中央决定大规模治理大江大河洪水和华北的干旱缺水;同时,南水北调工程的规划设计全面展开。

适度规模的南水北调工程,无疑是我国21世纪最具战略性的跨流域水资源再配置工程,其对于缓解我国华北地区长期面临的干旱缺水,改善区域生态,实现南北资源、经济互补和可持续发展起到非常重要的作用。根据国务院南水北调工程建设委员会批准的总体规划方案,由南北向的三条引水线路与东西向的长江、淮河、黄河、海河四大江河构成"三纵四横"的水资源再配置体系。其中:东线从长江江苏扬州段取水,经过江苏、山东向苏北、胶东及河北、天津供水;中线在湖北丹江口水库取水,经河南、河北向沿线缺水地区和北京、天津供水;西线拟从长江上游的金沙江、雅砻江、大渡河引水调到黄河上游,向西北和华北部分地区供水。

由于南水北调是跨区、跨流域、远距离调水工程,建设周期长、投资规模巨大,规划、决策和建设备受世人关注。在50多年的规划、设计期间,形成了多个早期方案、初期方案、修订方案及实施方案;国内许多大学和水利科研院所的专家、学者以及部委设计院都参与其研究、咨询和论证,还有许多行业及相关学者、工程专家也提出了多个优化方案(如"小江调水"方案、"大宁河调水"方案、"大西线藏水北调"方案、"引汽增雨的天上调水"方案等)或优化建议。这些方案或建议,对于促进南水北调工程的最终决策起到了十分重要的作用。

笔者从事水利水电工程技术工作40多年,曾参与长江科学院多位老专家组织的"小江调水"和"大宁河调水"方案的咨询,也曾提出过南水北调建设资金筹措的建议。鉴于南水北调工程从早期构想到初期方案直至最终决策实施方案中，一些专业机构曾提出了诸多调整方案。笔者以学习的心态和学术视角，对具有代表性的重大调水方案进行比较研读；并以有限的认知和分析结论，期许在促进重大建设项目决策的科学化、民主化方面做些探讨性的研究。

本书参考、归集了学界广为研讨的约 2 600 万字的各大调水方案报告和论文等，同时采集、吸纳了一些专家、学者之观点以及时任国务院南水北调专家委员会多位专家的意见和思路。全书共分 8 章：第 1 章，南水北调工程及运营环境概述；第 2 章，水资源综合管理；第 3 章，水权与水权市场；第 4 章，跨流域调水的水价管理；第 5 章，风险与应急管理；第 6 章，南水北调工程运营管理重大难题对策措施。全书由赵鑫钰同志策划、执笔、校审、编写。其中，赵杨路、廖卉芳分别参与第 7 章、第 8 章的编写工作。

由于笔者的认知能力和学识水平所限，全书所能呈现的仅为一个普通知识分子实事求是、坚持学习、探求真理的爱国情怀。尽管作者殚精竭虑，也难免存在疏漏、多虑之处，诚望广大读者批评指正。

编　者

2021 年 5 月

目　　录

第1章 南水北调工程及运营环境概述

1.1 南水北调工程决策与管理

我国的南水北调工程,是当今世界上最大的远距离、跨流域水资源再配置工程。根据国务院南水北调工程建设委员会批准的总体规划(2001年修订)方案,南水北调工程总体规划分东线、中线和西线三个部分。其中:东线工程从长江江苏扬州段调水,经过江苏、山东向河北、天津供水;中线工程在湖北丹江口水库取水,经河南省、河北省向沿线缺水地区和北京市、天津市供水;西线工程拟从长江上游的金沙江、雅砻江、大渡河取水调到黄河上游,向西北和华北部分地区供水。

南水北调工程,举世瞩目,建设、施工和运营情况均受到各国业界、媒体和专家学者的广泛关注。按照国务院南水北调工程建设委员会的建设进度安排,东线一期工程和中线一期工程于2014年秋季试通水。截至2017年6月底,南水北调中线工程已经向京津华北地区累计输水超过100亿 m^3。考虑到南水北调工程投资巨大,历时50多年的规划、设计、论证和立项决策,可以作为重大工程建设及跨流域资源再配置的经典案例;同时,随着经济快速发展,资源、环境问题更加突出,以及全球气候变化带来的许多不确定,多种因素叠加可能对南水北调工程的持续安全运营构成一定影响或威胁,需要我们未雨绸缪,规避风险,总结经验、加强管理。

1.1.1 南水北调方案的提出

我国人口基数大,1949年新中国成立之时,我国人口已达5亿。20世纪60年代后期,总人口已近7亿。我国国土面积中,山地约占70%;由于高寒、高海拔、沙漠及地形、地理、气候条件等因素的影响,我国适宜人们居住和生活的陆地面积不足国土总面积的40%。也就是说,我国巨量的人口与有限宜居的土地形成了难以克服的资源、环境矛盾;如人口分布过于集中,相应的产业布局也非常集中,导致部分地区经济相对发达,自然资源却非常匮乏。

水资源属于一个国家或地区的基础性和战略性资源。而我国淡水资源总量丰沛,但地区、时空和时程分布,都极为不均;南方水多、北方水少;年内和年际间来水丰枯变化巨大,造成部分地区和春冬旱季严重缺水。1950年,新中国的领导人就高瞻远瞩地提出了从南方借水的"南水北调"的设想,力图从根本上改变北方缺水的困境。

1.1.1.1 早期构想与规划

新中国成立之初,百废待兴。面对大江大河频现的洪涝灾害和北方地区的干旱缺水,毛泽东主席归纳专家意见之后,提出南水北调的宏伟构想。根据水利部长江水利委员会设计院历年有关南水北调的规划、设计报告和水利年鉴等文献,1952 年 10 月 30 日,毛泽东主席视察黄河途中,听取了黄河水利委员会主任王化云关于"引江济黄"想法的汇报,毛泽东表示:"南方水多,北方水少,如有可能,借点水来也是可以的。"1952 年 8 月 12 日,为解决黄河流域水资源不足的问题,黄河水利委员会对黄河源区进行了查勘,研究拟在通天河色吾曲至黄河支流多曲间进行调水的方案。也就是说,从长江上游引水济黄的南水北调的早期规划研究就已经开始。

1953 年 2 月,毛泽东主席乘"长江号"军舰从武汉驶往南京视察。其间,在听取长江水利委员会主任林一山(关于长江流域治理工作)汇报时,毛泽东主席问道:南方水多,北方水少,能不能从南方借点水给北方?毛泽东不时用铅笔指向地图上腊子口、白龙江、西汉水等地,最后指向汉江的丹江口,每一处都涉及调水解旱的早期方案。随后,毛泽东主席指示长江水利委员会要对汉江调水方案做进一步的研究,组织人员查勘,一有资料就立即给他报告。2 月 22 日,林一山再次向毛泽东主席汇报了长江防洪的初步设想。临别时,毛泽东对林一山说:"三峡问题暂时还不考虑开工,但南水北调工作要抓紧。"

1958 年 3 月,毛泽东主席在四川成都召开的中共中央政治局扩大会议上,再次提出了引江、引汉济黄和引黄济卫(天津)的调水问题。同年 8 月,中共中央在北戴河召开的政治局扩大会议上,通过并签发了《关于水利工作的指示》,文件明确提出:"全国范围内较长远的水利规划,首先是以南水(主要指长江水系)北调为主要目的安排,将长江、淮河、黄河、汉江、海河各流域联系为统一的水利系统规划。"南水北调一词及提出第一次出现在中央正式文献中。根据谢文雄、李树泉整理的国务院南水北调工程建设委员会办公室张基尧主任口述的《南水北调工程决策经过》及水利部长江水利委员会设计院有关南水北调中线工程设计报告:1958—1960 年,中共中央先后 4 次召开了全国性的南水北调会议,制订了 1960—1963 年间南水北调工作计划,提出在未来 3 年里完成南水北调初步规划要点报告的目标。1959 年 2 月,中国科学院、水利电力部在北京召开了"西部地区南水北调考察研究工作会议",其确定南水北调工作指导方针为"蓄调兼施、综合利用、统筹兼顾、南北两利;以有济无,以多补少,使水尽其用,地尽其利"。

1958 年 9 月 1 日,南水北调配套的水源工程——汉江丹江口水利枢纽举行了开工仪式。1974 年,丹江口水库初期工程全部完工。1974 年 1 月 18 日,在赴日本展出的中华人民共和国展览会国内预展会上,朱德委员长观看丹江口水利枢纽模型时问道:"能不能把水引到华北呢?那里缺水"。办会方介绍的人员回答:丹江口水库的重要意义,就是将来通过它调蓄汉江的水引到华北去;目前,水库蓄水位可到 157m,汉淮分水岭是 148m,将来完全可以把水引到华北,这可以为实现毛泽东主席南水北调宏伟设想提供一条重要通道。

1978 年,五届全国人大一次会议通过的《政府工作报告》中正式提出"兴建把长江水引到黄河以北的南水北调工程"。1978 年 9 月,陈云就南水北调问题专门写信给时任水电部部长钱正英,建议广泛征求意见,完善规划方案,把南水北调工作做得更好。同年 10

月,水电部发出《关于加强南水北调规划工作的通知》(张基尧,2012);11 月,党的十一届三中全会明确提出实行改革开放的路线,这无疑释放了我国经济社会发展的活力,同时也意味着南水北调工程规划设计进程必须加快。

1.1.1.2　南水北调工程规划设计进程

随着微观经济逐渐搞活、综合国力的提升,全社会对水资源的需求不断增加;尤其是华北、西北地区水资源供需矛盾越来越大。20 世纪 80 年代开始,我国西北、华北地区持续干旱;缺水导致西北、华北部分河流断流、湖泊干涸,地下水超采、地面沉降、地表塌陷。水资源短缺,不仅制约北方地区经济社会的快速发展,而且严重恶化该区域生存、生态环境。

面对北方地区日益严峻的干旱缺水局面,党中央、国务院从全局和战略高度考量,积极准备、持续推进南水北调工程的规划设计工作。1979 年 12 月,当时的水利部正式成立了南水北调规划办公室,统筹领导和协调全国的调水方案研究。1980 年 7 月 22 日,邓小平视察汉江丹江口水利枢纽工程,详细询问了丹江口水利枢纽初期工程建成后防洪、发电、灌溉效益与大坝二期加高的设计方案。1980 年 10 月 3 日至 11 月 3 日,按照中国科学院与联合国大学达成的协议,由联合国官员组织联合国大学比斯瓦斯博士等 8 位专家,与我国水利部及有关高等院校、科研部门的专家、教授、工程设计人员共 60 多人全面考察了南水北调中线和东线工程。通过现场考察和设计方案研讨,与会专家一致认为南水北调中线和东线工程技术上可行。同时,联合国专家也建议在经济和环境方面补充研究南水北调问题。

根据《水利年鉴》和南水北调工程大事记等资料,1982 年 2 月,国务院批转《治淮会议纪要》中提出:在淮河治理中实现南水北调工程的功能,并把调水入南四湖的规划列进治淮十年规划任务。1983 年 3 月 28 日,国务院以〔83〕国办函字 29 号文,将《关于抓紧进行南水北调东线第一期工程有关工作的通知》发给当时的国家计委、经委、水电部、交通部,以及江苏、安徽、山东、河北省人民政府和北京市、天津市、上海市人民政府。1988 年 6 月 9 日,国务院总理李鹏在国家计委报告上批示:同意国家计委的报告,南水北调必须以解决京津、华北用水为主要目标,按照"谁受益、谁投资"的原则,由中央和地方共同负担。同年 11 月,时任国务院副总理邹家华视察汉江丹江口水利枢纽并了解丹江口水库引水至华北的调水规划。20 世纪 80 年代中后期,由于政治、经济实力和技术装备水平等因素的制约,加上长江三峡工程论证过程中各方面的影响,一定程度上影响了重大工程决策的进程。南水北调工程在这个时期一直未能决策兴建,其中一个重要原因是持续多年的先上中线还是东线的争论。

1991 年 3 月,七届全国人大四次会议通过的《国民经济和社会发展十年规划和第八个五年计划纲要》明确提出:"'八五'期间要开工建设南水北调工程"。1992 年 10 月 12 日,江泽民总书记在中国共产党第十四次全国代表大会的政治报告中提出:"集中必要的力量,高质量、高效率地建设一批重点骨干工程,抓紧长江三峡水利枢纽、南水北调、西煤东运新铁路通道等跨特大工程的兴建。"1995 年 6 月 6 日,国务院总理李鹏主持召开国务院第 71 次总理办公会议,专门研究了南水北调问题。同年 12 月,南水北调工程开始进入全面论证阶段。根据国务院第 71 次总理办公会会议纪要的精神,经国务院领导批准,决定成立南水北调工程审查委员会,由邹家华副总理任审查委员会主任,姜春云副总理、陈俊生国务委员、全国政协副主席钱正英任审查委员会副主任,委员由中央、国务院有关部委及科研设计、咨询单位以及南水北调工程规划涉及的地方组成。

1998 年,长江、嫩江、松花江发生世纪性大洪水,举国之力的抗洪救灾及精神感召,促使中央下定集中财力大规模治理大江大河洪水和北方干旱缺水的决心。1999 年 6 月,江泽民总书记在黄河治理开发工作座谈会的讲话中指出:“为从根本上缓解我国北方地区严重缺水的局面,兴建南水北调工程是必要的,要在科学选比、周密计划的基础上抓紧制定合理的切实可行的方案。”此后,南水北调规划设计开始快速、有序展开;水利部天津水利勘测设计研究院、长江水利委员会设计院、黄河水利委员会设计院分别对南水北调东线、中线和西线工程开展全过程设计。

1.1.2　南水北调工程立项决策

改革开放之时,也时逢国际和平大环境带来的战略发展机遇期,我国经济进入了快速发展阶段。但伴随经济持续、高速、粗放增长以及工业化推进和城市化扩张,必然产生了资源浪费和过耗,加上由此带来的大范围环境污染,使北方地区干旱与淡水资源短缺的矛盾日益突出。这一态势,迫使党中央、国务院调整发展思路,重新优化配置水资源,兴建一批大型工程项目,解决经济增长过程中形成的“瓶颈”问题。

1.1.2.1　水资源优化配置

1)我国水资源总量情况

我国地处亚洲东部及太平洋西岸,地势总体东低西高;南面临海北接欧亚大陆,季风气候显著、四季分明。受太平洋副热带高压影响,东、南部夏季炎热多雨,地表降水丰沛;西、北部受西伯利亚和蒙古高压控制,全年大部分时间风多干燥、降雨稀少。据水文及水资源测算,全国年均降雨雪 649mm,折合水量 61 889 亿 m³,扣除蒸发和高山冰盖不能利用,年均形成可再生淡水资源 28 405 亿 m³。其中,形成河川径流量 27 328 亿 m³,地下水资源量 8 226 亿 m³。从全球水资源分布情况看,我国淡水资源总量较为丰富,但我国人口众多,人均水资源量约 2 000m³,属于较为缺水的国家。

我国水资源总量中,有 81%的降雨集中在长江以南各大江河流域,其中又有 70%以上的雨量发生在每年的 5—9 月;这种时空、时程分布不均和年际、年内分布不适,一方面导致北方大部分地区长期干旱缺水;另一方面,南方大江大河每年交替发生洪涝灾害,使国人长久以来一直饱受洪涝灾害和极度干旱缺水的双重痛苦。此外,持续快速发展中,难免存在粗放利用自然资源的情况;加上环境污染、水质恶化,使有限的水资源与日俱减,水资源承载不堪重负。

2)实施跨流域调水工程

20 世纪 90 年代开始,我国北方地区,尤其是南水北调规划受水区的北京、天津、河北、河南、山东等地区,水资源严重短缺;主要依赖大量超采地下水、挤占河道及生态用水来维系经济社会发展和人民生活的需要。也就是说,没有域外水资源的补充,这些地区的生态环境将呈持续恶化的态势。因此,必须考虑实施跨区、跨流域调水,消除制约受水区发展的瓶颈。20 世纪 90 年代末,国务院原则同意确定南水北调中线工程为建设的优先目标,拟加快立项进程;同时,要求进一步优化配置调水量。

由于长期干旱缺水和不当的人口及产业分布,黄河、淮河、海河流域的缺水量 80% 集中在华北平原和胶东地区。黄淮海平原和胶东地区的缺水量中,又有 60% 集中在城市,城市人口和工业生产集中,缺水所造成的经济社会影响巨大。经过反复研究、论证、比较,国务院同意同时实施南水北调东线和中线工程,并将主要解决城市供水的目标修定为:解决城市缺水为主,兼顾生态和农业用水;强调修复和改善北方地区的生态环境。南水北调东线和中线工程涉及 7 省(直辖市)44 个地级以上城市,受水区为京、津、冀、鲁、豫、苏的 39 个地级及其以上城市、245 个县级市(区、县城)和 17 个工业园区。

3) 落实三先三后

为了完善南水北调工程总体规划,汲取前期调水工程规划单一功能的经验教训,经过反复权衡比较,需要对前期规划的调水规模再优化;同时,应广泛听取专家、学者和民众提出的意见或建议,按照市场经济的规则建设和运行南水北调工程。按拟议中的建设总目标及安排,工程管理的重心是高效建设调水工程,建设和运营都要体现水资源再配置的科学与高效,主要为以下四个方面:

(1)建设立项首先要落实时任国务院总理朱镕基"三先三后"的指示,重点研究节水、治污和生态环境保护问题。据此,全国节水办公室牵头编写了《南水北调节水规划要点》;国家计委地区发展司、水利部南水北调规划设计管理局、中国环境科学研究院、建设部城市给水排水研究中心合作编写了《南水北调东线工程治污规划》;中国环境科学研究院组织编写了《南水北调工程生态环境保护规划》。

(2)进一步"完善水资源优化配置",主要是在分析研究北方地区特别是海河平原地区缺水现状、用水水平和水资源利用情况基础上,形成三个约束性文件,即《南水北调城市水资源规划》(国家计委、水利部和东线、中线工程沿线七省市人民政府)、《海河流域水资源规划》(水利部海河水利委员会)、《北方地区水资源合理配置》(水利部南水北调规划设计管理局、中国水利水电科学研究院)。

(3)科学确立"四横三纵"配置规模,优化南水北调东线工程、中线工程和西线工程规划以及南水北调工程总体布局,并对历史上各种南水北调工程规划方案进行综述,形成了 4 个附件,即《南水北调东线工程规划(2001 年修订)》(水利部淮河水利委员会、海河水利委员会)、《南水北调中线工程规划(2001 年修订)》(水利部长江水利委员会)、《南水北调工程总体布局》(水利部南水北调规划设计管理局)和《南水北调工程方案综述》(水利部南水北调规划设计管理局)。

(4)"研究、创新建设管理体制机制",重点研究南水北调工程投资机制、水价机制和建设管理体制,形成两个规范性文件,即《南水北调工程水价分析研究》和《南水北调工程建设与管理体制研究》(水利部发展研究中心)。

1.1.2.2　工程立项决策历程

20 世纪末,在宏观经济治理整顿的大环境下,一方面投资、消费动力不足,经济增长乏力;另一方面,若要维持国民经济持续高速增长,配套的基础设施不完善,电力供应日趋紧张,华北水资源短缺矛盾加剧。在有关部委和地方政府的推动下,南水北调上马的社会呼声高涨。2000年9月27日,朱镕基总理在中南海主持召开座谈会,听取国务院有关部委领导和各方面专家对南水北调方案的意见。会间,水利部部长汪恕诚、中国国际工程咨询公司董事长屠由瑞、国家计委副主任刘江等,就南水北调规划中的有关问题进行了汇报,同时详介了近年来有关部门、专家、学者对南水北调方案的调研论证和工程设计意见,并对东、中、西线三个调水方案进行了利弊比较。这次专门会议,基本确定了南水北调总体规划为东、中、西三条调水线路。

各部委汇报一致认为,南水北调工程势在必行,应尽快开工建设。各设计单位对南水北调工程的总体布局、建设原则、实施步骤,以及需要解决的一些重要问题,提出了许多建设性意见。朱镕基总理指出:"北方地区特别是华北地区缺水问题越来越严重,已经到了非解决不可的时候。实施南水北调工程是一项重大战略性措施,党中央、国务院要求加紧南水北调工程的前期工作,尽早开工建设。"国务院将按照这个要求,周密部署、精心组织,加快工作进度。同时又指示:"解决北方地区水资源短缺问题必须突出考虑节约用水,坚持开源节流并重、节水优先的原则。"当时,我国一方面水资源短缺,另一方面又存在着用水严重浪费的问题;许多地方农田浇地仍是大水漫灌,工业生产耗水量过高,城市生活用水浪费惊人。因此,在加紧组织实施南水北调工程的同时,一定要采取强有力的措施,大力开展节约用水。要认真制定节水的规划和目标,绝不能出现大调水、大浪费的现象;关键是要建立合理的水价形成机制,充分发挥价格杠杆的作用;逐步较大幅度提高水价,才是节约用水的最有效措施。正是这次会议,朱镕基总理为南水北调工程建设的总体格局确立"三先三后"的指导原则,即"先节水后调水、先治污后通水、先环保后用水",明确南水北调方案的规划与实施必须建立在水资源合理配置的基础上。

加快资源价格改革,理顺供求机制,促进节约用水刻不容缓。朱镕基总理要求:"水污染不仅直接危害人民的生活和身体健康,也影响工农业生产,而且加剧了水资源短缺,使有限的水资源不能充分利用;在南水北调的设计和实施过程中,必须加强对水污染的治理;如果不治理水污染,那么调水越多污染越重,南水北调就不可能成功。一定要先治污,再调水。规划和实施南水北调工程,要高度重视对生态环境的保护,这个问题非常重要。生态平衡一旦遭到破坏,就会造成难以挽回的后果。特别是对于调出水的地区,要充分注意调水对其生态环境的影响,一定要在周密考虑生态环境保护的条件下才能实施调水工程。南水北调工程要做好各项前期准备工作,关键要搞好总体规划,全面安排,有先有后,分步实施。同时,要认真搞好配套工程的规划和建设;加快南水北调工程建设,现在条件基本具备;近期开始分步实施,经济实力可以承受;加快一些重大基础设施建设,既可以有效拉动国内需求,开拓传统产业市场,又可以为经济持续发展增加后劲,促进经济良性循环。"

党的十五届五中全会通过的《中共中央关于制定国民经济和社会发展第十个五年计划的建议》要求:"加紧南水北调工程的前期工作,尽早开工建设。"2000年10月16日,《人民日报》刊发国务院南水北调工程座谈会的情况,并发表《抓紧实施南水北调工程》评论。

2002 年 8 月 19 日,国务院副总理温家宝在考察南水北调中线方案后主持专门会议,听取了国家计委、水利部关于南水北调工程总体规划工作的情况汇报。10 月 23 日,朱镕基总理主持召开国务院第 137 次总理办公会议,听取关于南水北调工程总体规划的汇报。会议审议并通过《南水北调工程总体规划》,原则同意成立国务院南水北调工程领导小组,决定江苏三阳河、山东济平干渠工程年内开工。其后,朱镕基总理主持召开的国务院第 140 次总理办公会议,批准了丹江口水库大坝加高工程的立项申请,要求抓紧编制丹江口水库库区移民安置规划。次日,江泽民总书记主持召开中共中央政治局常委会会议,听取了国家计委主任曾培炎和水利部部长汪恕诚受国务院委托做的南水北调工程总体规划汇报,审议并通过经国务院同意的《南水北调工程总体规划》。10 月 24—25 日,水利部、国家计委分别向全国人大常委会财经委、环资委、农委以及政协全国委员会汇报了南水北调工程总体规划。全国人大、政协汇报会后,根据代表、委员提出的一些具体意见,水利部对规划做了适当修改,于 10 月底再次报国务院。同年 12 月 23 日,国务院正式批复南水北调工程总体规划。

1.1.3　南水北调工程建设管理

南水北调工程与长江三峡工程相比,建设项目多、施工战线长、投资规模大,涉及地方利益、部委利益、移民利益,十分复杂。如果说三峡工程的成败在于能否顺利安置百万移民;那么可以说,南水北调的成败关键在于集权的管理模式和有效的利益平衡。

大型工程的建设管理,观念决定方向、思路决定出路。因此,在立项决策之前,国务院南水北调工程建设委员会办公室就委托一些专业机构对南水北调建设和运行全过程的管理工作开展了系统化研究,提出了"国务院统一管理、工程分期建设、以市场机制运作、专家团队把关、中央政府协调"的管理总思路。

1.1.3.1　工程管理的思路

1)最高管理机构的组建

2002 年 12 月 27 日,朱镕基总理宣布南水北调工程正式开工。也就是说,宣布所指的是南水北调工程总体规划范围内整体工程的开工,而不仅是南水北调东线和中线一期工程开工;意味着历经 50 多年规划、设计、论证的前期已告结束。经国务院批复的南水北调工程总体规划,标志着南水北调方案正式进入技术设计和建设实施阶段。

东、中线开工以后,建设面临的一个重要问题,就是如何管理南水北调这一规模巨大的系统工程。在《南水北调工程总体规划》中曾明确,筹建机构"参照三峡工程的建设管理模式,由国务院成立南水北调工程建设委员会,下设南水北调建设管理办公室"。之所以参照三峡工程模式成立最高规格的管理机构,一方面是拔高"身份",便于协调复杂的部委和各地方利益;另一方面,也便于顺利筹措工程建设资金。为此,时任国家发改委主任马凯、副主任刘江以及水利部部长汪恕诚三位领导联名向国务院领导书面建议,请求尽快成立国务院南水北调工程建设委员会办公室筹备组。随后,时任国务院副总理温家宝批示同意成立南水北调工程建设委员会办公室筹备组,提名张基尧为筹备组组长。

建设任务及目标确立之后,组织设计、职能职责划分和重要岗位干部配备是实现目标的关键。2003年2月28日,按照国务院领导要求,国务院南水北调工程建设委员会办公室筹备组正式成立并开始工作。初始,由7人组成的筹备组设在水利部,同年4月,南水北调工程基金工作小组成立。7月31日,党中央、国务院决定成立国务院南水北调工程建设委员会,委员会由国务院有关领导、中央有关部委和南水北调有关省市主要负责同志组成,国务院总理温家宝任建设委员会主任,副总理曾培炎、回良玉兼副主任。南水北调工程建设委员会办公室机关行政编制为70人,同时明确南水北调工程建设委员会办公室承担南水北调工程建设期间的工程建设行政管理职能,办公室设综合司、投资计划司、经济与财务司、建设管理司、环境与移民司和监督司6个职能机构。至此,南水北调工程管理机构正式运转。

2)工程分期实施

由于降水的年际变化,水资源的社会再配置应是一个长期、动态的过程。南水北调也应该根据降水情况和受水区需求,通过供需利益平衡优化配置水资源。也就是说,水资源配置应考虑人口和经济增长的裕度。那么,调水工程建设就不可能一劳永逸,需要适应受水区的水需求及增减、科技水平、经济实力等多方面情况的改变,以"先通后畅"的原则,科学规划、分期实施。

南水北调总体规划的东、中、西线调水规模,应分别考虑受水地区节水、治污和生态恢复情况以及可持续发展对水资源数量和质量在时空上的需要,合理确定需水过程,据此安排工程规模,最大限度地发挥南水北调工程的综合效益。事实上,需水增长是一个渐变过程,节水、治污也需要一个发展过程,受水地区的用水达到规划设计的调水规模也需要一个消化过程,评价调水对生态和环境不利影响所采取措施的效果同样需要一个观测过程。而供水增长是一个突变过程,需水与供水的增长过程不可能在任意时间都达到平衡。因此,分期建设实施,有利于节约投资、减少浪费。

3)市场化运作

我国实行社会主义市场经济体制,通过市场,可以进一步优化配置水资源。但是,农业与生态用水很难完全按照市场机制运作,需要政府干预。即便受世界贸易组织规则制约,政府补贴农业生产用水也在所难免。因此,从短期来看,"缺水"实际上是一个经济的概念,即边际产品价值大于边际供水成本;换句话说,由于供水价格偏低,资本市场缺乏向供水工程投入资金的驱动力。从长远来看,由于人口的增长和经济的发展,需水对水资源不断增加供求压力,可能会危及区域或国家经济社会发展的总目标。此外,低价位的城市供水还会导致用水浪费,水资源利用效率降低。然而,较大幅度地提高水价又会直接导致社会产品成本的提高和利润的下降,影响国际竞争力和人民群众的基本生活。解决问题的关键,是尽快建立符合市场经济要求的新的管理体制和水价市场机制。

南水北调工程建设将按照"政府宏观调控、市场机制运作、企业化管理、用水户参与"的思路,构建适应社会主义市场经济和现代企业制度要求的建设管理体制和水资源及价格的运行机制,逐步形成以市场为导向,兼顾社会承受能力的水量配置机制。

4)专家团队把关

南水北调工程,是全局性的水资源配置工程。总体规划提及的科学可行,就应以科学的态度规划、设计调水工程总量规模,即体现在调水、输水工程选线和供水方案上应科学、合理、可行,并确保利益相关各方产生高度的一致。因此,南水北调的建设和运营管理需要保持较高的透明度,才能保证实施方案的社会可行性和管理上的科学性。在南水北调工程论证中,各重大项目的技术性决策,均采取"金字塔式"审查程序。具体地说,《南水北调工程总体规划》有 12 个附件,每个附件又有若干专题;先组织有关专家对最基础的专题进行评审,当全部专题都通过评审后,才能对相应的附件进行审查。当全部附件都通过审查之后,最后对《南水北调工程总体规划》报告进行审查。组织方邀请各方面的院士及专家参与专题、附件和总体规划的评审和审查,是保证规划方案科学性和可行性的重要举措。

1.1.3.2　工程建设进展情况

1)建设及投资完成情况

南水北调东、中线工程 2002 年 12 月正式开工,工程建设总体实现了预期目标,各项工作有序推进。截至 2014 年 2 月底,与通水相关的 147 项设计单元工程已全部开工,约 80 项基本完工。工程建设项目(含丹江口库区移民安置工程)累计完成投资 1 800 亿元,占在建设计单元工程总投资 2 188.7 亿元的 82.2%,工程建设项目累计完成土石方 12.50 亿 m^3,占在建设计单元工程总土石方量约 95%;累计完成混凝土浇筑超过 3 110 万 m^3,占在建设计单元工程混凝土总量的 80%。

2)应急调水情况

近年来,南水北调工程完工项目已提前在区域调水、防汛抗旱工作中发挥效益。如:中线京石段工程已成功实施三次向北京应急调水,累计供水约 12 亿 m^3,极大缓解了北京高峰期的供水压力;而东线江苏境内三阳河、潼河、宝应站工程在抗御 2006 年、2007 年洪涝灾害中发挥防洪排涝作用。特别是在 2011 年淮北大旱情况下,南水北调江都三站、四站,淮阴三站,淮安四站,以及宝应站和皂河一站工程先后投入抗旱运行,累计调水 63 亿 m^3,为地方经济社会发展和人民生产、生活用水提供了保障。东线山东境内济平干渠工程也多次为济南市生态补水发挥积极作用。

3)建设投资及试运行情况

2014 年,是南水北调东、中线工程投入运行的关键年。2014 年 4 月底,东、中线一期工程(包括中线总干渠、丹江口大坝加高、穿黄等)基本完工,具备通水条件,实现了南水北调建设目标。按照国务院南水北调办公室公布的数据:南水北调工程已累计下达东、中线一期工程投资 2448.6 亿元,累计完成投资 2467.6 亿元。其中,东线一期工程累计完成投资 315.0 亿元、中线一期工程累计完成投资 2082.9 亿元。以 2002 年国务院批复的《南水北调工程总体规划》,南水北调东线、中线一期主体工程估算总投资 1 240 亿元,其中东线一期 320 亿元、中线一期 920 亿元。之所以动态投资翻番,主要是建设期间物价、人工费、拆迁费和移民安置费上涨。

南水北调中线一期工程规划调水规模(修订方案)为 95 亿 m^3。2014 年 11 月开始试通水,2014—2105 年底,向京津华北等地区累计调水约 22 亿 m^3;2015—2016 年,完成调水约 33 亿 m^3;2016—2107 年拟调水 55 亿 m^3。也就是说,调水规模逐年增加。

1.2 工程建设运营面临的风险

风险,是特定环境主客观因素共同作用导致损失的事件。无论是个人、企业、组织或工程,风险无处不在。尤其是大型工程或项目,规模大、工期长、技术复杂、不确定因素多,从规划、研究、设计、建造、运行到报废的全寿命周期内,将面临诸多风险如自然风险、社会风险、经济风险、工程风险、管理风险、生态风险等。风险客观存在、相生相伴、必然发生、且不能完全避免。不同行业、不同时空、不同环境,面临不同的风险。而且,随着经济活动的规模日益增大和内容越来越复杂,发生风险及造成损失的可能性将不断增大。我国已实施并运营的南水北调工程,是水资源跨流域远程再配置工程,无论调水总量还是投资规模,均为世界第一。在工程的规划、设计、建设、运营全过程中,无时不伴随着各种风险的存在、积累和挑战。

1.2.1 工程建造施工风险

大型工程建设实施,存在两个大环境:一个是以工程内在因素(如建筑物类型、主体结构、选址、建造时间等)构成的建设运行全过程的内部环境;另一个是由工程所在国或所在地区的外部因素(如社会制度、建设投资体制、资金来源、管理模式、宏观经济情况、地区安全形势、气候变化和水文地质条件等)构成的外部环境。这两个方面的环境问题,无论是单一因素、多因素或组合因素发挥作用,都可能使大型工程在全寿命周期面临各种各样的风险,产生或带来复杂而严峻的问题。

1.2.1.1 工程决策风险

大型工程,结构复杂,建设及运行周期长、不确定因素多、投资风险高,实施过程中发生风险及损失的可能性大。尤其是工程建设过程,既要受宏观政策环境、经济运行环境、自然气候和现场不利条件的影响,同时也要受到设计单位和相关人员个人能力、经验、技术深度等相关方的影响,工程决策与决定存在许多风险。

1.2.1.2 工程技术性风险

工程技术性风险主要包括以下内容:
(1)前期勘测设计深度不够;
(2)总承包或交钥匙合同中承包单位为方便施工简化的设计;
(3)关键工艺或工程材料有待试验研究及测试的创新;
(4)现场条件或承包商原因导致工程发生重大变更;
(5)缺乏施工经验和施工手段(装备)的超前设计等。
大型建设工程,需要遵循设计程序,按不同设计阶段的技术要求开展相应阶段的勘测、规划、科研、可行性和技术性设计。前期勘测设计深度不够,是指主客观原因导致设计人(单位)不能或未能按照各阶段技术深度要求,提交合格的成果。如许多水利水电工程在批准或核准前,因未立项和确定建设单位,设计费或前期勘测经费及来源不明、不足,造成设计深度不能满足工程建设要求;而一旦立项核准正式开工,建设单位又急于建功立业、加快进度,使大型工程面临施工和运行风险。

由于体制的原因,水利工程大都沿袭系统内行政指定设计单位的传统。其优点是设计单位的提前介入,知根知底,设计效率较高;缺点是,没有竞争,设计方案过于保守,设计取费依据工程量和投资规模,使设计单位必然存在加大工程量及投资规模的动机。

工程技术性风险,是主观原因导致的重大风险,如创新关键工艺、施工方法或工程材料,在没有进行事先试验研究并取得可靠技术参数之前,这种创新必然隐伏较大风险。

1.2.1.3　建造施工风险

大型工程施工全过程,随着资源与要素的不断投入,工程价值不断增值。尤其是大型能源(水电、核电)交通(跨海大桥、深埋隧道、长距离沉井等)工程,投资规模巨大、施工周期长、不确定因素多、环境复杂,发生下列灾害或突发事件的可能性大,潜在风险及损失严重,需要参建各方理性应对、实时监测、积极预防、科学预警、合理规避。

(1)地震、洪水等自然灾害。由于人类活动的不断深入,许多大型工程选址很难完全避开自然灾害多发区域。工程施工过程,抵御自然灾害的能力较弱,是遭遇风险的高危时段。

(2)滑坡、崩塌、泥石流等地质灾害或次生灾害。地质灾害,是工程建设活动中不可抗拒、无法避免、很难准确预见并加以克服的自然破坏力。

(3)重大方案决策失误或重大设计变更。施工技术、施工工艺、施工方法、施工材料、施工经验等,都是导致工程发生重大设计变更的因素;稍有疏忽,就可能造成重大损失。

(4)突发事件或事故。无论是发生当事人责任的事故,还是第三者责任事故以及突发社会事件等,都可能导致在建工程巨大损失。

(5)施工现场流行性疾病或瘟疫。大型工程施工现场,是人员活动和流动频繁的区域,也是生活卫生及医疗条件相对较差的地方,容易发生流行性疾病或瘟疫;一旦发生、发展,危害严重、施工损失和社会影响巨大。

(6)施工干扰。根据有关统计,一些大型水利工程,移民人数多,安置工作复杂;由于移民维权,经常性阻工在所难免,结果是影响工程的顺利实施,造成工程重大损失。

1.2.1.4　合同管理风险

这里所指的合同管理风险,也就是合同立约到解除期间的商务风险,主要由所选择的承包商决定,体现在承包商的施工实力、施工组织、(人力、技术、资金、施工装备等)资源配置、项目经理和现场技术总工的经验及协调能力。

(1)承包商的资质和实力。《中华人民共和国合同法》第272条、《中华人民共和国招标投标法》第26条和第27条、《中华人民共和国建筑法》第26条,以及《建设工程质量管理条例》第25条均规定,建设工程施工承包合同当事人,必须是依法取得并持有相应资质(格)等级的法人。承包商资质与实力是履行合同的重要保证,错误选择或低价授标必然带来合同风险。

(2)项目经理和现场技术总工的施工经验。实践证明,好的施工单位不如派一个好的项目经理。承包商的现场负责人(项目经理),必须具备类似工程施工的经验,这对于合同履行至关重要。项目经理应具有处理与执行合同有关之事务的权力和能力,并保持相对稳定。许多工程案例表明,工程投资失控、质量事故多发、工期拖期大都源于项目经理的不称职甚至玩忽职守。

(3)施工组织风险。承包商的资质、信誉、技术方案、施工组织(及人力、设备、资金等资源配置)和质量、供应保障体是他中标承包的实力展现。承包商应按合同约定和为竞争本合同所做的承诺,全面、忠实地履行合同约定的全部义务,制定详细、合理的施工技术方案和完善、可靠的施工方法与措施,以及周密、能实现的资源投入与材料物资供应计划,精心完成签约合同工程的实施和竣工,最大限度降低工程施工组织风险。

(4)合同分包、转包风险。合同法、招标投标法、建筑法以及《建设工程质量管理条例》等法律法规明文规定:禁止施工合同转包,限制合同分包后再分包。但现实情况是,借用资质、转包合同或合同项下部分工程和多次分包的行为非常普遍。

(5)报价策略和不平衡报价风险。报价是合同要约,是投标人向招标人发出承包合同的意思。表示在报价中,承包人为了规避或转移风险,往往采用有利于己方的策略,即对可能减少的项量,报低价;可能增加的项量,报高价;总价包干项目,报低价,单价项目报高价。这种不平衡报价,这势必增大合同风险,导致投资人经济损失。

(6)履约懈怠与索赔风险。履约懈怠,就是放任非己责任的风险发生。承包商明知有合同风险,故意不作为,放任事态及损失扩大,从中渔利。许多承包商精于算计,投机取巧,利用合同风险,低价承包、高价索赔,获取合同之外的利润。

1.2.2 工程管理风险

1)工程管理的活动内涵

所谓工程管理,是指对拟建造和运营的工程实施"科学规划、精细组织、及时督检协调和动态控制"的全过程。

(1)科学规划,要求开发商(建设单位)及管理团队以科学的态度和方法选择最优设计及建造方案。

(2)精细组织,就是通过严格程序依法合规委托具有资质和实力的勘测、规划、设计法人进行不同阶段和不同深度的设计;招标选择实力强、资质高、经验丰富的承包商参与工程项目的建造施工。

(3)督检协调,就是依据合同履行检查、监督职责,开发商(建设单位)及管理团队依据政府审批、核准的规划组织工程建设,及时协调工程与地方政府的关系以及各承包商之间的利益关系,第一时间(任何时候)解决工程遇到的供地、供材、流动资金和外部供水供电等问题。

(4)动态控制,就是对工程建设和运营的全过程、全方位、全天候进行的管理控制,即以最短时间、最小代价、最低投入解决可能面临或已经发生的问题,及时获取各阶段、各参建单位的信息反馈,确保各项目目标的顺利实现。

2)工程管理的主要风险

大型工程管理,既是对工程建设过程的专业化管理,也是对工程封闭区域实施的社会管理。其管理内容包络一切社会事务。许多大型工程建设周期长达20年及以上,整个实施工程,必然受到工程所在国或所在地区政治环境、法制环境、宏观经济环境、气候和现场条件的影响,也受开发建设单位及管理团队自身的管理意识和管理能力以及采取的管理方式和手段制约。如果管理过程存在失能、失职、失责,必然产生下列风险:

(1)开发商工程资金筹措不及时;

(2)招标选择设计、咨询、承包商和材料供应商的决策风险;

(3)资金投向及财务风险;

(4)合同商务风险,如变更、索赔等;

(5)灾害辨识及防范弱化带来的风险;

(6)意外事故和突发事件应对无措风险;

(7)与地方政府及参建单位的协调不力招致的损失等。

1.2.3 工程运营风险

大型工程,功能越多、运行时间越长,运营风险就越大。与工程建造施工阶段一样,工程运行(包括工程运行和经营)既面临所在地区政治环境、法制环境、经济环境、气候和现场条件以及自然灾害等风险的威胁,同样也受运营团队管理意识、管理能力、管理方式的制约带来的风险。除上述因素外,运营过程中,工程及建筑物本身(包括机电设备和可移动设施)还可能因整体或部分结构老化、变形、疲劳等产生风险。

1.2.3.1 工程运行风险

工程运行过程,既是工程功能的输出和经济产出过程,也是设计、建造、关键设备制造安装和监理接受检验的过程。在设计寿命期内,除与建设期存有相同的自然灾害风险之外,工程运行、管护还将面临以下由主客观因素导致的诸多风险及可能:

(1)工程主体建筑物超量变形、提前老化和失能;

(2)主要设备及材料的疲劳、损坏;

(3)突发的设备事故或故障(如运转件卡死);

(4)操作维护不当导致设备损坏;

(5)超过设防等级的灾害,如地震、洪水、雷击等;

(6)人为破坏,如泄愤、报复性损坏;

(7)其他运行安全责任事故等。

1.2.3.2 工程经营风险

工程经营过程,是工程发挥效益的过程。工程运营,既受宏观经济影响,也受微观经济运行情况的影响。根据经济运行环境,运营风险可以分为宏观经济风险和微观经济风险。

1)宏观经济风险

宏观经济风险主要包括:

(1)宏观经济(产业、投资、货币、财政等)政策变动;

(2)通货膨胀、货币贬值、物价大幅度上涨；

(3)汇率、利率、税率重大调整；

(4)经济增长的边际成本和环境成本大幅度增加；

(5)非周期性价格波动；

(6)经济(国际贸易保护、地方保护等)大环境的不稳定。

2)微观经济风险

微观经济风险主要包括：

(1)产品、服务的低质或同质化，缺乏特色的经营，无法抵抗同业竞争；

(2)经营定位不准或服务收费偏离消费能力；

(3)管理不善、经营成本上升或无法消化成本变动中的不利因素；

(4)上游的原材料供给中断；

(5)价格波动，经营业绩受市场和营销能力影响明显下滑；

(6)产品或服务的科技含量及附加值低；

(7)重大经营性决策失误招致巨亏、破产；

(8)服务系统遭受破坏等。

1.2.3.3　调水工程运营风险

调水工程，对于缓解自然干旱或季节性干旱地区的用水矛盾，改善缺水地区的生态环境状况，无疑能够发挥巨大的作用。但调水工程客观上对水源区和调水流域下游沿线地区的用水需求、生产生活和生态环境也构成持续负面的影响，尤其对调水区发展潜能与机会的制约显而易见。大型调水工程，多为远距离跨流域水资源配送工程，其调水(引水或抽水)、输水、供水全过程涉及多个运行系统和多种建筑设施，利益关系十分复杂。如输水沿途可能会穿越、跨越河湖、农田、沟渠及各种建筑设施，还将与许多道路、桥梁发生立交；其永久占地和输水与各地方政府和物权人形成复杂的资源及产权利益关系。

工程运营中，下列因素都将构成其风险。

(1)设计调水规模及能力不满足需要或设计能力因需求不足而过剩；

(2)调水水成本超过用水民众承受能力；

(3)降水的周期性变化(丰枯同期)，使水源区无水可调或受水区来水丰盈；

(4)自然灾害、次生灾害或突发事故；

(5)冬季冰冻输水受阻，久旱增大蒸发量；

(6)建筑物老化、关键设备或材料故障损坏等。

1.2.4　生态环境风险

改革开放以来，我国已持续了40年的高速增长，各种污染让我们的生态环境不断恶化。近年来，局部的生态治理初见成效，但总体生态环境情势不容乐观。

1.2.4.1　生态环境总体风险

所谓"生态环境风险"，是指将来可能发生的生态环境重大问题及其损害后果。按照业内专家的研究结论:当前和未来,我国将面临环境质量、人群健康、社会稳定、生态安全、区域平衡、国际影响六大风险,总体情势是:生态环境变化比较复杂,问题非常突出,风险有增有降,情势严峻。

(1)水污染是我国最为突出的环境问题。进入 21 世纪以来,我国的水环境持续恶化;近年政府一直把防治水污染作为环境保护的重点工作,实施了许多流域污染防治项目;大江大河、大型湖泊、城市水污染有所改善,但污染范围仍非常严重。

(2)空气环境污染。随着城市化的不断扩张和汽车保有量的不断增加,大气污染逐年加重,冬春季雾霾成为环境中的突出问题。此外,全国城市酸雨污染程度有增无减,灰霾现象频频发生。

(3)土壤污染。根据全国土壤污染状况调查报告,土壤环境状况总体不容乐观,部分地区土壤污染较重,耕地土壤环境质量堪忧,工矿业废弃地土壤环境问题突出。全国土壤总的点位超标率为 16.1%。

(4)生态退化,自然系统生态功能下降。我国生态系统退化问题十分严重,全国沙漠化土地面积占国土面积超过 18%;水土流失面积占国土面积的 30%;80% 以上草原不同程度退化,草原超载现象仍很普遍;自然湿地萎缩,河流生态功能退化,生物多样性呈下降趋势。

1.2.4.2　工程施工产生的生态环境风险

工程建造施工过程,既是建筑物的形成过程,也是对工区环境的破坏过程。"不破不立、破在开头、影响久远",这是工程形成和影响环境的描述。事实上,许多大型工程建设项目,在规划、设计、建造、运行、废弃的全寿命周期内,对生态环境造成的破坏非常严重,其程度可能对生态环境产生难以逆转的影响,主要表现在:

(1)施工过程大规模扰动工程区环境、破坏植被;

(2)开挖、填筑可能导致大量水土流失;

(3)植被减少与水土流失共同造成土地沙化、石漠化,破坏区域生态;

(4)施工排放大量废水和生活污水,持续污染河流下游水环境;

(5)施工扬尘、排放废气污染区域空气;

(6)施工放炮和设备噪声破坏区域环境;

(7)施工现场大量废弃的固体垃圾污染土壤;

(8)施工排污使其大气、水体、土壤环境容量降低;

(9)施工区域及周边(陆生、水生)生物多样性将遭受破坏。

1.2.4.3　运行期的生态环境风险

大型工程建筑物体积庞大、功能强大、占地广大。工程运行过程,难免产生强烈振动,发出巨大噪声,排放大量废水、废弃物等。这些废水、废弃物以及振动和噪声,对工程运行所在区域的生态环境构成持续威胁和影响。由于大型工程运行期远远超过建设期,也就是说,运行期对生态环境的影响,也远远超过建造施工对生态环境的破坏。要改变或降低人类活动对生态环境破坏及由此产生的生态环境风险并带来生态环境灾难,唯一途径是减少人类活动,降低资源、能源消耗,改变生活方式。

不同的工程或项目,对生态环境产生影响的类别有所不同。

1)大型水利水电工程运行产生的生态环境风险

大型水利水电工程,可能产生的生态环境风险主要有:

(1)大坝建筑物阻隔自然河流,改变流速、水温,妨碍部分鱼类繁殖;

(2)水库蓄水过程降低上游河流流速,减少下游水量,改变局地水汽循环;

(3)引水电站发电、灌溉导致局部河段脱水或减水,破坏生态环境;

(4)调水、引水工程使其部分水生生物减少或灭绝,破坏生物多样性;

(5)大型工程占地减少植被,加剧局地水土流失;

(6)大型水库,水面增大,水体自净化能力降低,富营养化程度增高;

(7)大量灌溉引水或跨区调水,调水区河口来水减少、生态发生改变;

(8)水库蓄水和泄水,不断改变区域地应力分布,诱发地震灾害等。

2)其他工程运行可能产生的生态环境风险

其他大型工程可能产生的生态环境风险,主要有:

(1)高速公路的噪声、振动及围挡装置,阻隔部分陆生生物迁徙通道,影响生物繁殖;

(2)水下工程如隧道、沉井等破坏部分水底生物产卵场;

(3)煤电站热力发电深度破坏区域大气环境,恶化空气质量;

(4)核电站运行(爆炸)事故,可能引发生态环境灾难;

(5)大型工程均加剧局地水土流失;

(6)大型太阳能电站电池板向大气层和太空反射热量,推高全球气候变暖;

(7)大型风电站,有可能破坏鸟类迁徙空中通道,改变鸟类判别方向的固有磁场,打落正在飞行的小鸟;

(8)高速运行的列车,其呼啸飞驰可能令区域内的陆生生物改变部分动物生存习性、环境;

(9)大型机场、大型危化品存储场站、大型油轮等各种大型工程、装置的运行,均时刻威胁着人类共同的空域、河流、海洋环境,风险日积月累、与日俱增。

1.2.5 气候变化与极端天气事件

气候变化,对人类的影响无处不在。20世纪60年代开始,我们生存的地球及气候环境就开始出现显著性变化。初时,人们只是感知天气越来越热,部分科学家认为这种持续高温、忽冷忽热的极端天气只是偶尔地"发烧""发怒"。然而,20世纪90年代以来,频发的极端天气不断刷新气象记录。经过长期的观测、研究,科学家们发现,地表温度正在逐渐升高,气候变暖成为一个可怕且很难逆转的事实。

1.2.5.1 气候变暖对降水的影响

气候变暖,是指地球表面气温升高;而气温升高,显而易见的是生物的生长期延长,休眠期缩短。如果仅限于此,那表现出的是有利影响。问题是,气候变暖,不仅仅在于使高纬度地区植物生长期延长;更麻烦的是地表蒸发与降水的同时增加,导致天气事件无规制,极端天气常态化,高温、干旱、飓风、暴风雪天气频频来袭,气象灾害、地质灾害频发。持此态势,必将深度影响人类的生存与发展。

1)气候变暖、海面升高

众所周知,全球地表的降雨主要来自海洋。气候变暖,两极的冰川和高山冰盖将加快融化;地表和近地大气温度会越来越高,北极海冰会大范围消融,北极区域将变成一个少冰的海洋。夏天,海水受太阳强烈照射吸收大量热量,海水大量被蒸发,强降雨频发;冬天,热量被释放出来,导致冷空气频袭,气温发生巨变。

根据科学家的研究,过去的 100 年中,全球海平面每年以 1~2mm 的速度缓慢上升;预计到 2050 年,海平面将继续上升 300~500mm,由此淹没沿海大量低洼土地。此外,气候改变需要较长时间建立新的温度平衡。在这种平衡之前,全球天气紊乱、异常,各种气候灾害难以预测。

2)雨量及频次分布更加不均

全球平均气温升高,使高原冰川后退,高山积雪面积缩小,海平面迅速上升,从海洋和陆地吸取的水分增多,水汽循环加快。这种变化带来的直接后果,就必然加剧降雨量和频次的不均衡。一方面,原本雨水就多的地区(尤其是沿海)夏季降雨越来越多,洪灾水害越来越严重;而另一方面,一些降水本来就少的缺水地区,随着蒸发量的增加和有效降雨越来越少,形成水资源的江河径流也将减少。也就是说,需要水的干旱地区降雨越来越少。同时,易于水循环的南方沿海降雨增多,沿海地区的强降雨快速流入大海,能够形成径流的水资源时程越来越短,导致江河枯季缺水情势更加严重。

1.2.5.2 极端天气对调水的影响

1)强降雨对调水的影响

气温变暖,可能使部分地区降雨的雨量、雨强和频次以及江河来水丰枯规律(或周期性)发生较大改变。问题的关键,是降雨规律打乱之后(或新的规律形成之前),强降雨时调水工程运行单位不敢蓄水(很难准确掌握雨强和雨量);而持续干旱时,又无水可蓄,导致许多水利工程功能丧失或降低;如南水北调中线工程的汉江丹江口水库,历史多年平均来水量约 380 亿 m^3;20 世纪 80 年代之前,丹江口水库上游来水情况基本正常;但 20 世纪 90 年代后,这种规律发生显著性改变;1990—2014 年,丹江口水库上游来水年平均约 279 亿 m^3。若持此态势,丹江口水库不能保证每年向华北地区调水。

2)持续干旱对调水的影响

气候变暖,强降雨期和干旱时间均将有所延长。根据《长江流域面雨量变化趋势及对干流流量影响》,基础资料为长江流域 109 个气象站(上游有 46 个气象站)1960—2001 年逐月降水的测报数据及大通、宜昌水文站(分别为长江流域和上游控制站)逐月平均流量资料;长江流域冬季为当年 12 月到次年 2 月,春季为 3—5 月,夏季为 6—8 月,秋季为 9—11 月。研究发现,流域面雨量变化以夏季和冬季的 1 月有显著增加;秋季尤其是 9 月的雨量有显著减少的特征;春季略有减少。据分析,汉江的丹江口水库,入库径流以汛期为主;5—10 月来水量占年内来水总量的 80% 以上,并且年内来水有 3 个明显的峰,分别为 5 月、7 月和 9 月。随着降雨的雨量和频次的两极变化,尤其是冬春干旱期的持续延长,跨流域调水的水源有效蓄积量可能发生不利于设计调水规模及保证率的改变。

1.3 南水北调工程建设和运营管理模式

南水北调工程,是人类有史以来规模最大的远程调水工程,是有效缓解我国华北、西北地区水资源短缺的重要举措。根据南水北调工程总体规划(2001年修订),南水北调工程确定了东、中、西三条调水线路,拟分别从长江流域上、中、下游调水。

东线工程:从长江下游扬州抽引长江水,利用京杭大运河及与其平行的河道逐级提水北送,并连接起具有调蓄作用的洪泽湖、骆马湖、南四湖、东平湖等湖泊。出东平湖后,分两路输水:一路向北,在位山附近经隧洞穿过黄河;另一路向东,通过胶东地区输水干线经济南输水到烟台、威海。

中线工程:从丹江口水库陶岔渠首闸引水,沿唐白河流域西侧过长江流域与淮河流域的分水岭方城垭口后,经黄淮海平原西部边缘,在郑州以西孤柏嘴处穿过黄河,继续沿京广铁路西侧北上,可基本自流到北京、天津。

西线工程:在长江上游通天河、支流雅砻江和大渡河上游筑坝建库,开凿穿过长江与黄河的分水岭巴颜喀拉山的输水隧洞,调长江水进入黄河上游。西线工程的供水目标,主要是解决青、甘、宁、内蒙古、陕、晋等6省(自治区)黄河上中游地区和渭河关中平原地区的缺水问题。

1.3.1 设立管理层级

2002年12月27日,国务院领导宣布南水北调工程正式开工,工程建设进入实施阶段。开工以后,面临的一个关键问题,就是怎么管理南水北调这项巨大的系统工程。水利部领导和发展与改革委员会领导按照《南水北调工程总体规划》中曾提出的方案,建议国务院领导参照三峡工程模式批准"成立南水北调工程建设委员会,下设办公室"。

1)项目法人组建

根据国务院南水北调工程建设委员会批准的《项目法人组建方案》,工程建设阶段,对于主体工程,分别组建南水北调东线江苏水源有限责任公司、南水北调东线山东干线有限责任公司、南水北调中线水源有限责任公司和南水北调中线干线有限责任公司(南水北调中线干线工程建设管理局);汉江中下游治理工程由湖北省组建项目法人,负责相应工程建设和运行管理。

2)实施情况

截至2005年初,南水北调东线一期、中线一期工程的四个项目法人已经组建到位,内部组织机构、队伍建设也基本健全,并开始履行项目法人职责。2005年11月,湖北省正式明确省南水北调工程建设管理局作为汉江中下游治理工程项目法人。至此,在建的南水北调东、中线一期工程的五个项目法人已经组建完成,并在一期工程建设管理中发挥责任主体的作用。

3)建管思路

为了实现南水北调工程总体规划,国务院南水北调办公室遵照国务院领导的多次指示精神,并汲取以往调水工程规划的经验教训,经过反复研究论证确定总体规划应按照水资源合理配置、工程分期建设、市场机制运作、方案科学可行的基本思路进行建设管理。关键是探索和创新工程建设管理体制和机制。南水北调工程点多、线长、涉及范围广,与社会的联系密切;因此,既不能沿用类似长江干堤维修加固工程等线型工程的管理体制,又不能完全照搬三峡工程模式的独立工程管理体制。在国务院南水北调工程建设委员会的领导下,南水北调办公室研究制定并且形成了体现自身特点的工程建设管理体制;即在项目管理上,采取"以项目法人为主导,直接管理、委托管理相结合,大力探索推行代建制管理"为主的工程建设管理新模式。

1.3.2　管理体制架构

根据《南水北调工程总体规划》(2001 年修订),南水北调工程实行"政府宏观调控、准市场机制运作、现代企业管理和用水户参与"的体制原则。实行政企分开、政事分开,按现代企业制度组建南水北调工程项目法人,由项目法人对工程建设、管理、运营、债务偿还和资产保值增值等全过程负责。

南水北调工程建设管理体制的总体框架,分为政府行政监管、工程建设管理和决策咨询三个方面。

1)政府行政监管

国务院南水北调工程建设委员会,作为工程建设高层次的决策机构,决定南水北调工程建设的重大方针、政策、措施和其他重大问题;国务院南水北调办公室,作为建设委员会的办事机构,负责研究、提出南水北调工程建设的有关政策和管理办法,起草有关法规、草案;协调国务院有关部门加强节水、治污和生态环境保护等工作;对南水北调主体工程建设实施政府行政监督管理。

工程沿线各省、直辖市,成立南水北调工程建设领导小组,下设办事机构,贯彻落实国家有关南水北调工程建设的法律、法规、政策、措施和决定;负责组织协调征地拆迁、移民安置;参与协调省、自治区、直辖市有关部门实施节水、治污及生态环境保护工作,检查监督治污工程建设;受国务院南水北调办公室委托,对委托由地方南水北调建设管理机构管理的主体工程实施部分政府管理职责,负责地方配套工程建设的组织协调,研究制定配套工程建设管理办法。

2)实行项目法人制度

南水北调工程建设管理,以南水北调工程项目法人为主导,包括承担南水北调工程项目管理、勘测设计、监理、施工、咨询等建设业务单位的合同管理及相互之间的协调和联系。

南水北调工程项目法人,是工程建设和运营的责任主体。建设期间,主体工程的项目法人对主体工程建设的质量、安全、进度、筹资和资金使用负总责;负责组织编制单项工程初步设计,协调工程建设的外部关系。

承担南水北调工程项目管理、勘测(包括勘察和测绘)设计、监理、施工等业务的单位,通过竞争方式择优选用,实行合同管理。

3)专家把脉

经研究决定,成立南水北调工程建设委员会的专家委员会。主要任务是,对南水北调工程建设中的重大技术、经济、管理及质量等问题进行咨询;对南水北调工程建设中的工程施工、生态环境、移民工作的质量进行检查、评价和指导;有针对性地开展重大专题的调查研究活动。

1.3.3 管理体制

构建南水北调工程建设与管理体制的总体思路是:充分考虑南水北调工程的客观现实以及水资源权和用水"准市场"的实际情况,按照"政府宏观调控、准市场机制运作、企业化管理、用水户参与"的思路进行规划,充分发挥各方面积极性。

1.3.3.1 总体思路

1)国务院直接管理

重大基础设施的战略地位,要求加强政府宏观调控。南水北调工程是从国家的全局出发安排的重大生产力布局,是政府行为和作用的重大体现。政府在南水北调工程建设中的作用是决定性的,不可代替的,也只有政府才有责任和能力组织建设对整个国家的宏观(水)资源配置有重大影响的基础设施项目。国内外经验证明,如此重大的基础设施建设项目,政府决策、协调、支持是关键,必须充分发挥中央政府直接管控的作用。

在南水北调工程建设与管理中,政府的宏观调控作用主要体现在制订水资源合理配置方案、协调调水区和受水区的利益关系、协调各省(直辖市)间的行政关系、协调调水与防汛抗旱的关系、协调解决移民搬迁安置问题、监督项目法人公司运行、制订合理的水价政策、建立节水型城市和社会、实施水污染防治和生态环境保护等政策、措施。

对关系国民经济命脉的重要基础设施建设,政府一般为投资主体。根据南水北调工程总体规划,主体工程投资结构为55%的资本金、45%采用贷款。资本金由中央政府和地方政府共同承担。配套的供水工程投资由地方负责筹集。

水资源归国家所有,水资源优化配置和统一管理要求强化政府职能。南水北调工程与四大江河构成"四横三纵"的水资源配置格局,其水量统一调配和互补,特别是非正常水文年的用水调度和配置,都需要发挥政府宏观调控作用。

南水北调工程涉及多个省、直辖市,建设管理中的许多重大问题,必须由政府协调、解决。

水商品是公共物品,水市场是准市场,水价不仅要考虑成本、利润、税收等因素,还受社会承受能力的制约;同时,水价应有利于促进节水和水资源的优化配置。

2)准市场机制运作

改革要求引入市场机制,探索创新建设与管理体制。股份制是市场经济条件下的一种有效的资本组织形式,调水工程实行股份制运作,有利于所有权和经营权的分离,有利于提高企业和资本的运作效率。

资本金的出资方式,要求工程建设与管理按照股份制运作。根据建设规划,南水北调干线主体工程的资本金由中央政府和地方政府出资组成。地方资本金的出资方式,将由各地根据需调水量,认购水量使用权。考虑到调水距离等工程因素,合理确定资本金额度。地方政府根据出资额度在公司中占有股权,以股权享有所有者权益和承担有限责任,并拥有相应的水量使用权。

多元化的投资结构,客观上也要求实行股份制。南水北调工程投资巨大,涉及面广,要实现调水目标,必须调动全社会的积极性,多渠道、多层次筹集建设资金,体现"谁投资,谁受益""谁用水,谁出资"。除了资本金主要由政府出资之外,地方配套工程也可适当开放资本市场,吸引投资。股份制的特点、功能和机制,有利于改变国家为单一主体的投资结构,也能够从根本上理顺投资方的产权关系,保障所有者权益,明确各方相应的责任、权利和义务,有利于形成"利益共享、风险共担"的机制。入股的投资各方,因其利益建立在调水工程效益这一共同基础之上,必然关心调水工程的兴衰、盈亏以及日常运营情况,促使调水工程各方具有牢靠的凝聚力。

3)企业化运作

实行资本金制度,必然要求企业化管理。南水北调工程实行资本金制度,尽管由于水商品的特殊性和水权"准市场"的特点,国家投入的资本金在本质上属政策性投资,但为了最大限度地发挥工程效益,保证工程的良性运行,必须按照企业化管理。

根据建设管理体制改革的要求,南水北调工程建设必须严格实行项目法人责任制、招标投标制、建设监理制。项目法人对项目的策划、资金筹措、建设实施、生产经营、债务偿还和资产的保值增值,实行全过程负责,客观上也要求建立企业管理机制。也就是说,南水北调工程只有实行企业化管理,才能厘清企业与出资人之间的关系,理顺调水、供水企业之间的经济关系,理顺供水企业与用水户之间的关系,才能实现良性运行。

4)用水户参与

用水户是南水北调工程的直接受益者,用水户的选择和参与最终将会影响调水工程建设与运营的效果。早在20世纪80年代,国际上就通行或积极推行用水户参与的供水管理。对于南水北调干线工程、配套工程等不同层次,其用水户和受益主体各不相同。对于干线公司而言,用水户主要是指沿线的各省级政府。

干线公司用水户(即沿线省级政府)的参与主要体现在:参与投资、参与管理、参与协调、对工程运行管理予以支持和监督。用水户参与,有利于形成"利益共享、风险共担"的机制,同时也有利于调动各方面资源和积极性。

用水户参与管理,就是通过供水企业内部信息外部化、隐蔽信息公开化来增加信息透明度,引入广泛的参与,从而降低交易成本,有效实现调水目标,最终达到优化水资源配置、实现经济增长目标和社会环境目标。

1.3.3.2 管理方式

根据上述总体思路,南水北调工程建设与管理要按照公司制的基本要求,成立干线调水有限责任公司,按"国家控股,授权营运,统一调度,公司运作"的方式运行。

1)国家控股

南水北调是公益性工程,虽然东、中线主体工程建设所牵涉的投资主体有中央、地方、企业等,在多元化的投资主体中,仍需要以中央投资为主,实行国家控股。

中央政府一般从宏观经济运行和经济结构发展的要求出发进行实业投资,投资规模比较大,投资后形成的资产总量在国民经济发展中起决定性作用。也就是说,中央政府的投资比例,关系到国计民生和国民经济中长期发展。换句话说,南水北调东、中线工程是特大型的公用事业和基础设施建设,所需投资规模大,风险也较大,企业和地方政府都无力作为主要投资主体。

工程沿线各地,是南水北调工程的主要受益区,南水北调工程也是这几个地区内的公用事业和基础设施,是对本地区具有关键性作用的投资项目,地方政府有责任依照协商比例进行投资分摊。

企业融资,主要是通过银行贷款实行的投资。基本原则是从企业本身发展的战略要求出发,根据市场经营状况和市场发展趋势,做出投资决策,它是一种实现企业良性运行的行为,以区别于以上两个投资主体的投资行为。

2)授权营运

南水北调工程的国家控股,是通过授权营运来实现的。"授权营运"有两个方面的含义:一方面,国家作为主要出资者,为解决投资主体缺位问题,授权某一机构为中央投资出资人代表,享有所有者权益,对企业国有资产的保值、增值进行监督、管理;另一方面,出资者将其财产以资本金的形式注入调水企业,授权企业对其财产行使企业法人财产权。

企业法人财产权,包括经营权以及企业法人对企业全部财产享有的占有、使用和收益权(这要区别于出资者享受的是其出资的资本收益权,而企业享有的是企业全部的财产收益权);在特殊情况下,企业法人依法享有一定的财产处分权。通过授权,公司全面履行其经营职能和社会公益职能,充分发挥南水北调工程的综合经济效益、社会效益和环境效益。

南水北调东、中线工程项目法人财产权的特点是:

(1)调水企业享有法人财产权,依法独立支配国家授权其经营管理的财产,政府和监督机构不得直接支配企业法人财产;

(2)除法律、行政法规另有规定外,政府和监督机构不得以任何形式抽出注入企业的资本金,不得抽出企业财产,不得以任何名义向企业收取任何费用;

(3)国家对企业承担的财产责任,以投入企业的资本额为限,企业以其全部法人财产承担民事责任。这样,国家从过去的经营者退到股东的位置上,行使选择经营者、收取资本收益和决定重大决策等出资者权利。

3)统一调度

宪法规定自然资源属于国家所有,国家有权统一配置水权、调度水量;而国家授权经营管理的企业法人只能体现国家意志,根据年度调水计划,对各用水户的年度用水进行统一调度和具体分配。

水资源的开发利用,应充分考虑水资源与经济社会发展、生态环境保护的相互作用和相互制约关系,使水资源的开发利用能够保障经济社会的可持续发展。水资源以流域为整体的特征,客观上要求流域统一管理、统一水量调度。南水北调东、中线工程涉及多流域、多地区、多部门的水量调配,包括水源工程的多目标管理,如防洪、水资源的综合利用和跨流域合理调配等重大的复杂问题,必须进行统一调度。

对公共水权的控制,主要表现为在供水过程中对防洪、水质和环境保护等公共利益的维护方面。如汛期,调水工程必须按照国家的意志,供水调度始终服从防洪的要求,承担相应的防洪义务。对特殊的供水优先权控制,主要表现为国家作为调水工程的大股东,在特定的条件下,有权制定供水的优先顺序。如在特殊干旱缺水时期,国家可以制定先保城镇生活用水、再保工业用水与农业用水等对策。

为保证依法实行统一调度,需要解决:一是制定专项法规。除现有法律和法规外,尚需针对东、中线工程的特点和实际情况,制定新的有关法律、法规,以满足工程运行的需要。二是水的统一调度管理办法。调水工程各供水企业必须按照有关法规的规定,执行水的统一调度,保证水流畅通无阻,水量分配有序。对违反者,应给予相应的经济、行政处罚,直至交予法律处理。三是加强水行政执法。各级水行政部门应正确行使水政执法及监督职能,对水事纠纷进行调解与裁决;按照既定的法律法规对调水水质进行及时有效的保护;保障供水工程、人员以及与供水活动相关的一系列活动的安全等,保证供水的正常进行。

4)公司化运作

公司运作,是指依据《中华人民共和国公司法》和现代企业制度建立有限责任公司,按照市场机制实行企业化管理,自主经营,自负盈亏,良性发展。

工程建设阶段,要运用市场机制,实施项目管理,降低成本,保证质量,缩短工期;工程投产后,公司运作要考虑水商品的特殊性,加强管理,根据不同行业用水需求、不同的输水距离、不同的用户承受能力等,建立合理的水价形成机制。

国家控股,授权营运,统一调度,公司运作,这四个方面共同形成了一个不可分割的管理体系。这样的体制既可以有效克服市场失灵问题,又可以防止滥用政府权力;既可使得工程投资来源多渠道,责权利比较明确,又有利于实现产权权益。

1.3.4　南水北调工程管理实践

1)建设管理体制总体框架

南水北调工程建设管理体制主要分为三个层次:

(1)第一层,成立国务院南水北调工程领导小组,国务院领导任组长,成员由有关部委和省、直辖市领导组成;领导小组下设办公室,办公室负责日常工作;

(2)第二层,由中央政府授权的出资人代表和地方政府授权的出资人代表共同组建有限责任公司;公司承担主体工程的建设、运行管理,直接对国家负责;

(3)第三层,各省(市)成立供(配)水公司,承担省(市)内配套工程的建设、运行管理,负责向用户供水。

国务院领导小组的主要职能,是负责对工程建设重大问题进行决策,制定水市场规则并予以监督,对工程建设、运行、管理的重大问题实行调控。依据"精简机构,提高效率"的原则及已有经验,为加强水资源统一管理和优化配置,国务院领导小组办公室设在水利部,负责日常工作。

2)强化水利部的政府职能,理顺各方关系

南水北调工程作为重大战略性基础设施,涉及多个流域和多个省、自治区、直辖市。

工程除了有调水、供水任务之外,还涉及防洪、生态、发电、航运等多种功能。水利部作为国务院水行政主管部门,必须加强行业管理,强化政府宏观调控职能,从水资源统一管理的角度,做好规划、政策、法规的制订和工程建设的组织、指导、协调、监督工作,加强水资源的整体优化配置,协调工程建设中的重大问题,对项目法人国有资产的保值增值进行监督。

在构建南水北调工程建设与运营管理体制时,应注意理顺各方关系。根据规定,公司(项目法人)自主经营,法人代表由国务院或国务院授权水利部任命;用水户参与公司管理,在干线公司董事会中以省为单位派出代表,其既为投资者,又是用水户;在各省级公司中,可以广泛吸收企业用户参与。干线调水有限责任公司和省供(配)水公司之间,供水公司与用水户之间形成水的买卖关系。

3)中线工程建设管理体制

根据南水北调工程建设与运营管理体制的总体思路以及中线工程的特点,中线调水工程成立由国家控股、地方参股的干线调水有限责任公司(简称中线公司),实行资本金制度。资本金由中央和地方分担投资,中央资本金大于沿线各地(河南、河北、天津、北京)的共同出资,实现中央投资控股。调水有限责任公司,负责干线主体工程的筹资、建设、运行、管理和还贷。

成立水源公司。水源公司与中线工程调水有限责任公司一样,是独立的法人公司,双方是平等的水量买卖关系。在政府必要的管理与指导下,通过供水合同等具有法律效力的手段,共同保证南水北调供水市场的稳定。

限于当时客观环境,这种管理制度性安排,有利于水资源的统一管理和水量的统一调配,有利于加强沿线各有关流域的管理,统筹兼顾调水与防洪、发电、航运、治污、排涝等各项功能,提高工程的综合效益。

在组建中线建设和运营公司时,必须注意处理好丹江口水库新旧工程的关系,处理好水库与中线公司的关系。此外,丹江口水库大坝加高、移民和汉江中下游治理工程的投资,由国家分别直接拨付汉江集团和湖北省,所形成的新增资产不纳入南水北调中线工程调水有限责任公司资产中。

4)东线工程建设运营管理体制

在构建东线工程建设运营管理体制时,研究了两个方案。

(1)方案一:分两段(江苏段和江苏段以外)分别成立干线调水有限责任公司。根据南水北调工程建设与管理体制的总体思路以及东线工程的特点,由于东线工程是在江苏省江水北调工程基础上的扩建和延伸,新旧工程交错,产权不易界定;加上水系比较复杂,工程不仅用于调水,而且还是排水通道,具有防洪、航运、灌溉、排涝、排污等多种功能;运行调度难度较大,管理复杂。因此,可以考虑分段(江苏段和江苏段外)分别成立调水有限责任公司,负责各自的工程建设与运营管理工作。

东线江苏段原水系建设的投资主要是江苏省投入的,按照"谁投资、谁受益"的原则,在核定产权的基础上,由江苏省组建东线江苏段调水有限责任公司,负责江苏省境内主体扩建工程的建设与管理。国家对江苏段扩建工程直接予以适当的资金补助,同时在水量调度、水价等方面加强政府的监督管理。

东线工程江苏段以外部分,成立由中央控股、地方参股的干线调水有限责任公司,实行资本金制度。资本金由中央和地方分担,中央资本金大于沿线各地(山东、河北、天津)的共同出资,实现中央控股。东线工程干线江苏段以外调水有限责任公司,承担东线工程江苏段以外的干线主体工程的筹资、建设、运行和还贷。

东线江苏段以外公司和江苏段公司之间是水量买卖关系。江苏段以外公司内的各省按输水口门统一调度,计量计价,各省之间没有水的供求关系(水权转让除外)。

(2)方案二:分省组建公司,分别负责各自境内主体工程的建设与运营管理。若按省分别组建公司,东线就应该分段成立江苏、山东、河北、天津四个调水有限责任公司,分别负责各自境内的主体工程的建设与运营管理。国家对主体工程直接补助投入,同时加强对调水工程的宏观调控,可在国务院南水北调工程领导小组之下,设立南水北调东线工程理事会,由水利部及苏、鲁、冀、津等有关省、直辖市参加,商议东线调水重大事项,协调省级与省级之间的水事关系。

5)两个方案比较

方案一的优点主要是:

(1)江苏段单独成立公司,充分考虑了东线江苏段水系及其运行管理的现状,有利于该段复杂水系的调度管理。

(2)江苏段以外成立一个调水有限责任公司,有利于水量的统一调度和分配,有利于协调省与省之间的水事关系。

(3)产权关系明晰,授权中央投资出资人代表对公司控股或参股,有利于重大事项的决策,有利于水资源的优化配置和统一管理。

方案一的主要缺点有:

(1)江苏段单独成立公司,相对其他各省相当于一个大的水源工程,对供水的影响及制约关系重大,易引起其他省对供水保证率的担心和顾虑。

(2)山东、河北、天津等省、直辖市和江苏一样,也都不同程度存在主水与客水关系、新建工程与现有工程关系问题,产权界定也有难度,公司内部运营较为复杂。

方案二的优点主要在于:

有利于各省处理好境内主客水关系、新老工程关系,有利于调动地方积极性。

方案二的缺点主要表现在:

(1)分省成立公司,水资源统一管理难度大,不利于水量的统一调度,特别是在遇到非正常水文年份或用水高峰期、水资源总体配置有困难时,供水链上任何一个环节(省)发生问题,都可能影响全线供水。

(2)由于没有统一的公司,各省公司难以直接实施与江苏段调水公司之间的供水合同,省际容易产生用水纠纷,调水和保证供水的难度加大。

(3)中央对各省公司不参股,可能削弱中央的宏观调控作用,不利于全线工程进度的统一控制和协调,特别是无法保证重大处置权的行使和对水市场的监管。

综上各优缺点,国务院南水北调工程领导小组办公室(简称"南办")推荐方案一。即分别成立东线江苏段调水有限责任公司和江苏段以外调水有限责任公司。

为确保南水北调东线工程建成后的正常运行,政府需要采取有效的监管措施,特别是对江苏向北供水的水价要予以政策指导,通过政府的宏观调控,提高东线工程的供水保证率。根据管理要求,也可在国务院领导小组之下,设立南水北调东线工程理事会,由有关流域机构及省、直辖市参加,负责协调东线工程各运营主体之间的关系。

鉴于东线第一期工程主要向山东供水,二期工程供水范围增加河北、天津;与之相应,东线调水工程建管体制可分两步走:一期工程成立江苏段调水有限责任公司和山东段调水有限责任公司;二期工程时,可在山东调水公司的基础上扩股,中央资本金与三省、直辖市的资本金进行重组,成立由中央出资人代表和天津市、河北省、山东省共同组成的江苏段以外调水有限责任公司。

1.3.5 配套管理机制

1)水资源统一优化配置机制

根据兴建南水北调工程之时的建设管理体制,必须充分发挥国务院水行政主管部门的作用,强化政府宏观调控职能,推进体制改革,加快南水北调工程沿线城市调水、供水(含原水和自来水)、排水(含城市排水和防洪)、污水处理统一管理的进程,实现水资源的统一管理和优化配置。

2)建立合理的水价形成机制

南水北调工程的良态运行,必须要建立和完善水价形成机制及其计收办法。完全水价包括工程水价、资源水价和环境水价;对同一地区不同行业执行不同水价标准,不同水源(主、客水,地表水、地下水)执行统一水价;制定用水定额,用水实行定额管理,超计划用水累进加价。

3)制定《南水北调工程建设基金征收使用管理办法》

南水北调工程不仅建设投资巨大,而且运行成本较高,必须寻找可靠的资金来源和降低运行成本的安全措施。本著作者在国家决策兴建南水北调工程之前,就通过专门渠道建议设立南水北调工程建设专项基金,以解决工程投资及运营成本问题。有关部门采纳了这一建议,从提高城市现行供水水价中提取适当比例,建立南水北调工程建设基金,保证主体工程建设投资的同时,为降低工程运行成本做出合理的制度安排。

4)实施《南水北调工程管理条例》

为科学管理南水北调工程,"南办"研究、制定、实施了《南水北调工程管理条例》等相关、配套的政策、法规和管理制度。依靠法律、政策和制度来规范和调节管理行为及其相互关系,确保了政府依法行政,公司依法经营,用水户依法用水。

第 2 章　水资源综合管理

2.1　国外水资源管理

水资源问题是全球和国际社会共同面临的重大难题。尤其是在干旱半干旱的缺水地区,加强对水资源管理和合作,应对水资源短缺带来的一系列问题(争水、水灾),至关重要。20 世纪 90 年代以来,随着全球水资源问题日趋复杂,许多国家都通过加强水资源管理实现水量的科学调配,保障需求的同时,规避缺水、争水产生的风险,减少其损失。

2.1.1　国外水资源管理研究

国外水资源管理既注重法律制度,更注重操作层面(既通过协商、合作、共同开发利用来完成对水资源的管理)的实践。也就是说,纯学科、学术研究的内容较少,会议讨论、协商、合作、管控方面的内容较多。

2.1.1.1　20 世纪末的研究内容

20 世纪 80 年代前,国外有关水资源管理学研究的纯理论(文献)极为少见。20 世纪 90 年代,随着全球水资源短缺问题的日益凸显,有关人类开发利用水资源可能面临的新问题和严峻挑战以及水资源合作开发及管理方面的政府或学术活动多见与媒介报端。这一时期,国外对新形势下水资源管理理论和体系也进行了探讨和研究,主要课题围绕"水资源可持续利用目标对水资源管理活动的要求"展开。这些研究活动,为水资源管理学诞生和发展起到重要的推动作用。

1997 年,国际社会召开了第 5 届"不确定性增加下的水资源可持续管理学术大会";而洪水与干旱管理、水资源开发对环境的影响、水文与生态模拟和环境风险评价等成为重要议题。

1998 年,在我国武汉召开的"1998 年国际水资源量与质的可持续研讨会"上,中外专家探讨了流域水量与水质的统一管理问题。同年,国际水文科学协会又在荷兰召开了"区域水资源管理研讨会",探讨了水资源管理的经验和教训、面对挑战的区域可持续水资源管理、水资源管理研究方法等内容。

2.1.1.2　21 世纪初的研究

2000 年,国际水文科学协会(IAHS)在美国召开了"水资源综合管理研讨会",主要探讨可持续发展条件下的水资源综合管理的内容、目标以及水资源综合管理的经验,会议达成一个共识：未来水资源管理的一个基本原则，就是流域的统一管理。主要内容是流域内土地资源和水资源的统一协作管理；其目的是防止土地退化、保护淡水资源、保护生物多样性、实现水资源可持续利用。流域水资源统一管理的基本框架，是政府和公众的参与式管理。会议认为，为了实现流域统一管理的目标，必须做到以下几点：

(1)复杂的水资源管理活动，必须建立在有效的科学规划基础之上；

(2)必须显著提高预测各项管理活动结果的能力；

(3)为了达到水资源管理的目的，持续检测和评估工作内容；

(4)水资源管理活动及管理过程必须是透明和公开的。

2001年，国际水文科学学会再次在荷兰召开了"区域水资源管理研讨会"，会议针对区域范围内水资源管理的有关问题进行了研讨，包括：以往水资源管理活动的经验和教训；面对新挑战的区域可持续水资源管理；水资源管理的方法研究。

需要说明的是，尽管学术界并未明确提出水资源管理学的概念，但在国外许多大学中，都开设了以"水资源管理"为名称的课程，这些课程的开始以及对水资源管理活动的讲述在一定程度上也促进了水资源管理学的形成。如美国特拉华流域委员会计划和行动部部长 Dr. KennethF. Najjar 认为，"水资源规划与管理"是对水资源规划、分析、设计、经济管理的理论和实践方法，主要包括水资源法律规制、流域管理、水资源建模、地下水和地表水需求和供给分析、洪水管理、质量管理、湿地保护等。水资源供给规划，包括水资源使用、需求项目、水资源配置、水容量扩充等。

2.1.2　国外水资源的一体化管理

20世纪，越来越多的国家在经济社会发展进程中都遭遇到日趋严重的水问题。国际社会在没有找到解决人口与需求过快增长的"密钥"之前，政府把解决用水矛盾的希望寄托在对水资源的科学管理上。近年来，各国普遍认识到，对水资源实施一体化管理是解决水资源短缺的重要措施。所谓水资源一体化管理，就是指促进水、土地和相关资源协调开发利用的过程，以公平的方式，在不损害人类赖以生存的生态系统可持续的情况下，达到经济社会及财富最大化的管理。水资源一体化管理，要求综合各种因素，统筹考虑水与气候、环境、自然、农业、工业和生态等方面，采用法律、政策、经济、技术、信息等方式来协调各方利益，使各相关者利益达到最大化的过程。

2.1.2.1　一体化管理的发展

1)一体化管理的基本原则

水资源一体化管理的思路，最初阐发于1992年1月在都柏林召开的21世纪水与环境发展问题国际研讨会。鉴于各国出现的水问题，这次会议提出，人类需要寻找水资源管理、开发和评价的新方法。大会形成共识，决议将四个基本原则作为水管理的新思路，从而形成了水资源一体化管理的都柏林原则。这些原则是：

(1)淡水有限而脆弱，是维持生命和发展及环境必不可少的资源；

(2)水的开发与管理应建立在各级用水户、规划者和政策制定者共同参与的基础上；

(3)妇女在水的供应、管理和保护方面具有重要地位和作用；

（4）水在其各种竞争性用途中均具有经济价值，因此应被看成是一种经济商品。

2）一体化管理思路的形成

1992 年，联合国在《21 世纪议程》中进一步确认了水资源一体化管理的方式；包括水陆两方面的一体化管理，应在汇水盆地或亚盆地一级进行。同时要求遵循以下四个主要目标：

（1）对水资源管理包括查明和保护潜在供水源，鼓励采取有活力的、多部门相互制约和协作的方法，统筹技术、社会、经济、环境和人类健康方面的需求；

（2）根据各国经济发展政策，以公众需要和优先次序为基础，制定规划以可持续地合理利用、保护和管理水资源；

（3）在公众充分参与的基础上设计、实施和评价在战略范围内经济效益高、社会效益好的项目和方案，包括由妇女、青年、原住民和当地社区参与的水管理政策制定和决策；

（4）根据需要，特别是在发展中国家，加强或发展适当的体制、法律和财政机制，以确保水事政策及其执行成为可持续的社会进步和经济增长的催化剂。

3）一体化管理思路的发展

1999 年，全球水伙伴技术咨询委员会在其编写的"水资源一体化管理"丛书第四册中提出：在寻求水资源一体化管理时，有必要补充一些考虑了社会、经济和自然条件的重要原则即用水的经济效率、公平性、环境和生态的可持续性。至此，水资源一体化管理从思路形成之时，其基本原理就得到了不断地丰富和发展，并得到国际社会的普遍认同和支持，成为支撑水资源一体化管理的指导性原则。

2006 年 2 月，全球水伙伴组织发表了以构建变革的舞台为标题的对世界各国制订和实施水资源一体化管理情况的调查报告。该报告把被调研的国家分为四类：

（1）已制定行动计划和战略的国家；

（2）正在制订计划和战略的国家；

（3）仅仅起步准备制订计划和战略的国家；

（4）没有提交反馈调查表和没有被列入调查的国家。

根据该组织的调查，第一类国家在 2003 年占世界各国的比例为 13%，在 2005 年已达到 21%；第二类 2003 年为 47%，在 2005 年已达 53%；第三类 2003 为 40%，2005 年已减少为 26%。换句话说，世界上已有 95 个国家已完成或正在完成水资源一体化管理计划的制订。这项调研实际上是对水管理改革的一次评估。可以说，现在世界上几乎所有国家都认识到水资源一体化管理是应对全球水危机的有效办法。此外，联合国教科文组织、联合国粮农组织、世界银行、欧盟、国际水资源管理研究所等机构，都一致认同水资源一体化管理的基本理念，认为在水资源一体化管理理念范围内，可以帮助世界各国按照成本效益比较和可持续发展的方式解决水问题。

2.1.2.2　一体化管理范围

水资源一体化管理，要求所有用水户（无论是农业灌溉还是工业或者市政公用）的用水，在取水、输水、供水和用水的整个循环中水损失最少的条件下，单位产量所消耗的水接近或趋于生物或工艺所必需的需水量。这就要求所有的用水过程与分配和供水过程有非常准确的联系,而且要遵守所规定的工艺要求。

全球水伙伴组织认为,在自然系统中应保证人类生存、农业灌溉、自然生态、工业生产和其他各部门的用水;实施一体化管理,兼顾各方的利益,以公平的、不损害重要生态系统可持续性的方式促进水、土及相关资源的协调开发,从而使经济和社会财富最大化。为此,必须确定和加强水资源管理体制和配套组成部分的建设,包括国家政策、法律和规章制度的制定;在管理体制和管理手段上,要建立行之有效的制度和管理工具。水资源政策必须与国家经济政策以及行业政策相结合,在法律和政策范围内保证各个部门用水的同时,确保部门及每一个社会成员之间的协作,让所有用水户均有参与水管理的机会,采取直接控制、经济激励、自我管理等管理方法,发挥体制的作用,获取经济效益和社会公平。

2.1.2.3 一体化管理特点

水资源一体化管理要求将任何工程都纳入一个水资源系统中加以考察。工程的论证从传统的只关注社会、经济指标,转到一体化管理所要求的社会、经济和环境指标;寻求各方都能接受的折中方案,确立为水资源管理与开发相配合的必要过程。这一举措具有以下原则性过渡特点:

(1)从行政边界向水文地理界线(流域和系统)过渡;

(2)从水管部门的管理向相互联系的跨部门管理过渡;

(3)从指令性的行政方法到所有用水户参与的合作制管理;

(4)从资源管理到可持续发展管理。

通过调研分析,可以认为国外水资源一体化管理的方法和经验,对发展中国家和欠发达国家的水资源管理具有重要借鉴和指导作用。也就是说,水资源一体化管理作为一个有别于水资源传统管理的方法,从理论到实践都有了全新的发展,并在世界范围内逐渐取代传统的水资源管理,是促进社会和谐发展、人与自然和谐相处、社会与自然可持续发展的重要支撑。

2.1.3 加拿大水资源管理

多年来,加拿大政府所面临的主要环境问题包括资源管理、气候变化、大气污染、水污染和固体废弃物管理等几个方面。面对国际和国内资源与环境压力,加拿大联邦政府自然资源部和环境保护部等职能部门做出了积极响应。加拿大自然资源部是第一个将可持续发展确立为部门法令的联邦政府部门,也是最早采纳环境政策指导其内部运作和采购的政府部门之一。自1997年始,即倡导和推行可持续发展战略。加拿大环境保护部则通过"加拿大环境议程"这一环境与发展战略规划,致力于在确保经济增长的同时保护环境,保护加拿大人民的健康。

2.1.3.1 资源与环境管理特点

1)依法管理

在环境保护方面,加拿大宪法未具体规定保护环境责任。但宪法规定,加拿大联邦政府可以根据实际情况制定专门法律,如环保法、渔业法、环评法等,并不断修正和完善。作为对环境法的修正案,加拿大政府曾经讨论出台清洁空气法,拟保护人民的身体健康。由于这部法涉及温室气体的问题,各方意见难以统一。此外,各省根据宪法的授权,从本省的需要制订自己的环境法规,省是环境立法的主体。如,安大略省制定的环境保护方面的法律法规有:环境保护法(1990)、环境权利法(1993)、环评法(1990)、安大略水资源保护法(1990)、安全饮用水法(2002)、可持续水资源和排放系统法(2002)、清洁水法(2006)、营养物管理法(2002)、废水回收处理法(2002)、杀虫剂法(1990)等。

联邦政府与省政府之间在环境上的法律权责建立在联邦宪法规定的"分担责任"上。如水资源保护方面,联邦政府对渔业、航行、跨国际水资源管理和联邦土地有立法权,而省则在各自的行政边界内管理水资源,并在具体事务方面有立法权:水的需求和供应、污染控制、水电和非核电管理以及灌溉。省还负责提供安全的饮用水,管理城市水资源和自来水设施规划和主要的灌溉项目;城市市政部门则主要管理与水处理和供应相关的设施。

严格执法与全社会自觉守法,是加拿大环境和资源法发挥效用的基础。清洁水法颁布以后,农民在田间劳动的时候甚至不再在河里用肥皂洗手,以减少对水环境的污染。如果有人违反了法律,任何发现的人都会自觉报警。

2)各级政府职责明确

按照加拿大宪法,联邦的权限包括管理联邦财产,以及海岸和内陆的渔业、候鸟、国际水域、贸易和商业、外交和平、秩序等;各省的权限包括公共土地、就业、税收、财产和民事权利、财税和资源管理等。特别是土地和资源的所有权归各省所有;因此,其环境管理和保护的法律责任也更多地由各省来承担。

根据宪法赋予的职责,各省级政府和各部门分别出台相应的政策,以实现自己的权利和义务。以能源政策为例,联邦政府仅出台联邦能源政策框架,地方通过建立竞争的市场机制决定能源的供应、需求、价格和贸易,促进能源安全、保障供给、环境保护,并负责能源基础设施建设和市场管理。此外,可采取干预手段,达成市场机制所难以取得的政策目标,如在健康、清洁的大气和气候变化等共同关心的事务上。地方10个省,各有各的能源政策,根据其资源禀赋的不同,能源供应的侧重有所变化,对市场的干预程度也不一样。

3)政府间协商机制

加拿大各级政府间的环境合作协商机制,主要通过两个平台来实现:加拿大环境部长会议和加拿大资源部长会议。

环境部长会议由所有省环境部长组成,主要关注环境事务上的联合行动,包括空气质量、水质和水量,环境评价以及气候变化。每年至少举行一次会议讨论优先的环境问题,确定下年度的工作计划等。目标包括:协调环境政策和步骤;合作采取结果导向的行动;边界事务的战略管理以及制定国家环境标准和目标。部长会议决议,由各省级政府执行。资源部长会议由所有对森林、公园、野生动植物、濒危物种和鱼类及水产业负责的部长组成,协商共同关心的问题,如生物多样性、濒危物种、外来物种入侵和气候变化的某些问题。

4)公众参与机制

公众参与机制,是西方国家在环境和资源管理决策方面的重要特点之一。加拿大的公众参与,在组织体系、选择方式、决策参与的各环节都有鲜明的特点。其根本,还是在于公民有较强的参与意识和共同责任。

公众参与政府事务及决策，有法律依据和基础。加拿大环境非政府组织（NGO）咨询制度，首先是法律内在的要求。加拿大环境保护法、濒危物种法和原住民法对此都有规定。其次，政府方面认为，环境NGO咨询可以实现更好的管理目标，它能够减少冲突、做出更好的决策，降低管理成本，提高工作效率，建立政府与公民相互信任，强化公民责任。

除了环境非政府组织的参与，加拿大环境部还与多个方面的公众建立关系，包括省和大区原住民自治组织、产业及劳工组织、学术界和加拿大公民等。加拿大环境NGO最突出的特点在于其网络化管理。目前，主要的环境NGO网络包括加拿大环境网，代表遍布加拿大超过800个非政府组织；气候变化行动网，有40个关注气候变化的非政府组织；加拿大大自然网，处在发展中的一个有360个基于社区的自然主义者组织及其各省的分支机构组成的网络。尽管环境NGO在规模、预算、关注事务、参与方式等方面各有不同，但都有着与网络共同工作和合作的意愿。这些网络在帮助政府选择环境NGO参与事务咨询和决策方面发挥着极大的作用。

由于环境NGO自己有很多专家，在环境事务上代表了社会层面的视角，对公众观点具有很强的影响力，因此，环境NGO的参与，改进了政府在环境和资源事务方面的决策结果。

2.1.3.2 对我国水资源管理的启示

1）资源、环境条件与意识

我国人口众多，又处在抓住战略机遇期快速发展的阶段。因此，资源、环境问题非常突出。在资源的拥有量、环境容量和当前面临的诸多环境问题等方面，我们与加拿大等发达国家不可相比。加拿大的淡水资源，占世界淡水资源总量的20%；石油储量，仅次于沙特阿拉伯居世界第二位；有世界第二大的北方森林，面积约530万 km^2，相当于我国国土面积的一半多，人口仅与我国台湾地区相当。在环境方面，加拿大重点管控多伦多的城市大气质量、阿尔伯特省的油砂生产和五大湖地区的水质保护和气候变化问题。实际上，五大湖地区尚谈不上水质问题。即便如此，加拿大在节约资源和提高资源利用率、保护环境、实施可持续发展方面的超前意识和务实策略，都值得我们学习借鉴。

2）加强环境教育

加拿大政府对公民的环境教育，从另一个侧面体现了社会在资源与环境上的价值理念。在加拿大，环境教育方式多种多样；除了由国家环境教育中心等政府部门开展的宣传教育之外，参与式环境教育是其又一特色。如在阿尔伯特市，就有废弃物管理卓越中心这样的教育基地，不断策划和改进教育项目，利用相关研究成果对公民特别是中小学生进行生态和环境保护教育。市政官员，也通过环境公开日这样的特别节目参与其中，进一步唤起民众的环境保护意识。志愿者行动计划，是另一种有效的宣教方式。阿尔伯特废弃物管理卓越中心通过举办三周的培训，包括讲座和现场体验，每年培训30名志愿者。这些志愿者深入社区，开展环境保护行动，他们的热情和积极参与，影响了其他居民，使得环境理念深入社区。

3)政府环境管理执行力

实现可持续的资源与环境管理,政府起着重要的作用。积极有效地参与式管理,形成更加科学的决策,有助于与各利益相关方建立新型的伙伴关系,消除冲突和建立信任。加拿大的经验表明,提升政府环境和资源管理能力,表现在三个方面的积极工作:

(1)建设相对完善的制度基础。这包括规制和标准,提出政策工具,建立监测系统、数据管理和信息系统,健全科研与教育体系,建设区域管理机构。

(2)发挥协调职能。协调与各利益相关方的关系,包括政府各部门、企业、公众和环境 NGO;这要求建立政府信用,共享各种信息,管理过程要开放和透明,提供必要的资金支持和管理能力支持。

(3)主动和负责的态度。要求政府部门的投入和包容,与其他利益相关方形成共同的价值观;实行责任制,讲求效率和公平,确定和调整战略方向,保持适时反应。

尽管加拿大联邦在环境方面的法律不多,但每一项行动背后都有法律的支持作用。政府部门运作十分有效;每一项行动提出后,都有具体的部门在负责扎实推进和落实。各部门责任明确,政策清楚。特别是管理透明,无论是作为公民个人还是团体,都可以获得政府的信息支持。

2.1.4　欧洲的水资源管理

为实现水资源共享,欧盟领土大约 60%的区域需要各成员国协调一致行动。欧盟境内国际河流纵横,除塞浦路斯和马耳他外,所有成员国至少都有一个国际河流流域区(IRBD)。

2.1.4.1　资源共享理念

欧洲中小国家多,国际河流的资源共享与联合管理,具有深厚的地缘依存基础;多瑙河和莱茵河的水资源共同开发利用及合作管理,历史悠久。正因为此,各国均遵照水框架行动指令(WFD),加强对欧盟 40 条国际河流中由自己负责的 IRBD 管理。在 WFD(条约原则)下,构建了一个法律框架,以保护和恢复欧洲河流的生态,确保河流可持续利用。

基于流域自然地理和水文资讯,欧盟创建了一套水资源管理的综合措施,并为成员国水生态系统的保护设定了时限。WFD 标明了内陆地表水域、过渡水域、沿海水域和地下水范围,制定了若干水资源管理的活动规则,涉及规划与经济整合中的公众参与及水资源服务成本回收等方方面面。欧盟要求建立一个包括成员国的 IRBD,并对该区域内的各项工作进行协调。随着 2004 年和 2007 年成员国数量增加,欧盟又与新的邻国共享其国际河流,东边有白俄罗斯、俄罗斯和乌克兰,西南边有土耳其和巴尔干西部地区的国家。

截至 2008 年,WFD 各成员国均指定了相关国家机构作为主管部门。然而,国际河流委员会还只是一个协调机构,并没有完全执行该指令。若需要实施指令,后续任务就是各成员国共同来制定流域管理规划或细则。

2.1.4.2　多瑙河流域管理

多瑙河流域国家(上游至下游)包括:德国、奥地利、斯洛伐克、匈牙利、克罗地亚、塞尔维亚、黑山、罗马尼亚、保加利亚、摩尔多瓦、乌克兰,另外还有:波兰、捷克、瑞士、意大利、斯洛文尼亚、波黑、阿尔巴尼亚、北马其顿。由于流域的规模和复杂程度,保护多瑙河国际委员会和多瑙河流域国家决定在不同的地理范围内展开工作,尤其是在其支流流域。最大的支流提萨河,流域面积 15 万 km^2,穿越罗马尼亚、斯洛伐克、匈牙利 3 个成员国及塞尔维亚与乌克兰 2 个邻国。2000 年,提萨河因巴亚马雷和巴亚博尔沙的两起工业事故而闻名。事故导致有毒污染物泄入河中,下游的生态系统因此遭到破坏。

2005 年,多瑙河流域国家又根据 WFD 对全流域做了一次资源普查与利用分析,并着手制定、实施共享的流域管控规划。2009 年,提萨河流域的 5 个国家正在实施一个联合管理计划来执行 WFD,并保护其支流流域水域。它们共同就流域的水质和水量展开了分析,成为成员国和邻国之间进行合作的典范。

2.1.4.3　萨瓦河流域水资源管理

1)框架协议

塞尔维亚最大河流萨瓦河,是一条引起高度关注的国际河流。萨瓦河流域沿岸国家意识到:萨瓦河流域水资源必须在可持续开发、利用、保护和管理上进行合作,故经过充分协商达成了萨瓦河流域框架协议(FASRB)。

流域各国均为理性,谈判过程相当顺利;当年就完成了最后协议文本,开创了一个国际框架形成的特别记录(FASRB 协议于 2004 年 12 月 29 日正式生效)。FASRB 是一个独特的国际协议,涵盖了水资源管理的所有方面,并成立了专门的执行机构——萨瓦河流域国际委员会(ISRBC);委员会拥有国际组织的法律地位。

2)协议的法律地位

第一,ISRBC 是为执行 FASRB 而设立的,即为协议国实施 FASRB 提供的合作条件,从而实现共同目标:要求在萨瓦河及其可航运的支流上制定一套国际航运制度,包括在萨瓦河及其支流上安全航运的规定。

第二,共享水资源与管理的实现,既以一种可持续的方式就萨瓦河流域水资源管理进行合作,包括地表和地下水资源实施一体化管理。

第三,协同采取防灾和减灾措施,如针对洪水、冰冻、干旱和水污染事件等,减少和消除相关的不良后果。

3)协同措施

FASRB 的原则,是为区域的可持续发展进行跨界合作,主要措施是:

(1)主权平等、区域完整、互惠和诚信;

(2)国家法规、机构和组织的相互尊重,与欧盟各种指令保持一致(如水框架指令和洪水指令);

(3)流域内信息的定期互换(即在水制度、航运制度、立法、组织结构、行政和技术实践等方面);

(4)国际组织(比如保护多瑙河国际委员会、多瑙河委员会、联合国欧洲经济委员会、欧盟机构等)的合作;

(5)水资源的合理和平等利用,确保流域水制度的完整性;

(6)减少协议国因经济和其他行为活动引起的跨界影响,开发利用流域水资源时,避免对其他协议国造成严重损害。

2.1.4.4　欧盟协议与执行

WFD 对成员国必须履行的义务,以及向欧盟委员会报告完成情况的时限均做出了规定。指令要求报告的主要义务如下:

(1)2003 年 12 月,指令转化为国家法规(对于 10 个新成员国,时间为 2004 年 5 月 1 日);

(2)2004 年 6 月,成员国报告流域区和主管机构(流域区是流域管理的主要单元,是指令中规划设想的范围);内容在指令的附件 1 中做了特别说明,另外还包括流域区的地理覆盖范围,主管机构的名称、地址和法律地位,作为其他主管部门协调机构时的职责及资格;欧盟委员会根据各成员国提交的报告,制作出流域区地图和其他专题地图;

(3)2005 年 3 月 22 日:报告流域区的特性,并对压力、影响和水资源利用进行分析(报告第 5 条);根据 WFD 第 5 条,所有的成员国必须在 2004 年底以前完成对其流域区特性的详细分析,包括人类活动对地表水和地下水的影响、水资源利用的经济分析;将分析结果作为初始依据和信息源,在此基础上制定流域管理规划和措施计划;

(4)根据第 8 条,成员国必须制定监测计划,并须于 2006 年 12 月 22 日前付诸实施;根据第 15 条,在 2007 年 3 月 22 日前向委员会提交监测报告。

其后,欧盟委员会又拟定了题为"迈向欧盟水资源的可持续管理"的报告,成员国需要在三年内(2010 年 3 月 22 日前)提交包括措施计划在内的流域管理规划报告。

在 WFD 出台之前,欧盟的水政策面临巨大压力,如生活污水排放、农业养分、工业排放、危险物质排放带来的污染。综合分析其影响因素,各成员国执法水平的差异一目了然(应当承认,某些成员国执法水平非常低)。调查发现:哪里投资或在建规模大,哪里的问题就多,需要着力解决。欧盟针对 10 个 2004 年入盟国和 2 个 2007 年的新成员国(共 12 个国家),完全实施污染点源控制而制定的基建投资规程,尚有个过渡期,计划到 2015 年才开始运作。

2.1.5　法国水资源管理

法规是欧洲或欧盟国家中水资源利用和管理较为先进的国家。根据有关专家在国际水资源管理会议的交流资料,借鉴法国阿脱瓦-毕加底流域的水资源管理经验,尚可作为我国水利行业改革水资源管理方式的参考。

法国国土面积约 551 208km²,总人口约 7000 万,与水资源有关的水文情况见表 2-1。20 世纪 90 年代,法国年平均用水量约 270 亿 m³,其中,生活用水 43 亿 m³、工业用水 55 亿 m³、农业用水 52 亿 m³、发电用水 120 亿 m³。水资源利用约为平水年总径流量的 1/8,也就是说,水资源总量较为富余。

与我国情况类似,由于时空分布不均匀,一方面是部分地区枯水期也常常发生洪水;另一方面,缺水地区超采地下水,加上工业和城市生活排污导致的水污染,这部分地区(尤其是工业和人口高度集中地区)水质型水资源短缺问题仍非常严重。因此,国家加强对水资源的管控,成为重中之重。

表 2-1 法国不同水文年水资源总量情况

	平水年	干旱年
（1）年降水量/mm	800	600
（2）蒸发量与蒸腾量/mm	500	400
（3）=（1）-（2）径流深/mm（括号中为地下水）	300（90）	200（60）
（4）本地总径流量/km³	165	110
（5）外地总径流量/km³	45	30
（6）=（4）+（5）总径流量/km³	210	140

2.1.5.1 依法管理、分工协作

作为不可替代的自然资源，水资源既是生产要素，又是环境要素。针对全球性的"缺水、洪水、水污染"等共性问题，实行水资源一体化管控非常重要、意义重大。法国是世界发达国家，也是欧盟经济大国，水问题依然存在。

由于水的多功能、多用途和多用户，再考虑到历史上的原因，法国对水资源管理是由几个部门分工协作共同管理的。作为欧洲大国和成文法系国家，依法管理是其传统。法国很早就颁布了水法，从立法、管理和经济层面明确规定所有水相关的职能部门必须在环境部统一归口协调下实行分工管理，如农业部分工管理灌溉和排水，交通部分工管理航运，原卫生部分工管理卫生标准等等。换句话说，就是以法定形式明确政府部门各自职责、权限，同时调整、完善了管水与用水关系。为了增强一体化管理有效性，政府以流域为自然单元按分水岭将全国水资源划分为六大流域，并设立六个流域管理局和相应的流域委员会管控流域水资源。这六大流域管理机构分别是：

（1）阿脱瓦-毕加底流域委员会；

（2）塞纳河-诺曼底流域管理局；

（3）洛瓦-勃里特达流域管理局；

（4）阿道-卡洪流域管理局；

（5）莱茵-莫司流域委员会；

（6）罗纳-地中海科西嘉流域委员会。

流域管理局（流域委员会）的职责，是管控在一个流域内水资源政策的制订和实施，具体职责、流程见图 2-1。

图 2-1 流域管理局的履责流程

2.1.5.2　阿脱瓦-毕加底流域水资源管理

阿脱瓦-毕加底流域位于法国北部,面积约 2.2 万 km^2,年平均降水量为 800mm,径流深为 200mm(1 000 万 m^3/d),总人口 450 万人,平均每平方千米 200 多人,为法国全国人口平均值的两倍。流域中,域内分布有采矿、冶金、钢铁、化学、纺织、食品等工业,农业生产占有重要地位。

由于工业和城市人口高度集中,用水量陡增,污水处理设施及能力不足,早期 85% 的工业废水和城市生活污水未经处理就直接排放。再加上大量超采地下水,使地下水位急剧下降;几十年的时间,水位已下降 60m,并以每年 1m 多的速率持续下降,导致以地下水为补给源的一些河流干枯;流域中,多数河流鱼虾绝迹,有些河流实际上已成为排污沟,深层地下水也遭到污染。

依据 1964 年颁布的水法,流域水资源管理局组成具有代表性的理事会(理事由选举产生,理事名额以当地社团、政府代表和用水户各占 1/3)。流域管理局和流域委员会共同管理水资源,相当于地区的"水议会"。主要管控内容有:

(1)积极治理工业废水和城市污水;

(2)节水,特别是推行工业节水;

(3)为了保证地下水作为饮用水源,引导工业优先使用地表水;

(4)防止地下水污染;

(5)研究寻找未污染的地下水资源;

(6)修建必要的饮用水处理厂和污水处理厂;

(7)处理厂以消除某些氮化合物;

(8)修坝水利设施。

流域管理局在财政和技术上对水公益事业提供支持和帮助。管理局下设公共关系处,负责对公众包括青少年进行宣传教育,以提高对保护水资源和水环境的认识。也就是说,管理局既像政府机构,又像运营商,同时起着一个保险公司的作用,它一方面向污染者以及引用地表水和地下水的使用者收费;另一方面编制五年计划,以贷款、补助或津贴等形式拨款建设和运营下水道、污水处理等设施。

1)流域水污染防治

根据有关资料,阿脱瓦——毕加底流域(特别是流域的北部)水污染状况非常严重。该流域的河段每天受纳 1000t 悬浮物;为降解有机物,每天需耗氧超过 1000t。不仅如此,污染事故也与日俱增;仅 1954—1964 年的 10 年间,鱼虾绝迹的河段增加了一倍,地下水硝酸盐含量增加,且常有细菌污染,局部甚至有剧毒物质污染。因此,需要采取对策治理水污染。

管理局的指导思想是:"谁污染,谁付费",让排污者付出高成本,迫使排污者主动建设治理工程。否则,排污者即使支付了高额排污费,名誉也被"扫地"。据悉,1985 年的排污收费标准是:

(1)排放 1 千克耗氧物质缴纳 120 法郎或 12 美金排污费;

(2)排放 1 千克悬浮物质缴纳 60 法郎或 6 美金排污费;

（3）排放 1 千克氮化物质缴纳 200 法郎或 20 美金排污费；

（4）排放 1 千克有毒物质缴纳 2000 法郎或 200 美金排污费。

在特殊保护的河段排污点，需要加收排污费，如排污点可能导致地下水污染，则按上一级收费标准再乘上一个大于 1 的"惩罚"系数。此外，每个居民每年也需要缴纳排污费，一般不超过 20 法郎或 2 美金。流域管理局在技术上派出专业工程师向工矿、企业和当地代表提出建议或最佳处理方案，并针对每一类情况研究最合适的治理措施。在财政上，污水处理项目一旦动工，管理局则通过贷款和补助等方式分别向工矿、企业和地方社团提供可高达 70% 和 40% 的污水处理资金支持。

为了防止排污或污染事故引起的有毒有害物质污染地下水，管理局还大力资助修建混凝土设施或其他防水设施，贮存有机废物（如贮存液体肥料的槽坑），防止地下水硝酸盐含量超标。

2）节水管理举措和成效

在水资源保护管控中，节约用水意义重大、效果明显。因为节约用水的同时，必然减少排污总量，从而也减轻了防治水污染的任务，这体现了水资源保护工作不仅是要抓排污收费和污水处理等水质管理履责，还应积极管控水量在内的蓄存、节约、循环再生等各环节，维持水资源的永续利用，美化水环境。流域管理局在工业节水上，特别是循环用水、重复用水上，取得了显著成绩。具体措施或效果如下：

（1）羊毛加工。要求业者优化生产作业，即最后一道洗毛水是相对干净的，其可用来清洗头道脏毛，在排污前再将脏水蒸馏浓缩，而蒸馏水又可用来洗毛。

（2）控制印染用水量，循环利用，节水 3~5 倍。

（3）炼钢需水量极大，以年产 800 万 t 钢的尤山诺杜克格厂为例，需水 65 000m³/h，在高度循环用水后，实际补充取水量仅为 1 000m³/h。

（4）制糖节水。洗糖作业用水从 10m³/t 下降为 0.3m³/t；整个制糖过程，用水量只是 20 年前的 7%。

（5）啤酒酿造业。每 10L 啤酒用水量由 2m³ 下降为 0.6m³。

（6）造纸业。每吨纸用水量为 15~20m³，是过去的 1/6~1/5。

（7）石棉水泥管。一个年产 20 万 t 的厂，在 1975 年日用水量为 5 000m³，节水管理后仅为其 1/7。

民众生活用水，也采取节水措施（并非限制用水），提倡合理用水和科学用水，提高水的利用率。从法国水资源管理实践，得知他们对水资源的恩崇与重视。水资源不可或缺，但水资源有限而宝贵；管理水资源，必须将地表水、地下水统筹，水量、水质并重，经济效益、社会效益、环境效益辩证统一。

2.1.6　澳大利亚水资源管理

20 世纪 90 年代以来，全球经济一体化的步伐加快，人口和经济呈现双增长态势，水资源紧缺问题日益成为世界关注的焦点。为有效解决水资源紧缺，实现水资源的可持续利用，澳大利亚政府在水资源管理领域创新了管理思路，包括参与式管理、集成化管理、地表水和地下水的协同管理和适应性管理等。这些方法互相渗透、互相交流，有利于推动全球水资源管理科学发展。

2.1.6.1 水资源管理新思路

1)参与式管理

国家离不开国民,国家事务就是国民的事务;没有国民的有效参与,国家事务无法获得最优解决。水资源作为一种公共自然资源,当传统的技术和方法不能带来公平分配和可持续利用时,水用户和其他的利益相关者应该参与到水资源问题决策中。按照全球水伙伴(GWP)的标准,水资源管理需要咨询机构、领导者、执行者和基层用户的参与和协作,共同制定水资源的供给、管理及配置,确定水的优先使用权,选择开发利用技术及手段,进行水资源监控及水环境影响评估等。在决策过程中,利益相关人越早参与越有利,并成为决策主体之一。这样的参与管理及实践,能有效提高参与者尤其是利益相关人的积极性,充分体现公共资源公平公正配置的原则,从而使水规制和政策得到更好的执行。

2)集成化管理

全球水伙伴对集成化水资源管理定义为:在不危及重要生态系统可持续性发展的前提下,为以公平方式实现经济效益和社会效益的最大化,对水、土地和相关资源进行协调开发和管理的过程。在集成化管理方式下进行水资源管理时,应统筹考虑社会、经济、环境和技术等影响因素。澳大利亚的管理方式有:

(1)通过培训,使利益相关人掌握必需的知识和技能,让他们参与决策,并提供解决水问题或冲突的途径,制定有效地管理机制。

(2)决策部门在充分评估所有影响因素后,才能进行决策。

(3)向民众提供流域的经济、社会和生态信息等,进而做出科学决策。

3)协同管理

协同管理,是指对地表水和地下水以一种协同的方式进行综合管理,使其总效益大于对地表水和地下水进行单独管理的效益总和。采取协同管理的方法,可以改善水安全、水使用效率、水污染等问题。例如,在降水较丰沛的时期,地表水较充足,鼓励直接使用地表水,禁止或限制开采地下水,并采取技术措施把地表水储存到地下含水层内,转换为地下水,作为备用水源。当地表径流变小或者为了生态系统需要保存时,可以抽取含水层内的地下水来满足农业灌溉、工业生产或生活需要。也就是说,在给定的区域内,统筹协调地表水和地下水的开发利用,实现生态效益和经济效益的最大化,这就是水资源的协同管理,主要优势有:

(1)能够提高农田灌溉及供水的保证率;

(2)开发利用不同水资源,提高生产者获取水资源的灵活性;

(3)收集和储存多余的水,提高当地年平均水资源量,保障水供给;

(4)通过地表水和地下水资源的联合优化配置,避免或减轻使用单一资源的风险。

水资源协同管理,可以被视为是解决可持续利用的重要方法。

4)适应性管理

适应性管理首先由生态学家霍林(Holling,1978年)提出,20世纪90年代以来,适应性管理思想在自然资源管理中变得非常流行。适应性管理是一种递进的思想,即从管理行动中学习,并利用学习经验来提高下一阶段的管理。在水资源管理存在变化性、不确定性和复杂性的条件下,作为降低生态系统不确定性和提高资源系统生产效率的方法,适应性管理在水资源管理方面代表着一种重要的创新,其明确承认不确定性的存在并且通过仔细比较结果而对许多管理方案进行测试和改进。适应性管理具有以下特点:

(1)多元性和连接性。多重参与者(包括政府、水资源使用者和各种产业用户代表)代表了不同阶层的利益和观点。

(2)交流和沟通。通过建立信息共享机制来推动交流和沟通,促进相互了解,从而达成决策共识。

(3)学习性。参与者一起行动并共担行动的后果,学习并自动纠正错误。

2.1.6.2 主要管理经验

1)制定管理原则

澳大利亚水资源管理政策的制定,是基于协同管理的方式,其主要原则有:

(1)如果地表水(包括地表径流)和地下水互相联系,则两者应作为一种资源来管理。

(2)在没有证据表明地表水和地下水相连通的情况下,管理政策应当假设他们相连通;这条谨慎的原则可以避免地下水和地表水相互作用的影响。

(3)地表水和地下水用户应当平等对待;在许可、定价、计量、安全、可靠性上所有用户具有一致性。

(4)管理区域的界限,不应当妨碍统一的水资源协同管理。

2)系统认识与政策调整

1965年,澳大利亚水资源委员会强调地下水不应作为独立于地表水之外的资源来看待,应当同时规划两种资源的开发、利用和保护。1976年,澳大利亚水资源委员会提出"在评价一个地区的水资源时,水资源总量并不是单独的地表水和地下水量的简单叠加。"1983年,澳大利亚资源能源部的报告鼓励地表水和地下水的协同使用,并提倡对地表水和地下水的关系进行分析,为协同使用提供合适的系统方法。

1994年,澳大利亚政府颁布了《国家水改革框架》。关键的政策条款包括:

(1)在计算并回收全部供水成本的基础上,确定水资源价格;

(2)清晰界定水权并允许对水权展开交易;

(3)应预留出一定的环境用水量;

(4)采用流域集成化管理方式;

(5)建立水监管和水服务机构,并明确责任;

(6)对公众进行教育和提供咨询等。

同时,国家水质管理战略也被纳入水改革框架,其主要目标是通过保护水资源,提高水质,实现水资源的可持续利用和经济社会的可持续发展。2003年,澳大利亚发布国家水行动倡议书,拟实现提高供水的保证率、通过全流域的环境保护来保证生态系统的健康发展、通过鼓励和推广水市场和水权交易来保证水资源的效益最大化以及在城市中鼓励节约用水等多目标。

3)协同管理架构

澳大利亚政府建立了协同式水管理流程(图 2-2)。根据适应性管理的思想,即政策和实施根据先前实践不断改进,这一流程包括 6 个阶段:

(1)识别管理环境。即识别影响流域内土地和水资源管理的因素。

(2)调查和评估。获取流域内地表水和地下水特点和相互联系情况。

(3)总结和预测。总结地下水和地表水的相关性及对整个水资源系统的影响,并以此开发数学模型进行预测。

(4)制订管理目标。制订流域内水资源管理各阶段目标。

(5)制定和实施管理政策。制定协同式水管理适当的政策组合和投资计划并具体实施。

(6)监控和评价实施情况。开展关键指标的监控,并以此为基础评价流域状况和协同式水管理的实施情况。

图 2-2　澳大利亚政府协同式水管理流程

澳大利亚协同式水管理思路,需要意识到以逻辑顺序对水资源管理活动进行校验,为从事水资源的管理者提供评估和修订前期决策的机会,既遵循了适应性管理方法,通过之前实践总结、学习,不断提高政策适应性,推动水资源管理科学发展。这种管理方式使澳大利亚的水资源供需矛盾逐渐缓和,各流域水质得到有效改善,万元 GDP 耗水量明显降低。

2.1.7　美国水资源管理

美国是个移民国家,文化的开发与制度包容,使其不断吸纳世界各国先进的文化和技术。美国水资源丰富,人口相对较少,总量上并不缺水,但其在水资源管理方面,仍有值得学习、借鉴的经验。如佛罗里达州南方水资源管理局在河道生态治理、湿地生态修复、地下水库蓄水,以及多样性供水策略、水资源综合管理、水文模型应用等领域,大胆探索和大规模建设投入,形成了多个生态工程亮点,成为国际水资源管理领域的成功典范。

美国水资源管理理念从以排水、造田、通航、防洪、供水为主的工程水利向资源水利、可持续发展水利多目标转变,取得令世界瞩目的成就。佛罗里达州南方水资源管理的实践证明,人类的治水活动必须尊重自然、认识规律、科学实践、与时俱进,实现人与自然和谐共处。美国水资源管理及实践,可以分为几个阶段。

2.1.7.1　早期治水阶段

早期治水为 1850 年到 1950 年。1882 年,为改善航运条件,佛罗里达州政府开始疏通基西米河与克鲁洒河；1904年，新任州长的第一件事便是"排干沼泽地"。为了管理和实施该项工程，州议会于1907年成立了"大沼泽地排水局"。1905—1927年，从奥基乔比湖到大西洋海岸，修建了6条河道用于排水、航运。1926—1928年，几次飓风造成巨大灾难，使人们开始反思此前破坏湿地的行动，更加关注防洪。1929年，美国成立奥基乔比湖区防洪局，原来排水局的工程全部停了下来。联邦政府授权美国陆军工程师团修建防洪工程，其中最主要的一项工程是修建一条140km环绕奥基乔比湖的防洪堤——胡佛堤，同时在堤坝上设置泄洪闸。

1947—1948年，飓风多次横扫佛罗里达州南方，大片农田和居民区被淹，积水近6个月不见消退；当地居民、各行业及佛罗里达州政府强烈呼吁联邦政府出资，从根本上解决佛罗里达州中南部的洪灾问题，建设防洪工程。1948年，佛罗里达州议会成立了中南佛罗里达州洪水管理局，作为美国国会对口陆军工程师团的州级机构，负责配合陆军工程师团修建各种水利工程以及项目完工之后的运行、维修和管理工作。同时，州原有的沼泽地排水局与湖区防洪局及其职能一并划归新成立的中南佛罗里达州防洪管理局，这也是佛罗里达州南方水资源管理局的前身。

2.1.7.2　大兴水利工程阶段

1950—1970年，中南佛罗里达州水利工程共实施了20年。该项工程主要包括五项内容：

（1）进行河道整治；

（2）对胡佛大坝进行加固与加高；

（3）修建多个地表储蓄水库；

（4）大范围修建防护堤；

（5）建设排水渠网及沿海防止海水入侵结构物；

（6）实施科学调度。

这一时期，佛罗里达州共修建了1700km运河、约1200km长的堤坝、200多座控水建筑物、15座主要泵站等，使该地区成了水利工程调控程度最高的地区之一；基西米—奥基乔比—大沼泽地自然生态系统，完全变成了一个人工管理的流域。大规模水利工程建设，有效解决了南佛罗里达州的洪水灾害问题，促进了当地经济社会的快速发展。

2.1.7.3　生态水利阶段

许多案例表明，人类大规模的建设活动，在一定区域或一定程度上可能与地球自然生态系统产生冲突。20世纪70年代，佛罗里达州南部经历了有史以来最大的旱情，严重旱灾引发区域内多处森林大火。此时，人们开始反思并调整水管理思路。1972年，佛罗里达州议会通过了土地与水环境法、综合规划法、土地保护法、水资源法等多项法案，避免使土地利用、发展政策以及水资源的管理割裂开来。根据水资源法，佛罗里达州政府按水文条件将南部划分成5个区域，每个区域设立一个水资源管理局，原中南佛罗里达州防洪局改名为佛罗里达州南方水资源管理局。

水资源法赋予了水资源管理局供水（包括水的保护与调配）、水质保护、防洪和对辖区内自然生态体系保护管理四大职责。同时,水资源管理局对辖区内的所有不动产征收水资源保护税,用于其水资源管理业务活动,州长和议会对其预算进行严格监督。法律及政策的完善,使得佛罗里达州的水资源管理从根本上解决了经费问题。经费的保障,管理局便主动调整思路,制定水中长期发展规划,采用新技术、新手段应对水问题。

1970—2000 年,由于之前的水利工程存有应急成分,20 世纪 70 年代陆续竣工投产的项目逐渐暴露出重大问题,政府职能机构开始反思工程水利的思路,重新评价水利工程,重视水环境和水生态。

1)基西米河运河化和水环境生态修复

基西米河洪水控制工程于 1954 年启动,该工程不仅为流域上游区域提供防洪保障,而且保证了下游农业开发。但该工程也造成了基西米河的运河化,对流域植被和物种多样性造成了破坏。为修复基西米河生态,1999 年实施了基西米河生态修复工程。该工程的目标是恢复一个可以自我维持的基西米河及河漫滩生态系统,恢复与历史上相同的生态功能并能支持与历史上相当的动物群、植物类型和水流特征。

2)对中南佛罗里达州水利枢纽工程重新评估

佛罗里达州从北至南相连的基西米—奥基乔比湖—大沼泽地—佛罗里达州海湾生态系统,被修建的水利工程割裂成一个大拼盘;原来由自然条件控制的片状水流,被改变成由水工建筑物控制的、流向西墨西哥湾及大西洋海岸的线状渠流。生态条件的改变,导致佛罗里达州一系列生态环境问题逐步显现:主要是佛罗里达州奥基乔比湖受到严重污染、大沼泽地国家公园面临植物群落生存环境的改变;佛罗里达州海湾功能退化。

1994 年,佛罗里达州议会制定了"永久保护大沼泽地"的地方法案,明确提出解决好水质问题。1995 年,专门委员会的研究报告指出:佛罗里达州的环境恶化已经严重影响到居民的日常生活。如果不采取行动,阻止环境的继续恶化,将会严重影响到旅游业、工商业,佛罗里达州将不能够持续发展。

3)总结教训、科学规划

认识到水利工程产生的问题后,佛罗里达州政府在实施基西米河生态修复的基础上,组织人员专门研究应对措施,制定和提出了奥基乔比湖生态修复、大沼泽地恢复及建设、佛罗里达州海湾生态修复、入海河口治理等一系列规划和方案,并对上述项目实施了巨大投入。通过生态修复工程建设,州政府从工程水利教训中获得启示:

(1)针对生态问题范围广、难度大、所需经费多的现实,虽然佛罗里达州政府全力支持水资源管理局为环境修复所做的各项努力,但两者的力量仍远远不够,联邦政府的支持成了解决问题的关键。因此,生态修复与水管理需要科学规划,实施大型工程离不开联邦政府的大力支持。

(2)在缺乏对大自然的充分认识之前,大规模地建设工程需要科学论证,对已经建设运行的水利工程,应加强生态监测,防止区域生态恶化。

(3)水资源法规的制定,有力地推动了生态修复工程的建设。

(4)研发、应用水资源管理模型,是提高工程建设质量和管理水平最有效的手段。

2.1.7.4 可持续利用阶段

美国政府将 2000—2050 年作为可持续发展的水利阶段。2000 年 11 月,美国国会在水资源发展法中通过了大沼泽地综合修复计划。这是美国有史以来最大的环境修复工程,共有 60 个单项,计划 30 年完成。主要目标:

一是增加自然生态的空间面积,改善栖息环境及其相应功能,增加原生态动植物种群的数量和多样性;

二是增加区内工农业及城镇供水量,降低洪水灾害。

修复计划有四项主要措施:

(1)水量控制。佛罗里达州水利工程导致每天约 6 400 万 m^3 本来应流进生态系统的水被排到了大西洋或墨西哥湾。计划以恢复失去的储存能力为目标,通过修建控制面积 868km² 的几座水库以及 300 孔回采井分别存于地表及注入地下水库,储存的水 80% 用于环境,其他用于城镇及农业。

(2)改善水质。以控制含磷量为目标,通过修建人工湿地、储存区域和处理区域等,降低水中富营养成分,改善进入沼泽地公园的水质,减少向海岸过量排放的淡水。

(3)调控水的时间分布。对沼泽地生态系统而言,自然的淹没及干旱循环是其自然状态下生态环境的重要组成部分,要以改善流入河口环境淡水的时间分布为目标,尽量按照水的自然流态调控进入生态系统,而不是人工的、忽高忽低的脉冲状态。

(4)调整水的空间分布。以恢复自然片状流态为目标,拆除大沼泽地 386km 的防护堤及运河,拆除沼泽地公园与大水杉国家保护区的分离堤坝,将阻碍产生片状沼泽地的 41 号公路的部分路段改为桥梁或设置路下管道。

大沼泽地综合修复计划的主要工程项目包括:修建蓄水 1 850 亿 m^3 的几座水库;修建水保护区,改善河口放水状况,修建日存水 600 万 m^3 的地下水库,修建 144km² 人工湿地,拆除阻拦片状水流的障碍物等。该计划实施 10 年来,取得了明显的环境效益、经济效益和社会效益。

2.1.7.5 美欧发达国家水资源管理启示

1)制度建设是水资源管理的基础

制度化是当前国际水资源管理活动的趋势之一。世界各国制度建设的方式各不相同,有的以法律,有的以部门法规,有的则以行业规范的形式来进行制度建设。

美国是较早进行依法管水、依法治水的国家之一。早在 1972 年,美国联邦政府就颁布了清洁用水法;对水体的开发、利用,尤其是水质提出了严格要求。随后,各州议会也依据此法陆续出台了一系列包括水资源环保、水排放、地下水开采方面更为严格的地方法规。可以说,美国有关水资源的法规涵盖了开发、利用、保护、管理的各个方面。相比之下,日本的水资源法律体系也非常健全,以水资源开发促进法为龙头,主要包括水资源开发公团法、水资源地域对策特别措施法、河川法、工业用水法、水道法、水质保全法等项法律。也就是说,发达国家都普遍采用法制管理水资源。1992 年法国通过并颁布了新水法,涉及取水、用水、排水等方面,对水资源进行全面管理。同期,德国也制定有国家水务法,该法在用水、排水、污水处理等方面规定了一个框架和基本原则,联邦各州根据国家水务法的基本原则,结合本州情况做出详细的规定,作为各州的实施细则颁布执行。荷兰在水资源管理方面的法规有灌溉法以及关防止地下水资源污染的法规和防止由海水或废料污染水资源的法规。

2)强化流域管水职能

大江大河流域本身,形成了一个完整的生态系统。同时,它又存在着众多的利益相关者,这些利益相关者围绕水资源的利用和保护在很多方面都需要进行利益的协调。因此,无论是从自然的角度,还是从社会再配置的角度出发,把大江大河流域作为一个完整的单元进行水资源管理都是非常必要的。从 20 世纪的实际情况看,各国纷纷建立了以流域为单位的水资源管理机构。最为明显的案例是法国。法国共有六大流域,流域主要管理机构有流域委员会(水议会)及其执行机构流域管理局。流域委员会是流域水资源管理的最高决策机构,它由代表国家利益的政府官员和专家代表、地方行政当局的代表、企业与农民利益的用户代表组成,三方代表各占 1/3。流域委员会的重要任务,是审议和批准流域管理局董事会提交的水发展计划、各年度工作计划及其他计划。经流域委员会通过的行动计划和政策纲要,必须得到执行。流域管理局,是一个独立于地区和其他行政辖区的流域性公共管理机构。它接受环境部的监督,负责流域水资源的统一管理,而且在管理权限和财务方面完全自治,同时在流域内还必须执行流域委员会的指令。

3)投资渠道多元化

美国的水利工程建设,鼓励多渠道投资,实行多元化管理。主要来源有:政府拨款,包括联邦政府和州政府的投资、发行国债(利率高于银行贷款且无须纳税)、银行贷款(包括政策性贷款和商业性贷款)、建立水银行等(即以银行贷款的形式向用户提供用于水利建设的资金,然后由用户偿还);还有社团或董事会成员投资等。水电站通过收取的电费,归还投资。根据工程的不同用途,使用不同渠道的资金,确定不同的投资回收方式。

(1)对用于防洪、环保等公益性用途的投资,均由政府无偿投资;

(2)对于农业灌溉等非营利性用途的项目,由政府给予政策性扶持,包括贷款贴息或回收成本价等;

(4)对城市及工业用水等营利性用途的项目,一般均用贷款解决,且连本带利全部回收。

典型的案例:加利福尼亚州 1988—1993 年连续 6 年发生大旱,洛杉矶及加州南部其他城市严重缺水;加州政府与各城市、企业和农场主协商,设立了水资源银行,农场主及其他水权拥有者自愿把水权卖给"水资源银行",各城市及其他用水户到"水资源银行"买水。这样,政府、买方和卖方互相合作,成功地解决了大旱期城市严重缺水的问题。

4)注重水资源保护教育

水资源保护和管理的成功与否,不仅取决于有效的政策和法律,更重要的是取决于公众的参与和不良用水习惯的改变。美国利用正规和非正规教育两种途径,广泛开展水资源保护教育。在小学、中学及大学设置环境和水资源课程,教育学生从小做起、从我做起,热爱环境、保护环境,并组织学生参加清理城市及公路垃圾和参与资源的回收再利用等活动。许多中小学生受教育后,带动父母亲也加入保护环境的活动中。同时,利用电视、报纸、广播、节目、聚会、讲座、传单等形式,向公众讲授水资源保护的重要性。如由美国凯洛格(Kellogg)基金会资助的密歇根地下水教育项目,面向农村,利用各种媒体向公众介绍地下水的利用与保护,并利用计算机图像技术模拟地下水的流动、污染及保护,拍成宣传片,在全州83个县放映,取得了很好的效果。这些活动,使公众保护地下水的意识大为增强。美国联邦政府和各州政府都设有环境教育基金,鼓励地方和学校申请,用于开展各种环境教育活动。

2.2 我国水资源管理

如前所述,我国水资源自然禀赋不好,主要是人均占有量相对较少,时空分布和年际来水不均匀,暴雨洪水和干旱缺水并存;加上全球气候变暖可能带来的负面影响,水资源危机逐渐凸显。持续近40年经济高速增长和城市化的快速扩张,导致水资源供需矛盾突出、水环境污染严重、水生态系统极速退化、水事争端频发。未来,国家仍需要保持中高速经济增长,以维护社会稳定,保障多数人就业。这种自然和社会二元因素导致的水资源问题及污染情况,将严重威胁着国民用水安全、水生态安全、粮食安全和生命健康。

2.2.1 传统水资源管理问题

新中国成立以来,我国水利事业发展迅速,成绩卓著。截至2015年底,66年的时间形成近百万人规模的水利专业(研究、设计、建造、运行、监测、管理)队伍,建设了超过10万多座大、中、小水库;全球最大的超级水利工程——三峡工程和南水北调工程均投入运营,以水资源开发利用为目的的水利枢纽群正在发挥着防洪、发电、航运、灌溉等功能作用。在长期治水实践和技术推动下,我国水利工程规模世界第一,水资源工程与科学技术总体达到国际先进水平,尤其在水资源配置技术、水沙科学以及大型水资源调配技术方面达到国际领先水平。

由于传统体制的惯性作用,水行政权力主导资源配置,水管理分工太细,"九龙治水"的格局未发生改变,水法律规制不尽完备,执法软弱无力,传统的水资源管理活动无法应对越来越复杂的水环境、水生态、水安全问题的挑战,需要深化改革,重新构建依法治国、依法行政、依法管水的水资源管理体系。

2.2.2 水资源管理研究和发展

2.2.2.1 水资源管理研究背景

水资源管理研究对象,应针对水资源管理存在的问题,提出解决问题的科学、有效方法。研究的客观基础,就是大江大河水域水体水循环因粗放利用发生了演变。

从水系源头,到奔流入海的全程,形成水资源的水循环分有两个部分:

(1)一部分是由降雨、蒸发、入渗、潜流、汇流、补给、排泄这些基本环节组成的自然水循环;

(2)在自然水循环的主框架内,由取水、供水、排水、用水、治污等过程形成了社会水循环。

不难发现,水的自然循环和社会循环,相互依存、相互制约、相互作用;尤其是耗水过程加速了流域水循环的演变。在这个演变过程中,伴随产生了一系列资源效应、生态效应、环境效应。因此,人类需要对各类水问题加以研究和解决;首先,从流域水循环演变着手,研究变化环境下演变的机制,对水循环过程进行模拟和调控,实现可持续发展目标。

1)水问题研究背景

二元驱动下即自然与社会水循环形成过程中的流域水循环,及其伴生过程的演变出现各种各样的水问题,如:

(1)干旱和缺水问题,自然水循环和社会水循环演变失衡,如人口分布、用水规模;

(2)水污染问题,与水循环伴生的水化学过程的演变失衡;

(3)水生态退化,与水循环伴生的生态过程演变失衡;

(4)水土流失,与水循环伴生的水沙过程演变失衡;

(5)极端实践,导致气候变化下的自然水循环过程演变。

2)机制研究、多维管控

解决这些共同水问题,需要有一个统一的科学基础,即对"自然和社会"二元水循环及其伴生过程演变的机制揭示、规律认知与过程模拟,更需要法律和制度层面的调控。

不难理解,自然水循环包括大气过程、地表过程、土壤过程和地下过程;社会水循环包括供水过程、用水过程、排水过程和回归过程。

人为调控和管控需有一统一的科学路径,目标导向下的"自然—社会"二元水循环系统需要多方面均衡综合调控。其中:

(1)资源方面,目标是水循环可再生性维持,方法是水源涵养,合理开发地表、地下水资源。

(2)经济利用方面,目标是提高用水效益,降低用水成本;方法是用水效率提高、循环用水、水向高效益部门流转。

(3)社会管理方面,研究提高供水保证程度,维护社会用水公平,提高供水能力,保障大众群体和公益性行业的基本用水。

(4)生态方面,人类应该加快修复受损生态系统,保护健康水生态系统;

(5)资源环境方面,水体环境状况应保持良好,减少污染物产生量,加大废污水处理力度;确保水功能区达标率和污水排放达标率。

2.2.2.2　水资源管理内涵

什么是水资源管理,如何实施水资源管理,显然不存在统一的定义、模式和标准理论。目前,学术界或专家观点、方法各异。《中国大百科全书》在不同的卷中,对水资源管理也存在不同的解释。无论如何,水资源管理应该包括取水、用水、节水、治污、水资源和水生态保护以及可持续工程开发与有偿利用等各个方面。

有学者认为:水资源管理,实质是为了满足人类对水资源需求及维护良好的生态环境所采取的一系列管控措施的总和。而水资源管理学,是从学科和学术角度对水资源管理进行系统研究的科学,是水资源管理的知识体系。水资源管理或水资源管理学,是建立在水文学、水资源学、管理学等诸多学科基础之上的新的交叉性综合性学科。通过对水资源管理及学科的研究,可以为提高水资源利用率和利用效率,保障水资源和水生态安全,以及水资源可持续利用并支撑国民经济健康发展,提供的理论依据和实践方法。

我国传统的水资源管理特点主要有:

(1)以水资源开发利用作为唯一目的,保护处于被动的地位;

(2)水资源管理内容相对狭窄,仅局限于水资源本身,缺乏对水资源的系统、科学认识;

(3)无视水生态环境和水资源高效利用。

其实,水资源管理不需要有多么先进的方法和系统工具,国外通行的协商合作、参与式管理、严格执法、使用者对价、排污者付费等制度可资借鉴。

2.2.2.3 水资源管理研究内容

水资源管理及学科研究对象很明确,就是围绕水资源持续高效利用而展开的一系列管理活动。目前,水资源危机在全世界范围内蔓延,水资源危机与人类在经济活动中缺乏对水资源的有效保护和管理,有着密切的关系。

水资源是经济社会发展的重要自然资源,人类生存以及绝大多数经济活动都涉及水资源。可持续发展,是当前和未来人类社会与经济发展的基本战略目标。水资源的可持续利用,又是实现这一目标重要组成部分。

水资源短缺、干旱、洪涝灾害、水环境污染、水生态退化、水土流失等诸多与水资源相关的问题,倘依靠传统的水资源管理方式,无法应对越来越严峻的挑战。实现可持续的水资源利用目标,必须改变传统的水资源管理体制、方式和内容,必须以可持续发展的、系统的和全局的视角,构建全新的现代水资源管理体系,这就是水资源管理学研究的主要研究内容。具体地说,现代水资源管理及学科研究内容至少应包括以下几个方面内容:

(1)资源环境下的水质和水量管理;

(2)水资源法律和制度管理;

(3)水权确权与转让管理;

(4)水资源规划、配置和执法管理;

(5)水利工程或设施建设和运行管理;

(6)国际水资源开发利用管理;

(7)水事争端与风险管理;

(8)水资源突发事件与应急管理;

(9)水科学与监测管理。

2.2.2.4 水资源管理研究进展

我国的水资源管理理论研究,始于20世纪80年代中期。早期的水资源管理研究,主要是对实际水资源管理活动中的管理内容的简单罗列和堆载,并未从理论的高度来对水资源管理的体系、机制和框架进行系统的探索、阐述。随着我国水资源危机的不断加剧,以及可持续发展对现代水资源管理的要求和挑战,学术界开始逐渐关注水资源管理理论的探讨和框架体系的构建。

1)20 世纪末期研究成果

(1)1994 年,赵宝璋主编的《水资源管理》出版发行。该著作是较早的专门论述水资源管理的专著之一。作者赵宝璋提出,大气降水、地表水、地下水、土壤水分以及废水、污水等水形态都不是独立存在的,而是有机的联系,统一而相互转化的整体,实际情况的确如此。赵宝璋研究认为:水资源管理,应该从水的资源属性、水的系统理念、水的经济视角以及水的法律规制出发,对水资源的合理开发利用、规划布局与调配,以及水资源保护等方面建立统一的、系统的综合管理体制;按照相关法律由水行政部门实施管理。水资源管理活动主要包括:规划管理、开发管理、用水管理和水环境管理。

(2)同一时期,冯尚友主编的《水资源持续利用与管理导论》问世。冯尚友学者将水资源管理定位为支持实现可持续发展的战略目标,是水资源及水环境的开发、治理、保护、利用过程中,所进行的统筹规划、政策指导、组织实施、协调控制、监督检查等一系列规范性活动的总称。具体讲:统筹规划,是合理利用有限水资源的总体布局、综合利用的关键;政策指导,是进行水事活动决策的规则依据;组织实施,指通过立法、行政、经济、技术和教育等形式组织社会力量,实施水资源开发利用和保护的一系列实践活动;协调控制,是处理好资源、环境与经济、社会发展之间的协同关系和水事活动之间的矛盾关系,控制好社会用水与供水的平衡以及减轻洪灾水患和干旱缺水等灾害损失的各种措施;监督检查,则是不断提高水的利用率和执行正确方针政策的必须手段。

2)近年的研究成果

(1)在 2000 年和 2002 年,吴季松学者先后出版了《水资源及其管理的研究与应用》和《现代水资源管理学概论》两部专著。《水资源及其管理的研究与应用》是水资源管理问题的报告和讲话的汇编。而《现代水资源管理学概论》一书中,吴季松学者对水资源管理的指导思想、水资源管理工作的基本目标以及主要内容做了系统的论述;从水行政管理角度,研讨了水资源管理的理论与实践。

(2)2003 年,左其亭和陈曦合著并出版了《面向可持续发展的水资源规划与管理活动》。该著作从可持续发展的理念出发,对水资源管理理论做了初步探讨。其成果专门研讨了现代水资源管理工作的工作流程、管理目标和水资源管理基本内容,提出了面向可持续发展的水资源管理活动的主要内容,包括加强教育、提高工作觉悟和参与意识;制定水资源合理利用措施和水资源管理政策,实行水资源统一管理以及实时进行水量分配和调度。

(3)2004 年,姜文来、唐曲、雷波等合著出版了《水资源管理学导论》,该书是国内外首部系统论述水资源管理学的专著。作者在界定水资源管理学基本概念的基础上,对水资源管理学的基本理论进行了探讨,然后专题阐述水资源管理的各个领域,并展开案例研究。

全书共分 19 章,其中第 1 章为水资源管理学概述,界定了水资源管理学的内涵、研究内容、研究进展和与其他相关学科的关系;第 2 章是水资源管理学的理论基础,分别阐述了水资源可持续利用理论、水资源复合系统理论、生命周期理论和水资源管理学的管理基础;第 3~17 章,专门论述了水资源的数量管理、质量管理、经济管理、权属管理、规划管理、工程管理、地下水资源管理、国际水资源管理、投资管理、行政管理、风险管理、安全管理、数字化管理和其他水资源相关管理;第18章和第19章为案例研究,以华北农业水资源和甘肃民勤水资源可持续利用进行了举例研究。

(4)林洪孝在编著的《水资源管理理论与实践》中提出,水资源管理活动主要是依据水资源环境承载能力,遵循水资源系统自然循环功能,按照经济社会规律和生态环境规律,运用法规、行政、经济、技术、教育等手段,通过全面系统的规划,优化水资源配置,对人们的涉水行为进行调整与控制,保障水资源开发利用与经济社会和谐持续发展。

该书对水资源管理的理论和框架体系做了较为全面的探讨,研究了水资源管理活动的目标、原则和方法,并构架了水资源管理活动的主要内容。研究认为:随着人类水资源问题认识的发展深化,水资源管理逐渐形成了专门的技术和学科,其管理领域涉及自然、生态和经济、社会等许多方面,其管理活动的主要内容包括水资源权属管理、水资源政策管理、水资源综合评价与规划管理、水量分配与调度管理、水质控制与保护管理、节水管理、防汛与抗洪管理、水情监测与预报管理、水资源组织与协调管理以及其他水资源日常管理活动等10个方面。

由于水资源是与人类赖以生存和经济社会发展密切相关的自然资源,近年来,水资源管理不善导致的各种水问题,引起全社会的广泛关注,除水利部建立有多个专业科研院所如:南京水利科学研究院、北京水利科学研究院、长江科学院之外,综合性大学基本上都设置了水利水电相关研究专业。

有关水资源管理的研究和实践,我国业界积累了大量的文献资料和工程经验,打牢了水资源管理与治理的深厚基础。

2.2.3 依法管理需完善法制机制

法治是现代社会文明的标志。现代社会,正处在一个"多利益群体、多需求、多主张、变化大、变化快"的时代;消费方式和行为的变化,比"翻转硬币还迅速";因此,更需要有共同遵守并强力保障的规制和手段以维护多数人的合法利益。水资源管理,不仅涉及经济社会可持续发展,也直接影响所有生物群体的生命健康,必须采取最严格甚至最残酷的方式、手段,确保水量、水质和水安全。

2.2.3.1 转变水资源管理思路

1)水安全观决定管理新思路

世界和我国人口规模仍不断扩大,经济总量将持续增加。随着我国工业化、城镇化的持续快速推进,现有水资源可能无法支撑经济社会粗放增长的需要;巨量的经济活动必然造成江河水系、水体质与量的变化,传统水资源管理方式难以适应持续发展需要。

为了缓解经济社会快速发展过程中对资源与环境形成压力,保障经济社会和人类的可持续发展,必须坚持科学发展观,走新型工业化、城镇化发展道路,重新建立或修复人类与自然、人与社会和谐发展的关系和目标;重新建立形成新发展观、安全观。

2)水资源利用新思路

新型水资源管理思路,就是以"生态水利"为第一选择目标,保护水源地与扩增湿地水域相结合,理性接受水生态容量限制,合理布局产业和人口,保障基本生产、生活用水,限制高消费用水,重罚破坏生态和污染水资源的一切行为。水资源科学管理,首先应当力促人与自然和谐、人水关系和谐。管理方式应以"需求管理、防灾管理及水工程建设管理、运行管理"的内容向"保护水资源、修复水环境(如退田还湖、挖湖蓄水等)、增加湿地"的系统管理、流域管理、科学管理转变;加大水生态建设、保护投入,注重和鼓励节约用水、循环用水,提高水资源管理水平和利用效率。具体地说,新型水资源管理方式要求传统水资源管理理念必须转变、水资源管理体制必须深度变革、水资源管理手段逐步改进。

(1)水资源管理理念的根本转变。转变传统的水资源管理理念,应当重新认识水资源的基础性地位与作用。水是重要的自然资源,是生物生命系统和生态环境系统的控制性要素;在现代水资源管理中,理念决定思路,思路决定出路。重新认识水资源的关键,就是清楚知道水不仅具有资源属性,而且具有维持生态系统的唯一性。因此,人类必须在保护水生态的前提下理性、合理利用水资源。也就是说,人类不能向大自然无节制地索取,而应当与自然和谐共处;视生态容量开发,有限利用。

(2)变革水资源管理体制。新型水资源管理,必须深化改革传统及现行管理体制,实行政企分开,打破部门利益和行业保护的格局;完善法律、制度体系,依法依规管理水资源,实行国家层面和大江大河的水资源统一管理、科学规划、统一配置;以流域水资源为管理单元,从源头到河口,使地表水和地下水以及上下游、左右岸、干支流之间统筹开发、合理利用;严格管控水质,科学配置水量,设定节水、供水、防旱、防涝、防洪的依次优先序列的管控目标和指标,由一个专门机构执法、管理。

(3)管理手段的创新。新型水资源管理,必须改进管理方法和手段。应当明确,水是商品,更是战略性的经济资源;在社会主义市场经济条件下,要坚持按经济规律和市场法则利用水资源,充分发挥市场在资源配置中的决定性作用,建立、完善水权制度和水权交易市场,推进阶梯水价机制改革,促进水资源的节约和保护。同时,加大科技投入,用科学方法代替人工方法,提高决策的科技含量;加强现代信息手段,完善在线监测、监控,使水资源管理、决策、处罚、审批全过程公开,促进水资源管理现代化。

2.2.3.2　完善管理机制

近年来,随着气候变化和极端天气事件引起全球的广泛关注,中央政府也高度重视水资源管理存在的问题,2009 年初发布的《中共中央国务院关于加快水利改革与发展的决定》和 2009 年 7 月 8 日召开的中央水利工作会议,以及 2010 年出台的"所谓史上最严的"《全国水资源综合规划》,确定了水资源问题的应对策略。也就是说,水资源的安全保障战略有赖于"水资源合理配置与安全供给、节水型社会建设、水生态环境保护与修复、水资源应急风险管理"这 4 个方面的协同管控。2009 年初的"一号文件"明确提出:要实行有史以来最严格的水资源管理制度,将其定位为"加快转变经济发展方式的战略举措"。同时,"一号文件"还制定了水资源 3 条管控"红线":

(1)水资源开发控制红线;

(2)用水效率控制红线;

(3)入河湖排污总量控制红线。

　　针对水资源开发利用的取水、用水和排水环节,水资源管理需要创新和强化水资源配置、水资源节约和水资源保护的管控机制。这些机制包括:"水价机制、约束机制、惩处机制、公众参与机制、信息公开机制"等。

第3章 水权与水权市场

3.1 国外水权制度及重要原则

由于各个国家水资源状况、水资源管理制度和法律体系不同,对本国水资源管理方式和水权管理规制及体系也各有不同。即便如此,面对决定人类生存与发展不可或缺的基础性、战略性的水资源,各国对水资源管理所采取的态度接近,所适用的原则和规制几乎高度一致。这种一致主要体现在:水资源的"公权"大于"私权";基本生活用水的公平原则,即生活优先于其他用水;生态用水安全原则,即生态用水优先于工业生产用水。

目前,我国正处在经济发展的转型期,深化体制改革需要明晰水权,保护水资源、节约用水;这个复杂的利益调整过程,国外水权管理制度的发展及实践为我国建立、完善水资源及水权管理的法制化、科学化,提供了启示和经验。

3.1.1 国外水权制度体系

所有制结构和经济社会发展程度,是影响水资源权属关系的重要因素。大量研究表明,发达国家所实行的水权管理体系主要有两种:滨岸权体系和优先占用权体系。如英国、澳大利亚、法国的水权管理,采用滨岸权体系;而加拿大、日本的水权管理,则采用优先占用权体系。进一步研究发现,即便在同一个国家,其水权管理体系也会存在差异;如美国的阿肯色、特拉华、佛罗里达、佐治亚等州,由于水资源较为丰富,采用的是滨岸使用权许可体系;而美国密西西比河以西的大部分州,如犹他州、科罗拉多州和俄勒冈州等,因干旱、缺水,用水较为紧张,采用的则是优先占用权体系。

3.1.1.1 滨岸权体系

1)滨岸权内涵

所谓"滨岸权体系",是指公平、合理使用与滨岸土地相连的水体水权,但又不影响其他滨岸土地所有者合理利用水资源的权利。为了能够运用滨岸权,当事人必须拥有滨岸土地的所有权,才可以主张水资源的权利。

滨岸权,也称"河岸水权制度",其权属仅针对某一河流或水道内的天然水体。也就是说,滨岸权必须在流域内滨岸土地上运用,而且这些滨岸土地必须在水体所属流域内。这种体系的建立和发展,反映了欧洲以及美国一些地区多雨的气候特点。

2)滨岸权制度的历史进程

滨岸权制度(也称河岸权原则),源于英国的普通法(英美法系或称判例法系)和

1804年的拿破仑法典,滨岸权是属于与河道相毗邻土地之所有者的一项水资源所有权。滨岸权不论使用与否都具有延续性,它不会因为拥有而独占,也不会因为未使用而丧失,更不会因被利用的时间先后而形成排他的优先权;滨岸权附着于河流的天然径流(水流),它本身不要求水资源的有效利用。

滨岸权是在土地开发初期自然存在并持续发展的一种水权形式,有其自然的合理性。直至20世纪末,世界上仍有许多国家和地区保留着河岸所有权制度,如美国的东部地区。美国的水权制度是以联邦各州的法律法规为基础建设的。在美国东部以及东南部的阿肯色、特拉华、佛罗里达、佐治亚州等水资源较为丰富的地区,普遍采用滨岸权体系,规定滨岸土地都有取水权和用水权,而且所有滨岸权共同拥有的权利是同等的,是不分多少和先后的。但是,在美国西部如犹他州、科罗拉多州和俄勒冈州等气候干旱、水资源匮乏地区,则采用水权优先占用权体系。

3)滨岸权制度的修正

需要说明,滨岸权制度限制了非毗邻水源土地上的用水者需求,相应降低了用水效率和经济发展;基于此,有些国家或地区在保留河岸权制度的基础上,对其进行不同程度的修订和约束,以提高水资源利用效率和公平性;比如借鉴优先占用水权制度,使滨岸权受其他的法律规制和行政约束。澳大利亚最初实行的是河岸权制度,将水权与土地紧密结合在一起。后来人们对水管理的法律和法规进行了修正,设立"可转让的水条例"。允许水权与所授权的土地分离出来,单独出售、转让,保障更多人的合理用水。

3.1.1.2 优先占用权体系

1)优先占用权内涵

优先占用权体系,是在干旱和半干旱的美国西部各州建立和发展起来的一种水权确权体系,主要是为了解决这些缺水地区的水资源分配问题。优先占用权体系的核心是优先权。占用的开始时间,决定了用水户水权的优先地位,即时先权先。也就是说,最早占用者拥有最高级别的用水权利,最晚占有者只有最低级别的权利。与滨(河)岸权不同,优先占用权仅仅针对水的利用,该体系允许在有水的时候将其储存起来,以便用于那些无法获得水的地方,还允许将水从有水的地方向需要水的地方进行输送。

2)优先权制度的历史进程

水资源优先占用权制度,也称为优先占用权原则。美国是个移民国家,西部干旱地区的优先占用水权及制度由来已久,且发展较为完善。美国西部的早期开发,人少地多,土地开垦和利用中对水资源的利用不受河岸权的限制,后来开垦拓荒者越来越多,水资源日趋紧张,开垦者通过申请取水意图并在地方司法部门"备案",取得用水资格,该用水报告的备案形式逐渐演化为用水制度。1849年以后,西部的采矿活动促进了"时先权先"水权制度的发展;并且受西班牙法律以及"穆斯林"判例的影响,逐步形成州政府法律。优先占用水权,不认可用户对水体的绝对占有权,但承认其对水的使用权。这种水权规制主要体现在:

(1)"时先权先",即先来者具有优先用水权;

(2)有益用途,既水的使用必须用于能产生效益的活动;

（3）不用水者不获权。

3）优先权制度的改进

水资源优先占用权,随着美国社会的发展不断得到完善。最初,美国西部许多州为保护优先占用制度,对水权转让设置了或多或少的限制。如怀俄明州要求申请人必须提交没有触犯第三方权利的有力证据;内布拉斯加州干脆禁止农业用水向非农业用水部门转移。这些限制,成为优先占用权下水市场发展缓慢的主要原因。为了改变这种低效率不利局面,西部各州转而利用公共所有权对用户用水权进行不同程度的调整,既采用公共托管原则,削弱用水权的保障程度以增加优先占用原则的灵活性,来适应公共利益部门用水需求。其中,有些州着手制订修改有关政府规定,如客观上承认水权转让为有益用途,促进水权的销售和转让。同时,水权交易和水银行等逐渐成为水权转让的主要形式,使水资源从边际效益低的使用者向边际效益高的使用者转移;最具典型的用途是,由灌溉农业用水向城市和工业用水的水权转让。

亚洲的日本,也适用类似的水权原则,基本上与优先占用权相同,各种水权中的优先权基本是以批准水权的时间顺序为基础决定。但日本也对这种时先权先水权规定了一些例外情况,如实行地方惯例水权原则、工程用益权原则、条件水权原则等,以适应不同的水资源利用情况。有专家认为:优先占用水权制度,存在着高级水权用户用水效率不高,而未取得水权者及低等级水权无水可用的困境。因此,水权制度应该向可交易水权制度转变。目前,世界各国都面临水短缺问题,以及水环境污染和生态对水的需求等因素,可交易水权将成为水权分配制度的重要选择。

3.1.1.3　其他水权体系

1）社会水权体系

所谓社会水权,是指除了将水用于消耗性用途之外,经济社会发展需要拥有更多地公共水权,包括生态、航运、渔业、旅游以及其他用于商业目的的地表水使用权等。由于这部分水权无法在市场上竞争获取,政府公共部门在河流水权的确权配置中应当事先明确、购买这部分水权,或者直接继承。

2）混合或双重水权体系

混合或双重水权体系,是以社会利益最大化为目标,视具体情况适用河岸水权或优先占用水权的制度。既包括像美国加利福尼亚州那样最初由习惯做法演变成优先占用权体系,而后吸收了滨岸权体系部分要素的类型;也包括最初建立了滨岸权体系,而后经过调整又与优先占用权体系相适应的类型。

3）比例水权体系

比例水权,是按照协商或认可的比例,实现社会的用水公平;也就是将河道或渠道里的水分配给所有相关的用水户。比例水权是南美智利和墨西哥等国在确认初始水权中运用的一种主要确权方法。

在墨西哥,水权在技术上根据计量(水量),而不是根据河流或渠道水流的比例来分配;灌区和用水者协会,负责建立相应的程序;在他们的管辖范围内合理分配多余的或短缺的水资源。换句话说,多余和短缺的水资源,将简单地按比例分配给所有的用水者;如果来水流量比正常低20%;那么,所有水权拥有者得到的水资源也将相应降低20%。比例水权配置程序,有效地将计量水权转变成了按比例的流量权利。

在智利,水权是可变的流量或水量的比例;这样的好处,是水权拥有者在一定的地方保证拥有一定数量的水权份额。如果水资源充足,这些权利以单位时间内的流量表示(每秒、每年或月的径流量);如果水资源不充足,就按比例计量。

3.1.2 国外水权管理原则及特点

资料显示,世界上大多数国家,特别是法治国家和市场化程度较高的国家,如美国、英国、澳大利亚、日本、加拿大等,都建立了水权管理制度体系,将水权制度作为水资源管理和开发利用的基础。尤其是美国是联邦制国家,联邦州政府可以根据自身实际情况,有权制定各具特色的法律如水资源法,以及建立各自的水权管理制度。但是,无论各国或各联邦成员具有哪些特殊情况,在水资源权属管理和制度建设方面都普遍遵循或形成了公平、合理的相似性原则和特点。

3.1.2.1 国外水权管理原则

水不仅是生命之源,而且具有多样性的用途。国家或地方政府对水资源确权,规定使用水资源的优先顺序,可以有效解决因稀缺造成水权争端。当水资源不能满足所有用水户要求时,水用途较差或水权等级较低的用户,必须服从水权等级高的用户的用水要求。也就是说,确定用水顺序应当以国家利益、公众利益、生态利益为前提;在实现这些根本利益时,建立和形成水权确权和制度性原则至关重要。西方发达国家水权制度性原则主要包括:水源地优先原则、公平用水原则、公益性用水优先原则(水资源必须进行有利性使用,利益较大者具有优先使用权)、时先权先原则、效率优先原则等。

1)水源地优先原则

水源地优先原则,是指附着在土地所有权范围内湖泊或封闭水体的水权;也就是说,土地所有权人自然拥有其土地范围内有限水体的水权。所谓封闭水体或有限水体,仅指不影响任何其他权利人的水塘、灌溉水道以及权利人建设的工程(如水库)水体。土地水权原则与"滨岸权体系"中的水权不完全相同。换句话说,土地所有权范围内封闭水体水权属于独立水权,而滨(河)岸土地所有权的水权属于部分水权,也就是持有河流沿岸或水道内天然水体的部分用水权。

2)平等水权原则

平等用水原则,是指所有用水户拥有同等的用水权;当缺水时,大家以相同的比例削减用水量。如前所述,在智利的一些地区,就采用了此类平等用水制度。

平等用水原则与改进的优先占用权原则相近,不认可先来者对水体的绝对优先占有权,而是视具体情况实行有益用途优先。平等用水,不仅提高了用水效率,还增强了全体用水者的节约意识以及共同保护水环境的参与意愿。

3)效率优先原则

土地水权、滨岸权、时先权先等制度和原则,在一定程度上限制了其他用水者的合理需求;尤其是水资源紧缺地区或季节性干旱缺水时段,某些惯例原则可能降低了用水效率,不利于地区经济发展。所谓效率优先原则,是指在一定时期或某一时节,对水资源使用权的优先配置需要考虑效率优先,同时兼顾公平。

效率优先原则,首先要促进水资源的科学利用,确保水资源从低效使用转到高效利用;其次,要有利于全体用水户节约用水及充分发挥市场的配置作用,同时发挥政府在水资源再配置中的引导和再调节作用。

4)公共托管原则

与效率优先原则相似,公共托管制度源于普通法(普通法属于英美法系,主要有英联邦国家和美国及中国香港等地区适用;世界上另一种法系,是欧洲大陆法系,也称成文法系,主要有欧洲大陆国家、日本等适用。我国法律受历史影响更多吸纳了成文法系的原则),是指政府具有管理某些自然资源并维护公共利益的义务,该制度又被称之为公共信任原则。公共托管制度,在美国西部被采用,作为改善占用优先原则不足的补充原则,目的是确保公共用水,保护公共利益。这也正说明,水资源越紧张,水权制度越完善,政府宏观调控作用也越强。

5)条件优先原则

条件优先原则或条件优先制度,是指在一定条件的基础上,用水户具有的优先使用权的水权(原则)制度;如日本采用的堤坝用益权。在日本的多功能堤坝法中,水资源经营者能够取得使用水库蓄水的堤坝用益权;该权利本质上是一种类似于水权的财产权。市政供水、工业供水、水力发电的水资源用户,可以分担建设成本而申请相应的水权;获得堤坝用益权的用户,不受占用优先权原则的束缚,因为他们有权利用水库的一定贮存容量;当分配到的水库蓄水容量存蓄满后,堤坝用益权持有者将可以从堤坝甚至从下游引取这部分水资源。这一水权原则,可能使水权人比以前的其他水权人有更高的优先权。

6)惯例水权原则

惯例水权原则或惯例水权制度,并非是明确的水权制度,它是由于社会(或地区)长期管理实践形成的水权再配置的通行惯例,这一惯例往往与历史上的一些水权争端的民间或司法解决先例,以及历史上沿袭下来的水权配置形式有关。

惯例水权原则(制度),可以说是占用优先原则、河岸(土地)所有原则、平等用水原则、公共托管原则、条件优先原则的以上各种形式的优化体或复合体。

当今世界,经济一体化、政治国际化、利益趋同化。尽管大多数国家都有自己独特的惯例水权制度,如美国采取的印第安人水源地保护权原则,但具体情况下仍需要发挥政府管控职能,尊重习惯权利的同时,公平配置基本水权。

3.1.2.2　国外水权管理特点

国外水权制度形成和发展的关键,是赋予水权的物权性,使水权可以通过转让、交易或置换等形式,将水资源配置到效率更高的用途。

滨(河)岸水权制度、优先占用水权制度,是私有制早期的权属形式,只反映一种原始占有的资源产权。此外,这种早期水权制度也充分表达出不同制度的水资源自然条件所涵盖的特点;如滨(河)岸水权制度;主要源于水资源供给比较充裕的地区;优先占用水权制度来自水资源稀缺的干旱之地。但是,滨(河)岸水权制度以私有产权为基础,将水资源纳入土地权属中,使水权被禁锢在土地所有权之中,水权转移变得非常困难。优先占用水权制度,其先权用户用水效率不高,而低权用户可能陷无水可用之困境。也就是说,这些制度都或多或少存在不合理之处。人口增长和经济发展,迫使早期水权制度向可交易、可转让制度改革和转型。

随着水资源重要性的日益凸显,水资源有偿使用和水权转让的概念越来越被世界各国普遍认同、接受。尤其在 20 世纪 80 年代后,大多数国家完善了水权制度,依法优化配置水资源,水权交易和水市场也发展迅速。国外水权管理的特点,表现在以下方面。

1)按新水权配置水资源

大多数国家,特别是一些法制化程度较高的国家,如美国、澳大利亚、日本、加拿大等,对水资源都建立了按水权配置的水资源管理制度体系,将水权制度作为水资源管理和水资源开发的基础。不同国家,有的是各州或各流域以其实际情况,制订出具有操作性的水资源法,建立各流域的水权管理制度;政府部门从各州获取水权,再逐级分解,将水权落实到每个用水户;也有一些国家通过立法,建立一部专门的水资源法,形成一套完整的水权管理制度,各级地方政府从国家获取水权,然后逐级层层分解,将水权落实到各个用水户。无论哪种配置方式,最终用水户都是根据自己所取得的水权进行取水、用水,有效避减了水资源盲目开发、管理无序、水环境恶化以及水争端事件的频发。

2)按优先用水原则配置水权

水是特殊商品,水权是公共权力之下的优先权或专用权。以各国的优先水权实践来看,几乎所有国家都规定生活用水优先于农业和其他用水;但在时间上,则根据申请时间的先后被授予相应的优先权;当水资源暂时不能满足所有需求时,水权等级较低的用户必须服从于水权等级高的用户的用水需求。如西班牙的水法规定,首先应根据用水权优先等级进行供水。在用水权优先等级相同的情形下,依照用水的属地原则、重要性或有利性的顺序进行供水;当重要性或有利性相同时,先申请者享有优先权。日本水法则规定,对于两个以上相互排斥的用水申请,优先效益大的用户,不再考虑"时先权先"的传统做法。也就是说,在缺水时期,等级较低的用水权(如造纸、印染等耗水大户)很可能满足不了用水量的需求,甚至很可能根本得不到水。

3)获取水权需要对价和付费

水权交易转让是水权再配置的可行途径,而跨区、跨流域调水是水权交易大单。美国远程跨区调水的受益者为实施调水,就必须支付资源水费,这种对价或理应偿付的代价包含在容量水价之中,属于一次性支付。以美国科罗拉多州——大汤普逊调水工程为例,该工程的调水量约为 3.82 亿 m³,将其分成 31 万份水权。其中,农业、城市和工业各自持有的份额可以买卖和交换。1962 年,农业占 80%以上的份额;而城市所占份额不足 20%。到了 1992 年,农业占 55%的份额,城市占 41%,工业占 4%。整个 20 世纪 70—80 年代,每份调水的价格在 1 200~2 000 美元波动。

法国对于获取水权和污水排放也收取一定的费用,用于建设水源工程和污水处理工程,可以实现"以水养水"目的。另外,政府还对每立方米供水收取 0.105 法郎的国家农村供水基金,用于补贴人口稀少的地区和小城镇兴建供水、污水处理工程。

4）水权参股

水权参股与当下我国知识产权参股的概念相似。美国西部的灌溉农户，在缺少水权或用水配额情况下，通过与水权持有人成立灌溉协会或灌溉公司，依法取得水权或在其流域上游取得蓄水权。在灌溉期间，水库管理单位把自然流入的水量按水权分配，给拥有水权的农户或公司输放一定水量，并用输放水量计算库存各用水户的蓄水量，其运作类似银行计算户头存取款作业。

5）水权转让

水权转让，与普通不动产产权交易转让不完全相同。以美国为例，联邦各州拥有自己的水法和水权制度管理体系；如在美国东部，水资源比较丰富，用水户的用水在正常情况下一般都可以得到满足，很少因用水紧张而发生水权争端，所以这一地区的水权管理制度制定得比较宽松，采用的基本是滨岸权用水制度，规定滨岸土地居民都有取水用水权，所有滨岸权所有者都拥有同等的权利，没有多少、先后之分。但美国西部水资源紧缺，用水较为紧张，为了保护原用水户的利益不受侵害，则采用了水权优先占用制度。对于水权，规定了"先占有者先拥有，拥有者可转让，不占有者不拥有"等一系列界定原则；而获得用水权的用户必须按申请的用途用水，不得将水挪作他用，也不得单独出卖水的使用权；如果要出卖这种使用权，则必须与被灌溉的土地作为一个整体同时出售，防止不良交易。

此外，有些州水权管理制度还规定，后来的用水户必须服从于原水权拥有者，不得损害原水权拥有者的利益。为了促使水资源发挥最大的经济效益，美国政府鼓励水从一个地方转移到另一个地方，允许用某一地点的水取代另一地点水的使用，比如，下游的优先占用者可有权分流上游的水或者转移某些新水源，以补偿下游占用者。

综上表述，国外水权管理制度可以归纳为：

（1）大江大河水资源的所有权为国家或地方政府所有，个人和法人拥有土地附着的部分水资源产权和使用权，以及上述权利的转让产生的相关权力。

（2）多国都建立有水权管理体系，尤其在水资源较为短缺的地区，多以优先占用为原则进行水权管理；而在水资源相对丰富的地区，主要依据滨岸权原则进行水权管理。

（3）个人或法人首先要接受严格的审核后，按规定缴纳费用才能拥有水权。

（4）水权可以转让，用水协会设立固定的水权交易市场，提高水权利用效率。

（5）法律规制为水权持有或交易提供保障，用水协会实施水权管理制度的建设，优化水权的再配置。

3.1.3　国外水权管理范例

法治国家的最大优势，就是有健全的法律体系和完善的规制。世界上多数国家都颁布有水法或水资源法，尤其是水资源紧缺国家或地区，依法配置水资源和管理水权至关重要。发达国家面对日趋严峻的水资源问题，普遍实行分级管理制度，只是具体方式有所不同。联邦制国家大体上分为（联邦、州和地方）3 级管理，联邦政府履责于州之间的协调和监督，具体管理事务由州政府负责。如美国的水资源属各州所有，管理以州立法和州际协议为依据，联邦政府的工作主要放在水工程设施的建设上，立法组建流域管理委员会，协调制定并监督执行州级分水协议。独立国家水资源大都归国家所有，国家颁布统一的水法,地方政府依法管理,如南非共和国议会就在1997年颁布了全国性的水法,并由中央政府全面监管,由地方政府负责具体实施。

除了完备的法律规制之外,良好的体制架构和科学、严谨的管理运作也十分重要;其中美国、澳大利亚和智利的水权管理实践,为我们提供有益的范例和经验。

3.1.3.1 与时俱进的管理制度安排

1)转变管理思路

二战结束后,西方发达国家和发展中国家都加快了工业化、城市化进程。伴随着人口的规模增长,水资源供求矛盾逐渐凸显出来。早期的水权管理,主要是解决日益增长的用水矛盾,通过不断建设水工程,增加供水能力。供给能力的提升,并没有彻底解决水资源需求矛盾,反而增加了供水成本。同时,水量增加与水质恶化的双重因素,加剧了社会性水问题:一方面,水资源总量仍然稀缺,水工程及运行成本不断上升,用水者负担越来越重;另一方面,水污染范围随着用水规模不断扩大,政府既要补贴水成本,又要解决水环境,资金来源枯竭,迫使其转变水资源利用与水权管理思路,既逐渐从满足供给的管理向需求侧管理转变。

需求侧管理的实质,是鼓励节水和提高用水效率,间接解决水资源的供需矛盾。需求管理政策,包括价格政策与非价格政策两方面,水资源需求管理价格政策典型的也是最重要的形式是建立可交易水权制度,即通过市场手段使水从低效使用向高效使用有偿转移,从而有效地提高用水效率和促进节水;而需求管理的非价格政策主要包括教育、提供节水的公共信息、发放采用节水技术的补助金等。如美国加利福尼亚州1989—1996年期间,通过建立"量价"模型和家庭用水计量经济模型,检验城市水需求管理政策的潜在效果。结论表明:尽管程度存在着差别,但不论是价格的还是非价格的需求管理政策,都有效地降低了居民的不合理用水需求。

2)建立河流管理与区域管理结合的制度

由于大江大河及其流域本身,就是一个完整的生态系统。因存在着众多的水权利益相关者,围绕水资源的利用和保护,有很多方面问题都需要政府安排或协调。尤其是,江河水域边界具有较好的自然水循环的整体性,区域间水量如何分配难度很大,管理程序相对复杂。传统的水资源管理模式主要有流域行政管理与区域行政管理两种,而行政边界管理方式虽然有较好的社会水循环的系统性,辖属关系明确,且只要分配规则制度合理,用水主体之间较少发生直接利益冲突。但是,对于跨界水域来说,容易形成地域内外利益不同诉求,引发区域间的水争端,难以实现流域内的整体协调配置,也不利于保护水环境。

对此,国外先进的水资源管理制度安排,通常都是在权衡自然因素和社会因素的基础上,进行流域区域综合管理。如英国1974年成立的泰晤士河水务局便是一个综合性流域机构,全面负责流域统一治理和水资源管理,并有权确定流域水质标准,颁发取水和排水许可证,制定流域管理规章制度,是一个拥有部分行政职能的非营利性的经济实权实体。此外,澳大利亚墨累达令协商式流域管理也为按流域统一管理水资源和水权提供了一些成功经验。

3)确立用水优先权限

水不可或缺的生命属性与多用途的资源属性,决定了用水的公平性和合理性。各国管理水资源权的有效办法,就是通过强制确权,规定用水的优先顺序,以解决因水资源稀缺而造成水争端。也就是说,当水资源不能满足所有用水者要求时,水权地位及优先权限可以避免水冲突发生;水权等级低的用户必须服从水权等级高的用户的用水需求。

如前所述,确定用水权顺序仍需要考虑公平用水原则、效率优先原则、生态用水优先原则和有利性用水优先原则等。具体地讲,就是面对需求弹性较小的生活用水和弹性较大的经营用水,国外基本上都规定生活用水具有最高等级的优先权。日本河川法规定,对于两个以上相互排斥的用水申请,效益好、效率高的用水户优先,而无须再考虑先提出者优先的传统做法。不仅如此,为了实现人与自然的和谐与可持续发展,大多数国家水法都规定,正常情况下,除生活用水外的任何用水必须在生态环境可承受范围内。有利性用水优先原则,要求水资源必须进行有利性使用,利益较大者有优先使用权;如西班牙水法规定:在其他用水权优先等级相同的情形下,依照用水的有利性顺序进行供水。

4)市场化配水与惯例水权结合

市场是优化资源配置的最佳途径,但原始水权需要尊重,两者的结合才能维系河流的生态健康。由于获得水权意味着获取相应的收益,而这种配置不合理容易导致分配不公,形成水权争端隐患。通常,市场配置多余水资源或可交易水权,以提高用水效率。

日本在确立许可水权的过程中,充分考虑了惯例水权的存在,即 1896 年以前的既有取水团体仍按照河川法自动拥有水权;只有在征得既有水权者同意的条件下,才能将惯例水权收归国有并发放给新的水权申请者;1964 年以来,日本对水法规进行了多次修改,但还是保留了惯例水权的制度安排,在新法规下仍得到许可。

澳大利亚一些土地拥有者,要求在允许水权出售前重新分配水权,并在水权初始分配中引进竞争机制;如采用拍卖或有条件购买等方法,来分配水权;这类市场化的水分配机制正逐步推广,并将逐渐淘汰过去时先权先等不合理的分配方法。尽管水资源管理机构有权采取包括直接销售、拍卖、发放用水许可证等多种途径分配水权,但在世界各国的水权分配实践中,已有水权和历史传统用水习惯得到了足够的重视。

5)实行取水许可制度

国外普遍实行取水许可制度,这既方便用水信息公开,也可以增强政府的有效管控。也就是说,用户只有在取得政府水资源管理部门的许可证后,才可提取和使用水资源。

俄罗斯公民获取水体使用权的依据,是用水许可证以及根据用水许可证所签订的使用水体的契约。许可证的发放原则,通常依据水的用途、效益和用水合理性申请,而其内容大致包括:水体简况、用水人的情况、水体使用方法和目的规定、所提供使用水体或部分水体的空间界限的界定、用水限额情况等,签发用水许可证及有效期限,将对合理利用和保护水体、水源及周围环境方面提出要求。

澳大利亚 1886 年颁发了灌溉条例,规定水的使用权以许可证的形式被授予个人和当地政府。美国的用水户获取用水权,必须填写占用水权的书面申请,并经过一定的行政程序或司法程序才能获取。

6）非法取水的限制或处罚

提高用水效率，明晰水权是申请用水的必备条件。由于水的使用权具有一定的排他性和让渡性，自由用水制度下水权交易不必要也不可能实现；如果每个人都能够方便获得他所需的全部水量，水资源浪费和水污染在所难免。界定产权的根本目的，就是通过公平、合理划分行为边界来确定水权利益范围，限制非法取用水可能避免损害第三者的利益；同时，对非法取水用水者实施必要制裁或处罚。在澳大利亚，未取得许可证而擅自取水属于违法行为；对于违反维多利亚州水法规定的用水户，州政府有权吊销其许可证，并对其进行罚款甚至监禁处罚；许可证，可通过授权转给其他申请人，也可在申请人之间采取拍卖、招标和部长认为合适的其他方法进行出售。

国外实践中，因用水给第三者和环境造成负面影响的，也被定为非法行为。在墨西哥等国，非农业用水的水质必须有明确的授权，如果对水生态系统造成了伤害，导致地下水的过量开采或其他环境影响，政府可以限制其对水的开发利用。为避免水权的转让给其他用户带来损失，美国西部各州通常允许用水户在预计到自己的水权受到损害时，抗议、阻止水权交易产生的任何水质参数的变化。但由于河流水文条件的复杂性，受影响用户可能意识不到哪种变化会影响到他们的水资源供给。

3.1.3.2　美国水权管理实例

1）国家水权制度

美国是联邦制国家，绝大多数人口属于外来移民。早期移民经过长时间的争夺、战乱之后，特别渴求强有力的法律制度维护每个公民的各种权利。

因气候条件差异，美国西部地区干旱少雨，西部各州在确立水权私有制基础上，承认水权是用益物权——财产权；而且，是独立于土地所有权之外的财产权。如加利福尼亚州水法明确规定，水资源为州所有，是加利福尼亚全州人民共同的财产。州政府根据公共信托理论对水资源进行管理。政府、企业等都可以参加水资源管理、开发和利用，并且分工合作、相互协调。各用水单位取得水资源使用权后，应依法缴纳水资源费，水费由州政府指定的部门收取。美国及各州政府鼓励水权转让，并建立有完善的水权交易市场，提高水资源配置效率。

在美国水权市场建设的过程中，政府对水量分配、水权交易范围等做出了明确规定；水权交易主体需要交纳水费，并按照相关要求办理手续方可以进入水权交易市场、从事水权的买卖。这些水权制度的建立，为跨流域调水沿线水权交易，提供了强有力的法律保障。

2）政府管控水权交易

由于调水水权交易，涉及许多非常复杂的问题，常常需要公私各方反复协商；为提高协商效率，协议往往采取联邦或州立法的形式，确保各方能够迅速达成协议并坚决贯彻执行。与此同时，政府通过宏观调控，推进水权市场发展。美国很早就存在水权和水权交易制度，并在跨区、跨流域调水实践中加以广泛运用。如《科罗拉多河协议》形成了水权分配方案，下游的加利福尼亚州、内华达州和亚利桑那州总共获得了数百万英亩的用水权，而《波尔得峡谷工程法》再次进行了水权分割，其中加利福尼亚州修增水权；在加利福尼亚州范围内通过《七边优先权协定》,继续细分自己的水权份额。20 世纪 80 年代末期,联邦政府颁布《科罗拉多河规则》,再一次规定了加利福尼亚州水权限额,促使在加州同意购买帝国灌区水量,并以更高的价格出售给加利福尼亚州南部地区。

3) 水银行促进水权交易

水银行是水权转让的媒介。加利福尼亚州政府依靠水银行促进了水权转让,优化了跨区、跨流域水资源的再配置。水银行根据年、季来水状况,制定水权交易(借贷)策略;在充分把握用水水量余缺信息基础上,充当水权交易的中介,将年度可调水量分为若干份额,采用股份制方式加以管理。存储在水权银行结余的水用户,可以转让水权,从中获得相应经济利益;缺水用户可以投资购买水权,获得可供利用的水量。水银行,促进了水权市场的运作;水权价格唤醒了用水户节水意识,激发了用水户节水的自觉性、主动性,促进了水权流转及水资源合理再分配。在加利福尼亚州实施的水银行借贷机制,创新了水权交易方式,提高了市场优化配置水权的效率。

4) 水贷机制推动跨区调水

水银行大多由政府发起,政府掌握水银行中一定份额水资源,运用市场机制调剂水量余缺,实现水资源优化配置。如加利福尼亚州,水银行成功应对了干旱带来的缺水问题。通过水权交易,使水资源流动到最为需要水的地区,解决了该州水资源的季节性短缺问题。水银行建立的水贷机制,在政府实施跨区、跨流域调水工程建设资金保障方面发挥了重要作用:一方面,政府通过拨款和提供低息贷款加强资金保障;另一方面,政府通过发行债券拓宽资金渠道(这是美国跨流域调水工程建设资金筹集的重要方式,购买这种债券还可享有免税的权利)。此外,美国联邦政府在调水工程资金筹集上,提供许多政策优惠措施。

5) 跨区调水的水权管理

美国了建成多项跨流域调水工程,总调水量超过 300 亿 m^3。距离较长的跨区调水工程有加利福尼亚北水南调工程、中央河谷工程、科罗拉多调水工程、中央犹他州工程等。美国联邦和各州政府负责跨流域调水工程建设,并对调水工程的运行加以管理。国家水资源委员会、田纳西流域管理局、垦务局和陆军工程师兵团等机构,具体实施区域内跨流域调水工程的规划建设、运行和管理,管理体制上并没有设立统一的水资源管理机构。

美国跨流域调水实行市场化管理,水权配置依靠专门的调度模型加以管控,满足用水户对跨流域调水的需求。作为市场经济高度发达的国家,美国跨流域调水工程融资、建设和供求都实行有偿制度,如加利福尼亚州调水资源的配置采用了水银行的运作。具体讲,水银行是调水工程水资源再分配的机制,进入水银行的成员有严格限制,用水户被要求按规定的范围和用途使用水,禁止购买超出定额的需水量。为保证水权交易不对人体健康、生态环境造成负面影响,州政府专门制定了有利于水权交易的法律法规。水权在各种不同用途间交换,促进了水资源高效利用与优化配置。

在美国西部,灌溉公司或灌溉协会对水权交易起到重要作用。农户通过灌溉公司获得取水权,或取得流域上游的蓄水权。灌溉期间,水权管理者将水量依法输送给农户,水权运作就好像银行中的存取款业务。水权咨询公司为美国水权交易提供全面、详细的服务,具有很高的信誉与地位。具体服务内容有:对申请水权的材料进行鉴定,实施特定水权的调查与报告,完善水权规划,对水权真实价值展开评估,如怀俄明水权咨询服务公司是一个专职经营水权管理的服务公司,该公司在进行水权转让过程中可为委托人的水权占有量以及水权的有益利用提供专家论证,对水权有关档案材料进行鉴定,完成详细的水权调查报告,促进水权公平合理转让。

3.1.3.3 澳大利亚水权管理实例

澳大利亚属于水资源较为贫乏的国家,联邦政府通过立法,明确规定水资源归各州政府所有,水权由州政府进行统一调整和分配。澳大利亚各州的水权制度差异不大,维多利亚州的水权制度建设最为典型。该州的水资源所有权为州政府所有,水的使用权可以通过转让,由用水组织、公司和个人所有;较为固定的水权交易市场已经在澳大利亚大部分地区建立,这大大促进了水资源的优化配置。由于生态、气候等外部因素影响,水权价格和交易成本不断发生变化,一定程度制约了澳大利亚水权交易市场的规模。

1)培育水权市场

在澳大利亚,水资源被明确规定为公共资源,法律规定水权由州政府所有,水权与土地权利相分离,州政府负责管理和分配水权。20世纪70年代,由于水资源短缺,可以分配的水量匮乏,一些干旱地区事实上已经难以找到可用于分配的水量,用水户从政府那里申请新水权变得十分困难,只有依靠水权市场获得所需要的有限水量。此后,维多利亚州北部开始运作水权的拍卖,州政府不再受理新水权的申请,需要水权的用户到水权市场中获得。

2)促进水权交易

澳大利亚的水权交易形式多样,如临时的或永久的水权交易、州内的或跨州的水权交易和部分的或全部的水权交易。澳大利亚水权交易已经在各州推行,水权市场逐步成熟,交易额不断攀升,水权管理制度也日益完善,水资源配置效率大大提高。

3)严格生态管控

在澳大利亚,生态环境用水得到优先保障。无论何种形式的水权交易,都必须以对水资源承载力、水环境承载力影响最小为前提。如跨流域调水工程从规划、建设到运行,不惜投入大量人力、物力和财力,对调水工程进行环境影响评价与分析,找到行之有效的解决方案,预防跨流域调水产生的负面影响,以求达到调水工程环境保护的满意效果。

4)调水水权管理

澳大利亚跨区、跨流域调水工程主要有雪山工程、西澳大利亚金矿区管道工程、昆士兰州里德调水工程、布莱德菲尔德工程等。其中,雪山工程是世界上著名的跨流域调水工程,该工程位于澳大利亚南阿尔卑斯山脉,通过对雪山河流筑坝将水输送到大分水岭西部墨累河流域。雪山工程是一个综合用水和水力发电工程,解决了澳大利亚大量电力需求,支持了灌溉农业的发展。

澳大利亚跨流域调水管理中,水权初始分配有很好的综合规划系统。在整个调水过程中,政府都充分发挥自己的职能。调水资源在联邦政府协调下由各州达成协议,结合各州对水资源的使用情况来确定分配。跨流域调水的水权交易,应符合河流管理规划以及其他相关资源管理规划和政策。调水区可直接与受水区进行水权交易,各州以及联邦政府在管理和规划的宏观层面进行协调和指导,形成各级政府监督指导下的跨流域调水水权交易市场。联邦政府作为调水资源的管理者,有责任制定和管理具体的政策框架,在跨区调水水权交易中起着非常重要的作用。

5)调水的水环境管理

澳大利亚政府不断完善水质保护的具体措施,如在调水工程沿岸修筑用于拦截污物的防护板,防止枯草、落叶和垃圾进入输水水渠,要求各州把污水处理设施建设与调水量捆绑在一起,污水处理效果好的地区在供水上享有优惠。在防治土壤盐碱化方面,因跨区调水人为改变了原有地质构造,调水工程运行中大大增加了沿途地下水补给,也导致高盐分地下水水位上升,使调水沿线树木、植被和土地都受到不同程度的盐碱化威胁,城市建筑和基础设施受侵蚀现象严重,含盐水流入河道、造成水源污染。对此,政府逐步控制用水量,积极鼓励灌溉技术的创新。

3.1.3.4　智利、墨西哥的水权管理

1)国家水制度改革

1981 年,智利重新修订了《水法》,实施水权管理和水权交易 30 多年;墨西哥从 20 世纪 90 年代初开始,实施综合的水资源管理体制和法规体系改革,水权交易也随之规模发展。智利和墨西哥的政治条件,具有发展中国家的代表性,比美国"加州"更适合进行综合化改革。在水制度改革之前,水资源利用中的主要利益相关者——农民对水权的诉求并没有很强的兴趣;相反,水资源法律和管理的旧体制仅仅赋予了他们不安全的水权,并且在水资源分配和管理中很少有主张权利的机会。后来,智利和墨西哥的农民转变态度,坚决拥护和支持综合的水资源法律体系改革和水市场的建立;因为农民从这项改革中得到了收益。

综合改革也得到了农业、财政和经济计划等政府部门的支持,主要是政府想解决由于以前的水资源政策带来的对经济和财政的负面影响。而限制水资源政策改革的主要障碍,是直接控制水资源管理的官僚机构。

2)增加政府的管控

水权交易有利于水权市场的发育。由于各国的法规、政策环境不同,水法的强制性安排也有较大差异。无论如何,这些国家建立水权制度和水权交易的目的,都是为了提高各部门的用水效率,保护和实现自然资源的持续利用,减少巨额财政负担,强化国家水资源政策、增强资源分配中的灵活性和反应能力。智利、墨西哥等国为鼓励水权交易,增加了政府层面的管控,这主要是存在下列因素:

(1)因水资源短缺,导致水资源经济价值迅速提升。而水资源的需求增加,新水源的枯竭,农业、工业、生活和环境用水之争日趋激烈;

(2)由于维护和运行集中管理下的水资源供给系统的成本逐渐攀升,国家财政负担日益加重;

(3)经济成分的分散化,使维护不灵活。而低效的水资源分配系统,使经济成本运行不能适应水资源的变化。

3)改善水权交易的机制

智利、墨西哥水权交易的实践表明,建立水权交易可以带来许多潜在的收益。这些收益主要包括以下几个方面:

(1)赋予用水者权利。用水者特别是农民通过水权交易,增加了在水资源管理和分配中的参与机会,增强了与政府部门及其他组织协商对价的能力,从而也促进了水资源权利分配的公平性。

(2)提供投资的激励机制。水权交易,使农民认识到了水资源潜在的经济价值,因此诱导水资源所有者投资高效和节水农业;此外,城市供水部门在参与水权交易之后,也积极改进供水设备,提高污水处理能力,从而将多余的水资源再卖给农民或城市居民。

(3)提高水资源分配的灵活性。由于用水者可以在综合考虑了水资源机会成本之后,对作物种植结构和水资源利用等方面可以做出合理和积极的选择,因而使资源的配置更加灵活。

(4)提高用水效率。由于水权交易诱导用水者调整作物结构,投资节水设施,改进供水设备,从而极大地提高了水资源的利用效率。

(5)改进供水管理水平。实行水权交易以后,供水部门(特别是城市和工业的供水部门)认识到他们再也不可能通过国家无偿地剥夺农民的水权,来得到水资源;因而他们也积极通过改进管理和服务水平来增进效益。如果他们仍然可以得到免费的水权,他们就没有激励机制以改进管理水平。

(6)保护水环境。实践表明,由于这些国家在水权交易中,十分重视对环境的保护,采取了有效的法规和行政手段来防止对环境和第三者的不利影响;对水权交易中的水质要求做了明确的规定,提高了用水者的环境意识,因而水权交易最终减少了诱导环境恶化的因素。

(7)保障农民利益,促进粮食安全。由于水权交易赋予了农民权利,农民从中得到了实惠,因而水权交易得到了农民的拥护。另外,水权交易使供水部门愿意改进供水设备,从而减轻了国家财政负担,国家资金可以投向贫困的农民或城市居民,从而也得到了农民和其他团体的认可,因此促进了农业生产,保障了粮食安全。

尽管建立水市场存在潜在收益,然而,利用基于市场的方法进行水资源分配面临着许多制约因素,这些因素包括政治、制度和技术方面的制约。采取单一市场的分配方式,还可能导致不公平性的产生。因而,必须建立健全水资源的法律、制度和运行机制,公平地分配水权,才能解决水资源供给中的不确定性,保护第三者的利益,防止对其他人或环境造成伤害。

4)水权管理的政策作用

智利、墨西哥等水资源相对短缺的国家,政府明确规定水是国家资源,但法律规定个人可以被授予永久的使用权,也可以通过交易实现水权权利的转让。此外,现有的水权人可以免费获取地面或地下水的财产权,新的和未分配的水权通过拍卖向公众出售。在智利,水权不仅可以买卖,还可以作为抵押品和附属担保品;也就是说,不仅存在水权出让和转让市场,而且存在水权金融市场;用户个人拥有的水权,可作为抵押标的物进行抵押,从金融机构获得抵押贷款,用于水利建设。

智利、墨西哥的实践表明,成功水权管理与水权交易的政策应当保证:

(1)明晰水权,完善水权交易的条件和规则;

(2)建立和实施水权登记制度;

(3)清楚描述在水资源分配中政府、机构和个人的作用,并指出解决水争端的办法;

(4)保护由于水权交易可能给第三者和环境造成的负面影响。

合理的水资源政策,必须公平地实现水权,保护所有参与者的利益,同时保证足够低的交易成本,确保水市场有效地运行。交易成本,包括找到有收益或利润的水权交易的机会,协商和行政性决定水权交易的成本,管控和监督水权交易的中间成本,监督、减轻或消除可能给第三者带来负面影响的设施和制度成本。

5)水权管理措施

水权的确权、运行和转让过程中存在着许多复杂的操作性问题,需要政府依法履责。

(1)初始水权的公平性。水权交易的首要条件,是确保初始水权分配的公平性。智利和墨西哥水权分配的公平性,主要依赖历史上对水资源的利用,同时在智利还结合考虑了集中水权的重新分配;分配过程,是通过国家在公共部门登记实现的。

(2)配置形式。智利和墨西哥水权有效运行的制度,就是对水权进行公平按比例分配。但是,比例水权尚可消除水资源供给的不稳定性带来的水纠纷,用水户在满足了一定水需求情况下,可能交易多余的水权,比例水权的同质性,使得水权市场的操作更容易、灵活和公平;也就是说,比例水权方法有利于促进水市场的发育,公平地分配短缺资源的优势超过了可能带来的市场无效性的劣势。

(3)减轻负面经济影响。水权转让过程中,如果灌溉面积或农业生产的减少导致了与此相关的经济活动或产权税的降低,水权的转让就可能损害经营活动以及当地政府的财政能力和公共服务的能力。此外,水权转让还可能限制转让地未来经济的发展。但智利的经验表明:水权转让导致的负面的经济影响很小或不存在;相反在水权转让中还促进了农业部门的多种经营和快速增长。

(4)环境保护。智利、墨西哥水权管理实践表明,通过市场对水资源的分配与环境保护是协调一致的;用市场机制实施环境保护,并不比在行政体制中困难。环境保护的方法可以采用法规或市场导向,但在研究的这几个国家中通常采用了法规的办法。如在墨西哥,非农业用水的水质必须在授予水权时明确,如果对生态系统造成了伤害,导致了地下水的过量开采和产生了其他环境影响,政府可以限制对水的使用;在智利,虽然多项规定涉及对环境的保护,但国家"水法"中缺乏对环境保护的强制力内容。

(5)水利工程和设施的需求。实施水权交易制度,并不需要复杂的量水设施、分水设备和其他输水结构或设置。智利、墨西哥进行有效的水市场运作管理的灌溉水利设施,并没有大多数发展中国家先进。水资源常常仅在主渠道测量,然后按照简单的比例及分水设备将水资源分配到以下的支渠道中。相对简单的灌溉设施,对于发展水市场并不是内在的问题。也就是说,真正影响水权交易的不是水文、水利实施,而更多的是法规体系和政治制度之间的复杂关系,它们决定了水权市场的可行性。

(6)水权管理的体制。逻辑上讲,水权交易和水市场的发展,极大地推动了水资源供给、运行和管理中的体制改革;智利、墨西哥的实践表明,水权交易存在多种形式,体制的适应性改革提高了水交易的灵活性。其中,墨西哥的改革,很大程度促进了水利运行和决策的私有化,但公共部门仍然保留有其他重要的功能。相比之下,智利对于水资源和水利实施的管理,私有化过程更为彻底;除了水利设施的管理转交给用水协会之外,城市供水服务也实行了私有化。智利私有化的水资源管理,提高了城市和农业用水的效率,而且极大地减少了财政补贴,政府从而有精力对特别贫困的城市居民和小农民进行财政补贴,提高他们从新水利工程业主那里购买水权的能力。

3.2　我国水权管理研究与探索

3.2.1　国外管理实践启示

如前所述,世界上许多国家都实行了水权管理。建立水权制度最重要的作用,就是通过法律程序确认用户水权,保障水资源公平、合理使用;通过水权的转让交易机制,使水资源再配置进一步优化;通过政府管控和众多用水户的参与,实现水资源与水生态的可持续。

水市场是实现水权交易的最佳途径和平台,通过市场交易将富余水权转让到最需要(如治理荒漠化)的用途。美国的水权管理较为成功,联邦各州政府通过立法等手段努力完善水权管理,不断消除水权转让的制度障碍,保障公平用水并尽可能提高用水效率;澳大利亚、加拿大、日本等国也在努力培育和发展水权交易市场,积极推动水权合理流动;智利、墨西哥、巴基斯坦、印度、菲律宾等发展中国家也在通过建立水市场,优化水资源和再配置。

国外的水权管理实践表明,无论是对水资源的初始确权,还是通过水市场或水权交易过程的再配置,水权管理的目的都是利用国家法律规制和市场的供求与价格机制实现水资源的国家利益、公众利益和全民的生态利益。

3.2.1.1　建立水权管制的必要性

改革开放以来,我国经济持续高速增长。水资源作为发展经济的基础性资源,在"靠山吃山,靠水吃水"的习惯模式下,低成本粗放用水成为各地方竞争发展的条件。大量、无节制开发水资源,造成水资源短缺、水环境污染,水生态恶化等问题。

为了实现人、自然、社会的和谐共存,我国水资源管理理念及实践,都需要创新。水利行业很早就派员出国学习、考察先进经验,探索研究由工程水利向资源水利、传统水利向可持续发展水利转变的路径。2000 年前后,汪恕诚多次提出"明晰初始水权""建立全国水权水市场"改革的重要性;2005 年,汪恕诚又表示:要科学编制全国水资源综合规划、流域和区域水利规划,基本完成主要江河,尤其是北方缺水流域的省际水量分配,逐级明晰初始水权;确定价位产品生产或服务的用水量定额,初步建立起总量控制与定额管理相结合的用水管理制度,制定水权转让办法。

当前,我国已经进入体制改革的深水区;建立符合我国国情的水权管理制度,实现水资源依法初始配置和市场再配置,是历史的必然和可持续发展的要求。

现实情况下,我们需要制定和完善水资源管理体制改革的政策、措施,建立健全水权管理的法律、制度,依据法律规定及程序重新进行水资源确权;同时,建立规范的水权转让和交易市场,促进水权公平交易;通过水资源的市场再配置过程,提高用水的效率和效益。水权的市场再分配,作为一种资源优化的重要手段,早已被智利、美国、澳大利亚、墨西哥等国家成熟应用。国外水市场及水权交易方面的成功经验,可以作为我国水权管理制度改革的有益参考。

3.2.1.2　政府主导初始水权配置

1)明晰水权是水权管理的基础

实行水权管理,明晰各主体水权及用水资格是根本。在初始确权过程中,政府应发挥主导作用。按照我国宪法和水法之规定,水资源属于国家所有;在国家所有的基本前提下,应当依据水资源自然形成条件与用水目的,由国家最高权力机关通过立法(如水资源配置法),确定初始水权的确权程序,中央政府依法实施基本水权或大江大河大湖的初始水权分配,省级地方政府依法(按法定程序和规则)界定属于辖区内集体水体、工程水体或私人水体的水权或产权,也就是分别明确国家、地方、用水单位和个人用水户之间有关水资源或水体的权、责范围。

此外,还应完善水权管理的相关制度,出台水权管理的实施细则。在此基础上,积极探索能够有效保护、开发和利用我国水资源的科学体系以及防灾、减灾的措施和办法。

2)完善水权理论,强化水权意识

理论与实践从来都是相辅、促进、推动发展的。我国是公有制为主体的社会主义国家,实行具有中国特色的社会主义市场经济制度;既需要借鉴国外水权制度和实践经验,但也必须结合本国国情,建立和完善符合我国特色的水权管理的理论体系和制度体系。

认识水权是明晰水权的基础,只有对水权概念有清楚的认识,才能科学、高效地管理国家水资源。认识和明晰水权,需要掌握水权的以下属性:

(1)水(资源)是一种特殊商品,它不同于其他一般商品,具有一定的社会性、公益性和不可替代性;

(2)水权是有价的,实行水权制度就是为实现水资源的优化配置和可持续利用;

(3)用户要获得水权,就必须缴纳一定的水资源费。水权成本应反映资源的稀缺性,与当前我国实行的取水费征收概念和标准不同;

(4)水权收入或水资源费只能用于水资源的开发、监测和保护等,不能用来养人或维持行业机构的运作;

(5)水权可以协商转让或交易转让,水权在一定程度上类似于财产权,是可以转让的。在转让水权时,水权转让者应得到一定的补偿,而水权接受者则需付出一定的代价。这样有利于公平、合理、节约用水,避免行政配置产生的低效及弊端;

(6)水权交易价格需要接受市场和政府两个方面的调控。也就是说,水是一种特殊商品,水市场是一种不完全竞争的市场;在我国特色社会主义市场经济条件下,水权交易价格不能完全由市场来定价,还需要政府的宏观调控,规避市场非理性因素。

3.2.1.3 市场主导水权再配置

1)水市场是市场经济发展的内在要求

实现水资源的合理配置和可持续利用,就必须有效地推进水市场的建立,并使其不断规范和完善。长期以来,我国的水资源配置一直采用单一行政分配的方式。实现水资源的优化配置,就需要运用市场机制,在初始配置和节水的基础上促进水资源从低效益用途向高效益用途转移。这种再配置,也是社会主义市场经济发展的内在要求。

市场配置水资源或水权需要政府监管、调控。政府的职能,就是培育和发展水市场,允许水权交易,管控不合理使用。随着深化改革和市场经济体制的建立、完善,水市场必然在水资源的再配置中发挥重要作用。

2)政府监督水市场合规运行

各级政府作为水市场的管理者和调控者,在水权交易转让过程中,应让市场发挥其主导作用,有效行使水行政监管和水行政执法职能,加强对水权交易和水市场的合规性管理,防止损害第三方利益和公众利益的事件发生。

如美国水权作为私有财产,其交易、转让程序类似于不动产制度。水权的转让必须由州水机构或法院批准,且需要一个公告期。美国建有不少配水工程,对于这些配水工程的用水户,一般允许其对所拥有的水权进行有偿转让;此外,美国西部还发展了水权借贷,水银行将每年的来水量按照水权分成若干份,以股份制形式对水权之产权进行管理,从而方便了水权交易。美国西部的水权市场化实践,消除了水权转让方面的法律和制度障碍,联邦州政府实施的一系列立法活动,保证了水权交易的顺利进行和水市场的健康发展。

再如澳大利亚、加拿大和日本等国家,也曾通过积极培育、发展水市场,鼓励开展水权交易,促进水资源的优化配置。20世纪末的一些研究成果表明,智利、墨西哥、巴基斯坦、印度、菲律宾等一些发展中国家,也曾尝试通过建立水市场和进行水权转让之方式,来提高地区水资源的利用效率,如智利通过农业水市场的建立,提高了农民灌溉的积极性,获得了农业持续高产值和利润。

3.2.1.4 制定水权法律规制

1)水权管理需要法律保障

通常,经济发达国家的法制化水平高于其他国家。但无论是发达国家或发展中国家,实行水权管理都需要一系列的法律法规和水权制度。首当其需的法律是水资源法,这些法律对水权的界定、初始分配、转让或交易的市场化再分配程序都做了明确的规定,如俄罗斯《水法》规定:所有一切水体均属国家所有,属国家所有制范畴的水体不得转为市镇单位、个体公民和法人所有;同时,对用水户取得水权以及水权的转让也做出了规定。再如:澳大利亚的《维多利亚州水法》,不仅对水资源的所有权、使用权、水权类型、水权的分配、转让和转换做出了明确规定,而且,其地区范围内任何形式的水权分配、转让和交易都是基于该法律来进行的。

美国《俄勒冈州水法》的内容,非常丰富,同时也更具体。俄勒冈州水法对水资源管理机构、水资源的所有权和使用权,以及水法制订的依据都做了详细的说明。此外,俄勒冈州水法还分别对地表水和地下水的使用权的界定、分配、转让与转换、调整和取消以及新水权的申请和申请费用,都制定了非常具体的实施细则。也就是说,水权的获得与转让需要法律制度来保障。

2)完善的制度体系

水权的分配、取得和转让,都必须遵循法定的程序;同时,需要一系列配套的管理制度保障水权的使用与交易。建立包括水权界定、分配和转让在内的完善制度体系,需要考虑以下几方面:

(1)水权取得的前提条件,是交纳一定数额的水资源费;而水资源费的征收、管理和使用是由中央政府负责实施。也就是说,国家只有制定相应的政策,才能确保水资源费的合理征收、恰当管理和使用。国家征收水资源费,只能用于保护水资源,不能挪作他用。

(2)水管理部门对用户水使用权申请的审批,严格按照法律、法规和制度规定的程序。因此,建立完备的法律、法规和制度,水行政主管部门才有据对用户水使用权进行审批。

(3)水市场的建立,必须形成公平、有序的法制环境和政策基础;在我国,水市场还是一个新生事物,仍处于探索、试验状态,需要进一步的培育和发展;其实践也离不开相应的法律、法规、政策的支持、约束和规范;培育和开展水权交易,只有在现有法律、法规和政策基础上逐步推进。

(4)实行水权交易,需要专有制度保障。水权转让与其他物权不同,受地域、时空限制,与众多利益相关者发生联系;没有制度保障,就无法实现水权让渡,即便在试验、探索过程中,制定一些过渡性制度也非常必要,通过实践不断完善水权管理制度。

(5)各级地方政府应当支持水权交易的探索、试验过程,以务实态度解决实验中可能遇到的各种权利关系问题;通过加快水资源管理体制改革,不断调整、修订和完善水权管理制度,推进水权管理制度变革。

3.2.2　我国水权管理研究进程

21世纪初,我国水资源管理理念开始发生转变,一些地区先行开展了水权的探索性实践。但在体制上,仍是以行政手段为主配置和管理水资源。2006年,滕玉军巡视员撰文《中国水资源管理体制改革研究》中道出,解决我国的水问题,必须对水资源管理体制进行大的变革。

其实,水资源短缺和水环境恶化是许多中等发达以上国家所遇到的共性问题,但这些国家根据本国国情,在20世纪下半叶对水资源管理制度进行了重大变革,取得了令人鼓舞的成就。国外的成功和经验,就像一支强心针,刺激了水利行业,倒逼水资源管理体制和水权管理的制度改革。如前所述,水资源管理改革的目标,就是建立现代水权制度,优化水资源配置,推动建立水市场和水权交易,提高水资源利用效率。

3.2.2.1　水权制度探索

1)探索改革的动因

研究表明,人口持续增长、城市化快速发展,食物需求、生活生产用水成倍增长。水资源短缺之同时,工业污水、生活污水排放量快速增加,水质恶化加剧了资源性短缺。水问题积累成水危机,日益威胁经济社会可持续发展。2000年前后,苏浙地区因无法沿用传统管理体制解决缺水和跨界水污染问题,自行开展了水权的先期探索实践。

水资源短缺,使用水的成本增加;不同区域、部门和团体用水的竞争性增强,也使水资源的财产属性不断增强。河流上下游对水权的争夺日益激烈,明确水权与水环境责任成为各级政府工作的重要期待。此外,水污染带来的社会性问题,提高了流域各地对水资源财产权责界定的要求。在依法治国的背景下,依赖行政手段已不能实现水资源科学、公平配置和水权争端的公正解决。那么,需要我们深化改革,健全和完善水资源和水权管理法律体系,运用市场机制参与配置水权;吸引更多的投资者改善水供给,强制排污者承担污染责任和改善水环境;通过水市场和水权交易,提高水资源利用效率。

2)制定目标、分步推进

我国的水资源管理体制改革,主要是探索以局部推进、部门推进为主的渐进式改革。水利部、环境保护部分别负责与水量、水质有关的水资源管理体制改革。实践证明,水资源管理体制改革是一个系统工程,必须由国家立法,整体规制,分步推进。非系统化、法制化的部门单进,容易产生矛盾和障碍。

3.2.2.2 水权确权和管理方式

1)水管理体制改革目标

水资源管理体制改革,是要建立水权制度,发挥市场在配置水资源中的主导作用。水权的确权,不是一次性分配水资源及确定权属关系,而是建立、健全水权管理的法律和制度体系。按照滕玉军的研究思路,其提出水制度改革总体架构的核心在于:

(1)是将以行政手段为主导的水资源配置方式,转变为以市场为主导的配置方式;

(2)是确立实行水资源的分级和综合管理相结合的管理模式;

(3)是让水行政职能和水服务职能相分离。

2)水权制度设计

国家水权制度设计,既包括水资源初始水权的配置和调控,也包括市场配置水权全过程的规制和监管。也就是说,理论上国家既要保障水资源初始分配的公平、合理,又要保证市场交易水权的再配置科学、高效。要实现这种模式,需要在顶层设计中考虑完备的制度。

水权制度的总体设计思路是:

(1)除重大跨区、跨流域调水工程等水资源再配置的决策需由全国人民代表大会全体代表投票表决决策之外,国务院及职能部委应代表国家行使初始水权分配职权和再分配的监督管理职责;职能部委履职与行使权力过程,还必须依据国家水资源战略规划、流域水资源综合规划和行业发展的专门规划,并与水源地和流域沿线省级地方政府充分协商,达成水资源配置的相关协议。

(2)国家水资源战略规划,是水权初始配置的依据。国务院国家战略研究机构组织职能部委及相关部局编制国家水资源战略规划;职能部委(水利部或大资源部)组织流域机构并会同各地方政府编制流域水资源综合利用规划;各用水行业依据水资源综合规划编制专业规划。

（3）初始水权的分配,要符合国家的整体利益,统筹兼顾,公平、合理;必须始终坚持可持续发展前提下的开发利用,必须保障每个公民的基本用水权和维持生态环境的基本用水权。

水权实行分级管理,初始水权的具体分配,采用自上而下方式,包括三个层次:

一是按照国家水资源战略规划,由国务院主持,各省、市、自治区参加,按地区、按流域和优先用途配置河湖流域水权,水利部实施总体水资源的宏观调控;

二是按照流域水资源综合规划,由国务院主持,流域内的各省市自治区参加,将流域水权配置为区域水权,完成水权的优化分配;

三是按照区域水资源综合规划,流域机构会同各省、市、自治区将区域水权逐级分配到市、县、水企业、用水户,实行注册登记制度,完成水权的具体分配。

3）分级管理的政策思路

滕玉军学者研究认为,世界上许多中等发达以上国家,对水资源实行分级管理;中央政府负责宏观管控,地方省级政府负责具体管理。此外,流域水资源统一管理却也存在一种较为成功的模式,如美国田纳西流域管理。如果说小流域是理想的管理单元;那么大江大河的流域管理需要赋予法定权威。

我国实行流域和区域相结合的水资源管理体制,如何正确处理流域和区域的管理关系,实际上涉及中央和地方的事权划分。

（1）对中央与地方事权划分的基本依据,是水资源的外部性程度;从产权管理角度来讲,水资源实行国家所有,使用权分级管理;可以明确区域的权责,使水资源外部性问题逐级变为区域的内部化管理。世纪之交的财税体制改革开始,我国正在从中央集中统一领导的体制逐步过渡到管理职权和财政权力、决策权的分级管理;中央政府通过向地方放权,使省以下地方政府在政治和经济体制中发挥越来越大的作用。

（2）2003 年,党中央提出:"按照中央统一领导、充分发挥地方主动性积极性的原则,明确中央和地方对经济调节、市场监管、社会管理、公共服务方面的管理责权。属于全国性和跨省（自治区、直辖市）的事务,由中央管理,以保证国家法制统一、政令统一和市场统一。属于面向本行政区域的地方性事务,由地方管理,以提高工作效率、降低管理成本、增强行政活力。属于中央和地方共同管理的事务,要区别不同情况,明确各自的管理范围,分清主次责任。"

（3）水资源管理体制改革,要切实适应我国具体国情,充分认识到中央政府能力的"有限性"而非"全能性"。为提高管理效率和避免管理"越位",要在宏观上实行分级管理,中央负责宏观调控,只管到省一级;由省对辖区内的水资源、水环境管理负全责。中央和地方地事权划分要通过法律的形式固定下来,做到权责明确,监督有效。

流域机构,是国家对区域进行监管的派出机构,国家水行政主管部门应下放权力给其流域等派出机构,由其代表中央政府对流域内各区域进行监管。

3.2.2.3　水权市场的探索

1）借鉴国外水权转让经验

在国外水权交易实践中,土地为私有,水权与土地分离,这样可以激励用水户提高用水效率,把节余的水通过水权交易转让给经济价值更高的用户及用途,提高水资源利用效率。我国农业用水占总用水量的70%以上,如果政府建立水市场,农民就有节水积极性;节省出来的水,可以通过水权的再配置过程,将水资源输送到更重要的用水环节。在美国等市场经济国家,水权类似于不动产,可以通过市场交易实现水权的转让;联邦各州政府通过法律规制完善水权市场和交易制度,保障水权交易的顺利进行。

2)建立水权市场的目的

当前,我国正在不断深化市场经济体制的改革;传统水资源管理形成的市场空缺、政府虚位、水权配置手段单一、水资源利用效率低下等问题,也为水市场的建立提供了改革与发展空间,增加了必要性。尽管我国经济体制改革持续了近40年,社会主义市场经济体制的轮廓已然初现,但法制化水平不高,尤其是水市场发育才刚刚开始,制度体系尚未建立,已经发生的许多水权交易缺乏法律依据和保障;加上法规本身不配套、不完备,市场内部结构与市场间结构还在搭建,仍然需要政府维持强有力的行政手段监督、管理。也就是说,政府既要保持必要的行政管理方式管控过渡期的水资源配置,也应该迅速启动市场化改革实现市场优化水资源的再配置,以制度规范市场行为,由直接配置转变为对市场的监管。

3)政府职能转变

政府建立水权制度和开办水市场,按市场经济的规则推动水权转让,能够有效避减政府行政单一手段配置资源的强制性产生的行权僵化、腐败和权力寻租;此外,通过水权市场交易的具体运作,调整和引导水资源产权主体间的利益关系,发挥价格机制作用,创造公平竞争环境,有效提高水资源再配置的效率;政府通过初始分配和监管市场再配置过程,抑制部分水资源产权主体单纯追求自身利益损害公共利益和第三方利益的情况。

我国农村仍旧实行土地承包制(社会主义市场经济条件下最优农业体制是股份合作制),如果我们不能明确承包土地上自然形成的水权或集体、个人自己投资建设的工程水权,限制其多余水权参与交易,那么土地的价值就会降低,土地和水资源的生产要素及价值就无法得到充分利用,这对土地的承包者有失公平。

4)监管不可或缺

水资源管理体制改革和建立水权制度,本质就是各司其职。政府配置初始(基本)水权,市场优化水权;在市场再配置过程中,政府维护市场秩序,依法监管市场交易行为,保障公平交易转让,管控水环境、水生态和水安全。政府的管控行为,就是对市场和交易平台(机构)进行定期检查,限制发生越权行为和违法行为。具体地讲,政府责任是贯彻执行保护环境的基本国策,落实经济社会可持续发展战略方针和政策,制定相关法规制度和配套措施,规范水权交易的市场行为;如制定水权交易组织大纲、章程和条例,建立市场交易平台,管控水权市场交易过程秩序,抵制和取缔市场上的不法交易行为,维护社会公平和市场公平。

5)调整市场结构

政府在构建水权交易市场时,要遵循市场经济规律,适应水权市场化改革的需要;一方面,改变供水结构,打破行业垄断,在国家对供水设施的所有权不变的情况下,将经营权分离出来,实行有偿转让;如以国家参股经营,或以招标的方式承包给竞标者营运;民间投资企业、外资企业可按照公司法的规定,组建股份制的水务集团公司,实行有偿服务,使企业成为真正意义上的经营主体。这种产权清晰、责、权、利明确的供水结构,既可以解决供水系统的建设与管理脱节问题,又能有效保证国有水权资产的保值增值,改变过去水资源配置和再配置均由政府包揽、国家财政投资无力的局面,实现水权配置与转让的市场化。

6)发挥机制作用

水权市场,水权交易各方可以为谋求自身利益最大化,利用供求和价格机制展开竞争,实现集体水体或个人水体的最佳效益。也就是说,水权交易的运行机制,通过供求、价格和竞争机制之间的关系反映出来。表现在:

(1)供求机制是水权市场运行机制的主要内容,价格机制和竞争机制围绕供求机制展开变动;在水权交易市场中,供求机制把各类用水主体联系起来,它的变动决定着水权价格的高低,影响着水权市场主体间的竞争程度,最终调节市场主体的用水行为。

(2)水权价格是市场运行机制的杠杆,也是水资源配置方向的传导器;在水权交易市场中,价格机制对供求机制形成反馈,它担负着水权信息反馈的任务;与此同时,价格机制对水权市场主体的供求行为起着引导的作用,影响着水权市场的繁荣程度。

(3)若供求机制失衡,必然产生不良竞争;但竞争机制的作用,又促进供求关系达到新的平衡。

(4)价格机制对供求机制产生的重要影响,反映在水权价格上升,必然刺激用水户节约用水,并出售多余的水资源,获取利润;同时,需水用户必然减少用水量,降低开支,使使用水需求降低;相反,价格增高使用水需求逆向运动,即当水权价格降低时,激励用水户增加用水量、使水资源需求变大,导致水资源供给变少。

(5)价格机制与竞争机制的相互影响,反映在水权价格是竞争活动的产物,水权价格在竞争机制的运行中实现均衡。对供水方来说,价格越低则竞争力愈强;对需水方来说,价格越高则竞争力愈强。供水方的竞争活动使水权价格变低,而需水方的竞争活动使水权价格变高,最终形成真实的水权价格。

(6)供求机制与竞争机制相互作用。供水方期望以较高价格出售水权,以期获得相应利润;需水方期望以较低价格买入水权,从而有效控制生产成本。供需双方竞争活动的结果,是遵循价值规律达成市场价格。通过供需双方的竞争活动,才有可能正确评价水权交易的效率。竞争活动愈热烈,水资源配置愈合理、高效。

(7)供求机制、价格机制和竞争机制互相作用。在竞争的市场中,可以形成水权均衡的价格,价格又忠实引导着供需关系;反之,供求关系决定水权价格,水权价格又影响竞争机制的运作。水权市场在三种机制的共同作用中,达成水权市场的均衡效果,实现水资源高效配置、最优利用。

3.2.2.4　建立水权制度的重要支撑

水资源管理体制的改革与电力体制、土地承包经营权的体制和医疗体制改革一样,都十分复杂和艰难;不仅涉及庞大的用水、管水利益群体,而且可能动摇"靠水吃水"的水利行业和水工程建造企业的既得利益。但推行水权的改革是大势所趋、历史必然,需要自上而下依法、有序推进。

1)市场成为水资源配置的主要手段

市场经济体制和机制,决定了水权制度在水资源配置中产生的巨大作用,或成为水资源再配置的决定因素。而水资源产权制度的建立和水权市场的形成,对我国人口、资源、环境和经济社会的协调与可持续发展,具有极其重要的意义,主要体现在:

(1)推行水权制度,有利于政府和民众从长远利益考虑,使用和节约水资源,保护水资源和水环境。这是因为,水资源产权或使用权被依法界定后,水权持有者和经转让后的水权持有者权益都将受到法律保护,有利于经济用水行为的长期化。

(2)水权持有者将形成天然的水责任,必须以各种手段确保水质和水量(否则,污染了的水体就不构成权利,而只是责任)。这样既有利于促进水资源初始配置的再优化,提高水资源收益和利用效率,同时可防控水污染及水生态的恶化。

(3)在水资源开发利用和洪灾水害防治过程中,明确界定水权有利于分清、调解纠纷、化解利益矛盾。传统计划经济的漫长实践已经证明,生产要素的物权没有流动性,其资源配置的合理化就极难形成,资源也难充分合理利用。

2)复核水量、重新确权

核定水量、界定水权是建立水权制度的关键,中央政府应在探索建立国家水权制度的总体架构之内,加快大部制改革,理顺政府职能职责,“精兵简政”,将庞大的冗员队伍转换成相应行业的执法机构或咨询服务机构。改革后的大资源部委需要摸清水资源真实家底,重新实施初始水权分配。重新确权,有利于按照新的制度、机制管理水资源,但需要依据现代监测技术手段和政府公共信息平台实施以下基础工作:

(1)根据全国水资源最新调查数据,在国务院主持下核定全国大江大河大湖流域及各类(地表、地下)水资源总量,重新进行总量确权,实行总量控制、定额管理。

(2)各江、湖流域管理机构在国家水资源战略规划和综合规划的基础上,制定流域水资源确权方案,提出流域内各省(自治区、直辖市)取水量控制指标;各省级资源主管部门,据此与下辖各级政府协商界定区内水权(包括国家、区域、集体、个人和工程水体水权),确保重新确权公平、公正。

(3)完善取水许可和有偿用水制度。人大应当加快水资源管理立法或重新修订水法,国务院依法落实初始水权确权,并完善取水许可制度和有偿用水制度。水利部原先颁布的《取水许可和水资源费征收管理条例》等行政法规应当依据新修订的水法或水资源法进行修编,在尽可能短的时间内,按市场经济体制要求建立、健全新时期取水许可和有偿用水制度。

3)健全水权管理体系

水权管理体系应该包括国家水权制度法律体系、中央政府水权管理政策制度及体系和市场监管体系以及省级地方法规体系和市场交易体系等。中央政府和省级地方政府应当按照国家水权统一管理、区域水权分级管理办法,建立健全各层级法律法规、政策制度和市场管理等体系。在此基础上:

(1)分别完善国家水权管理制度和区域水权管理制度,大江大河大湖流域管理机构作为中央政府派出机构,代表中央政府依法依规行使流域管理职责。

(2)实行国家水权统一管理和省级行政区域分级管理相结合的水管理体制。对于大江大河大湖流域,中央政府应当合理划分流域与区域管理的事权。

（3）在"十三五"内,加快推进水资源管理体制改革,改变水行政主管部门的职能,建立以水权管理为核心的水资源管理体制,完善水资源管理的公共管理职能;加强流域取用水总量控制、水量调度管理职能,探索建立流域科学决策和民主管理机制。

（4）加快水资源管理的职能归并,强化各区域水资源监督管理能力,鼓励社团协会和用水户参与管理,通过多种形式使用水户参与到水量分配、水价制定等水管理事务中来。

（5）创新水资源管理机制,充分发挥水权市场在水资源管理中的作用,通过市场经济手段和机制的运用,促进水权公平、合理、科学再分配。

（6）建立节水、治污的激励机制,积极推进水价市场化改革,城镇生活用水和办公用水实行阶梯水价,拉大价差,促进水资源高效利用。

（7）构建水权运行监管体系。中央政府要建立健全水权市场监管制度,同时监管省级政府水权制度的执行效果;各级政府对下一级政府所辖区域内的水权制度执行情况实施监管,如中央政府以江河流域为管控单元,通过跨省界河流断面的水质、水量、水生态检测情况以及区域内的水量、水质、水环境检测情况,调控用水总量;同时,各级政府应制定和完善水权交易管理办法,监督水交易过程,限制环境用水参与交易,限制农业的基本用水参与违规交易,核准不同用途之间的水交易,保证水市场的正常运行。

4）提高水权管理科技支撑能力

无论是国家行政配置水权的管理,还是市场再配置的水权管理,都需要现代科技提供技术支持,尤其是在更为准确的水情预报、水质水量监测、排污实时监控、公共信息平台的大数据分析、水权市场交易等各种信息公开要求方面,只有运用现代技术手段才能实现。目前,水科学和水监测的应用技术还十分落后,实行水权分级管理后,技术手段需要改进。

（1）抓紧制定国家水资源战略规划和流域水资源综合规划及各专项规划,建立水资源技术标准体系;

（2）水资源、水环境、水土流失在线监测进行全国联网升级,利用云计算和大数据分析系统,及时、准确、公开公布水资源动态和水权交易情况;

（3）研发和推广水资源遥测技术以及用水、取水计量的实时控制技术,加强大江大河大湖流域和区域水资源动态监测,实时提供可靠数据,提升水资源管理的科学化和定量化水平,为水权再配置服务;

（4）加大水科学投入的同时,加强水科学研究人员和水资源管理从业人员的技术培训,提高从业人员素质和水资源科学管理水平。

5）加快水企业改制

水利行业的体制改革,首当其冲是政企分开、政事分开,理顺产权关系,实行现代企业制度,建立企业法人治理结构,逐步将一些科研、设计、建造、咨询单位完全（脱离行政上下级关系）推向市场。大江大河的流域管理机构,是政府派出机构,代表政府行使江河流域管理职能。许多专家认为:由于水企业具有自然垄断性,政府应加强对水服务行业的社会管制和经济管制,保证水企业提供的产品和服务符合国家的有关标准和要求。

6）积极推行水权转让改革实验

我国水权制度的建设,将是一个长期的、循序渐进的、从理论到实践的过程。各级官员需要转变思路,积极学习和借鉴国际上的先进经验,充分结合我国的水资源管理实际,全面推进水权制度建设,将水资源管理能力和水平提高到一个新的层次,努力实现水资源的可持续利用,促进我国经济社会的可持续发展。水权改革的路径并非唯一,但建立健全法律法规是唯一,依法行政、依法管理是改革的重心,完善水权管理制度是关键。我们可以研判国家经济体制和行政管理体制改革的大趋势,参考国际水改革的发展方向,加快前行的步伐。

3.2.3 水权转让的早期实践

水权,可以理解为水资源的专有权、专用权,或者水资源的物权(产权)。但是,水是必需品,其特殊性表现为任何水权人不能因持有水权而剥夺其他人用水的基本(生活饮用)权利。因此,水权确权的真实目的应该是让水资源有权利人实时管理水资源,保护水环境,让渡使用权,维持用水秩序。

古今中外,因水权、用水和排水、排污之争从未间断,小到邻居间的雨水排水沟、相邻农田的引水用水,大到地区间甚至国家间的用水或排污,都曾无数次发生纠纷或武力争端。20世纪末以来,我国许多地方针对日益复杂的用水矛盾不断探索开展水权交易试点;试点地区主要分布在内蒙古、宁夏、甘肃、新疆等西北干旱地区,以及浙江、福建、广东省等少数东部发达地区。交易类型涉及农业向工业转让水权、区域间水库向城市转让水使用权、农民间水票交易、政府向企业有偿出让水权等。我国水权交易探索取得了一定成效,在一定程度上缓减了我国部分地区尤其是干旱半干旱地区的水资源供需矛盾,提高了水的利用效率,也为我国水权交易市场建立积累了宝贵经验。

3.2.3.1 漳河水权争端案例

1)概况

漳河水权争端主要发生在晋、冀、豫3省交界地区的浊漳河、清漳河与漳河干流,涉及山西省长治市平顺县,河南省安阳市、林州市、安阳县,河北省邯郸市涉县、磁县。

2)漳河水权争端的解决

在传统的水资源管理体制下,漳河水权争端的解决主要依靠行政权力的干预和地区政府之间的协调。解决过程分为三个阶段:

(1)行政协调阶段。从20世纪50年代,基本上都是利用当地政府行政手段调节水权争端;

(2)强力整治阶段。1999年春节后,水利部、公安部派出联合调查组协调、指导两省调解争端,其后的两年时间里,水利部、公安部以及河北、河南两省充分协作、集中办案,利用法制和行政手段化解矛盾;地方党委和政府也态度坚决、措施有力,水权争端处理初见成效。

(3)探索水权管理的新路径。2000年后,在咨询专家的建议下,地方政府探索研究以水权和水市场理论指导用水分配,综合利用行政、经济手段和工程措施解决用水争端,在过去协调治理和集中整治的成效上又获得新突破。

3) 协商水权管理的操作

探索利用水权管理和市场再配置水权机制,解决当地用水争端的新思路和方法,为从根本上解决漳河水权争端开了一个好局。主要做法包括:

(1) 加强了漳河上游统一规划、统一管理、统一调度、统一治理;

(2) 转变思路,运用水权水市场方式实施跨省有偿调水,成为解决纠纷的新举措、新途径。如 2001 年春季,华北地区干旱少雨,浊漳河的基流锐减到 $3m^3/s$ 左右,沿河村庄和四大灌区用水十分困难,而上游山西省境内水库存有汛限水位以上蓄水。海河水利委员会漳河上游局以水权水市场理论为指导,转变观念,由过去坐等来水、被动分水,转变为主动运用市场机制合理配置水资源,提出了跨省有偿调水的思路,解决了季节性用水紧张;

(3) 在三省各级政府和水利部门的支持下,成功协作调水、引水,找到除行政手段之外的一条解决局地水权争端的办法。

4) 尝试水权管理的启示

解决漳河地区水权争端的做法和经验,主要有:

(1) 调整治水思路、公平合理配置水资源,是解决水权争端新的重要途径。新的治水思路强调,需要充分认识水资源的自然属性和商品属性,自觉按照自然规律和市场经济规律处理问题,明晰各自水权,培育和发展水市场,发挥市场在水资源配置中的主导性作用。海河水利委员会漳河上游局面对复杂的水纠纷,以新的治水思路为指导,根据漳河自然条件的变化和经济社会发展的要求,从水资源的双重属性出发,根据上下游用水特点,不再坐等来水,而是借鉴国外水权水市场理论及实践,主动到上游有偿调水给下游使用,既保证了上游利益,又满足了下游用水需要,实现水资源的合理配置。

(2) 解决水权或用水纠纷,必须把政府行政调控与市场机制结合起来,按经济规律办事,利用市场机制,通过调整上下游经济利益关系来调整水资源的供需关系,促进水资源优化配置和高效利用,满足经济社会发展需要。

(3) 强化流域水资源统一管理,是解决水权争端重要的体制保障。流域水资源是有机整体,上下游、左右岸、干支流之间的开发利用相互影响,对水的问题必须统筹考虑、全面安排。解决漳河水事矛盾的实践说明:只有实行流域水资源统一管理,统筹考虑上下游、左右岸的关系,合理规划和配置水资源,才能有效防止水权争端。

(4) 建立河流取水权确权体系,迫在眉睫。漳河水权争端案例表明,河流水资源的优化配置亟待重新建立河流水权体系,最主要的是河流取水权的分配确权体系;只有取水权明晰了,才可能避免或减少水权争端、推动进行取水权的市场交易。

(5) 亟待明确区域水权。在我国传统的单一制行政体制下,区域尤其是行政区划地位独特、非常重要。任何经济活动都受到行政区的约束和影响。水资源的配置,作为经济社会发展极为重要的条件,必然受到区域管辖的影响,离开行政区的参与,水资源的配置不可能有效运行,甚至不可行。因此,建立区域水权是配置河流水资源的前提之一。漳河水权争端案中,没有三省相关各县的地方政府参与,优化配置水资源难以实行。

(6) 取水权分配和流转,必须有河流水资源的统一管理。水权不同于其他物权,是属于用益物权,水文过程的复杂,水量水质的测定,河流丰枯轮回等等都决定了水量的不确定性。对于水权的分配和流转,尤其是河流取水权的分配和流转,非常需要专业部门的统一管理。漳河水权争端案中,正是由于强化了海河水利委员会漳河上游局统一管理漳河水资源的权威,才为解决其水纠纷、实施跨省调水创造了条件。

3.2.3.2 东阳、义乌水权转让的探索案例

1)概况

浙江东阳和义乌两市相邻,共同隶属于浙江省金华市,两市同属钱塘江流域,位于钱塘江重要支流金华江。改革开放以来,浙江的经济发展较快,其中,义乌的小商品市场和东阳的建筑业在全国都有极高的知名度;而且,两市经济发展势头强劲,经济增速在全省处于领先水平。据水文测算,东阳市境内水资源总量约 16.08 亿 m^3,人均水资源量 2 126m^3,在金华江流域内,东阳市的水资源相对丰富,拥有横锦和南江两座大型水库,每年除满足东阳市正常用水外,还要向金华江白白弃水 3 000 多万 t,尚有一定的供水潜力。与此相邻的义乌市,多年平均水资源总量约 7.19 亿 m^3,人均水资源量 1 132m^3;在金华江流域,义乌市水资源相对紧缺。

世纪之初,义乌市常住人口即接近 35 万人;随着经济社会的快速发展,仍将以较快的速度向 50 万人口的大城市目标迈进,浙江中部的一个新型商贸名城已见雏形。

义乌市区当时的供水能力仅为 9 万 t/d,供水严重不足;城市供水水源主要引自 60km 外的八都水库,年供水量 2 300 万 m^3,水库供水潜力有限。水源不足,已经成为制约义乌市经济社会发展的瓶颈,迫切需要从域外开辟新的水源。

同位金华江上下游的东阳、义乌两市,"同饮一江水";一方有供水的客观条件,而另一方有引水的迫切需求。为了发展,两市曾有合作意愿并多次接触,也取得了一定进展。但传统的水资源管理思路与单纯依靠行政协调的手段,结果久议不决,4 次协商都未达成协议。2000 年 10 月,时任水利部领导通过媒体提出"水权、水价、水市场"的新思路以后,使东阳、义乌两市供需双方找到了共同的理论依据和实践基础;两市利用市场机制进行运作,通过双方水务局及其分管市长的友好协商和党政集体决策,最终形成共识。两市以资源共享、优势互补、共同发展的思路,义乌市人民政府作为乙方向东阳市人民政府(甲方)提出从所有权属甲方的横锦水库购买部分用水权的要求。双方协议主要内容有:

(1)甲方同意以人民币 2 亿元的价格,一次性把东阳横锦水库每年 4 999.9 万 m^3 水的永久用水权转让给乙方,水质达到国家现行 I 类饮用水标准。

(2)义乌市从横锦水库一级电站尾水处接水计量,其计量设备、计量设施由义乌方投资建设,双方共同管理(横锦水库的正常运行管理、工程维护等仍由甲方负责)。

(3)义乌市负责向供水方支付当年实际供水 0.1 元/m^3 的综合管理费(含水资源费、工程运行维护费、折旧费、大修理费、环保费、税收、利润等所有费用)。

(4)整个管道工程由义乌市投资建设,并负责统一规划设计。

(5)除不可抗力因素外,东阳市应保证每年为义乌市留足 4 999.9 万 m^3 水量;东阳市应按东阳市提供的月供水计划和日供水量的要求进行供水,其供水计划要做到每月基本平衡,高低峰供水量原则上在 2 倍左右。

(6)双方应积极协助对方做好停供检修等工作。

2)水权转让重要意义

东阳、义乌两市水权转让的成功案例,实质上是一次水资源再配置的重大改革实践,这一案例的重要意义体现在:

(1)东阳、义乌水权交易中,以交易方式获得用水权,这不同于以往所有的跨区域调水,突破了行政手段进行水权分配的模式。

(2)东阳、义乌两市水权转让,标志着我国水权市场的真正探索已经起步;也就是说,东阳、义乌率先以平等、自愿的协商方式达成水权交易,其探索实践具有开创性。

(3)东阳、义乌两市水权转让,证明了水权市场是水资源配置的手段之一。东阳和义乌运用市场机制交易水权,双方互惠互利实现共赢。东阳通过节水工程和新的开源工程得到的丰余好水,其每立方米的成本尚不足 1 元钱,转让给义乌后却得到每立方米 4 元钱的收益;而义乌购买 1m³ 水权虽然付出 4 元钱的代价,但如果自己找水源、建水库摊销成本远远超过 6 元/m³,而且水源水量难以保证。东阳和义乌通过水交易,促使双方都更加节约用水和保护水资源,市场起到了优化资源配置的作用。

(4)东阳、义乌水权交易的尝试,形成我国水权制度市场化改革的有益铺垫,也表明可交易水权制度,可将成为水资源管理的发展方向。建立以市场配置为手段的水权管理模式,是体制改革的必然,大势所趋。如我国跨流域调水管理过程中,行政配置水资源使受水区无偿受益,调水区却承担了更多的调水成本。因对调水区缺少利益补偿,调水沿线各方潜伏诸多利益诉求,为调水运行管理带来管理风险。

(5)东阳、义乌水权交易,与其说是出于对行政调水成本的初认识,不如说是对行政低效配置水资源和关系成本的再权衡。浙江人具有较强的投资意识,水利工程大多由地方投资建设,省政府和中央政府的水利投资相对较少。义乌水利工程主要由地方自行筹资建设,地方有能力购买水权。如果依靠政府协调,则实施周期很长、补贴少,得不偿失。也就是说,义乌选择协商购水(没有伸手向上级行政部门要水),实际上是买水收益超出了要水的成本。义乌买水虽然没有政府财政补贴,但最大收益却使城市获得快速发展的机遇。对东阳而言,行政调水完全是无偿的、没有任何收益,卖水则能够获得稳定的经济效益。进行水权交易,双方都在新制度或规制下得到了实惠,水权制度的变迁成为水权管理的内在要求。

3.2.3.3　其他交易案例及东阳、义乌案例分析

1)其他水权交易案例

受东阳、义乌水权协议转让的成功案例影响,2002 年以来,全国许多地方都在积极探索开展水权协商转让或市场交易的试验(表 3-1);主要交易类型(表 3-2);不仅如此,有些地区借鉴国外先进经验探索区域水权制度建设,如松辽流域的初始水权明晰和大凌河、霍林河水权试点,甘肃、宁夏、内蒙古和福建等省开展水权交易,以及海河流域的永定河、卫河、漳河和滦河,福建晋江、江西抚河、广东东江、甘肃石羊河等都在探索水权和水市场制度。也就是说,水权转让与水市场的探索实践,对提高水资源利用效率和效益,实现水资源优化配置和科学管理,缓解水资源供求矛盾的作用日益显现出来。

表 3-1　其他地区水权交易案例情况

时间	水权交易探索案例
2000 年	浙江有 3 宗水权交易：义乌市和东阳市、余姚市和慈溪市、慈溪市和绍兴市
2002 年	甘肃张掖市作为全国第一个节水型社会试点，在临泽县梨园河灌区和民乐县洪水河灌区试行水票交易制度
2003 年	宁夏、内蒙古分别开展黄河水权转换工作试点，截至 2012 年底两自治区水权交易项目合计已达到 39 个
2007 年	宁夏颁布《宁夏回族自治区节约用水条例》，明确规定新上工业项目没有取水指标的，必须进行水权转换，从农业节水中等量置换出用水指标。这意味着水权转换在宁夏已经纳入法制化轨道
2008 年	福建泉州市开展水权交易探索，当年石狮市建设的二期引水工程超配额引用晋江的水量通过水权交易方式获得
2009 年	广东省深圳市与香港特别行政区和粤港供水公司之间试行水量指标交易，香港水量指标未用完部分转让给深圳市
2010 年	新疆呼图壁县启动了军塘湖河流域水资源优化配置试点工作，当年试点区共交易水量 37 万 m³
2011 年	新疆吐鲁番地区探索开展水权交易，并颁布实施了《吐鲁番地区水权转让管理办法（试行）》

表 3-2　其他地区水权交易案例的不同类型

类型	地点	交易主体	客体与期限	交易方式	交易价格	交易特点
农业向工业企业转让水权	内蒙古、宁夏	灌区管理局与工业企业	农业取水权一般为 25 年	工业企业投资灌区节水改造，将减少的灌区供水指标转让给工业企业，变更取水权	内蒙古 30 个项目平均为 8.39 元/m³、宁夏 9 个项目平均为 4.61 元/m³	（1）跨行业水权交易（2）流域机构和当地政府支持并制定规划，组织实施
区域间水库向城市转让水权	浙江东阳市与义乌市	东阳市与义乌市	横锦水库每年 5 000 万 m³ 水量的永久使用权	义乌市一次性出资 2 亿元购买水库水使用权，且按当年实际供水量支付 0.1 元/m³ 的综合管理费，并承担横锦水库引水工程 2.79 亿元的概算投资	水权购买费及引水工程费合计 9.58 元/m³	（1）跨地区水库向城市转让（2）政府部门出面磋商（3）永久性转让水使用权
农民间水票交易	甘肃张掖市临泽县和民乐县	水票持有者和购买者	节余水量一般为年内临时用水	水票转让，但有限价	农业、工业用水价格分别不超过基本水价的 3 倍和 10 倍	（1）平等主体间的水票交易（2）临时性转让水使用权
政府向企业有偿出让水权	新疆吐鲁番地区	政府与企业	新增或置换出的水权一般为 20 年	通过建设水库、灌区改造、节水工程等方式，解决企业新增用水问题	置换水权工业企业不低于 10 元/m³、石油工业不低于 20 元/m³	（1）政府引导，双方协商以及公开拍卖等形式进行水权置换（2）转让期限为 20 年

2) 东阳、义乌水权交易的自然与社会环境

东阳、义乌水权交易事件被媒体报道后，一些专家对其"水权"产生有不同的认识；他们认为：是水商品，根本不是什么水权；有的认为购买的只是水资源的使用权。但事实上，东阳、义乌的水权交易虽然表现为横锦水库的水以商品形式买卖，其实质是实现了取水权的初始分配及其在分配之后的水权交易。能够在传统水资源管理体制下大胆尝试，本身就是制度创新；当然，东阳、义乌的水权成功交易也有其特殊的条件和环境。

东阳、义乌的水权交易案例之所以发生在浙江省，稍加分析不难发现，这一方面是长江下游江浙一带有较强的商品经济意识；而另一方面，当时的经济发展水平和对水资源的需求也形成了交易条件。

(1) 具有水资源供求条件。主要是水库(东阳横锦水库)本身具有潜在蓄水能力，采取科学调度可以获得多余水权；也就是说，不需要通过节水获得多余水量，更不需要新增投资或成本(如修建节水设施)得到水权，而且转让水权成本小、收益大，对交易双方均有利；

(2) 上下游关系的特殊性。东阳、义乌位于金华江支流上下游，是流域较为封闭的环境，主要涉及两个市，主客体关系明确，牵涉面小，利益诉求简单，进行协商谈判的交易费用小，不会产生其他矛盾。

3) 东阳、义乌水权交易的经济基础

(1) 商品意识超前。浙江一带自明清以来都是经济繁荣、商品经济较发达的地区，民众具有浓厚的商品经济意识，发生水权交易具有广泛的社会基础。

(2) 地区经济状况。义乌是全国闻名的小商品城，正在加速城市化发展，经济实力不断增强，城市的快速推进和经济实力的逐渐强大，使义乌对水资源需求持续旺盛，同时也具有购买水权或建设水利基础设施的能力。

(3) 自行协商投资回报率较高。城市用水的特点是要求水源保证率高、水质好。义乌购买东阳水权的成本比义乌自己建设水利工程的成本低，投资回报率高；购买的费用能够按时回收。而且，义乌城市用水水价较高、水费征收稳定。

(4)《水权和水市场——谈水资源优化配置的经济手段》等学术论文提出的思路，一定程度上启发了东阳、义乌两市的交易意愿，推动了两市的水权交易实践。

3.2.3.4　东阳、义乌水权案例讨论

东阳、义乌水权协议转让的探索实践，在国内学术界曾引发了一些争议或不同意见。一些学者提出：浙江东阳、义乌水权转让的水权，存在法与理的问题，这个问题的实质是有关水权的初始分配。第一，东阳水库的水权并未进行分配，水资源不完全是当地的；第二，是东阳、义乌政府出面是否合适，实质是涉及水权交易主体的身份问题；第三，东阳水权转让后，对本地群众是否存在补偿问题。由于上述问题关系到水资源管理制度的深层次的问题，争议很难厘清是与非。

1) 东阳、义乌水权的政策分析

东阳、义乌水权协议转让实践的最大特色，是不再单一依靠传统行政命令调配水资源，而是在政府的支持和协调下，相关利益主体以应对特定的经济社会环境，创新性地解

决了当时水资源短缺问题。在社会主义市场经济体制构建中,两市通过平等协商,按照水资源市场价值规律开展水权交易,从而显著提高水资源利用效率,实现经济社会快速发展的同时,有效增加了水资源供给。

有专家提出,东阳、义乌水权转让案中,没有统一的流域水资源管理单位,该案例没有代表性;原因是其地理位置特殊,东阳、义乌水权交易环境封闭,在当时很难作为成功实践加以推广。另外,转让的水权是否合法、水权交易主体的资格是否合适,都存问题。

2)东阳、义乌水权转让的依据分析

传统水资源管理体制广受诟病,从市场经济的角度分析,行政配置水资源的关键,是因为它不能形成水权市场保证有效供给和实现需求。但东阳、义乌水权转让时,也缺乏相应的法规依据,体现在:

(1)首先是水权理论和法律依据的缺乏。当时,水权制度还未形成,在水权的分配、确权、资源价格、转让方式、管理等方面缺少成熟的理论基础,而且,更缺少相应的法律制度来规范水权及其交易活动。因此,理论和法律是大范围进行水权交易的最大制约因素。

(2)其次是由于初始水权不明晰,现有体制下,部门之间、地区之间自发地协商水权分配将产生非常高昂的交易费用,甚至难以达成协议。初始水权的不明晰以及难以自发协商成功的现状,决定了水权市场难以形成有效的市场供给和市场需求。东阳、义乌对金华江的水权并没有明确划分,但由于地理区位及水工程的独特优势,使其水权转让达成一致。

(3)在水资源贫乏地区,水权转让需要转出方付出较大的成本,如牺牲自己用水利益和发展机会,或者需要较多的水设施和节约用水的投资;在无稳定的体制保障条件下,水权转让风险大,客观上抑制了水权市场供给。东阳、义乌水权交易案例,东阳主要依托横锦水库的未达设计标准的水库库容和"白白弃水",因此付出的投资有限。

(4)传统配水管水体制,城市用水增加的需求无须通过水权交易,往往是通过行政调配、水权"农转非"解决。大多数情况下,农业受到了损失而并未得到合理补偿。因此,行政配水体制,削弱了水权的市场需求。另外,农业之间水权转让潜在利益差别小,并且同样受到了配水体制的影响,不能形成有效需求。

(5)经济实力较弱时,难以形成有效需求或有效需求不足。这里所指的有效需求是有购买能力的需求;在经济欠发达地区,经济实力弱导致地区购买力差。东阳、义乌水权交易案中,义乌的经济实力强大,其水权转让并不具有代表性和普遍适用性。

3.2.4 跨流域调水行政配置水权的优势

在和平的环境里,发展经济成为主题。改革开放后,时逢国际和平大环境带来的战略发展机遇期,我国经济进入高速发展阶段;伴随工业化推进和城市扩张,以及大范围水污染和工农业生产浪费水资源,使资源型缺水和水质型缺水的情势越来越严重。

为了满足日益增长的物质与文化生活的需要,一些地方发展不惜代价,也不顾对生态环境的破坏,粗放用水(如深抽地下水和远距离调水),水问题非常突出。由于我国决策效率高,行政配置资源具有先天优势。在计划经济时期,我国就先后实施了"引滦入津、引黄入津、引黄济青"等多个较小规模的跨区调水工程,短时间缓解了部分地区缺水矛盾的同时,也造成部分地方越来越严重依赖对水的增量消耗,使水资源利用效率降低,缺水范围越来越大;水污染和水资源浪费日益严重;水生态日趋恶化。

3.2.4.1　南水北调工程的时机选择

1)领导人的初期设想

新中国成立之初,国家百废待兴。面对大江大河频现的洪涝灾害和北方地区干旱缺水,毛泽东主席归纳专家意见,提出了南水北调的宏伟设想。根据水利部长江水利委员会等研究机构历年开展的南水北调规划、设计报告和水利报刊文献,1952 年 10 月 30 日,毛泽东主席视察黄河途中,听取了黄河水利委员会主任王化云关于"引江济黄"、调水 5 000亿 m^3 想法的汇报,毛泽东表示:"南方水多,北方水少,如有可能,借点水来也是可以的。"1952 年 8 月 12 日,为解决黄河流域水资源不足的问题,黄河水利委员会对黄河源区进行了查勘,拟研究通天河色吾曲至黄河多曲的调水线路。也就是说,从长江上游引水济黄的跨流域调水规划研究已经开始。

党的十一届三中全会推行改革开放的路线,这无疑释放了我国经济社会发展的活力。随着微观经济搞活、综合国力的提升,全社会对资源的需求不断增加,尤其是华北、西北地区水资源供需矛盾越来越大。20 世纪 80 年代开始,我国西北、华北地区持续干旱;缺水导致西北、华北部分河流断流、湖泊干涸,地下水超采、地面沉降、地表塌陷。水资源短缺,不仅制约北方地区经济社会的正常发展,而且严重恶化该区域生存、生态环境。

2)兴建南水北调工程的分歧

京津华北平原是我国政治、经济、文化的中心,也是重要的工农业生产基地。但该地区水资源十分短缺。尤其是海河流域,缺水状况最为严峻,人均水资源量仅为 $292m^3$,水资源利用率早已高达 90%以上。以国际水资源人均标准衡量,属于严重缺水地区。

实施南水北调中线工程,补充京津华北平原的水资源供应量,是实现南北水资源的合理配置、缓解京津华北平原水资源供需矛盾、支撑该地区国民经济与社会可持续发展的重要措施。因此,建设南水北调中线工程是十分必要的。

3)南水北调工程立项过程

20 世纪末,我国经济增长势头强劲。除电力供应日趋紧张之外,北方水资源短缺矛盾更加突出。在有关部委和地方政府的推动下,南水北调上马的呼声再次提上决策程序。2000 年 9 月 27 日,朱镕基总理在中南海主持召开座谈会,听取了有关部委领导和各方面专家对南水北调建设方案的意见。会间,就对南水北调规划中的有关情况进行了说明,同时详介了近年来有关部门和专家学者对南水北调方案的调研论证和工程设计意见,并对东、中、西线三个调水方案进行了利弊比较。这次专门会议,确定了南水北调总体规划为东、中、西三条调水线路,相应从长江流域下、中、上游调水。

朱镕基总理总结指出:"北方地区特别是华北地区缺水问题越来越严重,已经到了非解决不可的时候。实施南水北调工程是一项重大战略性措施,党中央、国务院要求加紧南水北调工程的前期工作,尽早开工建设。"国务院拟按照这个要求,周密部署、精心组织,加快工作进度。同时又指示:"解决北方地区水资源短缺问题必须突出考虑节约用水,坚持开源节流并重、节水优先的原则;"我国北方一方面水资源短缺,另一方面又存在着用水严重浪费的问题。许多地方农田浇地仍是大水漫灌；工业生产耗水量过高，城市生活用水浪费惊人。因此，在加紧组织实施南水北调工程的同时，一定要采取强有力的措施，大力开展节约用水。要认真制定节水的规划和目标，绝不能出现大调水、大浪费的现象；关键是要建立合理的水价形成机制，充分发挥价格杠杆的作用；逐步较大幅度提高水价，形成节约用水的最有效措施。

正是在这次会议，朱镕基总理为南水北调工程建设的总体方案确立"三先三后"的指导原则，即"先节水后调水、先治污后通水、先环保后用水"，明确南水北调方案的规划与实施必须建立以水资源合理配置为基础。以现行的水价过低、污染浪费严重（既不利于节约用水，也不利于供水事业的发展）的实际情况，加快资源价格改革，理顺供求机制，促进节约用水，刻不容缓。

朱镕基总理要求："水污染不仅直接危害人民的生活和身体健康，也影响工农业生产，而且加剧了水资源短缺，使有限的水资源不能充分利用；在南水北调工程的设计和实施过程中，必须加强对水污染的治理；如果不治理水污染，那么调水越多污染越重，南水北调就不可能成功。一定要先治污，再调水。规划和实施南水北调工程，要高度重视对生态环境的保护，这个问题非常重要。生态平衡一旦遭到破坏，就会造成难以挽回的后果。特别是对于调出水的地区，要充分注意调水对其生态环境的影响，一定要在周密考虑生态环境保护的条件下才能实施调水工程。南水北调工程要做好各项前期准备工作，关键要搞好总体规划，全面安排，有先有后，分步实施。同时，要认真搞好配套工程的规划和建设；加快南水北调工程建设，现在条件基本具备；近期开始分步实施，经济实力可以承受；加快一些重大基础设施建设，既可以有效拉动国内需求，开拓传统产业市场，又可以为经济持续发展增加后劲，促进经济良性循环。"

2002年8月19日，时任国务院副总理温家宝在考察南水北调中线方案后主持专门会议，听取了国家计委、水利部关于南水北调工程总体规划工作情况的汇报。10月23日，朱镕基总理主持召开国务院第137次总理办公会议，再次听取关于南水北调工程总体规划的汇报。会议审议并通过《南水北调工程总体规划》，原则同意成立国务院南水北调工程领导小组，决定江苏三阳河、山东济平干渠工程年内开工。其后，朱镕基总理主持召开的国务院第140次总理办公会议，批准了丹江口水库大坝加高工程的立项申请，要求抓紧编制丹江口水库库区移民安置规划。

2002年8月20日，江泽民主持召开了中央政治局常委会会议，听取了国家计委主任曾培炎和水利部部长汪恕诚受国务院委托做的南水北调工程总体规划汇报，审议并通过经国务院同意的《南水北调工程总体规划》。10月24—25日，水利部、国家计委分别向全国人大常委会财经委、环资委、农委以及政协全国委员会主要委员汇报了南水北调工程总体规划。全国人大、政协汇报会后，根据代表提出的一些具体意见，水利部对规划作了适当修改，于10月底再次报国务院。同年12月23日，国务院正式批复南水北调工程总体规划。

考虑到政府换届工作，2002年12月27日，南水北调工程开工典礼在人民大会堂和江苏省、山东省施工现场三地同时举行，开工典礼由国家计委主任曾培炎主持，国务院总理朱镕基在人民大会堂主会场宣布工程正式开工，国务院副总理温家宝发表讲话，代表党中央、国务院对工程开工表示热烈的祝贺。朱镕基总理宣布开工,标志着南水北调工程由论证阶段正式转为实施阶段。

3.2.4.2 南水北调的总体安排

1)总体规划思路

由于北方地区,尤其是南水北调主要受水区的北京、天津、山东、河北、河南等地,是以大量超采地下水、挤占河道及生态用水维系经济社会发展和人民生活的现实,并且形成了持续恶化的态势:在经济社会不断发展、城市化进程不断推进的同时,南水北调受水区生态环境已不堪重负。因此,必须确定南水北调工程总体配置的优先目标,并加快建设进程和优化配置调水量。

规划过程中,考虑到长期干旱缺水和不当的人口分布及活动,黄、淮、海流域的缺水量80%分布在黄淮海平原和胶东地区,因而优先实施东线和中线工程势必先行。在黄淮海平原和胶东地区的缺水量中,又有60%集中在城市;城市人口和工业产值集中,缺水所造成的经济社会影响巨大。因此,国务院确定南水北调工程近期的供水目标为:解决城市缺水为主,兼顾生态和农业用水。南水北调东线和中线工程涉及7省(直辖市)44个地级以上城市,受水区为京、津、冀、鲁、豫、苏的39个地级及其以上城市、245个县级市(区、县城)和17个工业园区。也就是说,南水北调不仅仅是水资源配置工程,它的根本目标应着眼于改善城市缺水的同时,缓解生态缺水、修复和改善北方地区的生态环境。这一原则性安排,为南水北调工程的公益性质和由谁出资,做了权威性标注。

按照"先节水后调水"原则和"将城市不合理挤占农业与生态用水返还于农业与生态,农业新增用水依靠降低灌溉定额、提高水利用系数"的思路,在充分考虑节水治污的前提下进行水资源综合平衡。

2)总调水量论证

优化水资源配置,必须落实抑制需水、有效供水和保护水质的三大基本任务。鉴于我国的供水体系存在城市与农村两大系统,南水北调工程总体规划方案前期的主要供水目标是满足城市发展用水需求。这是因为城市人口与工业企业相对集中,用水需求增长较快,水污染严重,水价有较大的调整空间。黄淮海平原缺水地区,许多城市大量挤占了农业用水,限制了农业发展。调水后,可通过水量置换的办法还水于农业,还水于生态,缓解农业发展用水及生态环境用水矛盾。在此前提下,经过反复计算、论证,最终确定南水北调东、中、西三条调水线路总调水量为448亿 m^3。

3)跨流域调水总体布局

2001年,国务院再次组织行业专家对南水北调工程总体规划进行了深入研究和论证,最终确定南水北调总体规划方案选定的东线、中线和西线三条调水线路。通过三条调水线路与长江、黄河、淮河和海河四大江河的联系,可逐步构建以"四横三纵"为主体的调水总体格局,形成我国巨大的水资源再配置网络,使其基本覆盖黄淮海流域、胶东地区和西北内陆河部分地区,有利于实现我国水资源南北调配、东西互济的时空水网结构。

具体地讲,南水北调工程东线、中线和西线三条调水线路,各有其划定的供水目标和范围,并与四大江河形成一个有机整体,可优势互补;如若实现科学调度,就能够充分发挥多水源供水的综合优势,共同提高北方受水区的供水保证程度,从根本上缓解黄淮海流域、胶东地区和西北内陆河部分地区的缺水问题。

(1)东线工程:利用江苏省已建有的"江水北调"工程,逐步扩大调水规模并延长输水线路。东线工程从长江下游扬州江都抽引长江水,利用京杭大运河及与其平行的河道逐级提水北送,并连接起调蓄作用的洪泽湖、骆马湖、南四湖、东平湖。出东平湖后,分两路输水线路:一路向北,在位山附近经隧洞穿过黄河;另一路向东,通过胶东地区输水干线经济南输水到烟台、威海。

(2)中线工程:从加坝扩容后的丹江口水库陶岔渠首闸引水,沿规划线路开挖渠道输水,沿唐白河流域西侧过长江流域与淮河流域的分水岭方城垭口后,经黄淮海平原西部边缘在郑州以西孤柏嘴处穿过黄河,继续沿京广铁路西侧北上,可基本自流到北京、天津。

(3)西线工程:在长江上游通天河、支流雅砻江和大渡河上游筑坝建库,开凿穿过长江与黄河的分水岭巴颜喀拉山体的输水隧洞,调长江水入黄河上游。西线工程的供水目标,主要是解决涉及青、甘、宁、内蒙古、陕、晋等6省(自治区)黄河上中游地区和渭河关中平原的缺水问题。结合兴建黄河干流上的大柳树水利枢纽等工程,还可以向邻近黄河流域的甘肃河西走廊地区供水,必要时也可相机向黄河下游补水。

4)分期实施安排

由于降水的年际变化,水资源合理配置应是一个长期、动态的过程。南水北调工程也应该根据降水情况和受水区需求,通过供需利益平衡优化调度水资源。也就是说,水资源配置应考虑人口和经济增长的裕度。那么,调水工程建设就不可能一劳永逸,需要根据用水增长、科技水平、经济实力等多方面情况的变化以"先通后畅"的原则,科学规划、分期实施。依据受水地区节水情况以及可持续发展对水资源数量和质量在时间与空间上的需要,合理确定需水过程,据此安排工程规模,最大限度地发挥南水北调工程的综合效益。据此,规划安排东线工程分三期实施;中线工程分两期实施;西线工程分三期实施。

3.2.4.3 南水北调工程建设体制架构

1)体制架构

南水北调工程被认为是具有公益性和经营性双重作用的大型水利基础设施,既跨流域,又跨省市,应该按照如下原则设计管理体制,即遵循水资源的自然规律和价值规律,体现水的"准市场"特点;明晰产权,有利于节水、治污和水资源再配置的统一管理,建立适应社会主义市场经济体制要求的工程建设管理体制和运营管理体制。这些原则有:

(1)政府宏观调控。国务院南水北调工程建设委员会,作为工程建设最高层次的决策机构,决定南水北调工程建设的重大方针、政策、措施和其他重大问题。国务院南水北调办公室,作为建设委员会的办事机构,负责研究提出南水北调工程建设的有关政策和管理办法,起草有关法规草案;协调国务院有关部门加强节水、治污和生态环境保护;对南水北调主体工程建设,实施政府行政管理。

(2)准市场机制运作。南水北调工程的公益性和多元化的投资结构,使其既不能完全按照纯公益项目建设和管理,也不能按照市场经济办法分摊成本和计算水价。由于南水北调供水的目标定位为向城市供水,按照还贷、保本、微利的原则收取水费;通过改变城市长期挤占农村用水的状况,把为农民服务的水库和水量交还给农村农民。那么,只能探索和逐步建立水的准市场配置机制和管理体制,实行准市场运作。

(3)按现代企业制度管理。国务院南水北调工程建设委员会第二次全体会议明确,要按照政企分开、政事分开的原则,以现代企业制度严格实行项目法人责任制、建设监理制、招标承包制和合同管理制。南水北调工程建设在项目法人的主导下,实行直接管理与委托管理相结合,大力推动代建制管理等新的建设管理模式。

(4)沿线各用水户参与。工程沿线各省、直辖市成立南水北调工程建设领导小组,下设办事机构,由其贯彻落实国家有关南水北调工程建设的法律、法规、政策、措施和决策;负责组织协调征地拆迁、移民安置;参与协调省、自治区、直辖市有关部门实施节水治污及生态环境保护工作,检查监督治污工程建设;受国务院南水北调办公室委托,对受托由地方南水北调建设管理机构管理的主体工程,实施部分政府管理职责,并负责地方配套工程建设的组织协调,研究制定配套工程建设管理办法。

2)建设管理体制

南水北调工程建设与管理体制,总体框架分为三个层次:

第一层次。国务院南水北调工程领导小组,由国务院总理任组长,有关部门、省(直辖市)政府负责同志为成员。其主要职能是制定南水北调工程建设、运行的有关方针和政策,负责协调和决策工程建设与管理的重大问题。

第二层次。领导小组下设办公室,负责日常工作。办公室为领导小组的办事机构,直接对领导小组负责。

第三层次。按照政企分开,建立现代企业制度的要求,由出资各方成立董事会并组建干线有限责任公司;作为项目法人,负责主体工程的筹资、建设、运行管理、还贷,依法自主经营。

南水北调工程建设管理,以项目法人为主导,包括承担项目管理、勘测设计、监理、施工、咨询等建设业务单位的合同管理及相互之间的协调和联系。项目法人,是工程建设和运营的责任主体。建设期间,主体工程的项目法人对主体工程建设的质量、安全、进度、筹资和资金使用负总责;负责组织编制单项工程初步设计;协调工程建设的外部关系。项目管理、勘测(包括勘察和测绘)设计、监理、施工等业务的单位,通过竞争方式择优选用,实行合同管理。

为发挥工程沿线各省市的积极性,对部分工程项目建设采用委托制,由项目法人以合同的方式将部分工程项目委托其项目所在省市建设管理机构组织建设。对工程技术含量高、工期紧的跨河、跨路大型枢纽建筑物以及省际、市际边界工程,减少建管环节,由项目法人直接管理,以利于控制关键节点工程的建设。不论是实行直接管理还是委托制的项目,都要积极推行代建制;通过市场选择,充分发挥社会管理资源在工程建设中的作用。工程建设管理及运行管理,委托有资质、有经验的建设管理单位或运行管理单位承担。代建制的推行,不仅有利于促进管理水平的提高,也为今后运行管理的资源配置预留了空间。采取新的建设管理模式是南水北调工程建设管理的实际需要,有利于发挥地方积极性,有利于提高工程建设管理的效率、降低建设管理成本和提高管理水平。

3)运营协作体制

工程沿线各省(直辖市),组建地方性供水(股份)公司,作为项目法人,负责其境内与南水北调主体工程相关的配套工程建设、运营与管理,以及境内南水北调工程的供水与当地水资源的合理调配。

各干线工程有限责任公司和沿线省(直辖市)供水(股份)公司之间,为水的买卖关系,并根据《中华人民共和国合同法》签订供水合同,实行年度契约管理。

3.2.4.4 总体调水情况

我国的南水北调工程,是世界上规模最大的跨区、跨流域远程调水、输水和供水工程。根据国务院南水北调工程建设委员会(2001年)批准的总体规划方案,南水北调工程总体划分有东线、中线和西线三个系统工程部分。其中:东线从长江江苏扬州段调水,经过江苏、山东向河北、天津供水;中线在湖北丹江口水库取水,经河南省、河北省向沿线缺水地区和北京市、天津市供水;西线拟从长江上游的金沙江、雅砻江、大渡河取水调到黄河上游,向西北和华北部分地区供水。

南水北调工程于2002年开工,东线和中线一期部分工程于2014年11月底前分别投产试运行;2015年,中线工程调水约22亿m^3,2016年计划安排33亿m^3。加上建设过程中的应急调水水量,截至2017年6月,累计向华北地区调水约100亿m^3。

南水北调工程的建设,有其特殊的历史背景和政治背景。它的实施和实践,开启了我国学界对水权的研究和思考,推动了水权制度改革的步伐。

3.2.5 流域调水存在的水权问题

南水北调工程,举世瞩目,建设过程与运行管理均受各国业界广泛关注。按照国务院南水北调工程建设委员会的工程总进度安排,其东线、中线一期工程已于2014年秋季达到试(或正式)通水条件。但是,正因为南水北调工程投资巨大,建设周期长,历时50多年的规划、设计、论证间,国内外有许多科学家、专家、学者以及国内多个专业设计院(所)、大学和民间人士提出过重大修正思路或优化建议,这些思路对于南水北调工程的最终决策起到了十分重要的作用。同时,我们也应该承认已经实施的南水北调工程,无论其规划、设计和建设过程,都可能存在一些来自方方面面的意见、反对和质疑;以科学的视角和实践检验,也可以发现其实施中确实存在许多先前没有估计到的问题,如决策程序问题、水权的公平与效率问题、由谁实施生态保护和补偿问题等。根据国内外水权理论,分析、探讨其调水引发的诸多问题,对于促进重大建设项目决策的民主化、科学化,落实党的十八大提出的市场在资源配置中发挥主导作用的改革,具有非常重要的意义。

3.2.5.1 跨流域调水的立项前提

1)决策程序

跨区、跨流域调水,不仅涉及水源地水生态、水经济和可持续发展问题,还涉及取水河流下游沿线水质、水量以及以水为基础的产业发展等问题。由于世纪之交我国持续高增长的经济缺乏后劲,"三驾马车"(出口、投资、消费)中投资不足、消费低迷,一些部委官员和地方官员打破常规,积极推动南水北调工程动工。

在法治国家,任何事关国计民生的重大工程建设,都应该信息公开、依法依规、科学决策、民主决策。

(1)科学决策,意味着提高决策的可行性,减少行政决策的失误;

(2)民主决策,需要让人民知情,体现集体负责;

(3)走人大代表集体表决程序,表明决策程序合法。

2)自然资源的属性

众所周知,自然资源的种类和数量决定一个地区的经济发展及前景。就像每个人和每个地方一样,各具优势和差异;在实现自身价值的过程中,充分体现个体和地区差异、发挥优势,就能够建立最初的公平;再通过不同优势的互补、互惠,进而可以让优势转化为效率。当然,资源优势与技术手段一样,往往具有两面性:一方面差异和优势被发现时可以变为财富;另一方面,形成优势时同时又可能伴随自然灾害的频发。超量开发或过多利用后,还可能恶化这种优势存在的基础环境。也就是说,有优势,就必然存在其劣势。这种条件,维系其社会的生境。

水资源属于自然资源,但水资源多的地方,大多又位于河流、湖泊上游,海拔高、地形复杂、交通不便,当地居民长期生存于此,他们获得水资源优势的同时,却可能失去了许多其他可以形成另外优势的资源条件。他们唯一的发展机会和希望是,利用水资源优势,通过市场化的再配置交换其需要的物资或发展条件。如果政府以单纯行政手段无偿转移这种优势,无疑带来一系列无法回避的社会问题。首当其冲,是资源的属性和优先使用的权利。换句话说,转让资源优势和由优势形成的权利必须"对价"——既受让一方应当付出相当价值的代价或成本,这对供需双方形成社会生产力均为有利。

3)河流水质成本

河流的水质,决定全流域的生态优劣。通常,河流上游的水质状况直接影响到整个流域经济社会的发展。那么,保护好河流水质,与实现全流域经济社会和谐发展至关重要。换句话说,保护河流水质尤其是上游的水质,就意味着在某种程度上需要限制其使用和排污;也就是要牺牲河流上游地区的发展速度和利益。正常情况下,这种牺牲可以从河流中下游地区的获利中得到补偿。否则,就有可能引发利益冲突或改变河流水质现状。

3.2.5.4 亟待建立跨流域调水水权市场

在南水北调工程实施和初期运行期间,针对一些受水地区供水配套资金存在的问题和一些受水区因供水计收水费而放弃要水问题。许多学者认为建立水权制度,以水权市场配置水权,是用好外调水的关键,其主要观点是:

(1)建立水权市场,才能够反映各受水区的真实水需求;

(2)受水区自筹资金购买水权,才能够实现跨流域调水资源的优化配置;

(3)建立水权市场,可以解决调水过程可能产生的各种问题,如受水区遇到丰雨年,水权合约可能面临违约;水价的市场变动时,受水区可能变更水量;水质标准与监测数据发生改变时,可能产生水权纠纷等。

水权市场的建立和完善,是一个长期的过程。因此,一方面加快体制改革进程,缩短双轨运行期;另一方面,探索试验跨流域调水水权市场时离不开政府的支持和宏观调控。当前首要任务,是水权的确权和水权市场主体的培育。根据持有水权的性质和权利内容,水权市场主体分布丁不同的产权层面:

(1)以特定跨流域调水工程为系统,设立水源公司、供水总公司作为水权市场主体,它们分别是两个独立经营的法人,相互之间是水资源买卖关系。

(2)在区域水权层面,地方政府在跨流域调水工程中分摊建设资金,因而也拥有对调水工程的部分产权、使用权、经营权,地方政府也应当委派代理人行使这些权利。

(3)在集体水权层面,水权主体是社会团体,包括各级灌溉管理组织、用水户协会等。它们通过不同方式取得一定范围内水资源产权和按比例分配的用水权和经营权。

(4)对于私有水权来说,主要是一些分散的用水户成为水权主体。

跨流域调水运用水权市场实施管理,可以在一定程度上提高水资源利用效率。但由于管理目标和各种利益关系的复杂性,决定了政府在跨流域调水中仍需要发挥监管作用,以平衡跨流域调水资源开发效率与公平的相互关系,解决市场运行中的违规与违法问题,协调各地区间的争端和矛盾。

3.3 水权交易管理

探索水权体系和水市场问题,有利于推动水权制度和水资源行政管理体制的改革,加强对水资源开发、利用和保护的管理。特别是跨行政区、跨流域管理,有利于发挥经济手段,尤其是所有权和价格机制在优化配置水资源方面的作用,建立具有社会主义特色的水资源市场机制,有利于解决跨区调水、向缺水地区供水等水权纠纷和水利益合理分配问题。

有专家提出:推动跨区水权交易流转,尚须具备以下基础性条件:一是有明晰的初始水权。明晰初始水权,是开展水权交易的前提。根据我国法律法规和水资源管理实际,主要是明晰取用水户的取水权和农村集体经济组织的用水权;二是有相应的水权交易平台;三是有相对规范化的水权交易规则体系;四是有计量、监测等技术支撑手段;五是有较为完善的用途管制制度和水市场监管制度等。

3.3.1 水权交易的内涵

水权交易是水权转让的方式之一。所谓交易,是指通过一定媒介或平台、以协商一致的价格实现水权利的让与或让渡。水权交易,需要有健全的法制和规范的市场。从2000年11月24日起始于浙江东阳和义乌两市的水权转让以来,我国政府间和民间有关水权的交易和转让就时有发生。2005年,水利部正式发布了《关于水权转让的若干意见》之后,我国水权市场的探索、实践已经超过10年。2015年7月,水利部与广东省政府联合批复了《广东省水权试点方案》,广东水权试点工作进入实施阶段。也就是说,我国的正规的水权交易和水权市场的试行工作才刚刚起步。2016年4月19日,水利部以水政法[2016]156号文发出通知,开始实行《水权交易管理暂行办法》,这标志着我国水权制度开始建立。

3.3.1.1　水权交易的定义

根据水利部颁布的《水权交易管理暂行办法》,水权交易定义为:"在合理界定和分配水资源使用权基础上,通过市场机制实现水资源使用权在地区间、流域间、流域上下游、行业间、用水户间流转的行为"。

显然,该定义仍具有一定的局限性,仅针对水利行业或仅局限于《水权交易管理暂行办法》所指的水权交易。实际上,真实意义上的水权交易,其范围要远远多于《水权交易管理暂行办法》限定的内容和形式。如该办法第 13 条规定:"取水权交易在取水权人之间进行,或者在取水权人与符合申请领取取水许可证条件的单位或者个人之间进行。"也就是说,不具有取水资格或没有获得取水权的个人之间尚不能单独(私下)进行水权交易。

水法第 48 条规定:"直接从江河、湖泊或者地下取用水资源的单位和个人,应当按照国家取水许可制度和水资源有偿使用制度的规定,向水行政主管部门或者流域管理机构申请领取取水许可证,并缴纳水资源费,取得取水权。但是,家庭生活和零星散养、圈养畜禽饮用等少量取水的除外。"而《取水许可和水资源费征收管理条例》第 4 条规定:下列情形不需要申请领取取水许可证:

(1)农村集体经济组织及其成员使用本集体经济组织的水塘、水库中的水的;

(2)家庭生活和零星散养、圈养畜禽饮用等少量取水的;

(3)为保障矿井等地下工程施工安全和生产安全必须进行临时应急取(排)水的;

(4)为消除对公共安全或者公共利益的危害临时应急取水的;

(5)为农业抗旱和维护生态与环境必须临时应急取水的。

前款第(2)项规定的少量取水的限额,由省、自治区、直辖市人民政府规定;第(3)项、第(4)项规定的取水,应当及时报县级以上地方人民政府水行政主管部门或者流域管理机构备案;第(5)项规定的取水,应当经县级以上人民政府水行政主管部门或者流域管理机构同意。

换句话说,水法和取水许可条例允许集体或个人(生活、农林养殖生产)不需要办理取水许可,他们之间转让水体水权就超出了水权交易办法的规定。那么,在法人之间和法人工程水体与个人设施水体之间的水权让与更是如此。

3.3.1.2　水权交易新规意义

在南水北调工程建设过程中,业界、学界曾普遍关注和参与了因跨流域调水引起的水权讨论。党的十八大以来,党中央、国务院对水资源管理以及水权交易和水权市场体系的建设也给予了高度重视;党的十八届三中、四中全会、五中全会以及中央财经领导小组第 5 次会议等先后提出了《中共中央国务院关于加快推进生态文明建设的意见》和《生态文明体制改革总体方案》,这些重要文件都对建立、完善水权制度、推行水权交易、培育水权交易市场有明确要求。尽管水行政主管部门出台的《水权交易管理暂行办法》非常"粗线条",但对于地方政府和民间 16 年来发生(缺乏法规规制及依据)的水权交易实践来说,该"办法"仍具有十分重要的意义。

《水权交易管理暂行办法》共6章32条,对可交易水权的范围和类型、交易主体和期限、交易价格形成机制、交易平台运作规则等主要内容和方式,做出了明确的规定;而且,"办法"充分考虑到近年水权及水市场研究中的一些关键问题,其水权交易管理的具体规制也体现了当前水权交易理论研究的方向和前期实践产生的问题。应该承认,该"办法"的试行,填补了我国水权交易的制度空白,对于进一步鼓励开展多种形式的水权交易、发挥市场机制在优化配置水资源中的作用、促进我国水资源的高效利用、保护水环境,起到了引领和推动作用。

在《水权交易管理暂行办法》出台前,一些水利业内专家认为,水权交易的客体表面上看是水资源的使用权或者说取水权,实际上是用水指标;如水利部北京水科院副总工程师程晓陶曾对记者说"水权交易,通俗地讲,就是指标买卖,你这多的,就卖给那边少的,如此一来,多的不至于浪费,少的也不至于因为指标制约而影响工农业生产和生活的正常运行,如此可以达到水资源的有效利用。"果真只限于指标买卖,那水权交易就有可能成为同石油、矿物等期货品种一样,容易被人为炒作、操控(买空卖空),水权制度的改革和建立就可能"步入歧途",让市场在水资源再配置过程中起关键作用初衷的就会"打水漂"。

与其他交易对象不同的是,水是可流动体,水资源是特殊资源,水权交易必须反映真实的用水需求,而且必须是将十分有限的水资源配置到更需要、更重要的用途。显然,水权交易不仅仅是局地工程水体水量指标的买卖。在水利部近期召开的水权水市场建设专题研讨上,针对建立水权市场的艰巨性和长期性等问题,水利部部长陈雷提出需要处理好的三个关系:

(1)政府作用与市场机制的关系。水权水市场建设,要坚持政府和市场"两手发力"。政府要在用水总量控制、水量分配、水资源确权登记、用途管制、水市场培育与监管等方面更好发挥作用。在权属明晰之后,要充分发挥市场机制作用,依靠经济手段激励用水户节约用水,促进水权合理流转,提高水资源利用效率和效益。

(2)注重效率与保障公平的关系。建设水权水市场,既要鼓励通过水权交易,推动水资源依据市场规则、市场价格和市场竞争,实现效益最大化和效率最优化;又要切实加强用途管制和水市场监管,保障公益性用水需求和取用水户的合法权益,决不能以水权交易之名套取用水指标,更不能变相挤占农业、生态用水。

(3)顶层设计与实践探索的关系。鼓励大胆探索和试点先行,有针对性地开展多种类型的水资源确权登记和交易试点。同时,要及时总结实践探索成果,搞好战略规划和顶层设计,积极推进确权登记、水权交易、用途管制、水市场监管等方面的制度创新。

3.3.2 水权交易的主要范围

《水权交易管理暂行办法》规定,按照水资源使用权的确权类型、交易主体和程序,将水权交易范围限定在区域水权交易、取水权交易、灌溉用水户水权交易三大类型。其中,区域水权交易的主体均为地方人民政府或者其授权的部门、单位;取水权交易是法律法规明确规定的水权交易类型,也有取水许可证这一具有法律效力的载体作为交易依据,是当前实践中最为活跃的交易类型;灌溉用水户水权交易则主要指灌区内部用水户或者用水户组成的组织等与不办理取水许可证但实际用水的主体之间的交易。

3.3.2.1　区域水权交易内容

《水权交易管理暂行办法》第 8 条规定:"区域水权交易在县级以上地方人民政府或者其授权的部门、单位之间进行。"按业内专业人士解释,区域间水权交易(对象)主要是地方政府对另一地方政府的交易;也就是说,本条规定仍套用了《南水北调工程供用水管理条例》第 15 条之规定,工程受水区省、直辖市可授权部门或者单位协商签订转让协议,确定转让价格,并将转让协议报送国务院水行政主管部门。显然,这种规定"更新"了行政配置水资源的条件,由计划指令变成政府交易(买卖水权)。但是,政府只是一个服务机构,不具有进行市场交易的法人资格,与市场经济的原则相悖。

《水法》规定:"水资源属于国家所有,水资源的所有权由国务院代表国家行使"。据此,政府(地方政府)应当不是水权交易的适格主体。而我国实行的是所有权与使用权的分离模式。因此,政府作为水权交易的主体就有可能被误解为"穿新鞋走老路",既市场框框下的行政配置。从以往的实践案例来看,一些所谓成功交易曾发生在地方政府之间,如浙江东阳—义乌之间的水权交易(尽管很多人对这一交易充满着质疑)。一直以来,水利行业习惯于传统方式管理水资源,那样"驾轻就熟";2005 年,水利部正式发布《关于水权转让的若干意见》以及其后的《关于深化水利改革的指导意见》,都提出要开展水资源确权登记,逐步建立国家、流域、区域层面的水权交易平台。但这个平台(交易系统)的交易主体是政府或法人尚不明确。

政府作为水权市场交易主体,省去了许多中间环节,有利于降低交易成本。区域水权交易,涉及取水水源左右岸、上下游的利益关系非常复杂,只有各用水户之间合规、真实的水权交易,才能实现水资源的优化配置。

《水权交易管理暂行办法》参考水法做出的以下规定:

(1)明确区域间水权交易必须以现实的水量转让为基础,禁止单纯买卖指标,这就要求此类交易必须发生在同一流域,或者具有跨流域调水的工程条件;

(2)明确了交易程序,与南水北调区域间交易程序大致相同,但要求协议应由共同的上一级人民政府水行政主管部门或者流域管理机构备案;

(3)规定转让方占用本方用水指标,受让方不占用本方用水指标。

具体内容中,暂行规定要求开展区域水权交易时,应当通过水权交易平台公告其转让、受让意向,寻求确定交易对象,明确可交易水量、交易期限、交易价格等事项。交易各方一般应当以水权交易平台或者其他具备相应能力的机构评估价为基准价格,进行协商定价或者竞价;也可以直接协商定价。转让方与受让方达成协议后,应当将协议报共同的上一级地方人民政府水行政主管部门备案;跨省交易但属同一流域管理机构管辖范围的,报该流域管理机构备案;不属同一流域管理机构管辖范围的,报国务院水行政主管部门备案。在交易期限内,区域水权交易转让方转让水量占用本行政区域用水总量控制指标和江河水量分配指标,受让方实收水量不占用本行政区域用水总量控制指标和江河水量分配指标。

3.3.2.2 取水权交易内容

水利部颁发的《水权交易管理暂行办法》第13条规定:"取水权交易在取水权人之间进行,或者在取水权人与符合申请领取取水许可证条件的单位或者个人之间进行。"但是,2006年2月国务院颁布的《取水许可与水资源费征收管理条例》第27条规定:"依法获得取水权的单位或者个人,通过调整产品和产业结构、改革工艺、节水等措施节约水资源的,在取水许可的有效期和取水限额内,经原审批机关批准,可以依法有偿转让其节约的水资源,并到原审批机关办理取水权变更手续;具体办法由国务院水行政主管部门制定。"也就是说,可转让的取水权只能是调整生产结构或改进工艺的节余之水;拟交易时,需要报经原取水审批机关批准。

从某种程度上说,这种水权交易是一次性交易。因为,一旦获得取水权的单位或个人,通过调整产品和产业结构、改革工艺、节水等措施节余了部分水资源,如果他想转让这部分水权,就必须在原取水许可有效期和取水限额内,向原审批机关办理取水权变更相关手续后,才能与符合条件的其他单位或个人转让或交易其节约的水权(节约的部分水量)。显然,变更后的取水权并不再包含节余的部分。那么,除非这个让与的主体不断采取措施节水,否则就没有机会再进行水权交易。换句话说,办理取水权变更手续就意味着让与方将放弃原先审批的取水额,而受让方增加的水权(量)有可能在办理变更时被认可和固定下来。

3.3.2.3 灌溉用水水权交易内容

工程水体中,除调水和灌溉需要耗水之外,发电、航运、养殖和景观用水等均不耗水。《水权交易管理暂行办法》第20条和第21条规定:"灌溉用水户水权交易在灌区内部用水户或者用水组织之间进行","县级以上地方人民政府或者其授权的水行政主管部门通过水权证等形式将用水权益明确到灌溉用水户或者用水组织之后,可以开展交易。"国务院《取水许可和水资源费征收管理条例》规定:农村集体经济组织及其成员使用本集体经济组织的水塘、水库中的水以及为农业抗旱和维护生态与环境必须临时应急取水的情形,不需要申请领取取水许可证。

由于农村灌区与农户是典型的"取用分离"关系,灌区管理单位办理取水许可证、具有取水权,但管理单位"有权而不用"。按照《取水许可和水资源费征收管理条例》规定,农户无须办理取水许可证,但实际上通过渠系既取又用,农户具有事实上的用水权益。据此规定,农户自己用水不需要确权,也不需要办理取水权证,也就是农民只能自用、无权交易,也就没有节水的积极性;除非农民自建水库,否则他既无水权,也无权交易。若农户拟发生自有水权的转让交易,《水权交易管理暂行办法》又要求将拟交易的水量必须先确权、后实施交易;只是确权形式不强求一致,如水权证、水票、登记簿等形式均可以,但要求得到有管辖权的水行政主管部门的认可。而且,这种交易可以自主开展,无须审批,只要求超过1年的交易期需要事前备案。

问题是,灌溉用水情况要比城市生活用水和工业生产用水关系复杂。一方面,农村灌溉水量占全国总耗水量的70%,节约用水空间大;国家应当鼓励农民节水,却不能限制农民生产用水;另一方面,国务院《农田水利条例》为农村及农户灌溉用水在法规和政策方面提供了更多途径,水权内容、取水来源、水权转让途径与水利部《水权交易管理暂行办法》规定情形有较大差异。如何确权、如何保障农民权益又能够管控交易,还缺乏许多具有操作性的安排。如 2016 年 7 月 1 日开始施行的国务院《农田水利条例》规定:"国家鼓励和引导农村集体经济组织、农民用水合作组织、农民和其他社会力量进行农田水利工程建设、经营和运行维护,保护农田水利工程设施,节约用水,保护生态环境。国家依法保护农田水利工程投资者的合法权益。县级人民政府应当及时公布农田水利工程建设年度实施计划、建设条件、补助标准等信息,引导社会力量参与建设农田水利工程。县级以上地方人民政府应当支持社会力量通过提供农田灌溉服务、收取供水水费等方式,开展农田水利工程经营活动,保障其合法经营收益。县级以上地方人民政府水行政主管部门应当为社会力量参与建设、经营农田水利工程提供指导和技术支持。"这些规定,使得农村集体经济组织或参与投资的农户不仅有灌溉水体的使用权,还可能涉及其水体的所有权。交易的方式及内容也就不同,此类水权的转让则难以适用水利部的《水权交易管理暂行办法》。

3.3.3　水权交易方式

水权转让存有多种方式。考察国内外水权转让的成功实践案例发现,除了在水权市场直接进行(水量、水权期货、期权)交易之外,供求双方经协商签约或经过水权服务中介进行水权借贷等,则是水权转让较为容易实现的方式。但是,随着我国市场化改革的推进,由市场交易实现水权转让将成为发展之趋势。水权交易市场,是国家设立的产权交易市场的组成成分,需要有其固定的交易程序和交易规则。考虑到我国的国情和正在推行的水权交易管理制度,通过政府建立的水权交易平台直接买卖水权(量)合约,被认为是初期逐步走向市场的有效方式。

水权交易合约,包括年度内的短期水权交易合约和年际间的长期水权交易合约两种形式。它是指在水权交易市场内达成的标准的、受法律约束的并规定在未来某一时间、某一地点内交收一定数量及质量的水资源商品的合约。水权交易合约的内容一般包括:交易单位、成交价格、交易时间、交易日内价格波动限度、最后交易日、交割方式、合约到期日、交割地点等。其中,成交价格也叫敲定价格,它是水权供需双方在交易市场上通过公开讨价还价的激烈竞争形成的。这种合约是一个标准化的合约,除了水权交易的成交价格是买卖双方协定的以外,水资源商品的水量、水质、成交方式、结算方式、风险及交货期等都在水权交易合约中有严格规定,而且一切都要以遵守法律、法规为前提。

3.3.3.1　区域水权的交易方式

1)水市场起步

市场化的水权交易,是水资源管理体制改革的重要目标。一直以来,学界和行业都在研究和探索水权的市场再配置方式。但是,我国真正意义上的水权市场交易尚难以实行,原因是跨区、跨流域调水通常是国家决策和出资,区域内的水权确权十分复杂,可交易的节余水权很难评估;能够操作的仅剩农业集体水权转让给工业或城镇生活用水。但为了推进水资源管理体制改革,有关部门不得不在微观层面迈出艰难的步子。

据网媒报道:2015 年 8 月 28 日,天津国际矿业权交易所首推了"高端水源地"水现货电子交易。该交易方式的运行,标志着我国"水管理"制度开始探索建立市场配置水资源的可行方式。所谓"高端水源地"交易平台的水,作为液态矿产资源深埋于地下,是从我国优质水源地地下深处自然涌出的或经钻井开采,并富含矿物质、微量元素的水。在我国水资源特别是饮用水资源缺乏且污染严重的现实背景下,高端水源地的水以其干净的"出生"、丰富的"内涵"倍受时尚健康人士的追捧。人们可以通过交易平台轻松购买安全水、营养水、健康水,提升人们的生活品质,也可持有水仓单,传承后代使用。

2)国家成立水权交易所

《水权交易管理暂行办法》出台后,2016 年 7 月,国家级水权交易平台中国水权交易所在北京正式挂牌开业。作为国家级的水权交易平台,尽管其形式意义远大于它可能发生的水权交易,但中国水权交易所的建立,仍是水资源管理体制改革和资源要素市场再配置方式的一项重大突破。据《中国环境报》报道,中国水权交易所是由水利部和北京市政府联合发起设立的,其职能是为推动水权交易规范有序开展,全面提升水资源利用效率和效益,为水资源可持续利用、经济社会可持续发展提供有力支撑。中国水权交易所注册资本 6 亿元人民币,共有 12 家出资人及代表。主要经营内容:

(1)业务范围。组织引导符合条件的用水户开展经水行政主管部门认可的水权交易,以及开展交易咨询、技术评价、信息发布、中介服务、公共服务等配套服务。

(2)交易种类。主要是区域水权交易、取水权交易和灌溉用水户水权交易。

(3)交易方式。主要以协议转让和公开交易。

3)区域水权交易的具体问题

对于区域水权交易,《水权交易管理暂行办法》明确规定:"开展区域水权交易,应当通过水权交易平台公告其转让、受让意向,寻求确定交易对象,明确可交易水量、交易期限、交易价格等事项"。"交易各方一般应当以水权交易平台或者其他具备相应能力的机构评估价为基准价格,进行协商定价或者竞价;也可以直接协商定价"。也就是说,有资格进行区域水权交易的当事人一方,必须通过水权交易平台表达其转让或受让意向;换句话说,区域水权交易只能公开交易,不得"私相授受"。

《水权交易管理暂行办法》第 11 条和 12 条分别规定:"转让方与受让方达成协议后,应当将协议报共同的上一级地方人民政府水行政主管部门备案;跨省交易但属同一流域管理机构管辖范围的,报该流域管理机构备案;不属同一流域管理机构管辖范围的,报国务院水行政主管部门备案"。"在交易期限内,区域水权交易转让方转让水量占用本行政区域用水总量控制指标和江河水量分配指标,受让方实收水量不得占用本行政区域用水总量控制指标和江河水量分配指标"。

3.3.3.2 取水权的交易方式

取水权交易是我国水权市场转让的主要内容之一。也可以说,大部分的水权交易都是取水权的交易。因为,区域水权交易涉及太过复杂的地区经济利益关系,强化政府的行政干预是必要的;而灌溉水权发生交易的区间及范围较小,加上农业生产和农民的经济能力很难抵御自然灾害的影响,本身就需要政府的政策支持和价格补贴,灌溉用水更多地应当考虑相互协作、援助和帮扶,交易价格较低,交易条件的设置应相对宽松。

《水权交易管理暂行办法》第 14 条和第 15 条分别规定:"取水权交易转让方应当向其原取水审批机关提出申请。申请材料应当包括取水许可证副本、交易水量、交易期限、转让方采取措施节约水资源情况、已有和拟建计量监测设施、对公共利益和利害关系人合法权益的影响及其补偿措施"。"原取水审批机关应当及时对转让方提出的转让申请报告进行审查,组织对转让方节水措施的真实性和有效性进行现场检查,在 20 个工作日内决定是否批准,并书面告知申请人"。对这些规定的分析认为,虽然其规定没有限制"取水指标的买卖",但限制其交易客体必须是采取措施"节约的水量",并审查节余水量的真实性。

(1)从鼓励节约用水、加大浪费水资源的用水成本考虑,应当支持节水人将多余水量通过市场配置到效率高的用水环节,同时获得节水投入之补偿。因此,暂行办法第 16~18 条又规定:"转让申请经原取水审批机关批准后,转让方可以与受让方通过水权交易平台或者直接签订取水权交易协议,交易量较大的应当通过水权交易平台签订协议。

(2)协议内容应当包括交易量、交易期限、受让方取水地点和取水用途、交易价格、违约责任、争议解决办法等。

(3)取水权交易价格,可以根据补偿节约水资源产生的成本与合理收益的原则,综合考虑节水措施的投资、计量监测设施费用等因素确定。交易完成后,转让方和受让方应依法办理取水许可证或者取水许可变更手续。

(4)转让方与受让方约定的交易期限超出取水许可证有效期的,审批受让方取水申请的取水审批机关应当会同原取水审批机关予以核定,并在批准文件中载明。在核定的交易期限内,对受让方取水许可证优先予以延续,但受让方未依法提出延续申请的除外"。

也就是说,这些规定在某种程度上不利于转让人或节水人。转让人出售了节水水量后需要办理水权变更,这个变更意味着其后的水权不包括交易的水量,那么节水水量交易就成为"一次性"补偿。反过来,受让方(买水方)通过变更获得更多水权,也就不需要第二次购买水量,"在核定的交易期限内,对受让方取水许可证优先予以延续",这与鼓励节水的初衷背道而驰。

此外,《水权交易管理暂行办法》第 19 条规定:"县级以上地方人民政府或者其授权的部门、单位,可以通过政府投资节水形式回购取水权,也可以回购取水单位和个人投资节约的取水权。回购的取水权,应当优先保证生活用水和生态用水;尚有余量的,可以通过市场竞争方式进行配置"。暂行办法规定政府可以回购水权用于生活和生态,也可以通过市场竞争方式进行再配置。

3.3.3.3　灌溉水权的交易方式

1)灌溉水权的重要性

灌溉水权,如同农村的土地权属,应当是农民的"天赋人权"。祖祖辈辈生存在农村的农民,他们的生产、生活离不开土地和水源;任何时候,他们都有权利用其区域范围内的土地和水资源从事生产、维持生活。因此,国家鼓励灌溉水权交易,应仅针对农村集体经济组织和农民个人投资建设的水库、水塘、水渠蓄积的水体水权。

改革开放以来,农村一直实行土地承包经营制,这种方式一定程度上可提高当时农民的生产积极性,但仍然是十分落后的生产方式。农民只有实行土地股份制,才能集约生产,提高生产力。世界上绝大多数国家土地实行私有制,私有的土地,权属关系明确,有利于土地的流转和土地资源优化配置。《中华人民共和国宪法》和《中华人民共和国土地管理法》规定"农村和城市郊区的土地都属于集体所有",这种土地制度在一定时期内仍可能阻碍土地资源的合理利用。党中央、国务院非常重视农村问题,承诺"土地的承包经营权永久不变"。为了充分利用好土地,农民只有以土地入股,让土地这个生产要素聚合成发展能量。

股份制是市场经济或私有制条件下微观经济组织的一种资本聚合形式,也是社会主义市场经济推行的现代企业制度。股份制经济,将众多分属于不同所有权人的生产要素聚合一体,按约定的章程和办法规范经营、管理和分配;股份制经济,必须以股东真实投入的生产要素为前提,按投入的股份数量及经营收益情况进行分配。股份制采取所有权与经营权分离,有利于生产要素的增值和企业自主经营,是世界上大多数国家普遍实行的企业制度。工业化、城镇化,我国农村的土地锐减。目前,全国耕地不到1.33亿公顷。2007年的两会上,温家宝在政府工作报告中强调,"在土地问题上,我们绝不能犯不可改正的历史性错误"。

2)开源与节水

在全国年耗水总量中,农业生产占绝大部分;因此,农业节水,潜力巨大。但是,农业节水,只有在干旱地区效益明显;在南方种植水稻地区,节水作用非常有限。改进水资源和水权管理,不仅仅是节约水,还应着眼于开源,即雨季截留更多地雨洪资源;调整农业生产结构,增加水库和养殖水面;未雨绸缪,多蓄水。

3)灌溉水权的交易方式及程序

农村灌溉水权,政府应当鼓励农民蓄水和节水并举,提倡农业生产的协作和帮扶;同时,要适当限制和管控灌溉用水的市场交易,防止灌溉水价偏离成本控制,增加农民和农业生产负担。对于灌溉水权交易,《水权交易管理暂行办法》设定了较为宽松的交易环境和程序。暂行办法第21~24条规定:"县级以上地方人民政府或者其授权的水行政主管部门通过水权证等形式将用水权益明确到灌溉用水户或者用水组织之后,可以开展交易。灌溉用水户水权交易期限不超过一年的,不需审批,由转让方与受让方平等协商,自主开展;交易期限超过一年的,事前报灌区管理单位或者县级以上地方人民政府水行政主管部门备案。灌区管理单位应当为开展灌溉用水户水权交易创造条件,并将依法确定的用水权益及其变动情况予以公布。县级以上地方人民政府或其授权的水行政主管部门、灌区管理单位可以回购灌溉用水户或者用水组织水权,回购的水权可以用于灌区水权的重新配置,也可以用于水权交易。"

3.3.4 建立现代水权市场

改革传统的水资源管理,需要建立和完善现代水权制度;而推行市场化的水权管理,是实现水资源优化配置的重要条件;建立和发展水权市场,采用市场经济的体制和办法才是实现这一重要条件的关键。

建立水权制度,发展水权市场,可以从根本上改变水资源行政管理体制所造成的低效和浪费,促进行政"大部制"机构建设,确保科学、合理开发利用水资源,切实保护水生态,管控水环境。尤其是在跨行政区、跨流域调水等再配置过程中,可以利用市场经济手段,通过受水区与调水流域协商转让和市场交易水权,实现区域与流域各种资源优势的互补和共同发展,同时避免由于行政决策调水工程可能产生的水权纠纷及利益失衡等问题。

3.3.4.1　建立水权市场的基本步骤

2000 年以来,水利行业一直在探索研究水权理论和建立水权市场问题;事实上,一些地方性的水权交易实践活动在缺乏其制度规范正规市场的条件下也一直在超前进行和展开。由实践引领理论研究,或借鉴其他国家的成功经验,水权的市场化改革缓慢前行,但势在必行。2014 年,水利部门经过长期研究之后终于开始了水权转让的试点工作;2016年,年初召开的水利部厅局长会议上,水利部印发的《关于深化水利改革的指导意见》,将水权市场建设作为当年以及未来水利改革的重要事项和抓手。

按照这个指导意见,水权市场的建设有以下步骤:

(1)要建立水权确权及配置体系,这是水权水市场建设的基本前提。要抓紧建立覆盖省市县三级的用水总量控制指标体系,加快江河水量分配,确定区域取用水总量和权益。要积极稳妥地推进水资源使用权确权登记,将水资源占有、使用、收益的权利落实到取用水户。

(2)要建立水权交易体系,这是水权水市场建设的关键环节;要根据实际需求,鼓励和引导地区间、用水户间开展水权交易,探索多种形式的水权流转方式,积极培育水市场;要借鉴土地交易、林权交易、排污权交易等平台建设经验,研究建立国家、流域、区域等层面的水权交易平台,开展水权鉴定、水权买卖、信息发布、业务咨询等综合服务,促进水权交易公开、公正、规范开展。

(3)要建立水权监管体系,这是水权水市场建设的重要保障。要依据水资源规划、水功能区划等相关规划和政策,区分农业、工业、服务业、生活、生态等用水类型,严格实行水资源用途管制,特别是在农业用水转移中,要充分考虑农业用水需求,充分尊重农民意愿,切实保障国家粮食安全和农民合法权益。要强化对市场准入、交易价格、交易用途的监管,建立水权利益诉求、纠纷调处和损害赔偿机制,维护水市场良好秩序。

3.3.4.2　水权配置及问题

20 年的研究、探索和实践,已经为建立水权市场制度体系创造了有利条件。目前,对于建立水权制度的目的、作用,无论在高层或学界以及水利行业均已形成共识。作为落实最严格水资源管理制度的重要配置手段和促进水资源节约和保护的重要激励机制,水权市场的建设还仅仅是开始,2016 年 7 月中旬成立的水权交易所仍处于探索和实验阶段,实现水权的市场化配置,还存在许多需要亟待解决的困难和问题,主要有:

(1)有关水权方面的法律法规还是空白。《中华人民共和国宪法》《中华人民共和国水法》《中华人民共和国物权法》等法律虽然明确了水资源所有权和取水权,但对水资源占有、使用、收益、转让等权利缺乏具体安排;有关的行政法规,仅对取水权转让做出原则规定,且限定于节约的水量水权。

对于跨行政区域和跨流域的水权和水量交易,法律上还没有具体规定;水权交易的主体、范围、价格、期限等实质内容缺乏依据。

(2)初始水权尚需重新确权。随着经济发展和产业结构的调整,有些地区用水量发生较大变化,原先行政配置的水权不能反映这些地方的真实用水情况;加上覆盖省、市、县三级的用水总量控制指标体系也尚未全面建立,主要跨省江河水量分配尚未完成,仍有近40%的取水量没有办理许可证。

一些丰水地区考虑到经济布局和产业结构调整需要,不愿过早将水资源使用权固定到取用水户,对确权登记缺乏积极性。

(3)水权交易平台建设远远不能满足推行水权制度和建立水权市场的需要。2016年4月,水利部颁布了《水权交易管理暂行办法》,以政府水行政主管部门的身份鼓励法人和公众开展多种形式的水权交易,目的是促进水资源的节约、保护和优化配置;2016年7月,第一个国家级水权交易平台——中国水权交易所在北京开业,其交易内容主要限定于区域水权的结余水量和取水水权的节约水量;而与之配套的各省、州、县级地方水权交易平台在短时间内难以形成。

(4)水权保护和监管制度、用途管制制度等尚待建立。水权保护和交易监管的制度还只能从《取水许可和水资源费征收管理条例》和水利部《水权交易管理暂行办法》中找到有限的依据。

(5)水资源监测能力不足。取用水监测、计量手段安装率普遍偏低,水量水质监测设施建设滞后,水权交易和监管缺乏基础支撑。因此,建立水权制度、鼓励水权交易、实现市场优化配置水资源,还需要增加科技手段,尽快形成监管能力,如采用遥感监测技术、不定期无人机监测技术和类似于"天网"的定点(对取水点摄像并实时传送上网)监测技术,掌控水源水质、取水量和真实用途。

上述问题中,首要问题是尽快立法,逐步建立、完善与水权管理制度相关的法律法规;与立法和制度建设需要同步进行的是,亟待建立科学的水权配置体系,对全国水资源重新确权。在水权制度建设和浩繁复杂的确权过程中,学界和业界应充分认识到建立水权市场的艰巨性和长期性。因为,第一,建立水权制度和市场配置水权是国家层面深化体制改革的内容之一,不可能一蹴而就;第二,重新确权有利于精准掌握各地方需水和用水情况,但也可能出现普遍多要取水水权的利益纷争;第三,采取市场再配置水权,也必须依靠水行政主管部门在用水总量控制、水量分配、水资源确权登记、用途管制、水市场培育与监管等方面更好发挥作用。只有水权权属关系明晰之后,才可能发挥市场机制作用,依靠经济手段激励用水户节约用水,促进水权合理流转,提高水资源利用效率和效益。

明晰水权权属关系,需要建立科学的水权配置体系,包括水资源测报体系、取水水质水量监测体系、污水排放监控体系、用水考核体系和初始水权分配体系。在用水总量控制的前提下,通过水资源使用权确权登记,依法赋予取用水户对水资源使用和收益的权利;通过水权交易,推动水资源依据市场规则、市场价格和市场竞争再配置,实现水资源使用效益最大化和效率最优化;通过加强用途管制和市场监管,保证生态、农业等用水不被挤占,保障取用水户的合法权益;通过市场手段,由"要我节水"变成"我要节水",建立促进水资源节约和保护的激励机制,从而实现水资源更合理的配置、更高效的利用、更有效的保护。

3.3.4.3 水权交易体系及问题

2016年7月,我国第一个国家级水权交易平台——中国水权交易所已经在北京挂牌开业。此外,参与水权试点的七个省(自治区)中,内蒙古已经成立了内蒙古自治区水权收储转让中心有限公司;河南、广东等省份也已经在积极策划建立水权交易平台,推动水权交易。但截至目前,媒体尚未有大宗水权交易的报道。由此可以说,推动水权交易的硬件建设已经取得了一些明显的进展,但是水权交易的软环境建设尚存在相当大的差距。

如果说,水权交易平台是水权交易的重要支撑;那么,水权交易的软环境(水权交易制度体系、规则体系、监管体系和风险防范体系)建设才是实现水权交易的重要保障。对此,水利部部长陈雷在"中国水权交易所"的揭牌仪式上曾强调指出:水权交易所将严格遵守公司法、水法等法律法规和水权交易、交易场所管理等政策规定,研究建立水权交易标准、交易制度、交易系统和风险防控体系,不断完善交易规则,优化交易流程,强化高新技术运用,促进交易便捷高效开展。也就是说,在现阶段,水权交易体系的建立要比交易本身更重要。

的确,促进水权交易,可以将未利用的水资源水权转让出去,实现水权的经济价值,从而激励用水主体提高用水效率,获得更多的交易空间。同时,也可以在相当程度上解决我国水资源时空分布不均导致的用水短缺问题。此外,还可以激励用水主体寻求新的水源,缓解水资源紧张的局面。但是,水权交易与其他资源或产品的交易迥异,水权交易具有周期性和一次性特点。具体地说,水权交易需要具备一定条件,如:

(1)跨流域水权交易需要列入国家发展规划,经过国务院批准;同时,跨流域调水还要建设调水、输水和供水工程,不能仅解决当下之现实缺水问题;

(2)区域之间的水权交易除了满足《水权交易管理暂行办法》规定的条件和程序要求外,交易的水量仅仅是转让一方的结余水权指标,而结余指标具有一次性。这种交易适合发生于同一河流上下游和左右岸之间;

(3)受周期性或季节性气候(降雨)影响较大;

(4)受输水条件和供水能力影响。

这里所指的周期性,主要是指降雨(来水)或干旱的周期性。21世纪以来,如2001—2014年,尤其是2006—2014年,我国大范围干旱少雨,不仅华北、西部全年缺水;位于南方的浙江、江西、湖北、湖南多地也发生季节性持续旱情;西部的云南、贵州持续数年干旱少雨(央视频频报道)。但同年11月初,汉江上游接连几场降雨则缓解了中线工程试通水的水源问题。2015年以来,我国进入了多雨周期,不仅云南、贵州、四川很少报道干旱,而且华北、东北降水均较丰沛。2012年7月,北京的降雨"看海"导致广渠门低洼带滞水出现伤亡之后,北京市政府投入巨资实施了雨洪抽排和蓄积工程,据国家减灾委官员(原北京水科院副总工程师)程晓陶在媒体介绍:北京近年建设的雨排工程可以蓄积16个昆明湖的水量,因此减少了 2016 年 7 月强降雨的滞涝规模。这种来水的周期性变化,反映了水权交易的周期性变化。

一般(年份)情况下,水权交易所可能多发生于高端水或优质水的水权交易,这种高端水或优质水来自地下深层或雪域高原,大规模交易此类水量有可能破坏区域生态,需要限制。多雨年份,各用水户普遍不缺水;干旱年份,各用水户都缺水且无多余水进行交易。除水权交易的周期性之外,它还有季节性;也就是说,在(当年 11 月至次年 4 月)枯水季节,水交易或水权交易才可能频繁发生。毫无疑问,此种季节缺水情形主要发生在农业生产用水;那么,水权交易的作用还在于能够解决当季缺水应急所需之后,更多的是激发农民或经营者修建更多蓄水设施,截留和蓄积更多雨水。随之而来,多蓄水有可能影响雨季的防汛,需要处理好水多及水灾问题。

城镇居民生活用水,按人均 $0.1 m^3/d$ 测算,年人均用水约 $37 m^3$;14 亿人年生活用水规模也只有 518 亿 m^3。如果国人能够有效控制水环境,城市供水根本没有问题。经常性或零散的水交易多发生在缺水季及区、县、乡的农业用水环节,而这时的用水需求也是政策拟扶持的范围。水权交易的重要功能,应当能够满足不同层次的不同需求,引导人们的节水和截留雨洪的意识和行动。由于水权交易是新生市场关系,除公共平台可以提供的交易之外,还可能存在双方协商的合约交易或拍卖交易等方式,用户权益需要完善的法规制度保障;因此,建立、健全水权交易的制度体系、规则体系、监管体系和风险防范体系就显得十分必要和重要。

3.4 水权交易多机制比较

市场机制具有的直接性、敏感性、双向性和功利性作用,能够实现水资源再配置的高效率。但是,现代市场经济仍是一个复杂和需要不断完善的多元经济体系,完全依赖单一的市场机制(供求机制、竞争机制和价格机制)和单一的比价(交易)方式远远不能保障资源的公平、合理及最优配置。也就是说,一方面在摒弃行政和传统计划主导资源配置而选择市场发挥关键作用的同时,需要政府在创造市场环境和实时宏观调控方面发挥不可或缺的作用;另一方面,随着制度创新和技术手段的创新,各种资源、产品和生产要素的交易方式也在不断推出、建立和完善。前面引介了水权银行以市场化方式配置水资源的功能和作用,近几年,不断有学者研究提出市场再配置水资源的新方式和新思路。如张郁博士针对工业用水提出了"水单"交易方式,吕东辉、杨印生、孙文斌、张郁提出水权期货交易方式,而黄江疆、林云达等学者又提出了水权的"期权"交易模式等。尽管一些思路不具可行性和可操作性,但其中部分观点仍为建立我国社会主义水权市场提供了有益启示。

3.4.1 水单交易机制

研究表明,无论是水单交易还是水期权交易或水期货交易,都是建立在合约理论基础上的市场自由交易机制。其实,合约理论也只不过是早期资本主义就提倡的"契约精神"(主张契约自由、意愿真实、诚实守信、公平公正);经过 300 年的发展,"契约"已经形成相对成熟的体系和制度。但是,这 300 年的市场经济发展实践同样也证明,市场并不能解决与资源配置有关的所有问题。在建立和推行水权市场制度的开始,我们尤其需要审慎实验这类自由市场交易水权的模式。

3.4.1.1　水单交易机制内涵

1)水单的定义

建立水权交易市场,是我国水资源管理体制改革的重要内容之一。有学者提出,解决工业用水紧缺可以推行"水单交易"方式,既通过买卖水权交易合约来完成水权交易。所谓"水单",是指水权市场指定为工业用水的供水凭证,它包括:水质、水量、计价方式、基准价、保证金、到期日、交割期、交割地点等内容。

水权交易合约,可分为年度内的短期合约和年际间的长期合约。而水单分即期水单和远期水单:

(1)即期水单当日上市,当日到期,成交之后不能转让,从次日起开始按交易规则及合同条款履约;

(2)远期水单为3个月(或更长)期限的远期合同,在到期日前可以转让,到期日后开始按交易规则及合同条款履约。

2)水单交易方式

水单交易是通过水权市场指定的网络交易系统,公开买卖"水单"进行工业用水的交易活动。水单交易实行集中竞价制,设置最高、最低限价,超过限价申报无效,交易系统自动对报价按价格优先、时间优先的原则进行排序;买卖报价符合成交条件即行成交。

(1)供水方在卖出前,须向水权市场出具水权证明,避免买空卖空的投机行为;

(2)水权人和用水企业达成的水单交易合同,可以转让,也可以实物交割;

(3)由水权市场提供结算和履约的监督服务。

水单交易将有利于提高水权市场中水权流转的规范化、组织化、现代化程度;大大降低交易成本,形成权威性的水权市场价格,实现水权现货、期货市场的相互结合、相互促进和共同发展,从而加快竞争有序、统一开放的现代水权市场体系的形成和完善。

3.4.1.2　水单交易内容及特点

1)水单交易规制

由国家水权交易所或流域水权交易所负责水单交易的组织、实施,水单交易可实行半日制;因不可抗力或其他因素影响正常交易时,可以推迟开市、提前收市或暂停交易等;当条件允许时,做出交易决定应提前公告。水单交易具体规定:

(1)交易标的。水单交易应明确规定,供水方须提前向水交所提供水权证明及申请卖出限额,并标明水量、水质和有效期(如最长不超过三个月);同时,对其提供的水权和卖出权限的真实性负责。水单交易实行集中竞价,设置最高、最低限价;系统自动对报价按价格优先、时间优先的原则排序,买卖报价符合成交条件即可成交。

(2)定单。定单是供水企业与用水企业通过交易系统的下单窗口提交的交易意向,分买水定单和卖水定单两种。定单买卖方向、数量和价格,由供求双方确定,其数量应为水单规定数量的整倍数,报价应符合最小变动价位,以及最高、最低限价不超过基准价的

±5%等。定单当日有效,成交之前可以撤销。交易系统对买卖定单,进行统一编号并分别排队。买水定单按价格由高到低排列,价格相同时按定单进入交易系统时间的先后顺序排列;卖水定单按价格由低到高排列,价格相同时按定单进入交易系统时间的先后顺序排列。

(3)水单成交机制。水单交易系统依据价格或时间优先的原则成交,超过限价申报无效。当最高买水价格等于最低卖水价时,按该价格成交;当最高买水价格高于最低卖水价格时,按买水价、卖水价和最新成交价三价的居中价成交;三价有两价相同时,按该相同价格成交;当最高买水价格低于最低卖水价格时,不能成交。这里需要说明的是,水单上市当日第一笔成交取基准价为最新价,非上市当日第一笔成交取上一交易日均价为最新价。即期水单的基准价,为上一交易日全天成交价格。

2)水单合同的转让

水单交易属于远期交易模式,尚可借鉴我国粮食流通中栈单交易过程,利用互联网电子化手段作为交易平台。远期水单合同在未到期前可以转让,包括全部转让和部分转让;转让合同重新以水单形式参与竞价交易。通过转让,合同出让方将权利义务转让给受让方;合同转让不得变更原合同条款。

为便于合同转让,参加水单交易的供水和用水企业应同意合同相对人将合同转让给第三方,并继续履行责任。合同转让必须通过专项操作手进行;不通过专项操作达成的与原成交合同买卖方向相反的合同,不视为合同转让,而作为新的成交水单。

3)水单的结算

根据水单交易细则和合同约定,水交所应对供水、用水企业交易保证金、结算差价、手续费、交割货款、违约金及其他有关款项进行计算、划拨。主要步骤:

(1)水单结算。水交所在指定银行开设结算专用账户,对供水、用水企业的水单交易结算资金进行核算时,设立水单交易专户。供水、用水企业应提供本单位银行账户,买卖双方的资金只能通过该账户划转。

(2)保证金。水单交易实行保证金制。水权交易所制定并公布各水单合同的保证金标准;即期水单保证金收取标准为成交价的一定比例,远期水单保证金收取标准为基准价的一定比例。

(3)差价结算。远期水单合同成交或转让时,按基准价进行差价结算。价格低于基准价时,由卖方向买方支付差额部分;价格高于基准价时,由买方向卖方支付差额部分。

(4)手续费。水交所按照水单交易细则规定,向成交双方收取一定数量的手续费。

4)水单交易特点

水单交易机制具有以下特点:

(1)标准化的合同条款。合约标准化,解决了传统的现货贸易中每次交易合同条款不尽相同,导致合同转让时无法操作之问题;水单交易合约标准化体现在两个方面:一方面水单的标准化,即对水单的水量、水质、计价点、计价单位等项目有严格界定;另一方面对水单合同的条款进行了标准化规范,优化过程和减少交易纠纷。在水单交易中,唯一需要确定的是价格;这一特点增强了市场竞争时的主动权和生产经营的灵活性。

(2)水单交易成本低、方便快捷、效率高。水单交易是基于互联网电子化技术而设计开发的一种新的交易机制,具有成本低、方便、快捷、效率高等优势;其以较少的保证金确定交易关系,不仅履约有了可靠的保障,而且提高了资金使用效率,降低了资金成本;相应地,可以提高利润率,增强市场竞争力。

(3)交易意向集中、价格真实透明、成交机会多。水单交易采用网上集中竞价的交易方式,在固定的交易时间内,可集中大量的交易信息,扩大了水权转让成交机会,增强了市场的流动性,水权人的交易目的易于实现;由于竞争公开、公平、公正所形成的价格真实、透明,规避了传统交易中信息分散、交易规模小及暗箱操作的弊端。

(4)交易身份明确、便于交割。水权交易所作为交易的组织方,为交易双方提供信息、交易、结算和交割等多项服务;水单交易的买卖双方从开始成交,到合同转让,一直到交货履约,始终保持一一对应关系,合同双方的法律关系明确。

(5)参与者限制。水单交易的参与者,仅为流域水权市场的所有供水企业和用水企业,限制或排除了流域外拟交易的个体。

3.4.1.3　水单交易功能作用

采用基于水单的电子化网上交易模式,具有以下多方面的作用。

1)合理配置水权

水单交易,有利于稳定工业用水的供求,促进工业用水的合理配置。传统的商品交易方式大都是一对一的经营行为,买卖双方面对的是有限的交易及合作伙伴,很难获得合理的成交价格;也就是说,在供大于求时,市场竞相压价;供不应求时,需求方争相抢购,导致价格剧烈波动,给企业的生产经营造成极为不利的影响,同时也产生一系列的问题。

2)增加交易机会

水单交易,集中了主要工业用水的供求信息,可以给众多企业带来更多的交易机会。其一方面能够大幅度降低流通成本;另一方面,规范化的水单,便于转让,可以促进缺水地区工业用水的合理配置。

3)规范交易行为

水单交易,超越了传统的、分散的、单一的有形市场的诸多局限,极大地提高了水权市场一体化程度;水权供需双方通过水单交易平台,促使经营观念和管理模式正向转变,有利于提升企业信息化管理水平和企业整体素质。

4)促进市场发展

推行水单交易,还有利于促进工业用水水权流通的集成化、规范化和现代化程度,形成全国或全流域统一的水权交易大市场。水单交易,借助现代互联网科技,以一种快捷、方便、安全的方式,集中众多的买卖意向,通过公开、公平、公正的竞争达成交易,从而实现工业用水水权的科学、合理配置。

5)完善外部条件

推行水单交易模式,尚需要成就一些外部条:

(1)需要各级政府有关部门的大力支持,出台相应的管理法规,推动水权交易;

(2)加快水权转让的市场化进程,增强企业的节水意识和竞争意识;

(3)通过制定有效的交易规则,加强政府对水权市场的宏观调控及监管力度以及行政执法力度。

3.4.1.4 水单与水期货交易比较

由于水资源的特殊性,决定了水权交易与其他资源转让方式存在着差异。针对跨流域水权交易,以水单这种网络化方式,为供需水权企业提供了公平、公正交易的平台,既降低了交易成本,又节省了交易时间,同时促进了水资源的社会再优配。

水单交易是基于水权现货交易的金融衍生产品,它借鉴了期货交易的一些优点,如保证金制度、每日结算制度等。但与以规避价格波动风险的期货交易相比,水单交易又独具许多优点:

(1)规避风险。水单交易从本质上讲,属于远期合同交易的一种。但由于其借鉴了期货和期权交易的部分功能,所以其在一定程度上具有规避风险的功能。无论是供水企业还是需水企业,都可以采取类似期货套期保值的方式,以求达到规避价格波动风险的目的。与水期货交易相比,水单交易是基于水权现货交易方面的远期交易方式,所以期限都较短。短时间内,价格波动的风险相对较小,所以与水期货市场相比,水单交易的套期保值功能相对较弱。

(2)发现价格。水单交易通过买卖双方的不断交易,能够形成一个较为合理的价格,也具有跟期货交易一样的"发现价格"的功能。而且,这种功能比期货市场更强。水单交易中,即期交易直接在现货市场买卖价格,即使是远期合约,其价格也有上下限制,而且不存在类似期货交割过程中的各种成本,交易成本比期货低;所以在发现价格方面,水单交易比水期货交易更具有优势。

(3)买卖关系。期货交易中,期货交易所实际上充当了买方的卖方和卖方的买方。在到期日,对所有未平仓合约进行配对交割,交易所承担其中的相应风险;而水单交易中,水市场只提供相关信息和交易平台,水单交易的买卖双方始终保持一对一的买卖关系。水单交易与水期货交易的方式比较见表3-3。

(4)参与限制。期货市场的参与者包括企业和自然人;企业主要进行套期保值等相关业务;自然人以及部分机构主要从事风险投机和套利交易。在所有参与者中,套期保值者的比例较小,投机和套利者的比例较大。而水单交易的参与者只能是企业。

(5)合约期限。水权期货合约由于考虑到生产周期的因素,合约期限通常以年为标准。水单交易是基于现货水权转让而设计的交易方式,合约期限设计较短,分即期交易和远期交易两种。即期交易是当日上市,当日到期,成交之后不能转让,从次日起开始按交易规则及合同条款履约。远期水单为3个月期限的远期合同,在到期日前可以转让,到期日后开始按交易规则及合同条款履约。

(6)履约方式。实物交割,是买卖双方通过指定水商品货款与水权交换完成履约的履约方式;差价交割,是指买卖双方参照一定价格通过收付一定金额的资金完成履约的履约方式;成交双方经过协商同意,可以提前进行履约,这与期货交易到期交割履约的方式有很大的区别。

表 3-3　水单交易与水期货交易的方式比较

对比内容	水单交易	水期货交易
基本功能	组织水商品流通	套期保值、发现价格
标的物	工业用水水商品	工业用水期货合约
交易主体	供水企业、用水企业	套期保值者、投机者
合同期限	即期、远期(三个月)	一年
计价方式	分水口水价	就仓价
定点贮水库	无	有
履约保障	保证金	保证金
结算方式	代办结算	担保结算
合同相对人	对应	不确定
成交结算	一次性结算	每日结算,计算浮动盈亏
履约方式	实物交收	票据交换
卖空行为	禁止	允许
市场风险	以保证金为限	无限
违约处理	支付保证金	强制履约

3.4.2　水权期权交易机制

期权,是在期货基础上产生的一种金融衍生工具。应用这种工具的最大优势,在于期权的买方可以将风险锁定在一定范围内。按期权交易规则,购买期权的合约方称为买方,出售合约的一方称为卖方;买方成为权利的受让人,卖方则是必须履行买方行使权利的义务人。期权交易的实质,是权利和义务能够分开进行定价,权利的受让人在规定时间内对于是否进行交易,优先做出选择;一旦决定,义务方必须履行。期权是欧美发达国家兴起的交易模式,但欧美在合约执行时间上略有区别。美式期权合同在到期日前的任何时候(包括到期日)都可以执行合同,结算日在履约日之后 1~2 日;大多数美式期权合同允许权利人在交易日到履约日之间履约,也可以约定一个有限的间隔时间履约,如"到期日前两周"。欧式期权合同要求其权利人只能在到期日履行合同,结算日相同。

由于欧式期权本少利大,在获利时间上不具灵活性;而美式期权虽然灵活,但付费十分昂贵。因此,国际上大部分的期权交易都是欧式期权。

3.4.2.1　期权的内涵

近年来,在建立南水北调等跨流域水权市场及交易模式的探索研究中,一些学者意识超前,提出将水权作为期权合约的标的物引入到水权转让中,并认为其有助于树立水权的经济价值观,重视节水与效益的关系,规避自然和市场风险,实现水资源的优化配置。

1)期权的定义

所谓期权,是指在未来一定时期可以买卖的权利;是买方向卖方支付一定数量的金额

(指权利金)后拥有的在未来一段时间内(美式期权)或未来某一特定日期(欧式期权)以事先规定好的价格(履约价格)向卖方购买或出售一定数量的特定标的物的权力,但不负有必须买进或卖出的义务。期权交易是投资行为的辅助手段;当投资者看好后市时,会持有认购期权;而当看淡后市时,则会持有认沽期权。期权交易充满了风险,一旦市场朝着合约相反的方向发展,就可能给投资者带来巨大的损失。实际操作过程中,绝大多数合约在到期之前或之日就已被平仓。

所谓水权期权,就是将拟交易水权作为标的物,设计为买式期权或卖式期权。对于买式期权来说,在水权交易制度下,设计买式期权合约,基本要素包括:

(1)标的物为节余水权;

(2)执行价格。在签署合约时由各方协商确定,不受水权市场价格变动影响;

(3)到期日。水权期权合约所规定的到期日可比一般期权适当延长,最长可为12个月;

(4)权利金。需水方为得到期权合约所规定的买入水权的权利,向"水交所"支付相应的费用(期权合约的价格);权利金一般要远低于水权市场价格;需水方按照某一执行价格购买期权合约后,在有效期内无论水权交易市场上水权价格上涨或下跌,只要需水方要求执行该合约,"水交所"都必须以此执行价格给予需水方规定量的水权,以满足其需要。如果到期需水方不申请执行,期权合约废止。

同样,在水权制度下也可以设计出卖式期权,其基本要素与买式期权合约相同;所不同的是持有卖式期权的供水方,拥有的是卖掉手中多余水权的权利,因而要求供水方要预先持有相应量的水权。供水方按照某一执行价格向"水交所"购买了卖式期权合约后,在有效期内无论水权价格如何变化,只要供水方要求执行该合约,水交所都必须以此执行价格购买合约规定的供水方卖出的水权。

2)期权交易方式

每一笔期权交易即期权合约标的,都必须具有4个特别的项目:标的资产、期权行使价、数量和行使时限。而实施期权活动或行为,主要考虑执行价格(又称履约价格或敲定价格)、权利金、履约保证金和看涨期权与看跌期权这几个因素。

期权交易的方法包括:套做期权、差额期权、套跌期权和套涨期权。期权交易不同于现货交易;现货交易完成后,所交易的证券的价格就与卖方无关,因价格变动而产生损失或收益都是买方的事情。而期权交易在买卖双方之间建立了一种权利和义务关系,即一种权利由买方单独享有,义务由卖方单独承担的关系。

期权交易赋予买方单方面的选择权。在期权交易合同有效期内,当证券价格波动出现对买方有利可图局势时,买方可买入期权或卖出期权,合同为买入期权的内容,卖方必须按合同价格收购证券。期权交易在合同到期前,买方随时可以行使期权,实现交割,而期货交易的交割日期是固定的;期权交易合同的权利和义务划分属于买卖的单方,只对卖方具有强制力,而期货交易合同的买卖双方权利和义务是对等的,合同对于买卖双方都具有强制力。双方必须在期货交易的交割日,按合同规定的价格进行交易。

期权合约的履行也包括三种情况:

(1)买卖双方都可以通过对冲的方式实施履约;

(2)买方也可以将期权转换为期货合约的方式履约(在期权合约规定的敲定价格水平获得一个相应的期货部位);

(3)任何期权到期不用,自动失效。如果期权是虚值,期权买方就不会行使期权,直到到期任期权失效。这样,期权买方最多损失所交的权利金。

3.4.2.2　期权的特点

研究表明,期权交易起始于 18 世纪后期的美国和欧洲。由于其操作的技术性较强,这种金融工具在早期一直受到限制。直到 19 世纪 20 年代,看跌期权或看涨期权经营商都是职业期权交易者,在交易过程中,他们不会连续不断地报价;当价格变化明显有利时,才提出报价。这样期权交易不具有普遍性,也不便转让,市场的流动性受到了压制。

随着 1973 年 4 月 26 日芝加哥期权交易所的正式运行,统一化和标准化的期权合约买卖才逐渐形成,一些制约性问题得到解决。其后,美国商品期货交易委员会放松了对期权交易的限制,并推出了商品期权交易和金融期权交易。由于期权合约的格式化,期权合约可以方便地在交易所里转让给第三人,并且交易过程也变得非常简单;因此,期权履约也获得交易所的担保;不但提高了交易效率,也降低了交易成本。

期权交易与期货交易有明显的不同,期权交易特点主要有:

(1)期权交易对象是一种权利。既一种关于买进或者卖出权利(如水权)的权利,而且这种权利具有很强的时间约束。

(2)是否执行权利,较为灵活。投资者买进期权,享有选择权,有权在规定的期限内,根据市场行情决定是否执行契约;对执行期权、放弃交易或把期权转让给第三者,投资者无须承担任何义务。

(3)投资风险较小。对于投资者来说,利用期权投资进行(如证券)买卖的最大风险不过是购买期权的价格(保险费),而期货投资等的风险将难以控制。因此,期权投资实质是防范风险的投资交易。

(4)独特的损益结构。与股票、期货等投资工具相比,期权的独特之处在于其非线性的损益结构。因此,才使期权在风险管理、投资组合方面具有明显的优势。

3.4.2.3　期权的作用

1)金融期权的作用

期权是适应国际金融机构和企业控制交易风险、锁定交易成本的一种重要的避险衍生工具,期权能够为投资者开辟新的投资途径,扩大市场交易的选择范围。因此,它适应了投资者多样性的投资动机、交易动机和利益需求,能为投资者提供获得较高收益的可能性。

期权交易方式通过期权风险指标分析,能够有效规避市场风险。如买进一定敲定价格的看涨期权,只需要支付很少的权利金,便享有买入相关期货的权利。一旦价格上涨时,就履行看涨期权,以低价获得期货多头,然后按上涨的价格水平高价卖出相关期权合约,获得差价利润。如果价格不但没有上涨,反而下跌,则可放弃或低价转让看涨期权,其损失仅为权利金。

2)水权期权的作用

结合建立跨区、跨流域调水的水权市场及水权交易制度的建立,黄江疆、林云达等学者认为:水权期权的设计,可以降低各省的市场风险。在探索实行水权期权交易制度后,若某省以某一可以承受的执行价格购买了一份买式期权合约,随着时间的推移,当出现如普遍的大面积干旱等特殊情况致使水权转让价格上升(高于执行价格),该省必然要求执行期权合约,即以比市场低的执行价格获得水资源。也就是说,水权交易价格的攀升不会对该省的生产带来影响;随着时间的推移,如果水权价格下跌(低于执行价格),该省必然会放弃执行合约,而通过水权交易市场购买所需的现货水权。由此,水权期权降低了各缺水户的市场风险。

一些地方之所以不敢卖出其所持有并经预测或通过节水设施、措施而形成的节余水权,是不能承受枯水时无水可用的自然风险。在实行期权制度后,这些地区对于多余水权的处理可以采取两种方式:

(1)通过水权市场卖出多余水权,而用较低的价格(权利金)买入买式期权。如果来年手中所持有的剩余水权能满足自身需水要求,可以拒绝执行期权合约,所损失的仅是少量的权利金。与此相反,如果来年剩余水权不能满足需求,可以要求执行该合约,即以执行价格购买水权。

(2)持有水权,同时购入卖式期权;既如果来年手中有多余水权,可以要求执行该期权合约,将手中的多余水权按执行价格卖掉,从而可以在卖水和工农业生产、居民生活方面都受益。如果来年手中的水权不能满足需求,可以放弃执行该合约,而是留水自用,这时其所损失的也仅是少量的权利金。换句话说,利用水权期权交易,在某些情况下用水户可以在卖水和工农业生产、居民生活两方受益;同时,过量使用水源的用户要支付额外的价格,这样就能够促进企业和公众建立起节水与效益的利益关系,增强其节水意识。

3.4.2.4 期权与期货比较

期权交易是一种权利的买卖,买主买进的不是实物,只是一种权利。这种权利使其可以在一定时期内的任何时候以事先(不论此时价格高低)确定的价格(称协定价格),向期权的卖方购买或出售一定数量的权证。这个"一定时期""协定价格"和买卖权证的数量及种类都在期权合同中事先明确约定。在期权有效期内,买主可以行使或转卖这种权利。超过期限,合同失效,买主的期权也随之作废。

1)期权与期货的联系

期权交易与期货交易之间既有区别又联系。其联系主要是:

(1)两者均是买卖远期标准化合约为特征的交易;

(2)在交易价格上,期货市场价格对期权交易合约的敲定价格及权利金确定均有影响。一般来说,期权交易的敲定价格是以期货合约所确定的远期买卖同类商品交割价为基础,而两者价格的差额又是权利金确定的重要依据;

(3)期货交易是期权交易的基础交易,内容一般均为是否买卖一定数量期货合约的权利,期货交易越发达,期权交易的开展就越具有基础。因此,期货市场发育成熟和规则完备,为期权交易的产生和开展创造了条件。期权交易的产生和发展,又为套期保值者和

投机者进行期货交易提供了更多可选择的工具,从而扩大和丰富了期货市场的交易内容;

(4)期货交易可以做多、做空,交易者不一定进行实物交收。期权交易同样可以做多做空,买方不一定要实际行使其权利。只要有利,也可以把这个权利转让出去,卖方也不一定非履行不可,而可在期权买入者尚未行使权利前,通过买入相同期权的方法以解除他所承担的责任;

(5)由于期权的标的物为期货合约,因此期权履约时买卖双方会得到相应的期货部位。

2)期权与期货的区别

期权与期货的区别体现在:

(1)标的物不同。期货交易的标的物,是标准的期货合约;而期权交易的标的物,则是一种买卖的权利;期权的买方在买入权利后,便取得了选择权。在约定的期限内,既可以行权买入或卖出标的资产,也可以放弃行使权利;当买方选择行权时,卖方必须履约。

(2)权利与义务不同。期权是单向合约,期权的买方在支付权利金后即取得履行或不履行买卖期权合约的权利,而不必承担义务;期货合同则是双向合约,交易双方都要承担期货合约到期交割的义务;如果不愿实际交割,则必须在有效期内对冲。

(3)履约保证不同。在期权交易中,买方最大的风险限于已经支付的权利金,故不需要支付履约保证金;而卖方面临较大风险,因而必须缴纳保证金作为履约担保。而在期货交易中,期货合约的买卖双方都要交纳一定比例的保证金。

(4)盈亏的特点不同。期权交易是非线性盈亏状态,买方的收益随市场价格的波动而波动,其最大亏损只限于购买期权的权利金;卖方的亏损,也随着市场价格的波动而波动,最大收益(即买方的最大损失)是权利金。期货的交易是线性的盈亏状态,交易双方则都面临着无限的盈利或亏损。

(5)作用与效果不同。期货的套期保值不是对期货,而是对期货合约的标的金融工具的实物(现货)进行保值;由于期货和现货价格的运动方向会最终趋同,故套期保值能收到保护现货价格和边际利润的效果。期权也能套期保值,对买方来说,即使放弃履约,也只损失保险费,对其购买资金保了值;对卖方来说,要么按原价出售商品,要么得到保险费也同样保了值。

(6)交易场所不同。期权交易无须特定场所,可以在期货交易所内交易,也可以在专门的期权交易所内交易,还可以在其他交易所进行。目前,世界上最大的期权交易所是美国芝加哥期权交易所;欧洲最大期权交易所是欧洲期货与期权交易所;在亚洲,韩国期权市场发展迅速,交易规模巨大,是全球期权发展最好的国家之一;我国香港及台湾地区都有期权交易;国内目前有包括郑州商品交易所在内的几家交易所已经对期权开展研究。

3.4.3　水权期货交易机制探索

跨区、跨流域调水过程中,城市、工业用水因生产成本及竞争性用水以及气候变化,可能导致供求关系紧张,引发水价剧烈波动;用水企业需要找到一种机制,防范水权市场价格风险。在研究探索水权市场及水权交易制度过程中,一些学者提出建立水权期货市场的设想,并认为期货市场具有套期保值功能,是转移市场价格风险的可行途径。

现代市场经济制度表明,期货市场与现货市场共同构成相对完整地市场体系,二者缺一不可。因此,在适当的时机和条件下,通过建立区域间跨区或跨流域水权市场,推出工业用水期货合约品种,将解决包括南水北调工程等跨区跨流域水权市场中的水价形成问题和水价风险问题。

3.4.3.1 水权期货交易的内涵

1)期货及交易

期货,主要指的是期货合约,由期货交易所统一制定、在将来某一特定时间和地点交割一定数量标的物的标准化合约。所谓标的物,又称基础资产,是期货合约对应的现货。既可以是某种商品(如大豆),也可以是某种权证(如债券)。期货合约,是市场经济发展到一定阶段的必然产物。期货交易,是期货合约买卖交换的行为。

2)期货的主要功能

期货主要具有以下功能:

(1)期货有套期保值功能;

(2)防止市场过度波动功能;

(3)节约商品流通费用功能;

(4)促进公平竞争功能。

这些功能对于促进商品流通和生产要素的市场配置,具有十分重要的意义。

期货投资者,只需要交纳5%~15%的交易保证金后,就可在期货交易所内买卖各种商品的标准化合约,通过低买高卖或高卖低买的方式,获取赢利。通常,交易者通过期货经纪公司代理进行期货合约的买卖,买卖合约后所须承担的义务,可在合约到期前通过反向的交易行为(对冲或平仓)来解除。此外,现货企业,也可以利用期货做套期保值,降低企业运营风险。

2)水权期货的内涵

由于水资源年内、年际变化的周期性与随机性共存,水权现货交易很难把握未来水资源量的增减幅度以及消费结构变化,以及节水、污水处理变化和经济增长对水的需求。建立工业用水水权期货市场,不仅可以引导水价的形成,合理配置水资源,并且能够转移由于价格波动给供水和需水企业带来的市场风险。期货和期权机制,都是基于合约理论形成的市场交易方式和工具;水权期货交易过程中的激烈竞争,使工业用水水权价格水平不断改变,并通过公共平台同步公开价格信息,使各个水权市场对工业用水水价了如指掌,从而推动市场供求各方进行差价交易,这样有利于形成统一的大市场,提高水资源市场配置效率。

从这一意义上说,水权交易合约化对于未来时期的价格变动有一个自发调节的作用,尤其对于由周期性供求变动引起的价格波动更有明显的抑制作用。这样可使供水企业和需水的用户基于市场和自身经营状况进行有效的分析和预测,避免为追求短期利益产生的短期行为。

3.4.3.2 水权期货交易特点

期货交易是买卖期货合约的过程,期货合约是标准化合约。其标准化指的是除价格外,期货合约的所有条款都是期货交易所预先制定的,类似于格式合同。期货合约标准化给期货交易带来极大便利,交易双方不需对交易的具体条款进行协商,能节约交易时间,减少交易纠纷。此外,期货交易必须在期货交易所内进行。交易所实行会员制,只有会员能够进场交易。场外客户拟参与交易,需要委托期货经纪公司代理交易。因此,期货市场是一个高度组织化的市场,并有严格的管理制度。

期货交易机制的主要特点是:

(1)以小搏大的杠杆机制。期货交易实行保证金制度,交易者只需交纳5%~10%的履约保证金,就能完成数倍乃至数十倍的合约交易。由于期货交易保证金制度的杠杆效应,使之具有"以小搏大"的特点,交易者可以用少量的资金进行大宗的买卖,节省大量的流动资金。正是杠杆机制,使期货交易具有高收益、高风险的特点。

(2)双向交易及对冲机制。交易中可以先买后卖或先卖后买,投资方式非常灵活;交易者买入期货合约,称为买入建仓;卖出期货合约时,称为卖出建仓;也就是专业俗称的进行"买空卖空"。在期货交易中,大多数交易并不是通过合约到期时进行实物交割履行合约,而是通过与建仓时的交易方向相反的交易来解除履约责任。双向交易和对冲机制的特点,吸引了大量期货投机者参与交易,投机者有双重的获利机会。期货价格上升时,可以低买高卖获利;价格下降时,通过高卖低买来获利,通过对冲机制可免除实物交割的麻烦。

(3)自行履约和无负债结算制度。期货交易通过交易所进行结算,且交易所成为任何一个买者或卖者的交易对方,为每笔交易做担保,交易者不必担心交易的履约;所谓每日无负债结算制度,又称盯市制度,指每日交易结束后,交易所按当日各合约结算价结算所有合约的盈亏、交易保证金及手续费、税金等费用,对应收应付的款项实行净额一次划转,相应增加或减少会员的结算准备金。经纪会员负责按同样的方法对客户进行结算。

(4)过程透明。期货交易有固定的场所、程序和规则,交易信息完全公开,且交易采取公开竞价方式进行,使交易者可在平等的条件下公开竞争。正是信息公开,确保了交易过程透明。

(5)组织严密、效率高。期货交易是一种规范化的交易,有固定的交易程序和规则,一环扣一环,高效运作,每笔交易通常在几秒钟内即可完成,交易便利。由于期货合约中主要因素如商品质量、交货地点等都已标准化,合约的互换性和流通性较好。

3.4.3.3 水权期货交易功能作用

1)商品期货交易的主要功能

从对期货市场运行机制的分析,可以看出期货市场的功能和作用主要表现为:

(1)发现价格。是期货市场的一个基本功能;可以认为,进入期货市场的交易者,抱有不同目的,来自各个方面,信息来源广泛,交易经验丰富;能够影响期货供求和价格的各种因素,会得到充分的认知和预测,加之交易集中、量大、规则一致,实行完全公开、公平竞争,因此,期货市场形成的价格能够比较真实地反映供求变动趋势和未来的价格水平,具有基准价格的作用。

(2)规避风险。商品生产者和经营者在生产和经营过程中,会遇到各种各样的风险。

其中,最为直接和明显的风险是价格波动带来的风险。价格无论向哪个方向变动,都会给一部分商品生产者或经营者造成损失,因而尽可能地降低价格风险是商品生产者和需求者参与期货交易的根本目的,也是期货市场产生的基础。期货交易中,由于有众多的风险投机者的参与,他们为了牟利而甘冒风险,使价格风险得以分散。并且,期货市场由其价格形成方式及其对生产的引导作用所决定,还可从总体上减缓价格波动,降低价格水平。

(3)稳定产销关系。以期货市场竞争形成的价格作为基准价格,对今后一段时期内的生产与需求有较强的指导作用;生产者对自己产品的盈利和市场需求状况有了基本把握,销售有了保证,可以有计划、有目的地安排自己的经营活动;投机者也可以依据基准价格确定自己的购买规模,供货也有保证。因而,产销关系得以稳定。

(4)提高交易安全性。由于期货市场实行规范化管理,采取保证金制度,有严格的结算体系,交易双方都有安全感,履约率高,也有助于消除常见的"拖欠"现象。

(5)降低和节约风险投入。为了保证生产、经营过程的顺利进行,商品生产者和经营者一般都要保持相当数量的风险准备金。但有了期货市场交易,商品生产者或经营者如果通过套期交易来分散风险,就不需要太多的风险准备金。就单个的生产者或经营者来说,只要把风险准备金保持在按其所需求的一般水平上就可以了。随着期货市场的发展,越来越多的业务进行套期保值,整个社会的风险准备金也就得到了节约。

期货市场的这些功能和作用,是促进市场经济活跃和健康发展所不可或缺的。

2)水权期货交易的功能作用

(1)期货市场引导水价的形成。跨区跨流域调水工程是具有公益性和经营性双重作用的水利设施,应当遵循水资源的自然规律和价值规律,探索引入水权期货交易机制,促进节水治污和水资源统一管理;实现政府宏观调控、市场化运作和用水户参与的合理再配置;如南水北调工程供水水价并非一成不变,用水户初始水权分配后,水价受可调水量变化、气候变化、地区产业结构调整、企业节水治污水平的提高等多因素的影响;供求关系的变化导致水价不断调整。而水价涨跌,需要有一定的参考依据,通过推出工业用水期货合约品种,发挥期货市场的价格发现功能,可以引导合理水价的形成。

(2)水权交易公开化,增加市场交易透明度,促进供水、用水企业公平竞争,遏制地下交易及违规交易。期货交易是众多商品生产者、经营者通过经纪人在集中交易场所内按既定的规则进行的激烈市场竞争。按期货交易所规定,所有合约买卖都必须在期货交易所场内通过公开喊价的方式进行,不允许私下和场外交易;通过公开竞争达成的期货合约买卖,使期货市场成为公平竞争的市场。这样,用水企业在价格利益趋向形成一致,有效防范价格欺诈;同时,期货市场严格的规制,限制了地下交易和违法交易。

(3)规范水权市场运行,调节中长期水权供求关系,促进水权市场发展。在现货市场上,买卖双方一对一的谈判达成的商品交易中,经常难免隐含的欺诈性和垄断性,交易合同的履约率也不高,造成市场秩序混乱,损害了交易双方的合法权益。与其不同的是,期货交易根据商品交易所的规则有组织地进行,交易者在公开化和自由竞争的基础上进行平等交易。公平竞争,既能够及时消除各地的价格差别,形成统一的市场价格,又能够及时反映市场潜在的供求关系变化和供需双方对未来市场的不同预测,增强了价格的预期性,便于调节长期供求关系,同时也给生产经营者提供了避免价格风险的可能。

(4)有利于供水和用水企业制定生产计划,推动市场健康发展。由于价格发现机制能够形成权威性的水权交易价格,具有稳定价格的作用,能够提供较长期的水市场供求信息。所以,从供水企业和用水企业来讲,他们可以根据这些信息较合理地制定自己的水权计划,减少盲目性,从而有利于减少水市场波动,消除水市场的混乱,促进水市场的有序发展。

3.4.3.4　期货交易运行机制

期货,是指买卖合同签订一段时间后,才能提交给需求者的商品。期货市场则是指专门从事买卖标准合同的场所。期货市场是现代市场经济高度发展的必然产物。当前,世界上已有近百个期货市场。期货市场的运行,主要包括"三大机制":

1)避险机制

参加期货交易的人分为两种:一是套期者,二是投机者。这两种人参加期货交易都不是为了实现"商品—货币"或"货币—商品"的转化:套期者,交易的目的是为了转移生产、经营中的风险;而投机者则是为了利用期货价格的波动来获取差价利益。因此,二者之间的关系表现在:套期者为投机者提供了投机对象,投机者是套期者分散风险的承担者。二者构成了期货市场的要素。

2)期货套期保值机制

套期保值机制,是指商品生产者或经营者在现货市场准备买卖商品的同时,在期货市场上卖出或买进同等数量的期货合约,以此来保证自己获得正常利润或减少损失,规避市场价格波动所造成的风险。套期保值分为三种类型:

(1)套利型套期,即通过季节性的商品储备,从现货与期货两个市场的价格差中获利。

(2)业务性套期,即生产、经营者在签订某种商品供应合同时,所需原料不可能一下子全部购进,可按所需要数量和时间在期货市场购进相同的合同,而到期若价格上扬,就可卖出期货的收益抵补实际购进的亏损;若价格下跌,则以增加的加工利润抵补期货交易的损失。

(3)预期性套期,即生产、经营者可预先选择有利时机进行期货买卖,届时若现货市场价格下跌,则可在买进较低价格期货中同样获得利润。这三种套期交易形式的运用,都依据合同到期时期货市场价格与现货市场价格趋于一致的规律和对市场价格变动趋势的预测。

3)投机机制

期货市场上的投机,是指利用期货合约的买进与卖出间的差价获得利润的行为。市场投机也分为三种类型:

(1)买空卖空。这种投机期望从较短一段时期的价格变动中获利。当投机者预测价格看涨时,他们就买空,价格上升到一定点时再卖出获利;同样,预测价格下跌时,他们就卖,待价格下跌到一定程度再买进平仓获利。

(2)差价投机。这种投机活动较为复杂,主要是利用同一商品不同期间的差价、现货市场与期货市场的差价、同一商品在不同市场上的差价以及相关商品之间的差价进行投机获利。以此调节着不同期间、不同商品、不同市场之间的价格差异。

（3）等利投机。这是一种短期投机，追求微小的差价利润，绝大部分都是同一个交易日内就平仓，用它调节一个交易日内买卖双方在时间上的差异。

总之，现代期货市场上正是通过套期者和投机者不断地买进卖出期货合同，躲避风险，追逐价差，获取利润，从而推动着期货市场的运行。

4）期货市场的价格机制

期货市场交易双方交易的目的，都不在于履行合约，进行实物交割，而在于获得差价。其中，最基本的差价是现货价与期货价之差，它一般由储存成本、处理成本、运输成本、财务成本、利润等要素构成。一般情况下，期货价格高于现货价格，远期价格高于近期价格。

交易者对差价的追逐，有利于缩小价格波动幅度，促进价格的平均化。交易双方为了获得差价，在交易中总是力图贱买贵卖，看涨就买，看跌就卖。当现货价格与期货价格的差距拉大时，交易者争相购进现货，抛出期货，拉动双方价格距离，使差价缩小；当出现市场供应不足时，套期者会因为储备现货得不偿失而不得不卖出现货，买进期货，投机者也会利用这种情况进行投机，从而使差价回复正常，保持一个合理的水平。期货市场价格也由此趋向稳定和平均化。

5）期货市场的保障机制

现代期货市场在其发展中，形成了一系列比较完善的交易规则、交易制度和交易程序。主要体现在：

（1）合约转让。期货交易中实行标准化、规范化的合约，这些标准合约在到期交割前可作多次转让。正是由于允许买卖合约，套期保值和风险投资才能得到实现。

（2）会员制。参与期货市场交易者，必须是交易所会员，会员须拥有雄厚的资金和良好的信誉；提交会费，作为参与交易的基础条件，可直接入场进行交易，并享有一定特许权力。非会员，只能通过会员代理进行交易。期货经纪行是交易所会员专门代理客户进行买卖的场所。

（3）公开报价制。交易中实行公开竞价，集中交易。目前，通行报价方式有两种：一种是统一叫价，竞争成交；二是投标报价，撮合成交。买卖成交后由交易所予以登记确认，成交价格由交易所每日公开向社会公布。

（4）保证金制。每一笔交易都要交纳一定比例的保证金，目的是为了提高交易的安全性。保证金分为资格保证金、基础保证金和追加保证金。追加保证金，可根据交易额的不同而随时改变。

（5）统一结算制。所有交易均由交易所所下属的结算中心统一结算，结算中心每天对交易者的账目往来进行处理，并于第二天开市前收取或支出交易者款额。对于违背规则、拖欠款项者，结算中心有权停止其交易资格。

（6）价格熔断机制。交易所规定了每种期货每个交易日的价格变动幅度，超出这个幅度即停止交易（又称"熔断"），以限制期货价格的剧烈波动。同时，也规定限制最高交易量，以防止大投机者操纵市场。

（7）定仓交割制。期货市场上的到期合约须进行实物交割时，由交易所选择一批具备相应条件的仓库作为指定交割点，这有利于保证实物交割的质量、数量和时间，避免纠纷,减少迂回运输,节约经费,提高效率等。

通过上述对期货市场机制的分析,说明期货市场是一种参加交易者众多、透明度高、组织性强、公平竞争的交易形式。

3.4.3.5　水权期货交易

1)期货与现货市场的关系

由于期货只是买空、卖空交易,与现货的一手钱、一手货的实买、实卖交易存在本质区别,但期货与现货交易既发生必然的联系。主要表现在:

(1)套期保值者总是要通过买进、卖出期货合约,来回避其现货卖出、买进过程中可能出现的价格波动风险,所以他们既要在现货市场买、卖现货,同时又必须在期货市场卖、买期货合约;他们离不开现货市场,也离不开期货市场。两种市场同时存在,才能实现其套期保值,他们将两种市场联系起来;

(2)经济社会发展离不开物质生产和发展,物质生产又需要商品真实的交易,以满足不同人群消费和再生产要求。也就是说,现货市场是经济社会发展的根本需要,同时又是期货市场交易的支撑或基础;反过来,期货市场也促进了现货交易市场,两种市场相辅相成、相互补充,共同发展。

(3)水权期货交易方式,可以借鉴市场化程度较高的农产品期货市场及部分工业原料期货市场的成功实践。针对水资源的流域性、稀缺性和来水的周期性,探索具有实践意义和可操作性的水权合约交易模式,意义重大。

(4)在建立现代水权制度和全国水权交易市场的起步阶段,我们可以依托南水北调跨流域调水工程构建水权交易平台,逐步形成流域和区域水权交易市场,为水资源供求多方创造公平、公开的水权流转环境。

我国北方地区,尤其是华北地区分布大量的需水企业,他们面临各种导致水价上涨、成本增加、利润下降因素。因此,规避水价波动风险是这些用水企业内在要求。而工业用水期货市场的建立,可以提供其防范和调控市场风险,通过期货市场的价格机制寻求合理水价,实现水资源的优化配置。

根据期货市场原理,南水北调等跨流域水权期货市场能够为用水企业控制成本、增加效益。

2)控制交易成本

期货交易作为锁住生产者成本的重要方式,经营者常把期货市场当作转移价格变动风险的场所。他们通过支付部分费用,利用规范化的期货合约作为将来在现货市场上以既定价格购买生产所需"要素"的凭证,对拟购商品进行价格保险。在其供应充足、价格较低时,经营者可通过期货合约以较低的价格在期货市场上订购部分商品,以避免价格骤升导致生经营成本上升,让风险转移机制起到控制成本的作用。

在跨区跨流域调水水权市场构建中,由市场供求关系形成水商品价格,价格波动引发交易风险。期货交易自身具有的避险机制,使供水、需水双方都可以利用水权期货市场回避风险,用期货价格来指导合理用水,实现风险转移。此外,需水企业在现货市场买进水权的同时,也可在期货市场上买进同质、等量的水期货合约。当水价上涨时,该企业在现货市场因水价上涨而成本增加,但期货市场却因水价上涨而盈利。通过卖出之前买进的合约(即平仓)产生的盈利,可弥补现货价格上涨增加的成本,实现控制成本的目的。

2)创造经营效益

用水户通常利用期货市场发现未来将要出售的水权价格,以避免或减少不利价格变动带来的损失,从而增加收益和利润。供水企业在水现货市场卖出水权的同时,又可在期货市场上买进同质、等量的水期货合约。当水价下跌时,该企业在现货市场因水价下跌而利润下降,但在期货市场因水价下跌而盈利。通过买进之前所卖出的合约(即平仓)所带来的盈利,可弥补现货价格下跌所带来的损失。

3.4.3.6　水权期货交易目标

1)经营水权、创造效益

期货市场是市场经济的组成部分,它有助于形成均衡预期价格,防范和调控市场风险,提供公开透明的交易环境,从而提高整体经济的运作效率。水权期货市场从经营角度可以理解为风险管理市场,是市场风险聚集、释放和再分配的渠道。尽管宏观意义上风险既未消除也未放大,但期货市场作为重要的市场避险机制,其提供的远期价格发现和风险转移机制可以弥补原有市场信息和市场结构的不足,从而提高整个经济系统运转的效率。随着我国市场经济体制的逐步完善,跨区、跨流域水资源配置中的工业发展用水,供需双方均可以利用这一机制经营水权,创造效益。

2)套期保值、规避风险

期货市场是转移现货市场上价格风险的最佳管理工具,交易者把期货市场当作转移价格风险的场所,利用期货合约作为在现货市场中买卖商品的临时替代物,对其拥有或将拥有的资产等价格进行保险,以免遭受未来市场价格变动的风险。也就是说,交易者只要卖出之前所买进的合约或买进之前所卖出的合约,在期货市场和现货市场上进行交易,就转移价格变动的风险。这一过程被称作套期保值。

套期保值避险的原理在于:现货市场价格和期货市场价格通常受同样的经济因素影响,两种在运动方向上也有趋同性,如有关作物减产、供应量减少、气候反常的预测等都会使现货市场价格上涨,并导致期货市场上该合约价格上涨;反之则下降。因此,交易者利用期货市场价格与现货市场价格在运动方向上的趋同性,在期货市场采取与现货市场相反的交易操作以达到盈亏互补的目的。具体说,就是在期货市场持有与现货市场交易部位(买或卖)相反但交易量相等的期货合约,这样因现货市场价格变动而遭受的损失,就有可能被期货市场的赢利部分或全部弥补。

3)水权期货市场的价格发现

价格发现是指期货市场上供需双方公开讨价还价,通过激烈竞争,使水商品期货价格不断更新,并且不断地向相关的现货市场传播,从而使期货价格成为现货市场价格的"信号灯"。在市场经济中,经营者必须依据市场价格信号做出经营决策,其价格信号的真实、准确程度,直接影响经营决策的正确性,进而影响经营成效。与现货市场分散交易价格形成不同,期货市场能够形成一种比较成熟和优良的价格机制。

期货价格,是通过期货市场交易形成的期货合约价格。期货交易所作为一种有组织的正规化的市场,集中了众多买方和卖方,他们通过各自的经纪人把自己对某种商品的供、需求及其变动趋势的判断传递到交易所。按照期货交易规定,所有合约买卖都必须通过场内公开竞价的方式进行,使得所有买方和卖方都能充分表达自己的愿望;而通过竞争达成的交易,确保了交易的公开、透明和充分的竞争。因此,就能把众多影响某种水商品供给和需求的因素汇聚在水权期货交易所的交易场上,并以公平竞争的方式把这些影响因素转化为一个比较趋同的期货价格,以至于形成和发现的水权期货价格能较为正确地反映真实的供给和需求情况及其变动趋势。

第4章 跨流域调水的水价管理

4.1 资源价格的基础作用

资源是财富,资源更是生产要素。资源禀赋决定一个国家或地区的发展潜力,而资源价格反映资源的稀缺程度和实现可持续发展的开发路径。由于人的能动性,人类尚可在更大空间重新配置或再配置各种资源;但是,任何时候人类都无法保证资源使用的合理性(不知道何时开放才是最科学地利用)。因此,在追求合理化开发利用资源的共识下,真实的价格应当作为理性选择的经济工具,引导人类正当利用和消费。

4.1.1 价格的一般概念

在哲学层面,价值是社会意识的组成部分,是人类实现自我发展的本质发现和创新、创造的内在驱动;在经济学层面,价值因使用发生改变,价值成为价格形成之基础。价格,原本是商品价值的货币表现;在自由市场经济环境下,商品价格随市场供求关系的变动,围绕其价值上下波动。随着人类活动越来越复杂,更多因素如成本因素、环境因素、政策因素、竞争和投机因素都加入影响价格的"行列"。

4.1.1.1 价值与价格

1)价值的内涵

西方学者研究认为:价值是由其构成、产生、创造,并有利于促进与实现人类个体、群体、整体与自然万物和谐发展的客观实际。由于价值所涉及的学术内容十分宽泛,国内外有关人类学、哲学、社会学、经济学等学科领域以及同一学科不同学派的学者以不同的专业视角对"价值"做出了不同的定义和解释。传统的政治经济学和马克思的劳动价值理论提出:价值是凝结在商品中的无差别的人类劳动;价值量的大小,决定于生产这一商品所需的社会必要劳动时间的多少。

2)价格的内涵

价格,是商品之间的一种交换比例,也可以理解为是获得物(商品、信息)与付出(货币、劳动)的对价数值。在现代经济学理论中,价格是由市场供、求之间的互相影响达成的交易或交换。在传统经济学以及马克思的政治经济学中,价格是对商品内在价值的外在体现。按照这一观点的解释,价格是商品与货币交换比例的指数;换句话说,价格是价值的货币表现,是商品的交换价值在流通过程中所取得的转化形式,是一项以货币为表现形式,为商品、信息、服务及资产所确立的价值数字。通常,价格可以充当商品供求关系及变化的指示器,价格水平与市场需求量的变化密切相关。因此,价格被视为经济"杠杆",成为政府宏观调控的一个重要手段。

3)价值与价格的关系

劳动价值理论的创始人认为,价值决定价格,价格因市场供求关系在价值区间波动。价格是价值的表现形式,价值是价格决定的基础。在微观经济领域,资源在供求之间重新分配的过程中,价格扮演着重要的角色。商品的价格,既由商品本身的价值所决定,也受货币本身价值变动的影响,因而商品价格的变动不一定反映商品价值的变动;也就是说,价值的变动是一定条件下价格变动的内在的、支配性的因素,只是价格形成的基础。在商品经济早期阶段,商品价格随市场供求关系的改变围绕其价值上下波动;在商品经济相对成熟的条件下,由于部门之间的竞争和利润的平均化,商品价值转化为生产价格,商品价格因市场供求关系的改变围绕其生产价格上下波动。

无论是配第、穆勒、马克思的劳动价值论,或是门格尔、杰文斯、维塞尔等的边际效用理论,还是马歇尔的均衡价格理论(商品价格由市场供、求双方的均衡点决定),这些理论都建立在排除了许多现代干扰因素的纯市场或简单市场状态。他们既不能解释市场垄断条件下价格与价值的分离,也无法解释充分竞争条件下严重背离价值的房地产价格以及演员和明星生产的低价值与薪酬的高价格,更难以说明现代市场经济中欧美政府实施的诸如"货币量化宽松"、发展中国家"盲目负债建设工程"和大规模"次贷消费"等经济政策、措施导致价格与价值之失衡现象。

4.1.1.2　影响商品价格的因素

1)商品的使用价值

商品的使用价值,是指能够满足人们某种需要的属性;使用价值是物的自然属性,即一切商品都具有的共同属性;任何物品要想成为商品都必须具有可供人类使用的价值。马克思主义政治经济学认为,使用价值是由具体劳动创造的,并具有质的不可比较性。使用价值是交换价值的物质基础,与价值共同构成了商品双重属性。

使用价值具有以下特点:

(1)有用性不能脱离商品体存在;

(2)有用性同人取得它的使用属性所耗费的劳动多少没有关系;

(3)在考察使用价值时,总是以它们的量的规定为前提;

(4)使用价值只在使用或消费中得到实现;

(5)使用价值总是构成财富的物质内容;

(6)使用价值同时又是交换价值的物质承担者。

作为使用价值,商品是质的差别;作为交换价值,商品有量的差别。由于生产生活的需要,很早人们就开始进行物物交换。在交换中表现出来的共同的东西,是商品的价值,它决定于凝结在商品中的无差别的人类劳动。或者说,商品价值由生产它的人类的社会必要劳动来衡量。而必要劳动时间是在现有社会正常生产条件下,社会平均劳动熟练程度和劳动强度下制造某种使用价值所需的劳动时间。

2)市场的供求关系

在市场经济条件下,商品的价格不完全由价值决定,而是由市场的供求关系决定。按劳动价值论,当商品价格高于价值的时候,商品的生产者可以获得高额的收益;利益的诱惑之下,必然导致商品生产者扩大生产规模,增加商品的供应。而随着价格不断偏离价值以及市场上商品供应量的增加,有购买意愿和支付能力的消费者就会逐渐减少,商品的价格则必然下跌;这个下跌过程称之为价值回归。同样地,当某种商品的价格低于价值的时候,商品的生产者无利可图,就会相机退出生产;生产规模的减少,必然导致市场供应量的减少;供不应求的情况下,商品价格随之升高,慢慢接近商品价值。

理论上讲,市场上各种商品的价格会涨落不定,但价格的涨落总趋势是围绕着商品的价值不断进行调整。价格背离价值时,价格受供求关系的影响自发地围绕价值上下波动,这种现象就是商品经济中的价值规律发挥作用的表现。但是,在不完全竞争条件下,商品的价值与价格关系会产生严重并长期的背离。

3)市场竞争环境

在市场规制健全的情况下,商品生产者之间必然形成竞争关系。也就是说,市场环境对商品价格产生直接影响。按照现代市场经济理论,以竞争的激烈程度可以把市场分为4种不同形式:

(1)完全竞争的市场,有众多的买者和卖者,生产者进入和退出非常容易;产品的价格完全由供求关系决定,买卖双方都是价格的接受者,而不是价格的决定者。

(2)完全垄断市场,即只有唯一的生产者或卖者,企业被赋予自由定价的权利,或者说消费者只能被动接受生产者或卖者的定价;

(3)垄断竞争市场,是指既有垄断又有竞争,生产者不可能采用提价的方法多得利润,只能靠提高劳动生产率、降低消耗和生产成本占领市场;

(4)寡头垄断市场,就是只有少数几家生产者控制的市场。这种形式下,市场价格被寡头控制,即便有竞争,也十分微弱。

现实情况下,完全竞争市场是一种纯粹的理想条件,理论上可以研究,实际并不存在。

完全垄断市场也很难成立。即便是那些"政教合一"的专制政权,也会因众多的消费者反对,干预垄断者的定价行为。

4)商品的成本

商品的成本包括生产成本、营销成本和储存成本。传统政治经济学认为,商品价格体现其价值,而商品的价值量由生产商品的社会必要劳动时间决定。也就是商品的价值量与社会劳动生产率成反比。所谓社会必要劳动时间,是在现有社会正常的生产条件下,在社会平均的劳动熟练程度和劳动强度下,制造某种使用价值所需要的劳动时间,由劳动生产率决定。劳动生产率包括工人的劳动熟练程度、生产环境、科学与工艺的结合程度等。

美国是科技强国和经济大国,美国的经济主要依靠自由贸易,而其贸易中的高额利润来自科技含量产生的高附加值。为开展全球贸易,美国的服务业十分发达,服务业产值超过国内生产总值的60%。但是,美国的经济只是不可复制的独特"版本"。然而,一些发展中国家(如印度等)违反价值规律,拼命在复制美国的经济模式,让那些寄生经济和虚拟经济吞噬实体经济。体现在许多商品价格中,生产者的比重过低,流通环节比重过高,严重挫伤了生产者的积极性。据媒体报道,近年实体经济成分不断下降,实体经济利润远远低于服务行业,如银行业的利润占所有上市企业利润的 80% 以上。长此以往,实体经济必定削弱,国家经济泡沫化,国家实力慢慢"空心化"。

5)货币价值

商品的价值是价格的基础,价格是价值的货币表现。货币是从商品中分离出来固定地充当一般等价物的商品;当一般等价物由金银等重金属替代时,金银便成为货币。金银首先是商品,具有价值,成为货币后仍然有价值,但价值不是固定不变的。金银与货币脱钩后,纸币成为法定货币。作为价值尺度的货币,会受诸多因素的影响而升值或贬值。货币升值或贬值过程,导致商品价格也将自然跟随货币的升贬而发生涨跌。

此外,一个国家纸币的发行量应当以流通中所需要的数量为限度;如果纸币的发行量超过流通中所需要的数量,就可能引起货币贬值,物价随之上涨,出现通货膨胀。2006 年前后,美国为了刺激房地产消费,大规模的利用金融"次贷"工具,导致 2008 年爆发全球金融危机;接着美国又以其强大的军事、科技实力,向发展中国家转嫁这次的金融危机(由世界各国为其危机买单)。其后,"美联储"利用美元的国际货币地位,实施量化宽松的货币政策,简单地说就是拼命印钞票。美元贬值,使持有美元的国家遭受损失。我国美元储备最多,损失必然最大。央行也加班印制钞票,人民币也大幅度贬值,商品价格自然跟随上涨。

6)投机与管理的博弈

本来,价值规律可以刺激商品生产者改进技术、改善经营管理、提高劳动生产率,增强商品的竞争力。也就是说,社会劳动生产率的提高,必然缩短生产商品的社会必要劳动时间,减少商品的价值量,促使商品的价格回归。但由于市场存在垄断或者说竞争不充分,加上信息的不对称和行政权力的介入(权力寻租、权钱交易、地方保护等腐败行为),市场上难以避免价格"失真"(价格严重偏离价值的现象)。近几年,我国消费品市场频度发生价格严重偏离价值的情况。有些商品涨价是商家投机所致,但有些是气候或其他原因减产导致。

当出现或针对价格严重偏离价值的情况,政府可以运用经济、法律、行政等手段,对商品价格进行管理和调控。价格、汇率、利率和税率,都是政府实施调控的工具(也称之为杠杆)。我国制定有《价格法》《反不正当竞争法》等法律法规。对于关系到国计民生的重要商品,可以由国家定价,或实行限价,或规定指导价、保护价等,如国家适当提高粮食收购价格,控制化肥、农药等生产资料销售价格的上涨,能够调动农民的种粮积极性。但是,正常情况下,主要依靠市场机制发挥作用,政府要让市场主体参与真正的竞争,让经济规律、价值规律引导生产和消费。

4.1.1.3　影响资源价格的因素

资源是经济发展的基础,是财富的象征。但是,资源是有限的。面对无限的需求,人类需要理性思考,减少对资源的过度依赖和大规模消耗,尽可能保护和维持资源的相对可持续利用。减少资源消耗,可以通过资源价格机制来调节和管理。所谓资源价格,是指资源被开采或出售的产品价格。由于石油、天然气、煤炭等化石能源以及水和土地资源都是国家战略性资源,大规模开发利用的过程中,无不面临需求的刚性、资源的稀缺性和开发边际成本递增等难以由市场定价的巨大矛盾。因此,我们整个人类都必须清醒认识和掌握这些战略性资源使用的管控因素及能够有效发挥作用的机制。

如前所述,价格机制是影响供求的重要机制,政府应当在弄清影响资源价格因素的同时,通过实施价格改革找到合理利用资源的可行路径。资源价格形成,主要有以下影响因素。

1)资源性产品的自然属性和资产属性

众所周知,不同种类资源的自然属性不同,它们在生产、流通过程的技术和组织体系特征差别较大,各自的价格形成机制也各不相同。即使是同一种资源,其上、中、下游的产业技术、产业组织和市场需求的特点也不一样;不同环节的定价机制也存在不同的选项。在此基础上,随着自然资源稀缺性矛盾的日益突出以及现代资源权属关系日益清晰和资本市场的发展,资源的资产属性也越来越明显,资源权属或产品的定价已经逐步开始向资源资产定价的方向转变。也就是说,资本市场对这些战略性资源价格的影响越来越大。

2)资源禀赋

我国的资源禀赋较差,尤其是石油、天然气和水资源,人均可利用储量远远低于世界平均水平。不仅如此,我国的资源分布也极不均衡,约60%的煤炭资源分布在华北,主要集中在干旱缺水和远离消费中心的内蒙古等地区;石油资源主要分布在东部和西部地区,天然气资源主要分布在西南和西北地区;水资源主要分布在长江以南地区。

由于降雨的时空分布和年内分配的差异,南方尤其是东南沿海水资源非常丰沛,而北方地区尤其是西北水资源十分贫乏。这种资源分布的总量差异、结构差异和地区差异,在很大程度上影响资源及产品的价格,需要政府的宏观调控,以促进资源的合理配置及利用。

3)资源开发利用成本

资源开发利用的成本包括生产成本、运输成本和社会成本(国有资源资产应得的收益与地区、部门、私人利益之间的矛盾),也就是自然资源产品形成过程中所投入的劳动价值量(如勘探、开采以及生产提炼等)各阶段的全部成本货币化,是资源采掘、开发以及运输中的各项成本之和。因此,政府必须严格把握一个原则,即国家不能在资源开发利用上额外投入过多,相反,还应有所收益。也就是说,国家资源的资产负债表上,资产和负债应大致平衡,还保持适量的所有者权益。以往,由于计划经济及其惯性的影响,资源富集地区反而成了国家投资或补贴多的地区,这种情况必须逐渐改变。在这里,资源税的合理税率及其收取方式、分配和使用方式是关键。合理的资源税,才能推动有合理的资源价格的实现。

4)资源性产品的环境成本

盲目发展,造成资源的过量消耗。资源开发和使用过程中又必然产生严重的环境问题。这就是学者们常常忧患的"资源日益枯竭、需求日益膨胀、环境日益恶化"的现实问题。好在党的十八大开始重视环境问题,但持续的中高速增长与环境仍然形成巨大矛盾。重视环境,就意味着需要增加投入、保护环境;国家已经出台多种资源环境方面的税费政策,包括排污税、产品税(消费税)、税收差别、税收减免等。这些税费可以一定程度体现国家对环境资源使用中的价格扭曲现象的干预和纠正;但与国外相比及与环境保护的迫切要求相比,差距仍然很大。主要问题是:没有把煤炭消费纳入环境征收范围之内,石油产品的总体税负较低,超标排污收费明显不合理,环境收费项目不全和收费覆盖面不够等。因此,在完善环境税征收体系后,将对资源价格的合理确定产生重要影响,并进而对资源的节约、资源消费品种的选择都将产生重要影响。

5)资源的外部获得性

我国经济的高速增长,不仅面临资源枯竭问题,而且也带来了巨大风险。长期、持续保持中高速增长,经济总量和年增长规模越来越大,一方面需要消耗的资源量越来越大,环境负担越来越重;另一方面,需要承担的国际责任和国内社会责任也越来越大,资源可获得性就越来越差。有专家认为,资源在国际上的可获得性日渐成为决策层、大企业乃至普通百姓关注的焦点问题。除成本、安全使用和污染治理之外,这种可获得性与外汇储备、资源的国际价格以及地缘政治、国家外交能力等相关。对我国来说,最大难点在于"后来者"对资源的国际价格缺乏影响力。自然资源的消费和供给都具有较大的集中性,这种集中性使得发达国家、资源输出国家和组织、跨国公司以及国际投资基金对国际资源价格波动的影响越来越大。少数发达国家利用自身的需求规模和综合实力优势,积极干预资源的国际价格,并且还越来越重视国际期货市场对资源价格的影响与作用。

6)资源性产品的补偿成本

资源价格中的成本,很难通过直接投入劳动量的多少来确定。因此,它具有较强的虚拟性。原始森林的开发、矿产资源的开采、处女地的开垦、太阳能的利用等,除了核算其直接劳动投入外,还要核算其生态环境修复治理成本、安全生产成本以及资源枯竭后的退出成本等一些补偿价值和生态价值,以此兼顾考虑后代人的需求,使后代人不至于丧失与当代人平等的发展机会。此外,资源的日益枯竭,决定了资源之间的相互转换和替代是一种必然选择。在未来相当长的时间内,我国一次能源资源消费格局依然以煤炭为主;但是,这种无奈的消费选择,可能会支付更高的补偿成本,其成本最终都将反馈到资源价格中。目前,过低的资源价格只能导致资源过耗,环境压力加大。

4.1.2　资源价格稳经济、保民生作用

资源(这里所指的资源包括自然资源和要素资源)是人类生存与发展的基础,资源开发应当以可持续利用为前提(即当代人利用时应考虑后代人的利用),必须防止经济持续过热导致资源过耗。资源的价格机制,是调节当代人开发利用资源的有效手段,让资源价格体现资源的价值,促使全民珍视资源、节约资源、保护资源。但是,过高的资源价格不仅影响当代人的幸福预期(指数),导致人们实际生活水平下降,而且可能制约经济社会在有限的机遇期内实现快速发展;同时,过低的资源价格,又可能造成资源的浪费,必然带来一系列(如公平、生态、环境等)问题。两难的抉择面前,需要政府尤其是主要责任人具有一定的政治智慧,制定科学、长远的发展规划和严谨而灵活的调控机制,既保证当代人合理、公平利用,也保证经济社会可持续发展。

4.1.2.1 稳经济的资源定价

1)资源过耗原因及规模

能源资源是经济社会发展的重要条件。工业革命以来,煤炭、石油、天然气等化石能源的广泛使用,极大地推动了人类社会的文明进步和经济社会的现代化,深刻改变了世界200多年来人们的生产、生活方式。"冷战"结束后,世界上大多数国家都赢得了发展机遇期,并加快了经济建设步伐。经济发展,一方面带来物质的繁荣;另一方面却导致资源的枯竭和环境恶化。我国是资源和能源消费大国,而且生产及消费结构也极不合理,主要是化石能源占绝大部分。其中,煤炭的消耗(年开采量约50亿t)超过能耗总量的67%;我国的石油年需求约5.6亿~6.0亿t,石油对外依存度超过60%。天然气是清洁优质的一次能源,全国城镇普遍使用的天然气,约70%依赖进口,"软肋"突出。

2)稳增长的经济选择

2014年来,紧锣密鼓、接连出台的资源价格机制改革,在国际经济大环境下还难以于短期内发挥明显的效用。而稳增长的压力(如就业)在一定程度上限制了市场价格机制的形成。从单纯的学术上讲,稳增长的设计只能是临时性措施或"权宜之计",保持经济发展的合理总量规模比保持经济增长的幅度显得更加重要。我国国内生产总值的基数已然巨量,每年保持近70万亿元的产值规模已经非常不容易。在生产力水平和生产方式没有发生根本改变之前,维持每年70万亿元的生产总值,意味着我们与此前同样消耗巨量的不可再生资源,同时恶化我们共同的生态空间。因此,稳增长不如稳经济,让经济总量保持一个合理规模。也就是说,注重经济效益和效果,而不是过分追求增长幅度。

4.1.2.2 价格改革与民生

1)民生国之本

民生问题,具体地说,就是全体民众的衣食住行、生老病死、赡养老人、抚育子女和接受教育等问题。很显然,这些问题既是民众最关心、最直接、最现实的利益问题,也是国家和政府在不同发展阶段相应提供给人民的基本福利和责任。民生问题不仅涉及社会问题、经济问题,也是极其敏感的政治问题;处理不好,直接威胁到社会安定和政治稳定,动摇政府的执政基础。也就是说,民生乃国之根本。

2)发展须以民生优先

习近平总书记曾强调,"知屋漏者在宇下""民生连着民心,民心关系国运""得民心者得天下,失民心者失天下"。关心群众疾苦,解决民生问题,实现人民期盼,是共产党"立党为公,执政为民"的底线,是党员领导干部党性原则的一条红线,各级政府应通过完善各项保障政策,守住这条民生底线。十八大以来,党中央提出了一系列治国理政新理念、新方略,基本形成了五大发展理念:

(1)创新发展。习总书记指出:"我们比以往任何时候都更加需要强大的科技创新力量",并强调,唯改革者进,唯创新者强,唯改革创新者胜。

(2)协调发展。中央关于"十三五"规划的建议指出:协调是持续健康发展的内在要求,必须把握中国特色社会主义事业总体布局,正确处理发展中的重大关系,促进城乡区域协调发展,经济社会协调发展,新型工业化、信息化、城镇化、农业现代化同步发展。

（3）绿色发展。要正确处理经济发展同生态环境保护的关系,树立保护生态环境就是保护生产力、改善生态环境就是发展生产力的理念,自觉地推动绿色发展、循环发展、低碳发展,决不以牺牲环境为代价去换取一时的经济增长。

（4）开放发展。十八届三中全会通过的《中共中央关于全面深化改革若干重大问题的决定》指出:"要构建开放型经济新体制;适应经济全球化新形势,推动对内对外开放相互促进、引进来和走出去更好结合,促进国内国际要素有序自由流动、资源高效配置、市场深度融合,加快培育参与和引领国际经济合作竞争新优势,以开放促改革。"

（5）共享发展。共享发展是中国特色社会主义的本质要求;必须坚持发展为了人民、发展依靠人民、发展成果由人民共享,做出更有效的制度安排,使全体人民在共建共享发展中有更多获得感,增强发展动力,增进人民团结,朝着共同富裕方向稳步前进。

4.1.2.3　资源价改的民生选择

资源价格改革,喊了很多年;放开的小煤矿开采权和小水电开发权,带来资源、环境破坏和价格投机教训深刻。资源价格改革的初衷是价格回归价值,促进资源节约可持续利用。资源消费价格改革的关键手段,就是作者在世纪初提出的"阶梯价格",既多用多付费,少用单价低。但是,近年陆续出台的水、电、气阶梯价格机制,低阶的量宽价高,不利于节约使用,如每人平均每天合理用水量（定额）约 $0.1 \sim 0.15 \mathrm{m}^3$（仍有节水空间）,月平均 $3 \sim 4.5 \mathrm{m}^3$,5 人之家月耗水也只有 $20 \mathrm{m}^3$,但许多城市低阶用水量远超过这一数值。同时,低阶水价偏高,增加最低收入人群的生活负担;中高阶水价偏低,无法起到节水效果。

1）煤炭价改

2002 年起,政府停止发布电煤指导价格,但在每年的煤炭订货会上仍会发布一个参考性的协调价格;2005 年,政府宣布不再对电煤价格调控;2009 年,发改委终止了一年一度的煤炭订货会,取而代之为网络汇总;2012 年 12 月,国务院发布的《国务院关于深化电煤市场化改革的指导意见》提出,自 2013 年起,取消重点合同,取消电煤价格双轨制,煤炭企业和电力企业自主衔接签订合同,自主协商确定价格,完善煤电价格联动机制。随着这类价改,煤炭消耗越来越多,这显然不利于资源持续利用。

2）电价改革

2011 年 11 月,发改委推出居民阶梯电价的指导意见。居民用电被分为基本需求用电、正常合理用电和较高质量用电三档。第一档电量按覆盖 80% 居民用电量确定,价格不做调整;第二档电量按照覆盖 95% 居民家庭用电确定,提价幅度不低于每千瓦时电 5 分钱;第三档为超出第二档的电量,电价提价标准为每千瓦时电 0.3 元左右。2013 年 5 月,国家发改委将现行居民生活、商业、大工业、农业生产用电价格等八类归并为居民生活、农业生产、工商业及其他用电价格等三个用电类别,每个类别再按用电负荷进行分档。由于国际经济环境恶化,社会用电量大幅度减少,阶梯电价并没有发挥节电作用。

3）成品油价改革

1998 年 6 月 3 日,原国家计委出台《原油成品油价格改革方案》;2000 年 6 月份起,国内成品油价开始参考国际市场价格变化相应调整;2013 年 3 月,国家发改委公布完善后的国内成品油价格形成机制,将成品油调价周期由 22 个工作日缩短至 10 个工作日,取消挂靠国际市场油种平均价格波动 4% 的调价幅度限制,挂靠国际市场原油品种,定期适调国内成品油价格。

4)天然气价改

城市化过程中,天然气用量飞速增长,而天然气主要依赖进口,能源消费安全风险越来越大。政府已于 2013 年和 2014 年两度调整非居民用存量气价格。按照计划,2015 年非居民用存量气和增量气价格将实现并轨,非居民用气价格将逐步放开,居民生活用气也将建立阶梯价格制度。

5)水价改革

近年来,北京、上海、杭州等城市开始执行阶梯水价。结果是,综合平均水价略有上涨,但保障居民基本用水的第一阶梯水价,也高出原来的标准。如北京一、二、三阶水价分别为 4.95 元、7 元、9 元;低阶水价可能影响到低收入人群民生,高阶水价又很难抑制高收入人群的不合理消费。资源价格改革,既要立足基本国情,又要实现科学可持续发展要求,也就是充分考虑低收入人群的民生问题,同时又要通过经济手段抑制不合理消费。具体方案,就是低阶应当量小价低(如月人均用水 $3m^3$,水价按 3 元收费) ,仅满足基本需求。高阶价格要让无节水意识的消费者也感到压力(如超过人均 $3m^3$ 的部分,水价按 $13 \sim 30$ 元收费) ,档次拉开,真正发挥价格机制的作用。

4.1.3 资源价格改革顶层设计

资源价格决定经济社会运行的总成本,大幅度提高资源价格,不仅影响非资源行业的经济效益,而且影响大多数中低收入民众的生活水平。也就是说,资源价格改革,事关国家经济、社会民生和政治稳定之全局。经济社会发展,离不开自然资源,部分资源的不可再生性,使全社会共同面临资源日益枯竭的压力。无论是增加勘探开采或外购获取资源的成本及风险正在不断增大,大规模消耗形成的可用自然资源减少与资源成本上涨并存的矛盾,让政府在稳增长、促发展中难以选择。一些自由市场经济学派的学者不断给顶层开出"发挥市场决定价格"的资源价格改革"药方"。

市场,通过价格机制、竞争机制,一定程度能够实现资源合理再配置。但是,市场并不是万能的机器,市场机制不可能解决市场之外的所有社会问题。价格放开,可以根据供给与需求关系发现一个暂时平衡的价格,但市场却无法顾及供给能否持续以及民众最低需求能否保障,生态环境能否承受。除了利用价格机制之外,我们并未穷尽合理开发利用自然资源的手段和方法。我们可以把关注点和着力点放到涨价"末路"之外的方面,如法律强制性推广使用可再生资源和制定强制性节能降耗调节机制。

4.1.3.1 总体设计

《国务院关于深化电煤市场改革的指导意见》认为:价格机制是市场机制的核心,市场决定价格是市场在资源配置中起决定性作用的关键。作为我国经济体制深化改革的重要组成部分,价格改革正在持续推进、不断深化,中央政府已经放开了绝大多数竞争性的商品价格,对建立健全社会主义市场经济体制、促进经济社会持续健康发展发挥了重要作用。近年来,价格改革步伐逐步加快,一大批商品和服务价格分别放开,关系民生的成品油、天然气、铁路运输等资源性价格的市场化程度显著提高,一些重点领域和关键环节价格改革有待深化,政府定价制度需要进一步健全,市场价格行为有待规范。为推动价格改革顺利实施,加快市场决定价格机制的步伐,意见明确了总体目标和任务。

1)指导思想

该《意见》要求:"全面贯彻党的十八大和十八届二中、三中、四中全会精神,按照党中央、国务院决策部署,主动适应和引领经济发展新常态,紧紧围绕使市场在资源配置中起决定性作用和更好发挥政府作用,全面深化价格改革,完善重点领域价格形成机制,健全政府定价制度,加强市场价格监管和反垄断执法,为经济社会发展营造良好价格环境。"

2)基本原则

该《意见》针对价格机制改革,提出了 4 个坚持:

(1)必须坚持市场决定。正确处理政府和市场关系,凡是能由市场形成价格的都交给市场,政府不进行不当干预。推进水、石油、天然气、电力、交通运输等领域价格改革,放开竞争性环节价格,充分发挥市场决定价格作用。

(2)坚持放管结合。进一步增强法治、公平、责任意识,强化事中事后监管,优化价格服务。政府定价领域,必须严格规范政府定价行为,坚决管细、管好、管到位;经营者自主定价领域,要通过健全规则、加强执法,维护市场秩序,保障和促进公平竞争,推进现代市场体系建设。

(3)坚持改革创新。在价格形成机制、调控体系、监管方式上探索创新,尊重基层和群众的首创精神,推动价格管理由直接定价向规范价格行为、营造良好价格环境、服务宏观调控转变。充分发挥价格杠杆作用,促进经济转型升级和提质增效。

(4)坚持稳慎推进。价格改革要与财政税收、收入分配、行业管理体制等改革相协调,合理区分基本与非基本需求,统筹兼顾行业上下游、企业发展和民生保障、经济效率和社会公平、经济发展和环境保护等关系,把握好时机、节奏和力度,切实防范各类风险,确保平稳有序。

3)主要目标

该《意见》列出了阶段目标:到 2017 年,竞争性领域和环节价格基本放开,政府定价范围主要限定在重要公用事业、公益性服务、网络型自然垄断环节,到 2020 年,市场决定价格机制基本完善,科学、规范、透明的价格监管制度和反垄断执法体系基本建立,价格调控机制基本健全。

以学习和领会的视角,《意见》坚持贯彻落实党的十八大以来提出的创新、协调、绿色、开放、共享的发展理念,在经济发展新时期、新常态下,紧紧布局使市场在资源配置中起决定性作用和更好发挥政府作用,强调市场决定、放管结合、改革创新、统筹兼顾、配套协调、稳慎推进,深化重点领域价格改革,健全政府定价制度,加强市场价格监管和反垄断执法,充分发挥价格杠杆作用,更好服务宏观调控,提高价格公共服务水平。

4.1.3.2　深化重点领域价格改革

深化改革要求:"紧紧围绕使市场在资源配置中起决定性作用,加快价格改革步伐,深入推进简政放权、放管结合、优化服务,尊重企业自主定价权、消费者自由选择权,促进商品和要素自由流动、公平交易。"

1)完善价格形成机制

首先从消费环节入手,统筹国际国内两个市场,注重发挥市场决定价格作用,如农产品价格主要由市场决定。按照"突出重点、有保有放"原则,立足国情,对不同品种实行差别化支持政策,调整改进"黄箱"支持政策,逐步扩大"绿箱"支持政策实施规模和范围,保护农民生产积极性,促进农业生产可持续发展,确保谷物基本自给、口粮绝对安全。继续执行并完善稻谷、小麦最低收购价政策,改革完善玉米收储制度,继续实施棉花、大豆目标价格改革试点,完善补贴发放办法。加强农产品成本调查和价格监测,加快建立全球农业数据调查分析系统,为政府制定农产品价格、农业补贴等政策提供重要支撑。

2)加快推进能源价格市场化

按照"管住中间、放开两头"总体思路,推进电力、天然气等能源价格改革,促进市场主体多元化竞争,稳妥处理和逐步减少交叉补贴,还原能源商品属性。择机放开成品油价格,尽快全面理顺天然气价格,加快放开天然气气源和销售价格,有序放开上网电价和公益性以外的销售电价,建立主要由市场决定能源价格的机制。把输配电价与发售电价在形成机制上分开,单独核定输配电价,分步实现公益性以外的发售电价由市场形成。按照"准许成本加合理收益"原则,合理制定电网、天然气管网输配价格。扩大输配电价改革试点范围,逐步覆盖到各省级电网,科学核定电网企业准许收入和分电压等级输配电价,改变对电网企业的监管模式,逐步形成规则明晰、水平合理、监管有力、科学透明的独立输配电价体系。在放开竞争性环节电价之前,完善煤电价格联动机制和标杆电价体系,使电力价格更好反映市场需求和成本变化。

3)完善环境服务价格政策

统筹运用环保税收、收费及相关服务价格政策,加大经济杠杆调节力度,逐步使企业排放各类污染物承担的支出高于主动治理成本,提高企业主动治污减排的积极性。按照"污染付费、公平负担、补偿成本、合理盈利"原则,合理提高污水处理收费标准,城镇污水处理收费标准不应低于污水处理和污泥处理处置成本,探索建立政府向污水处理企业拨付的处理服务费用与污水处理效果挂钩调整机制,对污水处理资源化利用实行鼓励性价格政策。积极推进排污权有偿使用和交易试点工作,完善排污权交易价格体系,运用市场手段引导企业主动治污减排。

4)理顺医疗服务价格

围绕深化医药卫生体制改革目标,按照"总量控制、结构调整、有升有降、逐步到位"原则,积极稳妥推进医疗服务价格改革,合理调整医疗服务价格,同步强化价格、医保等相关政策衔接,确保医疗机构发展可持续、医保基金可承受、群众负担不增加。建立以成本和收入结构变化为基础的价格动态调整机制,到2020年基本理顺医疗服务比价关系。落实非公立医疗机构医疗服务市场调节价政策。公立医疗机构医疗服务项目价格实行分类管理,对市场竞争比较充分、个性化需求比较强的医疗服务项目价格实行市场调节价,其中医保基金支付的服务项目由医保经办机构与医疗机构谈判合理确定支付标准。进一步完善药品采购机制,发挥医保控费作用,药品实际交易价格主要由市场竞争形成。

5）健全交通运输价格机制

逐步放开铁路运输竞争性领域价格，扩大由经营者自主定价的范围；完善铁路货运与公路挂钩的价格动态调整机制，简化运价结构；构建以列车运行速度和等级为基础、体现服务质量差异的旅客运输票价体系。逐步扩大道路客运、民航国内航线客运、港口经营等领域由经营者自主定价的范围，适时放开竞争性领域价格，完善价格收费规则。放开邮政竞争性业务资费，理顺邮政业务资费结构和水平。实行有利于促进停车设施建设、有利于缓解城市交通拥堵、有效促进公共交通优先发展与公共道路资源利用的停车收费政策。进一步完善出租汽车运价形成机制，发挥运价调节出租汽车运输市场供求关系的杠杆作用，建立健全出租汽车运价动态调整机制以及运价与燃料价格联动办法。

6）创新公用和公益性服务价格管理

清晰界定政府、企业和用户的权利义务，区分基本和非基本需求，建立健全公用事业和公益性服务财政投入与价格调整相协调机制，促进政府和社会资本合作，保证行业可持续发展，满足多元化需求。全面实行居民用水用电用气阶梯价格制度，推行供热按用热量计价收费制度，并根据实际情况进一步完善。教育、文化、养老、殡葬等公益性服务要结合政府购买服务改革进程，实行分类管理。对义务教育阶段公办学校学生免收学杂费，公办幼儿园、高中(含中职)、高等学校学费作为行政事业性收费管理；营利性民办学校收费实行自主定价，非营利性民办学校收费政策由省级政府按照市场化方向根据当地实际情况确定。政府投资兴办的养老服务机构依法对"三无"老人免费；对其他特殊困难老人提供养老服务，其床位费、护理费实行政府定价管理，其他养老服务价格由经营者自主定价。分类推进旅游景区门票及相关服务价格改革。推动公用事业和公益性服务经营者加大信息公开力度，接受社会监督，保障社会公众知情权、监督权。

7）重点领域价改解读

针对以上 6 个重点领域，《意见》表明加快推进能源价格市场化，需按"管住中间、放开两头"总体思路，促进市场多元化竞争，稳妥处理和逐步减少交叉补贴，还原能源商品属性。《意见》吸纳"准许成本加合理收益"原则，合理制定管网输配价格。开展输配电价改革，应单独核定电网输配电价，有序放开上网电价和公益性以外的销售电价，基本形成规则明晰、水平合理、监管有力、科学透明的独立输配电价体系。在放开竞争性环节电价之前，加快推进城乡各类用电同价，减少交叉补贴；完善煤电价格联动机制，全面实行居民生活用电阶梯价格机制。

4.1.3.3　阳光运行政府定价

对极少数保留的政府定价项目，《意见》明确要求推进定价项目清单化，规范定价程序，加强成本监审，推进成本公开，坚决管细管好管到位，最大限度减少自由裁量权，推进政府定价公开透明。

1）推进政府定价项目清单化

中央和地方要在加快推进价格改革的基础上，于 2016 年以前制定发布新的政府定价目录，将政府定价范围主要限定在重要公用事业、公益性服务、网络型自然垄断环节。凡是政府定价项目，一律纳入政府定价目录管理。目录内的定价项目要逐项明确定价内容和定价部门,确保目录之外无定价权,政府定价纳入权力和责任清单。定期评估价格改革成效和市场竞争程度,适时调整具体定价项目。

2)规范政府定价程序

对纳入政府定价目录的项目,要制定具体的管理办法、定价机制、成本监审规则,进一步规范定价程序。鼓励和支持第三方提出定调价方案建议、参与价格听证。完善政府定价过程中的公众参与、合法性审查、专家论证等制度,保证工作程序明晰、规范、公开、透明,主动接受社会监督,有效约束政府定价行为。

3)加强成本监审和信息公开

坚持成本监审原则,将成本监审作为政府制定和调整价格的重要程序,不断完善成本监审机制。对按规定实行成本监审的,要逐步建立健全成本公开制度。公用事业和公益性服务的经营者应当按照政府定价机构的规定公开成本,政府定价机构在制定和调整价格前应当公开成本监审结论。

4)政府定价

随着改革的深入,除少数公用事业、公益性服务项目仍保留政府定价之外,其他大部分定价权应逐步交由市场决定。必须由政府定价的服务,地方政府需要进一步明确定价项目的具体定价内容,确保目录之外无定价权,政府定价纳入权力和责任清单,进一步完善政府定价行政审批前置服务收费目录清单制度。

规范政府定价程序,可以结合价格改革、调控和监管要求,建立、完善价格管理制度和工作规则。《意见》强调定价程序参照执行国务院颁布的重大行政决策程序的规定,即"公众参与、专家论证、风险评估、合法性审查"等程序,确保定价工作程序明晰、规范、公开、透明,主动接受社会监督。成本监审和信息公开,是保障政府定价合规合法的监督机制;实施成本监审,可以防止价格偏离价值,损害公民权益和政府形象。全面公开定价信息,方能接受媒体和民众监督,有利于提高定价的公平性和科学性。

随着价格改革向纵深推进,政府的定价权越来越少,监督责任则越来越大。要通过"看得见的手",强化价格监测,通过制定规则规范各类价格行为,防止市场主体滥用定价权,有效应对非正常价格波动,打击各类价格违法和价格垄断行为,切实维护广大人民群众的切身利益。

4.1.3.4 价格监管执法

清理和废除妨碍全国统一市场和公平竞争的各种规定和做法,严禁和惩处各类违法实行优惠政策行为,建立公平、开放、透明的市场价格监管规则,大力推进市场价格监管和反垄断执法,反对垄断和不正当竞争。加快建立竞争政策与产业、投资等政策的协调机制,实施公平竞争审查制度,促进统一开放、竞争有序的市场体系建设。

1)健全市场价格行为规则

在经营者自主定价领域,对经济社会影响重大特别是与民生紧密相关的商品和服务,要依法制定价格行为规则和监管办法;对存在市场竞争不充分、交易双方地位不对等、市场信息不对称等问题的领域,要研究制定相应议价规则、价格行为规范和指南,完善明码标价、收费公示等制度规定,合理引导经营者价格行为。

2）加强市场价格监管

建立健全机构权威、法律完备、机制完善、执行有力的市场价格监管工作体系,有效预防、及时制止和依法查处各类价格违法行为。坚持日常监管和专项检查相结合,加强民生领域价格监管,着力解决群众反映的突出问题,保护消费者权益。加大监督检查力度,对政府已放开的商品和服务价格,要确保经营者依法享有自主定价权。

3）强化反垄断执法

密切关注竞争动态,对涉嫌垄断行为及时启动反垄断调查,着力查处达成实施垄断协议、滥用市场支配地位和滥用行政权力排除限制竞争等垄断行为,依法公布处理决定,维护公平竞争的市场环境。建立健全垄断案件线索收集机制,拓宽案件来源。研究制定反垄断相关指南,完善市场竞争规则。促进经营者加强反垄断合规建设。

4）完善价格社会监督体系

充分发挥全国四级联网的 12358 价格举报管理信息系统作用,鼓励消费者和经营者共同参与价格监督。加强举报数据分析,定期发布分析报告,警示经营者,提醒消费者。建立健全街道、社区、乡镇、村居民价格监督员队伍,完善价格社会监督网络。依托社会信用体系,加快推进价格诚信建设,构建经营者价格信用档案,开展价格诚信单位创建活动,设立价格失信者"黑名单",对构成价格违法的失信行为予以联合惩戒。鼓励和支持新闻媒体积极参与价格社会监督,完善舆论监督和引导机制。

5）价格监管解读

市场价格监管,关键是经营者自主定价项目及对经济社会和民生有重大影响的商品和服务,实施重点监管;规范竞争不充分、信息不对称、交易双方地位不对等的市场价格行为,逐步建立和完善公平、开放、透明的市场价格监管规则;推行阳光价费,严格明码标价、收费公示规定,引导合理价格行为。《意见》强调,加强民生领域价格监管,着力解决群众反映的突出问题,保护消费者权益。地方政府要及时制止和查处各类价格违法,重视资源、医药等重点领域价格改革,坚持日常监管和专项检查相结合,集中整治与群众生产生活相关的教育、涉农、旅游、零售、电子商务等领域的突出问题。

反垄断执法,首要实施公平竞争审查制度,建立公平地竞争机制,确立竞争政策的基础性地位,实时关注竞争动态,收集市场信息,强化重点行业、重大企业竞争行为监管,对涉嫌价格垄断的行为开展反垄断调查,依法查处垄断违法行为。完善价格监督体系,需要建立举报和诉求机制,及时响应诉求,切实维护群众的合法价格权益。专责部门应及时调查诉求案件,分析举报数据,提高价格监管的针对性和时效性。地方政府应建立完善价格社会监督网络,依托社会信用体系,构建经营者价格信用档案,设立价格失信者"黑名单",对构成价格违法的失信行为公开惩戒。此外,还要及时办理价格争议案件,积极化解价格争议纠纷,将价格监管落到实处。

4.1.3.5　发挥价格杠杆作用

在全面深化改革、强化价格监管的同时,加强和改善宏观调控,保持价格总水平基本稳定;充分发挥价格杠杆作用,促进节能环保和结构调整,推动经济转型升级。

1)加强价格总水平调控

加强价格与财政、货币、投资、产业、进出口、物资储备等政策手段的协调配合,合理运用法律手段、经济手段和必要的行政手段,形成政策合力,努力保持价格总水平处于合理区间。加强通缩、通胀预警,制定和完善相应防范治理预案。健全价格监测预警机制和应急处置体系,构建大宗商品价格指数体系,健全重要商品储备制度,提升价格总水平调控能力。

2)健全生产领域节能环保价格政策

建立有利于节能减排的价格体系,逐步使能源价格充分反映环境治理成本。继续实施并适时调整脱硫、脱硝、除尘等环保电价政策。鼓励各地根据产业发展实际和结构调整需要,结合电力、水等领域体制改革进程,研究完善对"两高一剩"(高耗能、高污染、产能过剩)行业落后工艺、设备和产品生产的差别电价、水价等价格措施,对电解铝、水泥等行业实行基于单位能耗超定额加价的电价政策,加快淘汰落后产能,促进产业结构转型升级。

3)完善资源有偿使用制度和生态补偿制度

加快自然资源及其产品价格和财税制度改革,全面反映市场供求、资源稀缺程度、生态环境损害成本和修复效益。完善涉及水土保持、矿山、草原植被、森林植被、海洋倾倒等资源环境收费基金或有偿使用收费政策。推进水资源费改革,研究征收水资源税,推动在地下水超采地区先行先试。采取综合措施逐步理顺水资源价格,深入推进农业水价综合改革,促进水资源保护和节约使用。

4)创新促进区域发展的价格政策

对具有区域特征的政府和社会资本合作项目,已具备竞争条件的,尽快放开价格管理;仍需要实行价格管理的,探索将定价权限下放到地方,提高价格调整灵活性,调动社会投资积极性。加快制定完善适应自由贸易试验区发展的价格政策,能够下放到区内自主实施的尽快下放,促进各类市场主体公平竞争。

5)价格杠杆作用

价格杠杆只有在法律法规健全和市场体系完善的环境下发挥作用。我国的社会主义市场经济尚处于发展过程中,法律法规不健全,体系不配套,价格杠杆机制难以单独发挥作用,除需要法律和经济手段参与对市场调控之外,仍需要借助行政手段联动调控和精准调控,保持价格总水平处于合理区间。此外,《意见》要求健全重要商品储备制度、价格监测预警和应急保障体系,坚持粮食安全省长责任制、"菜篮子"市长负责制和生猪市场价格调控机制,确保重要民生商品市场供应。政府价格监管部门应加强市场价格监测工作,将放开后的重要商品和服务价格纳入监测范围,密切关注价格动态。发生价格波动时,启动价格预警,酌情动用应急储备,提高调控能力。

《意见》明确:新时期,需要加快调整经济结构,促进经济转型,控制过剩产能,通过能源资源价格机制逐步淘汰高耗能、高污染、产能过剩行业和落后生产方式,推进资源累进加价和阶梯价格机制,促进节水、节电、省油等节能节约,推动经济社会可持续发展。加快完善差别电价政策,除实施燃煤发电机组环保电价和推行超低排放电价政策外,对超低排放生产应给予价格支持,促进产业转型升级。中央政府应尽快出台控制小汽车生产总规模的政策措施,用价格手段鼓励转换轻型电动汽车的生产和消费,减少城市拥堵的同时,控制汽车尾气排放总量,还市民"蓝天白云"。健全节能环保类权益交易价格管理,结合用能权、用水权、排污权、碳排放权制度改革进程,规范交易服务收费行为,促进运用市场手段引导企业主动节能治污减排。

4.1.3.6　制度措施

价格工作涉及面广、政策性强、社会关注度高,牵一发而动全身。必须加强组织落实,科学制定方案,完善配套措施,做好舆论引导,为加快完善主要由市场决定价格机制提供有力保障。

1)加强组织落实

各地区各有关部门要充分认识加快完善主要由市场决定价格机制的重要性、紧迫性和艰巨性,统一思想、形成合力,以敢啃"硬骨头"精神打好攻坚战。要深入调研、科学论证,广泛听取各方面意见,突出重点、分类推进,细化工作方案,及时总结评估,稳步有序推进,务求取得实效。影响重大、暂不具备全面推开条件的,可先行开展试点,发挥示范引领作用,积累可复制、可推广的经验。要以抓铁有痕、踏石留印的作风,狠抓落实,明确时间表、路线图、责任状,定期督查、强化问责,全力打通政策出台的"最初一公里"、政策实施的"中梗阻"与政策落地的"最后一公里",确保各项措施落地生根。

2)健全价格法制

紧密结合价格改革、调控和监管工作实际,加快修订价格法等相关法律法规,完善以价格法、反垄断法为核心的价格法律法规,及时制定或修订政府定价行为规则以及成本监审、价格监测、价格听证、规范市场价格行为等规章制度,全面推进依法治价。

3)强化能力建设

在减少政府定价事项的同时,注重做好价格监测预警、成本调查监审、价格调控、市场价格监管和反垄断执法、价格公共服务等工作,并同步加强队伍建设,充实和加强工作力量,夯实工作基础。大力推进价格信息化建设,为增强价格调控监管服务能力提供有力支撑。鼓励高等学校和科研机构建立价格与反垄断研究机构,加强国际交流合作,培养专门人才。整合反垄断执法主体和力量,相对集中执法权。

4)兜住民生底线

牢固树立底线思维,始终把保障和改善民生作为工作的出发点和落脚点。推行涉及民生的价格政策特别是重大价格改革政策时,要充分考虑社会承受能力,特别是政策对低收入群体生活的可能影响,做好风险评估,完善配套措施。落实和完善社会救助、保障标准与物价上涨挂钩的联动机制,完善社会救助制度特别是对特困人群的救助措施,保障困难群众基本生活不受影响。加强民生领域价格监管,做好价格争议纠纷调解处理,维护群众合法价格权益。

5)做好舆论引导

加大对全面深化价格改革、规范政府定价、强化市场价格监管与反垄断执法等方面的宣传报道力度,加强新闻发布,准确阐述价格政策,讲好"价格改革故事",及时引导舆论,回应社会关切,传递有利于加快完善主要由市场决定价格机制、推动经济转型升级的好声音和正能量,积极营造良好舆论氛围。

6)制度措施的落实

对于价格的市场化改革,《意见》要求各地方政府、各部门主要领导以高度的责任感、使命感和敢啃"硬骨头"精神打好价格机制改革攻坚战。主要负责同志要亲自抓,分管负责同志要具体抓,每一项改革都要细化工作方案,明确时间表、路线图,做到责任明确、任务到人。建立健全系统上下、部门之间联动工作机制,按照职责分工,落实相关配套政策,形成工作合力,及时协调解决价格改革的重大问题,推进价格改革向纵深发展,突破"最后一公里"。意见表明,中央政府有决心推进价格改革。同时提出加快修订价格法等相关法律法规,完善以价格法、反垄断法为核心的价格法律法规,推进依法治价。在此基础上,加强对价格理论与实践问题研究,为推进价格机制改革提供理论指导;大力推进价格信息化建设,加快大数据运用,增强价格调控监管服务能力。

价格改革是一场攻坚战,需要广大民众的支持和参与。因此,舆论引导至关重要。各地各有关部门要按照"提前介入、主动宣传、及时引导、有力调控"的原则,加大对全面深化价格改革、规范政府定价、强化市场价格监管与反垄断执法等方面的宣传报道力度,加强新闻和政策发布,准确阐述价格政策,讲好"价格改革故事"。加强舆论引导,及时回应社会关切,传递有利于加快完善主要由市场决定价格机制、推动经济转型升级的好声音和正能量,积极争取社会各方面的理解和支持,广泛凝聚改革共识,为深化价格机制改革营造良好舆论氛围。

4.2 水价体系研究

水是生命之源、生存之本、生态文明的重要基础。我国人口失控,人多水少,水问题十分突出。新中国成立初期,水问题主要是江河流域交替发生洪灾水患;为此,中央政府从有限的财政收入中拿出大量资金建设水利工程,抵御江河洪水。改革开放后,随着经济持续高速发展,水需求也不断增长;尤其是近20年来,工业化的推进和城市化的快速扩张,水资源短缺、水灾害频发、水环境污染、水生态恶化等新老问题交织在一起,已经成为制约经济社会可持续发展的狭长瓶颈。步入21世纪之始,中央政府为解决华北地区的严重缺水,艰难决策建设南水北调工程。但是,我国水资源时空分布不均,年际、年内降水变化较大;遭遇周期性的同丰同枯时,即便建成跨流域调水工程也无法保障缺水地区安全用水。因此,节水、治污、保护水生态,成为新时期发展面临的重大任务。

党的十八大以来,以习近平同志总书记为核心的党中央,从战略和全局高度,对保障国家水安全做出一系列重大决策部署,明确要求新时期水利工作应"节水优先、空间均衡、系统治理、两手发力"。节约水资源,关系到经济社会可持续发展,关系到国家粮食安全、生态安全。除了采用必要的法律手段和行政手段之外,发挥市场经济的作用,利用价格机制调节水资源供求关系是水资源管理体制改革的重要目标和有效手段。20世纪90年代,学界、业界就开始研究用水价格和水价机制,尤其是在跨流域调水的水价构成、定价模型、累进加价模式和阶梯水价机制等方面取得重要成果,为水价改革奠定了基础。

4.2.1　水价的定价机制研究

不同的经济体制,产生不同的水价定价机制。高度集权的计划经济体制下,水价由行政命令或行政程序决定;在市场经济体制下,水价应由市场决定。目前,我国尚处在经济体制改革的过程中,社会主义市场经济体制的最终形成和完善仍需一个相当长的时期。

4.2.1.1　计划经济的水价

1)体制背景

1978 年,党的十一届三中全会决议改革开放后,一方面,通过吸引外资加快国民经济建设,提升生产力;另一方面,发展生产力的同时,增加了商品供给,民众的物质和文化生活水平迅速提高。同时,物资生产和流通成本也发生了较大变化,必然反馈到商品的价值和价格上来。这一条件下,产生了计划价格和政府定价。

2)计划价格

所谓计划价格,是以商品生产和流通过程中正常的费用支出及经营者合理赢利为基础,同时考虑商品供求的影响和国家政策的需要而制定的价格;或者说是国家根据价格构成及价格政策,有计划规定的价格,它反映了计划经济的运行要求,是国民经济计划管理的重要组成部分。

国家对计划价格实行统一领导下的分级管理,中央、省(自治区、直辖市)、市及县级以上政府都有各自的管理范围。管理权限的划分,主要依据商品的流通范围、资源的分布状况及对国民经济和人民生活的影响程度等。实行计划价格的目的,是为了合理协调国家、企业和消费者三者之间的利益关系。

3)行政定价机制

在计划经济时期,随着经济发展和运行要求,商品价格也由单纯的计划价格发展为国家统一计划定价(亦称政府定价)和政府指导价(幅度浮动价)两种形式。

(1)政府计划价格。由政府物价部门和生产主管部门统一规定,各地区、企业及管理部门必须贯彻执行先期制定的指令性计划价格。属于国家指令性计划的产品,原则上实行国家统一定价。

凡是关系国计民生的生产资料和消费资料的价格,如重要工业品生产资料的出厂价格,重要农产品的收购价格,重要消费品的零售价格,重要的交通运输价格和重要的非商品收费等,都由国家统一定价。这种价格需要变动时,须按照价格管理分工权限,由定价部门调整,其他任何部门和企业无权变动。制定国家统一定价,拟自觉参考价值规律,以商品的价值或它的转化形态为基础,同时还要考虑供求因素和国家的经济政策。

(2)政府指导价。在中央政府规定限度内,可由企业自行变动的价格,是我国价格管理体系中的一种新形式。政府指导价格,原则上除了中央政府统一规定的重要工农产品价格、重要交通运输价格和重要的非商品收费外,其余商品都可以逐步实行一定幅度的浮动价。

4)限幅定价

实行幅度浮动价的产品,企业虽然有权根据商品价值量的变化和供求关系的变化,自

行变动价格,但必须是在国家计划指导下进行。这主要表现在以下三个方面:

(1)实行幅度浮动价的产品,要经过国家批准;

(2)实行幅度浮动价的基价是统一计划价格,企业无权变动,而只能在基价的基础上,在规定的幅度范围内,上下浮动;如果要调整基价,必须按照物价分工管理权限和审批程序报批;

(3)价格浮动的幅度由国家规定,企业只能在国家规定的浮动幅度内变动价格。它属于国家计划价格的范畴,既不同于统一定价,也不同于没有限制的自由价格,它兼具统一定价和自由价格的长处。

也就是说,它的形成必须建立在国家计划基础之上,而其实现又比较灵活。既体现了国家计划对于价格形成的指导作用,又反映了价值规律对于运行价格的调节作用。

5)供给制经济时期的水价

1949—1978 年(改革开放前)的高度集中计划经济时期,我国人口总量约为 7 亿。除了体制原因和人少、耗水总规模较小之外,人们生活方式也非常简单,不存在当今凸显及复杂的人水矛盾、人地矛盾和大范围的水环境污染;水和水资源只是满足基本生活的必需品,不具有商品属性和资源属性。所以,那个时期人们将城市生活和工业用水定义为"自来水"。所谓自来水,就是政府提供的生活"福利",用水基本不需要支付水费。如果要测算其水价,尚可以按照城市自来水厂年月总成本与总取水量之比得出。也正是其长期低成本和无偿用水的经济模式,让很多人(包括市民和农民)养成肆意用水、浪费水资源的行为习惯,如洗菜、洗衣大都是拧开水阀门长时间冲洗。

6)计划水价

1978 年底,党中央提出在经济领域实行改革开放;1978—1993 年的 15 年间,仍然是高度集中的计划经济体制。随着微观经济的搞活、人口和经济总量的迅速增长,人们对包括水在内的资源(主要是水资源、能源资源等)需求也快速增加,即要求政府的供水能力相应增加。但是,长期在计划经济条件下形成的福利用水和其后推行低水价,导致自来水厂的供水长期亏损;加上地方政府的财政收入有限、捉襟见肘,难以弥补连年的缺口。

1985 年,国务院颁布了《水利工程水费核订、计收和管理办法》,该办法规定:"凡水利工程都应该实行有偿供水""水费标准应在核算供水成本的基础上,根据国家经济政策和当地水资源状况,对各类用水分别核定。"农业水费,粮食作物按供水成本核定水费标准;经济作物可略高于供水成本;工业水费,消耗水,按供水部分全部投资(包括农民投劳折资)计算的供水成本加供水投资 4%~6%的盈余核定水费标准。"城镇生活水费,由水利工程提供城镇自来水厂水源并用于居民生活的水费,一般按供水成本或略加盈余核定,其标准可低于工业水费。也就是说,这一时期的水价基本上只考虑了运行成本。

4.2.1.2　国外水价机制

由于世界各国资源禀赋各异,加上国家制度和经济社会发展水平差异以及实行的用水制度不同,水价和形成水价的机制也不尽相同。通常,水资源较为丰沛的地区或国家,水价相对较低,形成水价的机制相对简单;与此相反,水资源匮乏地区,影响用水成本的因素较多,形成合理水价的机制相对复杂。20 世纪 80 年代以来,全球人口剧增,许多国家和地区进入人均水资源短缺行列,研究制定合理水价及形成合理水价机制至关重要。

1)亚太地区的水价机制

农业是耗水产业,农业经济发达与否,能够较为充分反映一个地区或国家的水价政策和水价机制。亚太地区的气候条件适合发展农业生产,而亚太地区的水价机制,不仅与水资源禀赋相关,更与国家农业经济发展水平密切相关。

(1)泰国、印度尼西亚等国的水价机制,居民生活用水和农业灌溉用水普遍采用用户承受能力的定价模式,而且主要以农业灌溉水价作为定价的"风向标"。

(2)菲律宾的水价主要采取"服务成本+用户承受能力"定价模式;农业灌溉水价基本上以用户承受能力为定价依据,也就是仅将工程运行维护费纳入水价成本。

(3)印度的水价分为非农业水价和农业水价两种机制;其中,非农业用水中的商业和工业用水,采用综合成本定价模式;而非农业水价中的家庭用水则与农业灌溉水价相同,采用用户承受能力的定价模式。农业灌溉水价的制定和征收,由地方各邦政府负责,灌溉水费与灌溉工程的运行和维护费用之间没有直接联系。

(4)日本对农业用水实行补贴政策,注意补贴工程投资和运行维护管理费的 40%~80%;其生活用水中,中央政府补助工程费用的 30%~50%;工业用水,中央政府补助供水工程费用的 20%~40%。

(5)亚太地区的澳大利亚,城市用水和工业用水通常采用"全成本+用户承受能力"的定价模式;而对于农业灌溉用水,则采用用户承受能力定价模式。

此外,澳大利亚早在 20 世纪 80 年代,就开始公开拍卖水资源使用权的水权市场定价模式;1997 年,澳大利亚又成功引入了两部制价格的定价模式,即采取分别以"取得用水权的价格"(容量水价)和"取得用水量的价格"(计量水价)定价的机制,这种方式不仅维护了水权人的资产权益,也保障了用水人的公平水权,成为我国南水北调借鉴的定价模式。

2)欧洲地区的水价机制

在欧洲,英国和法国的水价成为两种分别具有代表性的定价模式。

(1)英国采用全成本定价模式,其水费由水资源费和供水系统的全部运行成本构成,主要包括资源费、供水水费、排污费、地面排水费和环境服务费等。

(2)法国的工业化和城市化程度极高,水资源丰富,且开发利用程度高,国家财政具备较大的财力来调控水价或对农业用水给予补贴支持。法国水价的总体构成,包括工程成本和运营成本,如偿还贷款与银行利息、供水运行及管理费、维修费、设备的技术改造费等。据资料分析,法国水价中工程成本费约占 45%,运营成本约占 40%,政府部门征收的水资源税约占 14%,给予贫困地区提留的供水基金约占 1%。

法国居民生活用水价,基本采用"边际成本+用户承受能力"的定价模式;而工业用水和农业灌溉用水价格,采用"全成本+用户承受能力"的定价模式;由于水资源税中已经包含了水资源使用权价格和排污费,实际生活水价也是"全成本+用户承受能力"的定价模式。

3)北美地区的水价机制

(1)加拿大是英联邦国家,地广人稀,城市、工业及农业灌溉供水全部实行政府补贴的福利性水价,价格统一由政府制定。水价构成中,仅包括工程的运行管理费,不考虑水资源价值和供水工程的投资以及维护改造费。20世纪末,加拿大约70%的城市实行统一费率和累退费率,只有8%的城市实行累进费率。

(2)美国与发展中国家的印度、菲律宾、泰国、印度尼西亚一样,都是农业经济大国,农业灌溉用水量很大,其水价确定通常采用用水户承受能力定价模式;联邦供水工程实行"综合成本+用户承受能力"定价模式;农业水价"只还本、不付利息";工业及城市水价是全成本即还本付息水价;西部缺水地区各州供水工程,实行运营成本定价模式;需要说明的是,美国水费中一般都包括排污费。

综上各国用水及水价情况,各国政府都对农业灌溉用水都实行不同程度的补贴,如欧盟国家补贴约占总成本40%、加拿大补贴工程投资的50%以上、美国灌溉工程还本不付息(还本时间宽限到50年)、日本和印度最高补贴约80%、澳大利大和马来西亚补贴更甚,包括全部工程投资和部分农灌运行费。

对民众的生活用水,各国实行普惠价格和优先保证政策。如印度城市供水工程,联邦政府给予贷款加补贴政策,政府贷款额度超过70%,地方政府负责供水系统运行并决定水价;我国香港属于严重缺水地区,但民众基本生活用水实行免费。在工业用水方面,国情不同,水价千差万别。除工业化国家政府给予长期优惠贷款和适当补贴之外,大多数国家对工业用水实行全成本加合理利润的水价机制。此外,为实现节约用水,对超标准用水采取惩罚性加价;许多国家工业和生活水费标准中含有污水处理费,以水费促进环境保护。

4.2.1.3 国内水价机制

1)经济体制转型

党的十四大报告正式确定,我国经济体制改革目标是建立社会主义市场经济体制。1993年党的十四届三中全会做出了《关于建立社会主义市场经济体制若干问题的决定》;该决定基于对社会主义市场经济的认识,设计了我国特色市场经济体制的基本框架,确立了经济体制改革和开放的重大任务。

(1)由计划经济向市场经济体制的转变。转变以行政审批配置资源为主、以指令性计划配置资源为主、甚至有时以长官意志配置资源为主的方式。由计划经济向市场经济的转变中,最根本的转变就是资源配置方式的转变,也就是由过去的以行政手段配置资源为主,向以市场配置资源为主转变。

(2)由单纯的公有制经济向以公有制为主体、多种所有制并存的所有制结构的转变。市场经济是私有制的产物,也是人类文明的重要成果。我国的根本制度是社会主义共有制度,市场经济必须与这一基本经济制度有机结合,才能实现改革目标。也就是说,我国市场经济体制能否成功建立和发展,关键取决于公有制与市场机制有机结合的问题。

(3)由自由放任的经济向有政府宏观调控的经济转变。市场经济的正常运行,需要发挥"两只手"的作用,就是市场对资源配置的关键作用和政府宏观调控的作用,即"看不见的手"和"看得见的手"共同作用。我国不能走资本主义自由放任经济的老路,也不能把过去习惯的行政行为都看成是宏观调控。实际上,宏观调控是指市场对资源配置起关键作用条件下的政府行为,主要以政策引导、结构调整、制度监管的间接手段进行调控。

(4)由平均主义"大锅饭"经济向效率优先、兼顾公平的分配方式转变。"大锅饭"不是社会主义,这种分配体制既没有效率,也缺乏公平。自由市场经济,效率高,但容易两极分化,引发一系列社会矛盾和问题。

(5)由地方保护、行政垄断、闭关锁国向内外开放、平等竞争的方式转变。计划经济体制下,基本是按行政区划、行政部门和行政层次管理经济,不但容易形成行政垄断,而且也形成条块分割。市场经济通过市场机制引导市场主体公平竞争,实现资源优化配置,在客观上能够打破地区封锁、部门垄断,建立统一的、完整的经济体系。

2)工程水价的研究

1997年,国务院颁布的《水利产业政策》提出:"新建水利工程的供水价格,要满足运行成本和费用、缴纳税金、归还贷款和获得合理利润的原则制定。"但无具体地实施细则。根据对这一时期已建并运行的水利工程的调研,其供水价格基本上仍按1985年的《水利工程水费核订、计收和管理办法》确定的原则及方法核定。由于设计供水与实际能力存在差距,当期水价都远低于《水利工程水费核订、计收和管理办法》核定的水价,有些供水工程水价仅为计算价格的10%~30%。也就是说,尽管国务院做出了水价改革的顶层安排,因产业政策缺乏可操作性,水价的定价机制仍维持计划经济的低水价。

正值世纪交替之际,我国改革也开始渐入深水区,国内水资源等自然资源价值研究虽未形成完整的理论体系,但由于我国在这一时期的水资源供需矛盾日益突显,城市水环境日趋恶化,跨区、跨流域调水呼声高涨,水资源和用水价格机制的研究也空前活跃。一些学者按照西方市场经济理论提出许多水资源定价方法,如影子价格方法、边际机会成本方法、全成本定价方法等。具有代表性的水价定价方法研究有:

(1)沈大军的《水价理论与实践》。该文献比较系统地总结了一定时期国内外水价制定与实践的几种理论方法,并进行了大量基础性分析工作,为确立水资源价值及水价模型的深入研究奠定了坚实基础;该文献还提出了商品定价的特殊性和水价制定原则、可持续发展的水价内涵及其制定方法。

(2)姜文来在《水资源价值论》专著中,同样以经济可持续发展的视角,研究分析了水资源价值基础,阐述了水资源价值流、水资源价值突变机理,建立了水资源价值模糊数学模型和水资源耦合价值以及水资源价值量核算与均衡代际转移水资源财富的理论方法;并采用模糊数学工具,综合分析考虑影响水资源价值的社会、经济、自然三大类因素,从经济承受能力、历史承受能力和生活承受能力角度确定价格的向量,以确定水资源价值。由于该模型的构建非常复杂,而且不同地区、不同流域通用性差,使得应用该成果受到限制。

(3)李金昌和胡昌媛两位学者,以我国水资源价值在国民经济核算体系中所占比重等方面进行了系统研究,该研究成果填补了水资源价值核算体系的理论"空白",引起了学界和水利行业的广泛关注。

(4)由北京大学厉以宁教授牵头的"中国环境与发展国际合作委员会资源核算与价格政策工作组"(厉以宁任组长),利用边际机会成本理论研究水资源定价模型,课题组同时选择两个典型地区,即北京作为长期缺水区的代表,上海作为丰水区的代表,分别进行了水资源价格测算,提出了水资源价格政策建议。

(5)温善章等学者运用影子价格法,研究了黄河部分河段水资源价值,得出黄河各河段水资源影子价格存在明显差异的初步结论;傅春、袁汝华等学者也运用影子价格对水资源定价问题进行了实证研究;方必和学者结合成本供求理论,对台州水价进行了分析测算;蒋水心学者运用影子价格法、供求分析法和模糊数学方法,分别建立了水资源价值模型。

(6)孙光生等学者,运用平均成本定价法研究了西安市自来水公司供水成本水价和综合水价;辛晓晶学者对水污染造成的水资源价值损失,进行了探索研究,建立了基于水资源价值的生态价值模型;王萍学者运用灰色聚类分析法,对广州水价进行了实证研究,认为提高水价有利于合理利用水资源。

4.2.2 城市水价的政策分析

城市水用途应当区分生活性用水、生产性用水、经营性用水和奢侈性消费用水,分别制定相应水价。一般情况下(或者说不考虑取水河湖上下游生态情况下),城市水价亦必须包含资源税费、取供水工程成本、自来水处理的运行成本、污水处理及排放费用等。但是,多年来城市供水一直被笼统地当作一项社会公益性服务事业,不加区分地实行低价甚至免费供应,导致水资源严重浪费和水环境恶化并存的现实。那么,改变我国城市一直沿用计划经济条件下的水价政策也酝酿、研究了多年;但水资源价值一直未进入水价,如国务院颁布的《水利产业政策》规定:"新建水利工程的供水价格,要满足运行成本和费用、缴纳税金、归还贷款和获得合理利润的原则制定。"

4.2.2.1 城市水价的构成因素

1)政策背景

从20世纪90年代以来,城市水价已经发生了多轮调价,但自来水供水价格还是远远偏离水的资源价值;而且,水价的上调幅度也远低于同期工薪市民收入和其他商品物价的上涨幅度。这种"普惠"型低水价政策,一方面不利于公民全体形成持久地节水意识和行为;另一方面,用得越多,排放的污水就越多,既污染了城市及周边水环境,又制约了城市水资源可持续开发利用和水源保护工作,增大了城市污水处理规模和难度。

2004年1月,水利部出台了《水利工程供水价格管理办法》,明确了水利工程供水的商品属性,提出探索建立科学、合理地水利工程供水价格形成机制和水价管理体制,即按照"补偿成本、合理收益、优质优价、公平负担"的原则制定水价,以促进水资源的优化配置和节约用水。2004年4月,国务院以(国办36号文)印发了《关于推进水价改革促进节约用水保护水资源的通知》,明确提出我国水价改革的目标,是建立充分体现我国水资源紧缺状况,以节水和合理配置水资源、提高用水效率、促进水资源可持续利用为核心的水价机制;强调水价形成机制改革要与供水单位经营管理体制改革相结合,推进企业化管理和产业化经营,强化水价对供水单位的成本约束,努力发挥市场机制在水资源配置中的基础性作用。

国务院《关于推进水价改革促进节约用水保护水资源的通知》所指出的水价,包含供水价格、水资源费、水利工程供水价格和污水处理费4个主要部分。

2)供水成本因素

尽管民众普遍认同水价偏低,自来水是商品,消费者理应支付相应费用;而作为地方国有的供水企业长期经营状况不佳,可以从管理上找问题,不只是盯在水价;民众不仅仅消费自来水,诸多生活必需品都在"顺风"涨价,中低收入人群已经深感近年的水价上涨过猛;如 2004 年 5 月,北京市发改委公布了新的水价方案,经价格听证后决定从当年 8 月 1 日起调整其水资源费、污水处理费征收标准并相应调整水利工程供水价格、自来水供水价格;而单是居民生活用水价格就由 2.90 元/m³ 调整为 3.70 元/m³,一次涨幅近 30%。这次水价调整主要涉及占北京市总供水量 55% 的工业用水、生活用水和环境用水,而浪费较为严重的并占全市用水量 45% 的农业用水不做调整。在一片质疑声中,北京市发改委官员又表示暂缓实行水价调整。

3)水资源价值

在水价构成的上述 4 个部分中,水资源费本应体现水资源的稀缺性;为促进居民的节水意识,居民理应为消费的水资源买单,合情合理;但是,应当区分不同水用途和不同用水量,差别征收水资源费;如果采取统一标准收取,既不合理,也非公平;因为多用水者并没有付出更多的水资源费;此外,水资源费到底包括哪些范围,收多少,收费拟用在什么地方,如何管理这笔费用。从水资源费征收费率来看,0.01~0.03 元/m³ 的价格显然没有包括缺水地区通过市场交易获取水权的费用。也就是说,水资源价值仍未体现于价格之中。

4)水利工程供水成本

按照国务院 2004 年《推进水价改革促进节约用水保护水资源》的通知精神,水利工程经营成本也要计入城市水价当中;如果水利工程是采取市场化方式建设和营运的供水工程,从水利工程形成的水源中取水理所应当分摊供水成本,但问题是,水利工程往往具有(防洪、发电、养殖、灌溉、旅游、供水等公益性)多功能,而工程本身大多为国家投资(国家资金就是政府从纳税人处征收的用于公共服务的资金)的项目。

5)污水处理费用

通常,多用水就必然多排污,城市居民作为排污主体,需要承担排污产生的污水处理费用,但是,污水处理是城市公共服务性项目,属于政府公共管理职能范围,这就意味着政府并不能减少对污水处理资金的投入,而单纯依靠使用者付费。与水资源费不同的是,政府无法准确计算居民的排污量,只能在用水量中分摊排污费用。据有关资料,各大城市都建设了污水处理的硬件设施,但实际处理率却远远低于设计能力的 60%。也就是说,有关污水处理费用的摊销和征管政策,还有许多制度和机制方面的问题需要解决。

4.2.2.2　水价的形成与政府责任

1)水价机制的形成

无论以 1985 年国务院《水利工程水费核订、计收和管理办法》之规定:"城镇生活水费,由水利工程提供城镇自来水厂水源并用于居民生活的水费,一般按供水成本或略加盈余核定,其标准可低于工业水费";或按照 1997 年国务院《水利产业政策》规定:"新建水利工程的供水价格,要满足运行成本和费用、缴纳税金、归还贷款和获得合理利润的原则制定";还是 1998 年原建设部的《城市供水价格管理办法》规定:"供水价格的确定要根据供水的全成本进行核算"；以及 2004 年 1 月水利部《水利工程供水价格管现办法》明确的"补偿成本、合理收益、优质优价、公平负担"的定价原则和 2004 年 4 月国务院《关于推进水价改革促进节约用水保护水资源的通知》中提出的"我国水价改革的目标，是建立充分体现我国水资源紧缺状况，以节水和合理配置水资源、提高用水效率、促进水资源可持续利用为核心的水价机制，努力发挥市场机制在水资源配置中的基础性作用"。

水价和其他资源品价格一样，直接关系到民生和经济社会的发展。因此，水价的定价机制也必须建立在保民生、促发展基础上；有了这个前提，制定政策或规制就非常简单。保民生，就意味着基本需求用水应当维持低价（比如每人每月基本用水 $3m^3$，水价为 0.6 元/m^3），中等收入阶层保持一定的卫生享受需求拟以合理水价（如每人每月用水 3~6m^3，水价为 1.6 元/m^3），高收入阶层满足发泄性高消费心理及享受的正常水价（每人每月用水超过 6m^3 的部分，水价为 36 元/m^3）。促发展，就是要让市场机制发挥作用，保证供水企业盈利，同时兼顾水价的公平、合理；如对低污染、低消耗生产、经营用水，实行中低阶（如 3.6 元/m^3）供水；高污染、高消耗、奢侈性消费用水，实行高价（如 36 元/m^3）供水，这既有利于节水，能保障了大多数人群和经营单位的基本需求，又保障了高收入人群的差别消费。

水价机制的形成，有赖于市场和政府共同发挥作用。也就是说，单纯地市场或政府作用，都不能显示出水资源的特殊价值。但是，在生产与消费的正常活动中，市场必须起主导作用。

因为供水企业的商品属性决定其所需的生产要素均来源于市场，如果合法经营收入的水价常常受到政府的干预，而不能在市场供求关系中自主调节，其结果可能是为追求利润而降低服务质量。因此，过多依靠行政手段定价，难以提高供水企业效率。

在市场经济中，价格机制是影响市场供求的重要机制。政府定价，价格机制的调节作用则不能正常发挥作用，导致水资源浪费和水环境污染加重，对供水企业的发展也形成制约。市场定价，供水企业就会根据市场信号提供选择性服务。而供水企业之间的竞争，可以激励供水企业加强管理、降低成本，获取合理利润。当然，城市自来水不仅具有商品性还具有公共资源属性，这也决定了它不是普通的商品，不能绝对地按照市场机制单独定价；在市场价格机制运作之外，政府也必须保持对供水成本、价格变化应适时监测、监管，防止市场失灵。但它不能替代市场定价机制。

2）政府的责任

水是特殊商品，其特殊性在于它是每个生物生命个体之必需品。对于水价，政府的职责是确保所有的民众（包括无收入来源的流浪者）都有饮水、用水的权利，并且始终维护水价的合理和公平。

正是由于供水企业的国有性质，使得在亏损之时，都自然仰仗着政府给予的财政补贴。因此，政府的责任，就是应该引入竞争机制，搭建公平竞争、合法经营的平台，通过特许经营的招标、授权，让民营或个体参与提供社会公共产品的生产或服务。同时，政府还需要加强对供水企业的市场监管，防止供水企业的恶性竞争和低质高价。

（1）对水价成本监管。一般地讲，民众来可以接受供水企业为追求合理利润上调水价，但是合理水价，就需要政府、用水户代表共同聘请社会经济运行监测的咨询机构提供成本测算,不能由供水企业漫天要价。换句话说,政府不可能直接监管供水企业的生产成本,那么,利用第三方监控机制监测成本,这就可以解决供水企业和消费者之间因信息的不对称产生的不信任、不接受和不合作。

(2)维护水商品的公平正义。城市水务体制改革,必须让市场在取水、用水过程中发挥优化配置的基础性作用。城市水价机制,应当体现补偿成本、合理收益、优质优价、公平负担。实现这一改革目标,政府的责任是加强监管之同时,要维护水商品的公平正义。

4.2.3 合理水价的定价方法

由于价格本身所具有的(标度、调节、表价、核算、分配等)职能,使得价格成为市场调节的灵敏信号和利益调节的重要杠杆。在资源性产品价格改革的初始阶段,发挥价格机制的信号刺激和杠杆调节作用,对于促进供需结构、节约资源效果明显。当价格机制与市场供求关系建立相对地平衡之后,若没有其他因素打破这种平衡,价格就不会发生大的波动。也就是说,任何改革及措施,都普遍存在一个最佳效果期,就像生物生命过程也存在短暂地"旺盛期"一样。改革者不能指望某一项措施能发挥永久的效果。水价改革,通过调整消费终端价格,可以达到改革确立的单项目标。实现公平、合理地价格,需要从资源、产品到商品消费的每个环节实施有效的管控,消除或弱化导致资源产品生产和销售中一切影响价格的因素。那么,科学测算和确定非市场部分的资源价格和合理计算与控制资源生产产业链各环节的内部成本,是实现合理水价的重要条件。

4.2.3.1 水价的基本构成

1997—2004 年,学界和水利行业研究和讨论的水价构成,主要包括水资源价格、水利工程水价和环境水价三个部分。

1)资源水价

资源水价是对水资源稀缺价值的度量,是使用水资源必须付出的代价;水资源短缺的地区或季节,用水机会也随之变得更加珍贵。资源水价体现出国家对水资源拥有的产权,国家享有水资源所有权及其收益,这部分收益可纳入中央财政,用于保护水资源和水生态。但是,2006 年 1 月国务院颁布的《取水许可和水资源费征收管理条例》及水利部实行的收费标准,没有体现水资源稀缺性,也未包括水权费用。有学者认为,资源水价是对水资源耗费的补偿或对水生态(如取水引起的水生态变化)影响的补偿,属于非市场部分。资源水价是非市场水价,应由资源的稀缺程度决定。

2)工程水价

对于工程水价,一种观点指包含从取水、生产水的成本等及其收益的单位价格;它体现了供水企业的劳动价值,需要考虑补偿成本、获得合理利润。另一种观点认为:工程水价就是通过具体或抽象的物化劳动,把资源水变成产品水,使之进入市场成为商品水所花费的代价,包括勘测、设计、施工、运行、经营、管理、维护、修理和折旧的代价,具体体现为供水价格。显然,这两种观点均没有说清工程水价应该包括的水源(水利)工程、取水工程、输水工程到生产和供水全部环节的单位价格。如果计入全部成本,如水源工程建设和运行成本,那么,水价将大幅度提高。

3)环境水价

环境水价,就是经使用的水体排出用户范围后,污染了他人或公共的水环境,为治理污染和保护水环境所需要支付的代价,具体体现为污水处理费(包括设施建设及运行成本)。有学者研究指出:环境水价是指由于维护生态系统健康、实施污染治理而必须发生的费用,水污染治理费是环境水价的重要组成部分,包括消费者排放的污水对水资源所有权人的侵害、废水对利益相关者造成的损失和治理水污染耗费的成本。

由于人们不合理地使用水资源,已经形成大范围水环境污染,对经济、社会、生态等各方面造成了难以弥补的损害。当前,我国污水处理程度不能满足修复生态之需要;加大治理力度,就会大幅度增加污水处理收费,势必增加水价。此外:工程水价和环境水价可以计入市场调节的水价部分,但需要加以限定;因为它是一个不完全市场:其一,经营者要政府特许,没有足够多的竞争者,一定程度上形成了自然垄断;其二,特许经营者要受到政府在价格等方面的管制。

4.2.3.2 水价的管控

1)控水的三大目标

当今世界,水已经不再单纯是一部分人使用而不会影响他人利用的公共产品。水资源的有限性和商品属性,决定了水资源的所有权与使用权可以通过水价机制实现分离。但是,水资源和土地资源一样又是生存之必要条件和生产的要素资源,国家和政府必须管控这一资源的开发利用,确保每一个公民有公平、合理地用水权利。政府对水资源的管控,应当实现以下3大目标。

(1)提供生活和生产所需求的水源或水权。理论上讲,缺水只是一个相对概念;只要政府或需求者有足够的经济实力,能够在任何环境下获得水资源,如利用远程调水或海水淡化尚可解决沙漠地区的缺水问题。政府的公共职能,只是满足基本的用水需求。

(2)水质符合相关标准。对于水质,我们可以简单地理解:达到质量(如饮用水质)标准的水才称得上"水",不达标的水是"毒";几年前,西方反华势力借水质(生活污水排入江河)问题攻击我国人权状况;十八大以来,我国城市污水处理率已经大幅度提高。

(3)合理的水价。合理的水价是经济发展的基础和保障民生的前提,更是实现节水目标的关键;水价的合理性,对于经济社会发展具有全面性、长期性的影响;水价机制的形成及作用,对于维持水资源的可持续利用和保护水环境等,具有十分重要的意义。这类问题,在前面已有阐述,不再赘言。

2)水价的管控原则

政府对水价的管控,应当体现以下原则:

(1)公平原则。公平意味着应当平等、公正对待每一个用水户的用水需求,可以按照生活用水、农业生产用水、生态用水、工业生产用水的优先顺序分配初始水权份额;水价反映真实的供水成本及合理负担(政府财政投入的固定资产部分和运行中的管理不善造成的损失部分,不能摊销进入成本,如损失可以通过保险补偿);现状用水应优先于发展用水。

（2）用水户承受能力原则。合理的水价,要求政府对低收入人群和所有公民满足基本生活需求的粮食、蔬菜等生产用水的水价实施管控,确保价格上涨幅度在低收入人群和生产低附加值产品的生产者能够承受的范围之内。如耕种基本口粮的农民和提供日用生活消费品的生产者,产品利润率本来就低,水价涨幅过大,他们无法通过降低成本消化水价上涨带来的影响,此时,政府就需要对水市场进行监管,控制水价超过社会弱势群体的承受能力。

（3）协商定价原则。城市自来水供应和生活用水水权市场,只是一个不完全市场;水生产者和水产权人带有较强的垄断性质,政府通过特许经营方式授予相应权利之后,仍有必要对其监管和干预。为了保证管控的有效性和公正性,政府、水产品生产企业和水消费者等可以组成一个临时性的协商机构,由各方代表就供水成本和调价方案进行民主协商,增加水价定价机制的透明度。在协商定价过程中,低收入人群和低端产品生产企业的代表不应少于参与协商谈判代表的 1/3。

（4）差别定价原则。我国水资源地区分布不均,年内年际降水差别较大,加上人口过于集中和经济发展水平的不平衡,供水成本高低明显;一刀切的定价,必然有失公平。此外,不同地区和不同人群有不同的用水需求,如有些地区虽然可以利用海水淡化方式解决水资源不足的问题,而淡化后的水质仍不能适应所有人群的口感要求;供水企业可以根据不同需求提供不同价格的水产品。那么,高端产品的水成本和价格必然远高于普通水成本及价格。因此,政府应当允许供水企业实行差别化服务和差别化定价。除了水质导致的差别化定价之外,不同用水行业也应当实行差别化定价。

（5）开源与节水并重原则。毋庸置疑,水价及水价机制可以促进公民的节约用水;但是,节约用水是某些人形成的良好品质和政府的愿望,而不是根本目的。在满足人们不断增长的物质与精神需求过程中,提供更多可供选择地水商品是实现经济社会可持续发展的根本。

4.2.3.3　水价的测算

在过去的 20 多年中,研究水价机制的学者大多认同水价应该包括的范围,即水资源价格、水工程价格和水环境价格三个部分。一些学术性论文也采用了各种各样标准化的数学模型,拟建立或试图找到一种可以简便计算水价的定量方法,其中,许多过于复杂的模型仅适用于纯理论性的探索,而有些具有参考意义的方法又没有反映水价本应涵盖的全部成本或费用。在水价市场化改革的政策环境下,由资源水（权）价、工程水价和环境水价（三个部分）组成的供水价格过于笼统,缺乏权威性或官方认可的计算标准。

如果资源水价只反映资源的稀缺性,工程水价仅包含大型水源工程的运行成本的摊销,环境水价仅指污水处理的成本,那么,我们可以将这三个部分列为不变水价或外部水价,而将供水企业从取水、输水和供水的自来水生产列为可变水价或内部水价,分别计算和征收,操作起来则相对容易。

1）外部水价的测算方法

在全年的水成本中,外部水成本是以费率形式确定的,不受市场价格波动的影响。当然,严格地讲,水源工程运行成本摊销和污水处理成本也会因人力资源成本和材料的市场价格变化而发生改变;鉴于水源工程大都是多功能水利枢纽,与污水处理设施一样属于政府投入的公共服务项目,在水价中只能摊销其部分运行费用。也就是说,以相对固定的费率征收资源、环境水(税)费是合理的。关于此类税费,学界的研究曾采用过的计算方法主要有:支付意愿法、需求定价法、边际机会成本法、模糊数学法、影子价格法、收益现值法、效益分摊系数法等,相当多地方法不具有实用性。2005年8月,吴季松学者在有关文献中提供了一个便于理解的外部水价计算公式:

$$Pr = Re(La、De、Te、Qs) + En(Co、Se、Ca、Qd) + Rg(Qs) + Pu(Qp)$$

其中:Pr 代表水价;Re 代表单位水量的水资源费(税),它是水资源短缺程度 La、水生态退化状况 De 和对促进节水、保护水资源和替代水源技术投入 Te 和取水量 Qs 的函数;En 是工程水价,它是水源工程建设费 Co,包括管理、运行和维护在内的服务费用 Se,包括收益、折旧在内的资本费用 Ca 和所需水量 Qd 的函数;Rg 是资源水价,它是所用水量 Qs 的函数;Pu 是环境水价,它是排污水量及其污染程度的函数。

2)供水成本的测算方法

掌握用水(终端)环节的供水成本,可以反映取水、输水、制水等全过程的成本或价格。

2012年4月,学者龚友良在"南水北调工程受水区水价形成初探"中提供了一种供水成本和工程水价的测算方法。

供水成本,分为固定成本和变动成本;其中,固定成本包括固定资产折旧、水资源费、利息等;变动成本包括工程维护与管理费、人员工资福利费、动力费等。

按照供水利润形成等式:

工程供水价-变动成本=[固定成本+税后利润/(1-所得税率)]/供水量

如果南水北调工程不计所得税,则上式简化为:

工程供水价-变动成本=(固定成本+税后利润)/供水量

那么:

单位工程供水价=(固定成本+税后利润)/供水量+单位变动成本

=(固定资产折旧+水资源费+贷款利息支出)/供水量+单位变动成本

3)内部水价机制的形成

内部结算价格形成机制,是长期性的内部结算价格调节机制,这一机制的作用在于充分考虑了内部供需双方的利益诉求,有利于企业产业链条中各业务环节的协调发展和企业整体利益的最大化。建立内部价格机制应满足以下条件:

(1)作为商品交换价值在流通过程中的货币表现,价格随商品供求关系变动而变化,所导致的与价值的背离以及趋于一致的表现,是价格机制发挥作用的基本形式。

(2)内部价格机制必须接受包括市场经济规律、政策法律法规、企业规章制度、企业经营目标等各方面的约束,具有可操作性,确保内部结算价格可预测并能不断完善。

(3)内部价格机制必须妥善平衡供需双方利益,既要充分考虑上游供方的利益,保证合理的利润,又要照顾到两者之间下游的利益,避免对需方造成太大的成本压力,对其生产经营造成消极影响,同时要考虑社会公众利益,接受社会监督。

(4)内部价格机制的建立,需要对上游供方(水源工程运营)所能承受的最低价格和下游需方所能接受的最高价格进行测算,在此基础上根据市场价格走势、生产经营需要等实际情况在内部结算价格的高低区间内进行合理调整,得出供执行的各交易水产品内部结算价格。也就是说,内部价格机制不仅成为企业调节内部利益分配的尺度,也成为实现组织整体利益最大化的工具。

4)内部水价的测算方法

市场经济条件下,资源型企业应当选择具有完整产业链的发展模式,包括上游资源获取、中游产品加工和下游销售服务。这样既符合建立产权清晰、权责明确、管理科学的现代企业制度要求,也容易理顺产业间的内部定价机制,全面反映资源价格的真实成本,消除导致价格失真的因素。

内部价格作为价格机制的一种特殊形式,与市场价格机制相比,产业链间供需双方既存在共同的利益,也存在相互竞争关系;也就是说,只要以交易为目的经济活动,供需双方必然存在利益博弈,不会因为同属于一个产业链而发生改变。政府可以通过委托社会监察审计机构掌握资源企业的内部价格,又通过产业链间内部结算价格发现资源产品的真实成本,从而调控资源市场价格。资源产品内部价格可以上游供方实际成本测算内部结算价格下限;反过来,也能够对下游需方的价格逆操作,测算内部结算价格上限。内部结算价格下限测算方法和步骤:

(1)内部测算价格下限=当期供水收入预算÷供水加工计划量;

(2)当期供水收入预算=结算期供(输)水主营收入预算−各环节(渗漏、蒸发、污染等)损失预算;

(3)结算期供(输)水主营收入预算=总收入预算+其他支出预算−其他收入预算;

(4)各环节损失预算=各环节实测损失量×上期成本价格;

(5)总收入预算=总成本预算×(1+合理利润率);

(6)其他支出预算=相关税费;

(7)其他收入预算=非主营(差别化服务)业务外收入预算;

(8)总成本预算=取水或水权成本预算+输水成本预算+自来水处理成本预算;

(9)取水或水权成本预算=当期取水量×(取水水权总价÷水权总水量);

(10)输水成本预算=(水厂加工前输水成本)+(自来水供应输水成本);

(11)处理成本预算=自来水加工量×上期水价。

4.2.3.4　阶梯水价机制

1)阶梯水价由来

所谓阶梯水价,就是按照不同用水量(需求)设定不同收费单价的水价机制。消费水量越多,意味着浪费越多,单价理应越高。阶梯水价机制的作用,就是促进节约用水,保障基本消费和合理用水,抑制不合理用水,惩罚浪费的用水行为。本著作者在世纪之初在多篇论文中提出阶梯价格之建议;其后,有许多学者也建议能源消费实行阶梯价格。

2015 年 2 月,国家发改委、住房与城乡建设部印发了《关于加快建立完善城镇居民用水阶梯价格制度的指导意见》,并提出为引导居民节约用水,促进水资源可持续利用,全面实行城镇居民阶梯水价制度。全面上调水价的理由:

(1)水价总体偏低,没有反映水资源的稀缺程度和水环境治理成本。导致浪费严重,不利于提高居民的节水意识;

(2)水价偏低导致供水企业面临经营亏损的压力。

其实,我国水价的不合理,不仅仅表现为价格偏低,更重要的是从水的供应管理,到供水成本、定价机制等的扭曲。地方政府只管涨价,不注重从机制上完善,结果是既没减少水资源的浪费,也没减少供水企业的亏损。

2)阶梯水价基本方案

《加快建立完善城镇居民用水阶梯价格制度》的指导意见提出:建立完善居民阶梯水价制度,要以保障居民基本生活用水需求为前提,以改革居民用水计价方式为抓手,通过健全制度、落实责任、加大投入、完善保障等措施,充分发挥阶梯价格机制的调节作用,促进节约用水,提高水资源利用效率。2015 年底前,设市城市原则上要全面实行居民阶梯水价制度;具备实施条件的建制镇也要积极推进。各地要按照不少于三级设置阶梯水量:

第一级水量,原则上按覆盖 80% 居民家庭用户的月均用水量确定,保障居民基本生活用水需求;

第二级水量,原则上按覆盖 95% 居民家庭用户的月均用水量确定,体现改善和提高居民生活质量的合理用水需求。

第一、二、三级阶梯水价按不低于 1:1.5:3 的比例安排,缺水地区应进一步加大价差。

实施居民阶梯水价,要全面推行成本公开,严格进行成本监审,依法履行听证程序,主动接受社会监督,不断提高水价制定和调整的科学性和透明度。各地实施居民阶梯水价制度要充分考虑低收入家庭经济承受能力,通过设定减免优惠水量或增加补贴等方式,确保低收入家庭生活水平不因实施阶梯水价而降低。

3)价格改革方向

水价及资源价格改革的主要方向:

(1)进一步放开价格,修订政府定价范围;落实各项已经出台的价格放开、下放政策;再分批放开具备竞争条件的价格,将能够由地方管理的定价项目一律下放;结合价格改革进展情况,发布新的中央和地方定价目录;中央政府定价项目减少 60% 以上,地方定价项目减少不低于 30%,将政府定价范围主要限定在重要公用事业、公益性服务和网络型自然垄断环节。

(2)完善资源环境和中间运输价格形成机制;组织开展好农业水价综合改革试点。督促地方将水资源费、排污费征收标准调整到位;扎实推进一些缺水地区水资源价格改革试点,进一步扩大试点范围,研究完善阶梯价格联动机制;加快推进相关产品价格改革,实现存量与增量资源品价格并轨,积极推进产权交易市场建设。完善促进节能环保的消费价格、污水处理费等政策。

（3）全面推行居民阶梯价格制度。完善居民生活用电、用水、用气阶梯价格制度，全面实行城镇居民生活用水、用气阶梯价格，保障居民基本生活需要，促进资源节约。

（4）建立科学、规范、透明的价格监管体系；严格依法行政，完善集体审议、专家论证、公众参与制度，推进政府价格管理权力规范化、法制化、透明化，真正让价格权力在阳光下运行。完善政府定价成本监审规则，强化成本约束，提高政府定价科学性，真正管好、管到位；放开重要水商品和服务价格的同时，制定相应价格行为规则和监管办法，规范经营者价格行为。

4）北京市阶梯水价方案

2014 年以来，北京市一直在探索阶梯水价改革。根据北京市 2014 年的水价改革方案，

从 2014 年 5 月 1 日起，按年度用水量计算，将居民家庭全年用水量划分为三档，水价分档递增。

（1）第一阶梯用水量不超过 180m³，水价为 5 元/m³；

（2）第二阶梯用水量在 181~260m³，水价为 7 元/m³；

（3）第三阶梯用水量为 260m³ 以上，水价为 9 元/m³。

对确因家庭人口较多而导致用水量增加的家庭，具备分表条件的，应给予分表；不具备分表条件且人口为 6 人（含）以上的家庭，每户每增加 1 人，每年各档阶梯水量基数分别增加 30m³，由供水企业根据用户提供的居民户口簿或居（村）委会提供的实际居住证明，直接认定其阶梯水量和水价。

5）上海市阶梯水价方案

与北京市阶梯水价方案相比，上海市执行居民水价的非居民客户（学校、福利院、养老院等），综合水价由现行的每立方米 2.80 元调整为 3.65 元。其中，自来水价格 2.12 元，排水价格为 1.70 元（排水量按用水量 90% 计算，排水价格实际为 1.53 元）。

上海市居民阶梯水价，按照年度用水量为单位实施。当累计水量达到年度阶梯水量分档基数临界点后，即开始实行阶梯加价。分档水量和价格见表 4-1。

表 4-1　上海市阶梯水价方案

分档	户年用水量（m³）	自来水价格（元/m³）	排水价格（元/m³）	综合水价（元/m³）
第一阶梯	0~220（含）	1.92	1.70	3.45
第二阶梯	220~300（含）	3.30	1.70	4.83
第三阶梯	300 以上	4.30	1.70	5.83

4.3　南水北调工程水价理论与定价研究

南水北调工程是迄今为止我国一项涉及范围最广、输水线路最长、投资规模最大的特大型水利工程，是一项改造自然环境、支撑我国经济社会可持续发展的重大基础性、战略

性工程。拟定的东、中、西三条调水线路,建成后将连接长江、黄河、淮河和海河四大流域,形成"三纵四横"的跨流域、多水源、多目标的复杂水资源配置格局,其具有的供水、排涝、防洪、航运功能,使多个省、市和众多用水部门获益。以当今的建造技术和装备能力,建设南水北调工程相对简单。也就是说,建设南水北调工程不存在技术问题。

4.3.1 早期跨流域调水工程运营情况

在漫长的规划研究过程中,多数专家考虑的问题主要是生态环境、投资规模、运行成本和供水价格等问题,时任水利部部长的汪恕诚曾经提出:水价问题是实施南水北调工程的核心问题,必须合理确定南水北调不同用途的水价,处理好不同水源的水价格关系。南水北调工程建成后,受水区就存在当地水资源和南水北调外调水资源并存的状况,两者同时供给终端供水企业;但是南水北调工程投资巨大,输水距离长,调水水价要远高于当地水源水价,如果水价结构不合理,终端供水企业出于自身短期经济利益考虑,就会多用当地水源,少用甚至不用调水水源。这不仅不利于改善当地水环境,而且还会造成南水北调工程投资的浪费。因此,调水水价如何确定? 如何发挥水价机制与杠杆作用,意义重大。

20 世纪 90 年代中后期,国内许多专业研究机构和学者都参与了南水北调工程经济性研究。限于体制和政策环境,许多研究成果都考虑了调水的"公益性",没有考虑水权价格和水权的生态价值;供水水价没有全部反映跨流域调水的动态成本。尽管如此,其中有一些研究思路,为今天的资源价格市场化改革做出有益探索。

4.3.1.1 早期跨流域调水亏损概况

跨流域调水工程是解决水资源短缺、用水危机的重要举措。由于自然条件下水资源时空分布和年际分布不均,许多国家都修建了跨流域调水工程,在更为广阔的时空范围内寻求水资源的优化再配置。据不完全统计,目前世界上已建、在建或拟建的大型跨区、跨流域调水工程超过 170 多项,遍布世界各大地区,如美国、澳大利亚、巴勒斯坦、印度等国家均建设有一些世界闻名的跨流域调水工程。新中国成立后,中央政府首先投入巨大的人力、财力治理了大江大河的洪灾水患。强降雨,经过短暂的调蓄、宣泄,洪水威胁已基本消除;人们惊奇地发现,水资源短缺问题变得更加突出。

随着经济总量和人口规模的增长,为了缓解我国水资源供需矛盾,改善地区间水资源分布不均衡的状况,改革开放以来我国陆续修建了一些大型跨区、跨流域调水工程,如东深引水工程、引滦入津工程、引黄济青工程、引碧入连工程、引黄入晋工程等,这些已建的调水工程大都发挥了巨大经济效益、社会效益和环境效益,对缓解当时受水地区水资源严重短缺,保证国家经济社会快速发展发挥了重要作用。

由于体制问题,长期以来我国水利事业和城市生活供水被当作一项社会公益性服务事业,尤其是水利工程水费实行低价甚至无偿供应,水价不能反映真实成本,这种状况不仅导致了水资源的巨大浪费,而且还造成水环境大范围严重污染的局面。也就是说,相当多的消费者既不懂得珍惜、节约水资源,又缺乏保护水资源的意识。也正是这种原因,使我国的工程供水和城市供水长期处于亏损经营的状况(部分调水工程运营亏损情况见表 4-2。

表 4-2　部分调水工程运营亏损情况

名称	年供水能力(亿 m³)	投资(亿元)	盈亏状况(亿元)
引滦入津	供天津 10.0	8.80	1998 年度亏损 0.95
引黄济青	至青岛 1.095	9.62	1998 年度亏损 0.38
引黄入卫	引黄 6.2,入冀 5.0	6.77	山东段年度亏损 0.10
引碧入连	至大连 4.38	25.35	1998 年度亏损 0.10
引黄入晋	至太原 3.2	103	2004—2005 年亏损 1.2

4.3.1.2　早期跨流域调水工程水价

1)东深供水工程

东深供水工程向香港供水,按照商品价值定价,实行"限量定价、超量加价、逐年浮动"的办法,三年签订一次供水协议合同,每年根据物价上涨情况调整水价。测算的水价为水库到香港的交水点水价,1994 年每立方米为 1.94 港元,1997 年每立方米为 2.614 港元。向深圳市自来水厂的供水价格有三个标准:一期扩建工程每立方米提价 0.054 元,二期扩建工程每立方米为 0.18 元,三期扩建工程每立方米为 0.5 元;而 1997 年按 1985 年的《水利工程水费核订、计收和管理办法》测算的水价:二期扩建工程每立方米为 0.578元,三期扩建工程每立方米为 0.889 元,分别为当期水价的 3.2 倍和 1.8 倍。

2)引黄济青工程

1991 年,引黄济青工程向青岛市(棘洪滩水库)的供水水价,按当时的《水费办法》测定价格为每立方米为 0.89 元;考虑到用水户承受能力,从 1993 年开始执行,分三年逐步到位。1996 年,实际供水成本水价每立方米为 1.16 元。同期,自来水公司供水价格为:居民用水价格为每立方米为 1.5 元,办公用水价格为每立方米 2.0 元,外轮用水价格为每立方米 3.0 元。

引黄济青工程采用基本水费与计量水费相结合的办法向青岛市收取水费,青岛市一年内用水量 3 700 万 m³ 以内时,交基本水费 3 840 万元;年用水量超过 3 700 万 m³ 的部分,按计量水费收取水费。

3)引滦入津工程

引滦入津工程的供水水价,主要指引滦入津工程向天津市自来水公司的供水价格;水价中包含了潘家口水库原水费。引滦入津工程的即期水价,主要依据潘家口水库原水费的调整情况确定,并没有按照引滦入津工程的实际供水成本核算。如 1994 年潘家口水库向引滦入津工程供水水价每立方米为 0.054 元,引滦入津工程向天津市自来水公司的供水水价每立方米为 0.149 元,仅为当年引滦入津工程实际供水成本每立方米为 0.385 元的 39%。1997 年潘家口水库供水水价调到每立方米 0.081 元,引滦入津工程供水水价也相应调到每立方米为 0.25 元,仍低于供水成本。

4.3.1.3　初期规划阶段的中线工程成本水价

1)测算依据

1996 年的南水北调中线工程规划方案中,供水成本和水价测算主要依据 1985 年的

《水利工程水费核订、计收和管理办法》确定的原则及方法核定;在具体项目和计算参数的选取上,参考了水利部1994年发布的《水利建设项目经济评价规范》和国内类似工程的计算资料。即供水成本和供水价格测算到总干渠至京、津、冀、豫等省市的分水口门。计算时,首先分项计算各项成本费用,求出总成本费用,然后除以净供水量求出单方水的供水成本;在单方供水成本基础上加单方水投资的资金利润率得单方水价,即水价等于成本加利润。

2)运行成本

调水工程运行中,供水成本是核定水价与收取水费的基础。根据当时供水成本计算内容的规定,并参考此前类似工程供水成本的计算资料;中线工程供水成本由材料和燃料费、动力费、工资及福利费、工程维护费、折旧费、水源区(含库区)维护费、管理费、水资源费、利息净支出等9项内容组成。

3)建设成本

中线工程建设成本主要是水库大坝加高工程和输水工程两个单项。按加高丹江口水库大坝调水145亿 m³ 方案,测算了多种筹资渠道的供水总成本费用和单方水成本;其中,论证和审查阶段4个有代表性筹资方案,拟计算至总干渠分水口门的总成本费用和各省市分水口门的平均综合成本。全线平均还贷期成本每立方米为0.368~0.662元;还清贷款后每立方米为0.272~0.305元;到北京的成本每立方米为0.498~0.580元。结果表明:不同筹资方案对还贷期供水成本影响很大,如贷款60%、年利率15.3%筹资方案,还贷期供水成本为全拨款方案供水成本的244%;且还贷期供水成本与还清贷款后的供水成本相差悬殊;前者为后者的217%。筹资方案对还贷后的供水成本,影响不大。

4)综合水价

水价构成中,水利工程价格不仅受自然条件的影响,而且受宏观经济政策的影响。在相同的自然条件下,采用不同的经济政策(主要是资金来源),就会有不同的水价。根据《中华人民共和国价格法》之规定,南水北调中线工程供水价格应实行政府指导价或政府定价。为了给政府合理确定中线工程供水价格提供科学依据,中线工程测算了多种不同经济政策条件下的水价,包括不同贷款条件下的还贷水价和按《水利工程水费核订、计收和管理办法》规定的成本加利润的水价。其中,论证和审查阶段有代表性的四个筹资方案分别测定了还贷水价和成本加利润的水价;还贷期水价,按满足还本付息要求核定;还清贷款后的农业水价按供水成本核定,工业和城市生活供水成本加6%的投资利润率核定;综合水价按农业和工业及城市生活供水量加权平均求得。测算结果:全线平均综合水价还贷期每立方米为0.450~1.908元,还清贷款后每立方米为0.508~0.541元。

也就是说,供水价格不仅与供水成本、供水投资利润有关;还贷期水价还与国家对供水工程的投资政策有关。如果供水工程投资全部或大部分使用贷款,贷款的年利润高,偿还期间,则综合水价很高;还清贷款后,水价可大幅度降低;如果使用贷款比例在30%以内或者能借鉴国外经验,对供水工程采取长期优惠贷款(如贷款年利率降低到8%以下,还贷期延长到30年),则可降低还贷期水价,并使还贷期水价与还贷后水价基本相同。

4.3.1.4　水价分析

按当时的水利投资政策考虑,南水北调中线工程是本着改善国家水资源配置状况,为京、津、华北广大地区民众解决干旱缺水问题以及促进人口、资源、环境协调发展的特大型基础设施工程,其具有很强的社会公益性,又同时具有很高的综合效益。因此,南水北调工程的建设不以盈利为目标,而应较多体现政府行为,由中央和地方政府共同投资建设。

1)成本中的贷款比例

根据南水北调经济专题审查专家组推荐的筹资方案,初期规划的中线工程静态总投资约 548 亿元。

(1)若全部采用商业贷款方式组织建设,测算的供水水价将超过 6 元/m³;

(2)按 70%由中央财政拨款,商业贷款比例仅占 30%,计入成本的综合年利率为 6%,中线工程供水全成本水价不超过 0.6 元/m³。

2)投资计算边界

关于南水北调中线工程供水价格的计算界限,一般认为,按国内水利工程供水价格计算惯例,南水北调中线工程水价应测算到输水总干渠及各省市的分水口门,如送水到南阳、平顶山、许昌、郑州、焦作、安阳、新乡、邯郸、邢台、石家庄、保定、北京、天津等大中城市,以及用水县市和企业的分水口门;另一种意见认为,总干渠分水口的水价不是用户真正的水价,只是自来水厂的水源水价。南水北调工程水价应测算最终用户的水价,即要包括城市自来水厂和供水管网,直到每个消费者终端。也就是说,测算到输水总干渠至各省市的分水口门既符合规程规范要求,也符合国内水利工程供水价格计算的惯例。而后者类似把新建电站的上网电价改算到广大用户的电价,与南水北调工程的公益性背离。据此,20 世纪末的推荐方案的供水成本水价(见表 4-3)。

表 4-3　南水北调中线工程供水成本水价测算

项目			筹资方案			
			(1)贷款 60%。年利率为 15.3%。还贷期 15 年。拨款 40%	(2)贷款 30%。综合年利率为 6%。拨款 70%	(3)贷款 18%。年利率为 2.3%。其余为拨款	(4)全拨款
单方水成本（元/m³）	全线平均	还贷期	0.662	0.368		
		还贷后	0.305	0.279	0.274	0.272
	渠首		0.092	0.088	0.088	0.088
	河南		0.187	0.173	0.170	0.169
	河北		0.302	0.282	0.278	0.277
	北京		0.580	0.515	0.501	0.498
	天津		0.481	0.429	0.417	0.415

注:数据来源于《中国南水北调工程》之表 6-3。

3)低水价的因素分析

南水北调中线工程(1996 年)规划方案供水成本和水价的测算结果表明,中线工程的供水成本和水价测算与当时在建和拟建的其他调水工程比较属于偏低的,综合分析存在原因有以下几个方面的因素：

（1）南水北调中线工程建设条件优越，调水规模大，具有较好的规模效益；

（2）丹江口水利枢纽初期工程已为后期工程建设奠定了基础，在初期工程的基础上加高大坝调水，水源工程所需投资甚少；

（3）中线全程自流引水，不需要抽水站等基础投资，运行管理费较低；

（4）水质好，又不含泥沙，不需要水质和泥沙处理费。

综合分析，南水北调中线工程年调水量中，每立方米水的固定资产投资摊销相对较少，运行管理费用又低，供水成本和水价自然较低。尽管如此，南水北调中线工程毕竟是一项工程规模大、需要投资多、涉及范围广的特大型工程，从一开始就要制定好相关政策，包括投资、建设和管理等各个方面，为工程的顺利实施和发挥效益，以及建立良性运行管理机制打好基础。

4.3.2　水价理论基础

水资源价值与价格研究，起源于 20 世纪 70 年代的西方资本主义国家。西方经济学家对水资源价格理论的研究，没有严格区分水资源价格和水商品价格的界限，他们认为在商品经济高度发达的现代社会里，人类为了维持水资源可持续利用与经济发展中需求增长的均衡，投入了大量的人力、物力、财力；也就是说，由于人类的复杂、集成劳动，一些自然状态下的水源已经具备了商品的某些属性，尤其是经过大型工程措施实现的水资源之蓄积、调配、输送和水质处理功能，改变了水资源的环境条件和水资源的使用品质，形成了水资源价值或可以作为交换物的水商品。

20 世纪末，我国北方地区频发严重旱情，兴建南水北调的呼声高起，水利部也在紧锣密鼓地展开南水北调工程总体方案的规划设计。考虑到南水北调工程建设的巨大投入和运行的高成本，学界、业界汇集了大批专家、学者参与研究跨流域调水的价格机制和定价方法。由于水资源包含水质和水量两个要素，是人类生产、生活不可替代的自然资源和环境资源；在一定的经济技术条件下，能够为当今社会综合利用。因此，有必要借以传统的价值理论结合现代经济学理论的角度，厘清水资源价格和水商品价格机制的由来。

在水资源价值分析的学术文献中，对资源价值的认识大多基于对效用价值论和劳动价值论的理解。效用价值论认为，水资源的价值最终由资源的有用性、稀缺性共同决定；马克思的劳动价值论，则强调以水资源所凝聚的人类劳动作为确定水资源价值的基础。在这两种学派基础上，不同学者以不同深度还阐发了一些各具立场的观点。

4.3.2.1　水资源价值理论

1）效用价值论

钟玉秀、杨柠等学者在"合理的水价形成机制初探"中认为，效用价值论是从物品满足人的欲望能力或人对物品效用的主观心理评价角度来解释价值及其形成过程的经济学理论。所谓的效用，是指物品满足人的需要的能力。20 世纪 50 年代前，效用价值论主要表现为一般效用论；自 20 世纪 70 年代以后，效用价值论主要表现为边际效用论。主要观点是：

(1)价值起源于效用,效用是形成价值的必要条件,又以物品的稀缺性为条件,效用和稀缺性是价值得以出现的充分条件。因为只有在物品相对于人的欲望来说稀缺的时候,才构成人的福利(甚至生命)的不可缺少的条件,从而引起人的评价即价值。

(2)价值取决于边际效用量,即满足人的最后的亦即最小欲望的那一单位商品的效用,价值纯粹为一种主观心理现象。

(3)边际效用递减和边际效用均等,所谓的边际效用递减规律是指人们对某种物品的欲望程度随着享用的该物品数量的不断增加而递减;边际效用均等也称边际效用均衡定律,它是指不管几种欲望最初绝对量如何,最终使各种欲望满足的程度彼此相同,才能使人们从中获得的总效用达到最大。

(4)效用量是由供给和需求之间的状况决定的,其大小与需求强度成正比例关系,物品的价值最终都由效用性和稀缺性共同决定。

2)劳动价值论

劳动价值论,是物化在商品中的社会必要劳动量决定商品价值的理论。马克思的劳动价值理论是在批判地继承了古典政治经济学的劳动价值论的基础上,建立起来的科学的价值理论。马克思论述了使用价值和交换价值间存在的对立统一关系,首创了劳动二重性理论。劳动价值认为:

(1)价值与使用价值共处于同一商品体内,使用价值是价值的物质承担者;

(2)离开使用价值,价值就不存在;

(3)使用价值是商品的自然属性,它是由具体劳动创造的;

(4)价值是商品的社会属性,它是由抽象劳动创造的;

(5)物的有用性使物具有了使用价值,价值只是无差别的人类劳动的单纯凝结,价值是抽象人类劳动的体现或物化。

运用马克思的劳动价值论来考察水资源等自然资源的价值,关键在于水资源等自然资源是否凝集着人类的劳动。马克思认为,处于自然状态下的水资源等自然资源,是自然界赋予的天然产物,不是人类创造的劳动产品,没有凝结着人类的劳动,因此它没有价值。马克思说过:"如果它(指自然资源—引者注)本身不是人类劳动的产品,那么它就不会把任何价值转给产品。它的作用只是形成使用价值,而不形成交换价值。一切未经人的协助就天然存在的生产资料,如土地、风、水、矿、原始森林的树木等,都是这样",不具有价值。另一种观点认为,水资源的价值就是人们为使社会经济发展与自然资源再生产和生态环境保持良性平衡而付出的社会必要劳动,它包含人类劳动,具有价值。钟玉秀、杨柠学者倾向于后者,即为了保持生态环境的良性平衡,实现可持续发展必须对水资源的消耗给予补偿,付出社会必要劳动,因此它具有价值。

3)生态价值论

除效用价值论和劳动价值论之外,一些学者还以不同视角提出了水资源的生态价值论、哲学价值论、存在价值论等观点。其实,这些观点都是在效用价值论和劳动价值论基础上的延伸。对于如何解释水资源的价值问题,有学者倾向于效用价值论的解释,也就是说,自然状态下的水资源它不包涵劳动价值,但具有效用价值。

持生态价值论的学者认为,处于平衡状态下的生态系统,其组成成分相互依赖、相互制约,存在一定的因果关系,具有一定的互相调节和补偿功能和一定的再生功能。生态系统中内部生物关系,保持相对平衡;如若任何一个环节遭到破坏,整体功能都会受到不利影响。从整个生态系统考察社会经济系统,经济生产不可避免地要投入水资源等自然资源;同时,将生产中产生的废弃物排放到自然界,使环境资源特别是水资源受到污染,导致其功能和质量下降。为了保持生态平衡,使水资源能够持久地为人类服务,保证人类之生命系统的生存环境相对稳定,必须对耗费的水资源等自然环境进行保护、治理、修复和补偿。也就是说,在人类生存的地球空间范围内,纯粹自然环境的水因人的活动之无所不及,以致被视为资源的水之边界越来越模糊。价值理论的探讨可以不尽相同,但资源具有的真实价值与效用价值论和劳动价值论结合的新价值论观点,正在为"变化超过想象"的当今社会人群逐渐认可和接受。

4.3.2.2 水资源的价格理论

水资源价格理论的基础建立于西方的地租理论,而且不同学派经济学家之间,对地租理论及概念存有自己的观点和解释。

所谓地租,是土地之所有者凭借土地所有权获得的收入。西方地租理论的发展,经历了漫长的历史过程;西方中世纪史料记载中,就已经提及地租的概念,但其完整概念的形成却十分缓慢;直到19世纪60年代后,才有较成体系的内容论述。

在西方经济学中,"土地"一词并非纯粹指土地这一独立的要素资源,它的概念非常广泛,涵盖水资源等一切自然资源。英国经济学家马歇尔就曾明确指出:土地是大自然无偿提供给人们的陆地、水体、空间、光源和热源等物质的总称。马克思对此也曾有明确的论述:"考察一下现代的土地所有权形式,对我们来说是必要的,因为这里的任务总的来说是考察资本投入农业而产生的一定的生产关系和交换关系,为了全面起见,必须指出,只要水流等等有一个所有者,是土地的附属物,我们也把它作为土地来理解"。西方地租理论中,主要有三种学术观点。

1)马克思的地租理论

马克思的地租论,是在批判继承李嘉图地租论基础上建立起来的,它是马克思《资本论》的重要组成部分。换句话说,马克思是在总结批判前人的研究成果基础上,确立了科学的绝对地租理论。这里所指的绝对地租,是指土地所有者单凭土地所有权获得的地租(收益)。如果使用者使用资源,不向资源所有者交付任何费用,其结果等于放弃所有权。马克思指出:"如果我们考察一下在一个实行资本主义生产的国家中,可以将资本投在土地上面不付地租的各种情况;那么,我们就会发现,所有这些情况都意味着土地所有权的废除,即使不是法律上的废除,也是事实上的废除。但是,这种废除只有在非常有限的、按其性质来说只是偶然的情况下才会发生"。

(1)绝对地租。水资源绝对地租的实现,也就是水资源所有权的实现。它要求不管水资源是如何丰富,也不管水资源开发条件多么劣等,使用具有明确所有权的水资源都应该向所有者交纳一定的地租,即付出地租转化而来的水资源价格;否则,便意味着所有权的丧失。按照这一理论,水资源具有了价值,它不能也不应该无偿使用。因为,水资源具有生产性、不可替代性和稀缺性,从而使水资源所有权的垄断成为可能。也就是说,任何人要合理、有效地利用水资源,水资源的使用者需要向所有者交纳一定的费用,这一观点被理解为水资源的绝对地租。

(2)级差地租。是指生产条件相对较好或中等土地所产生的超额利润。按照马克思的级差地租理论,级差地租分为级差地租Ⅰ与级差地租Ⅱ。级差地租Ⅰ是等量资本投在不同等级的同量土地上所产生的个别生产价格与调节市场价格、垄断生产价格之间的差额。如果等量的资本不是同时投在质量不等的同量土地上,而是连续地追加在同一土地上;那么,由于连续追加投资的不同生产率而产生的级差地租,就是级差地租的第二种形态,即级差地租Ⅱ。

(3)水资源级差地租。水资源级差地租形成的根本原因,在于水资源的禀赋、丰度、质量不同以及开发利用条件的不同而产生的。换句话说,水资源级差地租与水源地距需水户的远近有关:距离远,供水成本就高,所获得的利润就小;反之,则获得的利润就高。

具体地讲,按照级差地租理论,级差地租Ⅰ是等量资本投在不同等级的同量土地上所产生的个别生产价格与调节市场价格、垄断生产价格之间的差额。对于水资源定价而言,开采条件较好的水资源,其级差地租高,水资源价格相对较高。开采条件较差的,级差地租低,水资源价格相对较低。

2)李嘉图的地租理论

李嘉图的地租论,是西方经济学的传统理论,他将地租理论与劳动价值论联系起来,确认地租不是土地的产物,而是农业生产中超额利润的一种转化形式。

3)萨缪尔森的地租理论

萨缪尔森是美国当代著名经济学家,也是新古典综合学派的代表人物。他认为社会总收入由各种生产要素共同创造,土地、劳动、资本和资本家是创造收入的四个要素,而地租、工资、利息和利润则是这四个要素的相应报酬,其大小取决于生产要素间的边际生产力。萨缪尔森的地租理论,就是以此为基础建立起来的经济学理论。这一理论主要研究土地及其他自然资源的租金,如何通过市场供求关系得以体现。

萨缪尔森用地租或纯经济地租,表示任何全部供给不变的或缺乏弹性的生产要素(即"大自然所赋予的原始的和不能消失的恩赐")的价格。只是在某一段时间内,缺乏供给弹性的生产要素的报酬为"准地租"。

地租决定于供求关系形成的均衡价格,即供给和需求决定任何生产要素的价格。由于供给缺乏弹性,所以需求就成为唯一的决定因素;地租完全取决于土地需求者支付的竞争性价格。也就是说,地租在更大程度上是土地产品的市场价格的后果,而非市场结果的原因。萨缪尔森认为,对稀缺资源征收地租,有助于取得资源的更高效的配置;当对一种稀缺品不征收地租时,资源配置的严重失调甚至短缺就必然发生。

4.3.2.3　水资源资产价值

1)水资源资产

资产是国家、企业或者个人拥有的具有使用价值并能够带来收益的有形财产或无形的财产。一些学者提出,水资源转化为水资源资产具有量的界限。在某个限度之内,水资源只是水或水源,超出这个限度(如经过开发后的水源),水资源就可能转化为水资源资产。在水资源丰富地区，人与水资源的矛盾是管控洪涝灾害的矛盾。尽管此时水资源具有明确的所有权，但水资源被使用时，当代人与后代人在水资源利益上没有冲突，当代人对后代人的生存权与发展权没有构成剥夺与损害，它不是资产。只有在水资源短缺地区，它才具有资产的特性。资源与资产之间有特殊的关系，既有区别又有联系。体现在：

（1）资源资产化，为加强资源的有效管理提供了理论依据；

（2）为水资源的核算及其纳入国民经济核算体系之中提供了一种新的途径；

（3）将水资源视为水资源资产，同样可以将水资源纳入国家经济范围；

（4）为水资源取得价格寻找了一条新的理论途径；

（5）使用水资源资产时，必须给予相应的对价或补偿，这是社会再生产所应遵循的最基本的原则之一。

2）水资源价值增值

资源价值的改变，在资源资产或资源商品价值形成、增值、转移和实现过程中发生。所谓的水资源价值改变，指单位水资源量在不同的时空条件下，因自然环境、社会环境、经济环境因素的差异而导致的水资源价值的变化过程。水资源价值由低向高流动是可行的，由高向低变化是不经济的。水资源价值，有时间流和空间流之分。

水资源价值，随着时间的变化而发生扰动的过程，称为水资源价值的时间流；水资源价值与水资源量之间存在很强的负相关：当水资源量很大时，水资源价值降低，甚至可以将其作为零；当水资源短缺时，水资源价值增大；随着水资源稀缺程度的提高，增加幅度加大；随着时间的推移，经济的发展和人口的增加，水资源的供给相对需求而言出现短缺，水资源价值增加。

在一定时期内，水资源价值随空间变化而发生扰动的过程称为水资源价值的空间流，它是由于水资源空间分布极不均匀，社会经济发展不均衡，水利工程各段投资存在差异而产生。调水工程，根据工程及调水规模大小，能够不同程度地改变水资源的空间分布，因而在一定程度上改变水资源价值空间流。尤其是跨区、跨流域调水工程，能够解决地区间水资源不平衡，成为向缺水地区补充水源的一条重要途径。但是，跨区、跨流域调水工程因所经区域地形、地质等条件存有差别，在不同环境条件下需要投入的劳动不同，因而水资源的价值也不断改变。

4.3.2.4　水资源价格内涵

由于人们对水资源的认识不同，各地方开发利用方式、程度也尚有差异。从自然状态下的（海水、淡水或固态的冰川）水，到附加有人类劳动的水资源或水产品，水资源的内涵就发生了改变。从是否具有价值和价格，可以对其进行适当地分类。根据是否附加了人类劳动，水资源可以分为两个部分：

（1）接近自然状态的水资源，仅指具有使用价值的水资源，而不包括附加了人类劳动的自然资源或者仅附加了有限的必要且少量人类劳动投入；

（2）工程型水资源，人类对水资源进行了积蓄、运输、加工等，附加了较多的人类劳动，也可称为水资产或水商品。

1) 资源型水的价格内涵

水资源价格,是水资源使用者为了获得水资源使用权拟支付给水资源所有者的价格,它体现了水资源使用者与所有者之间的权利义务关系;是水资源平等、有偿使用的具体表现,或者说是对水资源所有者维持水资源可持续利用实施保护的一种补偿。水资源价格反映水资源的稀缺程度与所有权权益。

资源型水资源的基本特性为:人类对其没有劳动投入或仅限于如资源勘查、评价或规划等有限的少量劳动投入;其处于天然资源状态,没有进入人类生产或生活领域。

资源型水资源价格主要包含水资源地租和前期劳动投入的费用。水资源地租体现了水资源所有者的权益,其价值量或价格的大小可以通过绝对地租和级差地租来反映。绝对地租是水资源使用者必须要付给水资源所有者的资源地租。

由于水资源存在优劣性,优等水资源开发者应将因所获得的超额利润,以地租的形式交给水资源所有者,这部分超额利润即为级差地租。绝对地租和级差地租是资源型水资源价格的主体。人类对水资源前期劳动投入的费用应在资源所有权向使用权转换之中得以补偿,这也为资源的有效管理、保护和开发利用提供必要的经济条件和物质基础。

我国水资源属于国家所有。《中华人民共和国宪法》第一章第九条和《水法》第三条都有明确规定。因而资源型水资源地租应属国家所有,国家对水资源拥有产权,任何单位和个人开发利用水资源必须要向国家缴纳地租,即水资源费。

我国已实行征收水资源费制度。《水法》第四十八条规定"直接从江河、湖泊或者地下取用水资源的单位和个人,应当按照国家取水许可制度和水资源有偿使用制度的规定,向水行政主管部门或者流域管理机构申请领取取水许可证,并缴纳水资源费,获得取水权。"

2) 工程型水资源价格内涵

工程型水资源,包括水利工程的蓄、引、提水、开采利用的地下水、污水处理后的回用水以及海水淡化水等。这类水资源的基本特征,因人类的劳动、投入使其具有资产和商品属性。对于合理的、符合可持续发展原则而开发利用的水资源,其价值赠量的基础取决于工程的投入水平和市场供求关系;但对于牺牲整体利益、环境生态效益或只追求当前利益、部门利益等不可持续利用等方式开发利用的水资源的价值变量,则不能依据人类投入量的大小来衡量。也就是说,水资源的价值的实现,在于对水资源的合理利用。

人类的劳动投入,主要分为资金投入、人力投入和技术投入等。从成本因素分析,人类的这些劳动投入应在工程型水资源用户的付费中得以回报。使用工程型水资源的用户,必须付费,换句话说,开发利用水资源的单位和个人理应获得合法权益。可持续利用的工程型水资源,其表现形态为商品水,通过市场交易得以实现其价值。由于水资源在不同地区之间存在着稀缺性,同一地区也存在着水文上的丰枯变化。因而,供求理论、边际价值论和机会成本法等,都可以作为水资源价值研究的理论和方法。

工程型水资源的价值量,包括了相应的资源型水资源的价值量和工程开发增加的价值量。工程型水资源价值估价,我国水利经济学界对此研究较多,也有部颁经济评价规范。需要强调的是,由于部分水资源工程属公益事业(可以理解为全面资产),其创造的直接经济价值比较低或没有产出效益,但社会价值比较高。因而在估价这类水资源的价值时,应对其社会效益做出合理评价。

4.3.3　水价成本的政策定位

按照 1997 年以来国务院和水利部陆续颁布的水利工程供水价格计算办法,南水北调工程的供水价格取决于供水成本。但是,南水北调工程规模和投资数额巨大,仅调水和远程输水工程的运行成本就已然很高;若以全部成本加合理利润的传统定价方法测算最终供水价格,各受水地区中低收入人群均无法承受南水北调工程的供水价格。也就是说,南水北调工程的供水价格形成,不能以全成本为依据或前提,而更多或更为关键地取决于实施南水北调工程的总体目标、利益博弈和政策选择。换句话说,实施南水北调工程的政府目标和政策定位影响着调水、输水和供水的价格结构及价格水平。

习惯于计划经济和差别政策的学者(如发改委宏观经济研究院研究员王学庆)认为,决定南水北调工程供水价格形成机制的关键因素,体现在以下几个方面。

4.3.3.1　政策定位

1)政策意图

有专家认为,我国实施南水北调工程的"目标选择和政策意图"是决定南水北调工程供水价格形成机制的主要因素。时任国务院总理朱镕基在有关方面汇报南水北调工程总体规划方案时指出:"北方地区特别是华北地区缺水问题越来越严重,已经到了非解决不可的时候。实施南水北调工程是一项重大战略性措施,党中央、国务院要求加紧南水北调工程的前期工作,尽早开工建设。"也就是说,国务院将南水北调工程当作国家发展的重大战略性措施。

2)公益目标

鉴于北方地区,尤其是华北的北京、天津、山东、河北、河南等地,大量超采地下水、挤占河道及生态用水维系经济社会发展和人民生活的现实,并且已经形成持续恶化的态势:导致南水北调受水区生态环境已不堪重负。因此,确定南水北调工程建设的优先目标是加快优化配置调水量,修复和改善北方地区的生态环境。根据《南水北调工程总体规划方案》(2001 修订)报告,南水北调工程的总体目标是"从根本上缓解我国华北地区严重缺水的局面",在一定程度上"解决我国北方水资源严重短缺问题",通过"改善和修复黄淮海平原和胶东地区的生态环境"和"跨流域的水资源合理配置","保障经济、社会与人口、资源、环境的协调发展"。这种目标选择,明显是政府的公益性安排,并非企业行为。

南水北调工程总体规划推荐东线、中线和西线三条调水线路,通过三条调水线路与长江、黄河、淮河和海河四大江河的联系,逐步构成以"四横三纵"为主体的总体布局,形成我国巨大的水网,基本覆盖黄淮海流域、胶东地区和西北内陆河部分地区,实现我国水资源南北调配、东西互济的合理配置格局。南水北调工程采取分期建设,已经实施并正在运营的东、中线一期工程,其"供水目标,主要是缓解城市生活和工业用水,兼顾农业和生态用水;同时,将现在城市挤占的农业用水份额退还给农业;在丰水季节,通过合理调度还可直接向农业和生态补水"。也就是说,南水北调工程主要实现的是"公益性目标",供水性质属于公益性供水。

3) 运营目标

《南水北调工程总体规划方案报告》明确提出,南水北调工程供水的运营目标是"还贷、保本、微利"。"还贷、保本、微利"有两方面含义:一方面,不能盈利,既不以盈利为目标;另一方面,不能亏损,要有简单再生产能力。

国家发改委宏观经济研究院研究员王学庆认为,"还贷、保本、微利"的经营目标,在强调南水北调"公益性"的同时,表明了一定的"经营性"。也就是说,南水北调工程的供水运行成本,要依赖于南水北调工程的供水经营收益予以补偿。但是,运行成本没有考虑工程建设投资的偿还。

4) 公益目标与经营目标关系

南水北调的"公益性"和"经营性"不是对等概念。"公益性"是目的,是"根本";"经营性"是经济手段,是以"经营性收益"补偿"公益性"服务的用度。只有通过自身经营、维持简单再生产,才能使"公益性"持续长久。如果为获得更多公共利益,而使南水北调工程运行面临长期亏损,这种状况就难以为继。这就是为什么要通过运营收费手段来维持南水北调工程服务的理由。

4.3.3.2　资金来源和资金性质

1) 资金来源

南水北调工程的资金来源和资金性质,决定调水工程的动态投资及供水成本。根据党中央、国务院的决策安排,南水北调工程建设资金主要由中央和地方政府共同投资以及专门为南水北调建设设立的基金和少数商业贷款组成。中央、地方政府投资,属于政府资金;而南水北调基金从部分地区民众消费支出中征收,产权性质较为复杂;少量的商业贷款表面上来自银行,实际上也属于政府资金。因为,贷款是相关政府部门向银行借贷的,政府向银行提供了还贷担保。由于政府对自有资金、基金、借贷资金使用的性质是非营利资金,相对于其他企业纯商业贷款来说,南水北调工程建设贷利率较低,贷款利息影响供水成本的因素较弱。

2) 筹措方案

(1) 静态投资。根据 2001 年南水北调总体规划的修订方案,实施东线第一期工程和中线第一期工程的静态投资为 1240 亿元,其中:东线第一期主体工程静态投资为 320 亿元,包括治污投资 140 亿元;中线第一期主体工程静态投资为 920 亿元,其中水源工程(包括丹江口水库大坝加高和移民安置)为 151 亿元,汉江中下游治理工程 69 亿元,输水工程 700 亿元。当然,实际工程建设动态投资远远高于这个数值。

(2) 资金渠道。南水北调工程是跨流域、跨省市,具有公益性和经营性双重功能的大型水利基础设施,国务院拟采取政府行为与市场机制结合、多方参与的建设、运营体制;经过多方案分析比选,综合考虑工程兼有防洪和生态环境等效益,同时考虑建设管理体制的要求,1240 亿元的工程建设资金拟通过中央预算内拨款或中央国债、南水北调基金和银行贷款三个渠道筹集;中央预算内拨款或中央国债安排 248 亿元,占工程总投资的 20%,作为资本金注入;通过提高现行城市水价建立南水北调基金,筹集 434 亿元,约占工程总投资的 35%。工程建成后,继续征收南水北调工程基金,用于偿还部分银行贷款本息,以控制水价不超过可承受能力;利用银行贷款 558 亿元,约占工程总投资的 45%。银行贷款的本息由水费收入和工程建成后延长征收的基金偿还。

(3)工程建设基金。为落实南水北调工程建设资金,针对城市供水价格偏低与用水户可承受水价之间尚有一定提价空间的实际情况,通过适当提高城市生活和工业水价,以水价附加的方式建立南水北调基金。南水北调基金征收的范围为东线和中线工程受水区,涉及京、津以及冀、鲁、豫、苏部分地区的城市。

依据居民可承受水费占家庭可支配收入的 2% 以及工业用水成本占工业产值的 1.5% 测算,南水北调工程沿线省(直辖市)城市可承受水价与现行水价间的上调空间约为 $0.9 \sim 2.5$ 元/m^3。按水价上调空间的 1/3~1/2 建立基金,则年平均每方提价或水价附加约 $0.50 \sim 0.80$ 元,尚可筹集约 434 亿元南水北调基金。

3)资产构成

与其他特大型基础设施项目相同,南水北调工程建成后,会形成大量固定资产,单个工程资产巨大。南水北调工程形成的资产,为国有资产,大多只能专用于跨流域调水工程,不能改为其他用途。

南水北调工程包括大量新建资产和一些老资产,一些工程段新老资产共用;老资产形成、构成复杂,取得方式多种多样。形成新老资产的价值,都是影响水价的因素。考虑到规划筹资方案中政府财政投入和基金投入部分作为无偿投资不用归还和折旧,水价相应降低。

4)成本特点

南水北调工程供水后,在整个经济运营期间,工程建造形成的成本和维修、人员薪酬等运营成本基本固定,无论用与不用、供水与不供水,都有大量固定成本发生。只有水资源费、抽水电费、输水损耗等成本项目是变动成本,不供水时不发生。也就是说,固定成本在总成本中所占份额很大。

经济运营期各年度发生的固定成本项目,如固定资产折旧、维护费、管理费等都相同,只有各年度要支付的建设期贷款利息数额相差较大。与固定资产原值(包括大量占地费)和工程实际使用寿命长有关,南水北调工程折旧期后,资产净残值数量巨大。若全部按市场化运作,巨大成本将导致工程无法运营。

4.3.3.3 建设和运营管理体制

南水北调工程的建设和运营管理体制,是决定工程和供水运营水价形成机制的另一个主要因素。

1)南水北调功能

南水北调工程是具有公益性和经营性双重作用的大型水利基础设施,其中一部分工程是单一的供水工程,而一些主体工程兼具发电、航运、防洪、排涝等功能。在部分输水渠段,其防洪、排涝效用甚至不低于供水作用。具有多功能的工程部位,其功能具有实用价值,可以现实多用途;有些只是潜在功能,特殊情况下发挥作用。因此,确定南水北调水价,需要将多功能工程段成本向供水以外的功能合理分摊。

2)建设管理体制

按照谁投资、谁建设、谁管理的原则,南水北调工程主要由中央政府投资,就应当由中央政府组织建设和管理。为此,党中央、国务院决议组建南水北调工程建设委员会。

《南水北调工程总体规划》(2001年修订方案)明确,筹建机构"参照三峡工程的建设管理模式,由国务院成立南水北调工程建设委员会,下设南水北调建设管理办公室"。之所以参照三峡工程模式成立最高规格的管理机构,一方面是拔高"身份",便于协调复杂的部委和各地方利益关系;另一方面,也便于顺利筹措工程建设资金。建设任务及目标确立之后,组织设计、职能职责划分和重要岗位干部配备是实现目标的关键。

2003年2月28日,按照时任国务院领导要求,国务院南水北调工程建设委员会办公室筹备组正式成立并开始工作。同年7月31日,党中央、国务院决定正式成立国务院南水北调工程建设委员会,委员会由国务院有关领导、中央有关部委和南水北调有关省市主要负责同志组成,温家宝任建设委员会主任,曾培炎、回良玉兼副主任。南水北调工程建设委员会办公室机关行政编制为70人,同时明确南水北调工程建设委员会办公室承担南水北调工程建设期间的工程建设行政管理职能,办公室设综合司、投资计划司、经济与财务司、建设管理司、环境与移民司和监督司6个职能机构。至此,南水北调工程管理机构正式运转。

鉴于南水北调工程建设和运营管理的艰巨性、复杂性,国务院南水北调工程建设委员会按照市场经济的原则设计管理体制,即遵循水资源的自然规律和价值规律,体现水的"准市场"特点,明晰产权,有利于节水治污和水资源统一管理,以达到构建"政府宏观调控、准市场机制运作、现代企业管理、用水户参与",并适应社会主义市场经济体制改革要求的工程建设与管理体制的目标。

3)建设管理层次

工程建设与管理体制总体框架分为三个层次。

(1)第一层次:国务院南水北调工程领导小组,由国务院总理任组长,有关部门、省(直辖市)政府负责同志为成员。其主要职能是制定南水北调工程建设、运行的有关方针和政策,负责协调和决策工程建设与管理的重大问题。

(2)第二层次:领导小组下设办公室,负责日常工作。办公室为领导小组的办事机构,直接对领导小组负责。

(3)第三层次:按照政企分开,建立现代企业制度的要求,由出资各方成立董事会并组建干线有限责任公司,作为项目法人,负责主体工程的筹资、建设、运行管理、还贷,依法自主经营。

工程沿线各省(直辖市)组建地方性供水(股份)公司,作为项目法人,负责其境内与南水北调主体工程相关的配套工程建设、运营与管理,以及境内南水北调工程的供水与当地水资源的合理调配。

各干线工程有限责任公司和沿线省(直辖市)供水(股份)公司之间为水的买卖关系,并根据《中华人民共和国合同法》,签订供水合同,实行年度契约制。

4)经营主体属性

根据南水北调工程建设委员会的总体思路要求,南水北调的经营体制,采取现代公司制治理结构,成立"有限责任公司",分别管理工程建设和运行。

经营南水北调东、中线一期工程的"有限责任公司",与普通有限责任公司的性质不一样,它不能以盈利为目的,不能按利润最大化目标经营,只有有限的经营责任,"微利"即可。"有限责任公司"不能按企业制设自己的利润和经营目标,其职能是实现政府规定的政策目标,实现政府的政策意图,实际上是执行政府规定职能的"政府公司"。也就是说,这种体制决定了其成本和价格机制的形成。

5)公益性的水价规划

规划过程中,考虑以现行的低水价政策,既不利于节约用水,也不利于供水事业发展的实际情况;加快资源价格改革,理顺供求机制,促进节约用水已刻不容缓。朱镕基要求:水污染不仅直接危害人民的生活和身体健康,也影响工农业生产,而且加剧了水资源短缺,使有限的水资源不能充分利用。在南水北调的设计和实施过程中,必须加强对水污染的治理;如果不治理水污染,调水越多、污染越重,南水北调就不可能成功。一定要先治污,再调水。规划和实施南水北调工程,要高度重视对生态环境的保护,这个问题非常重要。生态平衡一旦遭到破坏,就会造成难以挽回的后果。特别是对于调出水的地区,要充分注意调水对其生态环境的影响,一定要在周密考虑生态环境保护的条件下才能实施调水工程。

据此,有关部门专门研究和分析了"新要求"下的水价构成和水价测算方法。基于当时条件确定的水价测算的原则是:还贷、保本、微利;采用两部制水价,定额用水、差别水价、超额累进加价。依据国家有关规程规范,按供水水量和输水距离,逐段分摊投资,进行成本分析,测算主体工程的水源水价和分水口门水价。对水价的承受能力分析,为了使分水口门水价能够被受水区用水户承受能力,部分贷款由征收的南水北调基金来偿还。利用南水北调工程基金偿还部分银行贷款本息后,东线山东省内分水口门的平均水价为0.59元/m³,中线北京和天津的分水口门平均水价在1.20元/m³左右。在分水口门供水成本的基础上,受水区用水户的水价还要考虑分水口门至自来水厂的配套工程、城市自来水厂及配水管网、污水收集与处理等环节的成本。如果考虑这些环节,初步估算需再增加2.5~3.3元/m³。因此,工程通水后,受水区用水户的最终水价估计为3.2~4.8元/m³,在可承受能力以内。

4.3.4 南水北调工程水价定价的政策思路

在南水北调工程总体规划(2001年修订)方案批准后,水利部发展研究中心受托承担了南水北调工程水价分析研究课题。根据南水北调建设管理部门和业内媒介公开的资料,作为水利行业发展宏观研究的权威性机构,该课题仅以此前的南水北调工程规划与水资源规划等专项规划为设计依据。

4.3.4.1 设计条件

由于南水北调主体工程的投资额、投资结构,特别是配套工程的投资额、投资结构只是阶段预测数据,主体工程和配套工程运行费用是根据经验数据推算出的估算值,对工程通水后受水区的供需水结构是以1999年为基准年,按照各地发展规划进行的预测,与工程建成运行时的实际情况会有一定出入。课题报告测算的水价,只算做规划阶段对南水北调工程供水水价的分析预测。随着南水北调工程前期工作的不断深入,水价研究尚需进一步完善。主要环节的最终水价拟根据南水北调工程运行时的实际供水量和实际发生的成本费用,并考虑当时社会经济发展情况和用水户的承受能力,按照价格管理权限,分别由中央和地方价格管理部门与水行政主管部门和相关部门协商制订,经过法定程序批准实施。

4.3.4.2　总体思路

根据南水北调工程的实际进展和规划阶段的研究需要,水价分析研究的总体思路:

(1)研究符合社会主义市场经济体制要求的水价形成机制和南水北调工程供水水价定价原则;

(2)测算水源工程供水水价和南水北调输水工程供水水价;

(3)测算配套工程综合水价;

(4)将配套工程综合水价与当地水利工程供水价格比较,测算对最终用户水价的影响;

(5)对用水户进行承受能力分析;

(6)根据用水户的承受能力分析和供水单位的供水成本,兼顾供需双方的利益,提出水价政策建议。

南水北调工程供水要通过南水北调主体工程,包括水源工程和水源到各省、直辖市分水口门的输水(包括蓄水等)工程两部分以及专用配套工程(由主体输水工程分水口门到自来水厂入口的专用输水工程)和城市制水配水环节(城市自来水厂和管网)到达用户。最终用户水价,由水源工程、主体输水工程、专用配套工程和城市制水配水工程四个环节发生的成本、税金和利润,再加上污水处理费组成。按照价格管理权限和管理体制,水源工程供水水价和主体输水工程口门水价,将来由国家价格主管部门依法制订,并由水源工程管理单位和南水北调主体输水工程管理单位收取;配套工程口门水价和城市用水水价由所在省、市价格主管部门依法制订,并由有关单位收取。上述四个环节水价要分别独立核算;各环节水价采取逐步结转成本计算方法测算,即下一环节水价根据上一环节水价和水量计算的原水成本,再加上本环节发生的成本、税金和利润,构成本环节水价。

在规划阶段,主要测算南水北调主体工程水价,包括水源工程水价和主体输水工程口门水价;根据估算的专用配套工程投资和运行成本预测南水北调工程调水到配套工程出水口水价,并将此水价与目前水利工程供水水价比较,分析南水北调工程供水对用户水费支出的影响。为了设计研究的专业需要,本书将几种水价做如下定义:

(1)水源工程供水水价:是指东线调水工程入下级湖水价和中线工程出丹江口水库陶岔闸水价;

(2)南水北调工程水价:指南水北调主体输水工程分水口门水价;

(3)配套工程综合水价:指南水北调工程调水到专用配套工程出水口水价。

4.3.4.3　水价形成的基本原则

社会主义市场经济体制下的水价形成机制,应符合价值规律的要求,有利于水资源的合理开发和使用,促进节水,提高水的使用效率;有利于防治水污染和改善生态系统;有利于实现水资源的优化配置,以水资源的可持续利用,支撑经济与社会的可持续发展。同时,在制订水价和排污收费标准时,要考虑不同地方和不同消费群体的具体情况,要考虑低收入群体的基本生活需要和承受能力,保障基本生活用水。南水北调工程水价形成机制需体现以下几个原则:

(1)以提高水的利用效率为核心制订水价的原则;

(2)受益者付费原则,合理负担原则;

(3)同一用户、同质同价原则;

(4)不同行业不同水价原则;

(5)定额用水与超定额用水累进加价原则;

(6)价格调整与用户参与原则。

4.3.4.4 供水水价的构成设计

根据当时的水价法规和政策,水利工程供水水价由供水成本、利润和税金组成。

(1)供水成本。按照国家财政部门和水利部的规定设置和计算,主要包括原水费、固定资产折旧、工程维护费、燃料动力费、工资福利费、管理费、财务费用和与供水有关的其他费用。

(2)利润。根据还贷、保本、微利的原则,还贷期用折旧和利润偿还贷款本息,按照满足还贷要求计算利润,不考虑投资回报;还贷后按照资本金利润率1%计算利润。

(3)税金。当时水利工程供水基本上没有缴纳增值税,南水北调工程是国家水资源优化配置的战略性基础设施项目,课题建议免交增值税;所得税按利润的33%计算。

4.3.4.5 还贷方式

南水北调工程还贷期水价,按满足还本付息和现金流量平衡的要求计算,还贷后水价按照成本加利润方法计算;不同的还贷方式,对还贷期水价影响较大;课题研究测算水价时,比较了三种还贷方式:

(1)等额还本方式;

(2)等额还本付息方式(等额还本息);

(3)贷款利息按照本金计算并按期偿还,本金根据现金流量偿还。

通过计算和比较分析,前两种还贷方式在运行初期供水量较小时,为了满足运行初期现金流量平衡要求,水价较高,按此水价反推的资本金利润率较高;第三种还贷方式运行初期较低水价就可满足现金流量要求,还贷期平均水价最低,支付银行的本息和略高于前两个方案。因此,研究成果按第三种还贷方式测算水价。

4.3.4.6 供水水价设计

从工程运行初期至达到设计供水规模,供水量逐步增大,单方水成本逐步降低。如果按此设计水价,就会形成前高后低的水价调整格局,与水价的调整趋势不合,也不利于水价的平稳过渡。因此,在设计水价时,按照满足工程运行时现金流量平衡和还贷期内还本付息的原则,设计前低后高的水价。

第5章 风险与应急管理

5.1 风险及种类

风险,是指在特定环境及条件下,主客观因素共同作用导致损失的突发事件。尽管风险发生的具体时间具有偶然性、规模大小和损失程度具有不确定性;但风险客观存在、必然发生、且不能完全避免;因此,需要人们高度重视、理性辨识、科学防范、合理转移。

风险种类很多,如自然风险、社会风险、经济风险、工程风险、管理风险、生态风险等。

不同行业、不同时空、不同环境,面临不同的风险。而且,随着经济活动的规模日益增大和内容越来越复杂,发生风险及造成损失的可能性将不断增大。

我国实施并运营的南水北调工程,是水资源跨流域远程再配置工程,无论调水总量还是投资规模,均为世界第一。在工程的规划、设计、建设、运营全过程中,无时不伴随着各种风险的存在、积累和挑战。

5.1.1 自然、经济风险

自然风险、社会风险和经济风险,是指因人类活动产生且无法完全避免的不利事件,主要包括不利的现场条件、不可预见的自然灾害及次生灾害(如洪水、地震、滑坡、泥石流、海啸、飓风)、体制变革、法规更改、政策调整、宏观经济较大波动等。

5.1.1.1 自然风险

对于大型工程而言,自然风险是指工程建设和运营过程中遭遇的下列不可抗力事件:
(1)超设计标准的洪水;
(2)强(大)地震及次生灾害;
(3)大规模的地质灾害如滑坡、崩塌、泥石流;
(4)火山喷发;
(5)极端天气,如持续强降雨、暴风、冰冻;
(6)气候变化导致的干旱少雨。

这里所指的不可抗力事件,是指工程建设和运营的管理者所不能抗拒、无法避免、不可具体预见并加以克服的影响和破坏。

所谓不可或不能抗拒,是指在特定环境下,当事人以其有限的资源和能力,不能有效阻止及抵抗正在或已经产生的影响和破坏。需要说明的是,如果具有破坏性质的事件,不限于特定环境或条件下发生,也不仅限于当事人自身的资源、手段及能力进行抵抗,那么,该事件不一定构成不可抗拒事件。

所谓无法避免,是指当事人对可能发生的意外事件,即使采取了合理、可行的措施,但客观上仍未能规避或阻止其事件的发生。如果某一事件,完全可以通过当事人适时合理实施预防和控制而避免,该事件则不能认定为无法避免的不可抗力事件。

所谓不可具体预见,是指当事人在正常情况下,对某一事件是否发生所能做出的合理认知及判断;故称不可具体预见,也称作不能合理预见。合理预见有两种构成要素:其一,是客观常理要素,即一个正常人对普遍存在且必然发生的现象所应做出的合理估计,如正常成年人应对阴天闷热的天气做出可能下雨的判断并实施必要的预防性准备(如带雨伞);其二,是基于主观认知要素(包括学识、经验等),指对某一事件做出判断时,当事人应具有与之相适应的能力(如正常智力、专业技术涵养、生活阅历)。只有同时满足这两个要件,才能认定当事人可以预见。也就是说,不可具体预见表明当事人此前未能预见,或事件发生前未能预见,以及在特定境下不能准确预见其发生的时间、范围、程度。所谓不可克服,是指当事人对突发性的事件不能提前中止或缓解,以减少其发生初始造成的损失。

《中华人民共和国合同法》第117条第1款规定:"因不可抗力不能履行合同的,根据不可抗力的影响,部分或者全部免除责任,但法律另有规定的除外。当事人迟延履行后发生不可抗力的,不能免除责任"。

5.1.1.2　经济风险

1)宏观经济风险

不同经济主体实施的经济行为,均面临下列宏观经济风险:

(1)宏观经济(产业、投资、货币、财政等)政策变动;

(2)通货膨胀、货币贬值、物价大幅度上涨;

(3)汇率、利率、税率重大调整;

(4)经济增长的边际成本和环境成本大幅度增加;

(5)非周期性价格波动;

(6)经济(国际贸易保护、地方保护等)大环境的不稳定。

2)宏观经济风险的特征

宏观经济风险,具有潜在性、隐藏性和累积性特征。

(1)所谓宏观经济风险的潜在性,是指宏观经济风险常常与宏观经济系统相伴而生;宏观经济发展和运作(如宽松的货币政策),本身就蕴涵着一定程度的经济风险。

(2)宏观经济风险的隐藏性,是指虽然宏观经济风险相伴存在,但是在大多数情况下,风险一般隐藏在经济系统之内部,并不会明显地表现出来,只是到了一定的时候才会逐渐或完全暴露出来。

(3)宏观经济风险的累积性,是指宏观经济风险会随着社会经济矛盾的不断加深而日益增大,当这种利益矛盾累积到一定程度之时,就会引发严重经济和社会危机。

在开放的经济条件下,宏观经济风险很大程度上是由国际资本流动所造成。因此,有必要从国际资本流动的角度分析、认识宏观经济存在的风险,从国际、国内两个层面把握和管控宏观经济的合理运行。

3) 影响宏观经济运行的内部因素

（1）体制因素。在市场经济体制下,宏观经济的偶然性风险较大。因为,微观经济主体的行为主要是由市场价格信号实施的主动调节,但价格本身具有天然的波动性(有时还可能会出现异常波动),导致宏观经济运行也会出现波动。从长期讲,在价值规律和市场机制的共同作用下,微观经济主体的相对无序行为却可能形成宏观经济运行的相对稳定,也就是说,市场经济环境的宏观经济系统性风险相对较小。

（2）经济运行机制因素。经济运行机制是微观经济主体、市场体系和宏观经济体共同作用的总和。一方面,这三者之间的组织联系形式和作用方式不同,可能产生的宏观经济风险程度不同,也就是说,如果在特定的条件下三者之间具有有机协调统一性,那么宏观经济风险就会较小,否则,宏观经济风险就相对较大;另一方面,它们各自的内在机制不同,决定其宏观经济运行风险也不同。

微观经济的组织形式、运行机制、活力与效率大小、动力与制衡结构和创新能力的大小,市场构成状况、市场设施情况、市场体系完善程度和市场结构状况,以及宏观经济调控体系构成、调控手段结构、调控方法方式、调控目标、调控性质、调控效率和调控效力等方面的不同,造成的宏观经济风险也会产生较大的差异。

（3）经济内在素质因素。经济内在素质,是经济发展质量、经济运行效率、经济发展潜力、经济创新能力、经济应变能力、经济抗干扰能力、经济再生和扩张能力、经济发展的协调性、经济发展的可持续性和经济的综合竞争能力的总和。经济内在素质的好坏,成为决定宏观经济运行风险的关键因素。

经济内在素质高低,反映企业组织规模及结构是否合理、产业结构是否得到优化、传统产业与现代产业结构是否协调、部门与行业结构是否匹配、地区布局是否合理、经济组织是否有活力和效率、经济与社会发展之和谐程度、经济发展与自然资源和环境的和谐程度、经济发展总量及可持续性。

（4）政策因素。政策对经济运行和发展产生重要影响;换句话说,一切经济活动都是在既定的政策框架下实施的,政策对某些经济变量的影响是直接的,而对另一些经济变量的影响是间接的。政策目标、政策性质、政策设计、政策结构、政策模式、政策工具、政策手段、政策传导机制和政策效力等方面的差异,可能造成不同的宏观经济风险。

4) 影响宏观经济运行的外部因素

（1）国际经济大环境。在全球经济一体化的时代背景下,一国经济对外依存程度和国际经济大环境的改变,都可能对该国宏观经济状况产生深刻的影响。若国际经济大环境保持稳定,该国的宏观经济风险也就较小;反之,国际经济大环境不稳定,该国的经济波动或风险就会很大。

（2）经济对外开放程度。一国经济对外开放程度越高,对外依存度就越大,受国际经济大环境的影响也越大;因此,该国宏观经济面临的风险也必然增大。换句话说,该国对外开放程度相对较低时,其经济受国外经济的影响就较小,宏观经济风险也相对较小。

（3）经济规则接轨或融入度。如果一国经济体系或规则与国际经济体系充分接轨;那么,在国际经济交往中,经济摩擦就相对较少。相反,如果一国经济不能与国际经济体系规则较好接轨,该国在国际经济交往中受到的限制就较多,经济风险就可能增加。

(4)国际经济、政治环境。在经济一体化、全球化的今天,反全球化或逆全球化的倾向也相当盛行,各国的宏观经济风险都在增加。也就是说,国际政治环境稳定与否,对各国经济将产生重大影响。如果国际政治环境不稳定,政府频繁更迭,经济政策发生逆转,那必然导致各国利益纷争、摩擦不断,甚至发生局域战争。

(5)国际经济体系。不同的国际经济体系(如欧盟、东盟),对各国经济的影响程度也不一样;多极化的国际经济体系,可能会导致过度的国际经济竞争,引起各国经济的不稳定。但一体化的国际经济体系,减少了各国的经济自主程度,则一国的经济状况与国际经济状况就会紧密地联系在一起。而区域化的国际经济体系,相对于一体化和多极化的国际经济体而言,一般情况下经济风险相对较小,这是因为,区域经济体内的国家数量有限,彼此间的合作与协调相对容易得多。此外,集团化或联盟的国际经济体系风险最小,因为集团化国家经济步调大体一致,内部经济发展比较和谐,由于整体经济的实力较强,对国际经济的适应能力也较强。

5)微观经济风险

微观经济风险主要是指经营者、从业人员和自然人可能面临的经济风险,包括:

(1)产品、服务的低质或同质化,缺乏特色的经营,无法抵抗竞争;

(2)市场定位不准或技术过时;

(3)管理不善、经营成本上升或无法消化成本变动中的不利因素;

(4)上游的原材料供给中断;

(5)产品价格波动,经营业绩受市场和营销能力影响明显下滑;

(6)产品或服务的科技含量及附加值低;

(7)重大经营性决策失误招致巨亏、破产;

(8)计算机及网络软硬件冲突或"黑客"攻击引发金融、支付功能瘫痪等。

具体地讲,现代市场经济体制条件下,不同经济主体或单元实施的经济行为,均可能面临受宏观经济驱动和影响致使企业管理者经营不善引发的风险。相对于宏观经济风险来说,微观经济风险主要存在于微观经济体之中。也就是说,宏观经济风险(国际、国内市场和政府政策)由大环境决定,那么,微观经济风险则主要反映经营者的经营能力和管理水平。

5.1.2 工程及管理风险

大型工程风险,具有客观性与普遍性、偶然性及必然性、多样性和多层次性以及可变性等特点。所谓客观性与普遍性,是指风险发生的不确定性,即风险是不以人们的意志为转移并超越人们主观意识的客观实在,而且在项目的全寿命周期内,风险无处不在、无时不有。事实上,人类一直试图了解风险和掌控风险;直到目前为止,人类千方百计在有限空间和时间内改变风险存在和发生的条件,力图降低风险发生的频率,减少其损失程度;然而,无论人们如何精细和严密,却不能完全掌控和消除风险。

所谓风险的多样性和多层次性,是指大型项目周期长、规模大、涉及专业领域广,各种风险因素相互交织、错综复杂;而且这些复杂的单一因素发挥作用时,仍存在主次、先后关系,使大型工程风险具有这种特性。所谓风险的可变性,是指在项目的整个建造、管理过程中,各种风险在质或量上的变化,伴随项目的实施进展而呈现不同状态,有些风险可以得到完全控制,有些风险必然发生但尚可减少损失,而有些风险基本不受控,需要管理者未雨绸缪、合理规避和转移。

5.1.2.1　工程建造风险

大型工程建设,由于主客观条件(如规模大、工期长、不确定因素多、施工技术复杂等)特点,以及受宏观政策环境、经济大环境、自然气候和现场不利条件的影响,实施过程将面临诸多风险。

1)决策立项风险

大型工程,结构复杂,建设及运行周期长、不确定因素多,投资风险高,实施过程中发生风险及损失的可能性大。运营投资人面临的主要风险及因素有:

(1)立项决策草率;

(2)前期勘察设计深度欠缺,盲目上项目;

(3)设计选址、选型、选材不当或疏漏以及计算错误等;

(4)恶劣的工程环境,如深海、高陡山体、地质灾害频发区域;

(5)工程所在地的人文、社会环境。

2)建设实施风险

大型工程建设实施过程,无不伴随各种风险的威胁与挑战。在各类风险中,除国际工程或国外项目可能面临该国政局动荡、政策变动和恐怖活动之外,还可能面临以下风险及事件:

(1)地震、洪水、飓风、火山喷发等自然灾害;

(2)滑坡、崩塌、泥石流、地面下沉等地质及次生灾害;

(3)工程设计方案的重大疏漏或变更;

(4)承包商(或联营体)破产倒闭;

(5)承包商或材料供应商的严重违约,如严重拖期等;

(6)来自外部(如移民维权)的干扰;

(7)违反科学程序,建设单位随意干预施工及作业顺序,导致重大质量事故;

(8)未经试验、试运行和竣工验收,提前投入商业运行等。

3)运行维护风险

工程运营过程,既是功能的输出和经济产出过程,也是设计、建造、关键设备制造安装和监理接受检验的过程。在设计寿命期内,除与建设期存有相同的自然灾害风险之外,工程运营、管护还将面临以下由主客观因素导致的诸多风险及可能:

(1)工程主体建筑物超量变形、提前老化和失能;

(2)主要设备及材料的疲劳、损坏;

(3)突发的事故或故障(如运转件卡死);

(4)操作维护不当导致设备损坏;

(5)超过设防等级的灾害,如地震、洪水、雷击等;

(6)人为破坏,如泄愤、报复性损坏;

（7）其他运行安全责任事故等。

5.1.2.2 工程管理风险

1）工程管理的活动内涵

所谓工程管理，是指对拟建造和运营的工程实施"科学规划、精细组织、及时协调和动态控制"的全过程。科学规划，要求开发商（建设单位）及管理团队以科学的态度和方法选择最优设计及建造方案；精细组织，就是通过严格程序依法合规委托具有资质和实力的勘测、规划、设计法人进行不同阶段和不同深度的设计；招标选择实力强、资质高、经验丰富的承包商参与工程项目的施工；及时协调，就要求开发商（建设单位）及管理团队依据政府审批、核准的规划组织工程建设，及时协调工程与地方政府的关系以及各承包商之间的利益关系，第一时间（任何时候）解决工程遇到的供地、供材、流动资金和外部供水供电等条件或问题；动态控制，就是对工程建设和运营的全过程、全方位、全天候进行的管理控制，即以最短时间、最小代价、最低投入解决可能面临或已经发生的问题，及时获取各阶段、各参建单位的信息反馈，确保各项目目标的顺利实现。

2）工程管理的主要风险

大型工程管理，既是对工程建设过程的专业化管理，也是对工程封闭区域实施的社会管理。其管理内容包络一切社会事务，如三峡工程工区涉及一市两县 15.9km²，有对外专用公路、铁路（利用葛洲坝铁路专线）等。许多大型工程建设周期长达 20 年及以上，整个实施工程，必然受到工程所在国或所在地区政治环境、法制环境、宏观经济环境、气候和现场条件的影响，也受开发建设单位及管理团队自身的管理意识和管理能力以及采取的管理方式和手段制约。

如果说工程建造风险属于客观"硬"风险的话，那么管理过程的失能、失职、失责产生的诸多风险，可以认定为"软"风险。工程管理风险主要包括：

（1）开发商的工程资金筹措风险；

（2）招标选择设计、咨询、承包商和材料供应商的决策风险；

（3）资金投向及财务风险；

（4）合同商务风险，如变更、索赔等；

（5）灾害辨识及防范弱化风险；

（6）意外事故和突发事件应对无措风险；

（7）与地方政府及参建单位的协调不力招致的损失等。

3）工程管理风险的特性

大型建设工程，是诸多工艺、技术及作业过程的集成。设计是工程的"灵魂"，展现建筑体外形、风格，发挥工程的功能、效用；建造承包商和设备制造商是工程实施人，更是实现工程及功能的根本保证。那么，总体设计是否科学、合理、可靠与建造承包商是否真实、全面、理解设计意图，以及整体实施是否严谨、符合规范和程序，对于合理规避和减少工程风险至关重要。实现"总体设计和整体施工的风险管控，建设管理单位需要履责于科学规划、精细组织、及时协调和动态控制"的全过程，尽可能降低或减少技术与施工作业中潜伏或必然隐存的疏漏或缺陷（包括总体技术方案、性状与结构、设备制造、材料加工和建造安装过程等）。因此，工程建设管理单位应当充分认识管理风险的下列特性，把控实施规(计)划、组织、协调、控制的每一个细节。

(1)管理风险与建设管理单位的管理决策紧密关联。管理决策既包括管理决策者个人的决定,也包括具有决策资格的群体或组织的决定。也就是说,管理者的每一个决策都必然隐伏管理单位与管理者个人疏漏、短视带来的风险。

(2)客观条件的变化是风险形成的重要成因。无论人类以何种方式认识世界、改造客观环境,人类只能发现客观状态变化的规律性,依据这种客观状态规律性做出科学的研判、预测,却始终无法完全控制客观变化及其产生的风险。

(3)管理者个人与管理团队意图的偏离。每个管理者是具体的人,每个人的不同年龄阶段、阅历和不同工作环境会影响其情绪、认知能力和判断水平;这种个人内在因素的变化也会使管理者个人与管理团队的意图发生偏离,从而带来管理风险。

5.1.3　工程区生态环境风险

持续地高投入、高消耗,创造了连续近 40 年的经济高增长;同时,高污染却让我国的生态环境不断恶化。2014 年 9 月 16 日,中华环保联合会和联合国环境规划署在北京联合举办了第十届全球环境与发展论坛。会间,十一届全国政协副主席、中华环保联合会名誉主席张榕明表示:当前,我国生态环境形势不容乐观,推进环境治理已经刻不容缓。深化生态环境保护领域的改革,既需要顶层设计,也需要底层创新,更需要探索实践。在该发展论坛上,环境保护部环境与经济政策研究中心主任夏光表示:我国未来将面临“生态环境突破底线”后的六大高风险。

5.1.3.1　生态环境总体风险

所谓“生态环境风险”,是指将来可能发生的生态环境重大问题及其损害后果。按照业内专家(环境保护部环境与经济政策研究中心主任夏光等)的研究结论:当前和未来,我国将面临环境质量、人群健康、社会稳定、生态安全、区域平衡、国际影响六大风险,总体情势是:生态环境变化比较复杂,问题非常突出,风险有增有降,前景不容乐观。

1)环境质量风险

(1)水污染是我国突出的环境问题。近 10 年以来,我国的水环境持续恶化,政府一直把防治水污染作为环境保护的重点工作,实施了许多流域污染防治项目。从总体情况分析,大尺度的水污染问题,如大江大河、大型湖泊、城市水系的污染问题,有所改善或进展较大,如七大水系水质向好的占比有所上升,最差的水质占比略有下降;水污染得到一定程度的控制,但难以根本解决。尤其是小范围的局地性水污染非常严重,如居住环境脏乱、小流域水污染、农村小溪小河环境退化等,仍呈加重或蔓延之势。

(2)空气污染。大气质量改善与加剧并存,雾霾成为环境中的突出问题;相比于过去煤烟型污染和沙尘很重的年代而言,近年很多城市的空气质量有所改善。

(3)土壤污染。总体情势重于水,潜在威胁渐积累。2013 年公布的首次全国土壤污染状况调查报告表明,土壤环境状况总体不容乐观,部分地区土壤污染较重,耕地土壤环境质量堪忧,工矿业废弃地土壤环境问题突出。

(4)农村环境污染呈加重之势。随着城市产业向农村转移,农村环境形势更为复杂,突出表现为工矿污染压力加大,生活污染局部加剧,畜禽养殖污染十分严重。2012 年,全国798个村庄的农村环境质量试点监测结果表明,农村饮用水源和地表水受到不同程度污染。试点村庄1370个饮用水源地监测断面(点位)水质达标率为77.2%。

(5)生态退化,自然系统生态功能下降。生态系统退化问题十分严重,全国沙漠化土地面积占国土面积的18%;水土流失面积占国土面积的30%;80%以上草原不同程度退化,草原超载现象仍很普遍;自然湿地萎缩,河流生态功能退化,生物多样性呈现下降趋势。

2)人群健康风险

2003年我国大范围的"非典"以来,由环境污染引起的人群健康风险在不断上升。根据2012年世界银行发布的报告,2009年我国因PM$_{10}$污染引发公众发病和过早死亡造成的健康损失占国内生产总值的2.8%;全国肿瘤登记中心发布的《2012中国肿瘤登记年报》披露,肺癌已代替肝癌成为我国首位恶性肿瘤死亡原因,且发病率和死亡率仍在继续上升。

3)社会稳定风险

2005—2012年,我国环境保护部直接接报处置的环境突发污染事件共927起,重特大环境事件72起。环境突发事件和因环境污染尤其是跨界污染纠纷、维权事件,是近年环境问题的新特征。

4)生态安全风险

生态环境,反映人类生存、生活的基本质量;生态安全,是人类活动应该实现的基本保障。人们的任何生产、生活活动,都可能影响或破坏生态环境,而且活动规模与生态安全呈正相关关系。一般而言,投入使用的生产体系,在经过十多年到几十年的运行之后,发生生产事故进而导致环境污染事故的概率是显著上升的。因此,减量化、低消耗、低碳,应成为人类共同追求的生活方式。

5)区域平衡风险

经济发展,需要因地制宜、因环境适度增长,一味追求高增长和自完备的经济结构,必然过耗环境容量。目前,长江和珠江等流域的污染物排放量与环境承载力之间的缺口已进一步加大,农村地区生产生活污染出现加重和蔓延态势。

6)国际影响风险

从人类的发展方式和进程来看,一个国家的发展必然拉动、促进或影响周边国家甚至是遥远国家的发展。经济联系与贸易往来,增进了彼此的关联,推动了经济相互依存和经济一体化。但是,经济超常增长引发相互攀比、竞争或联盟,都会增大人类对自然的破坏以及对资源消耗和污染排放规模。根据相关国际协定,履行全球环境保护是我国越来越大的责任。国际贸易规则谈判中,日益重视环境责任的识别和分担,这对我国这样的贸易大国影响很大。

5.1.3.2 工程建设的生态环境风险

1)施工过程的生态环境风险

工程建设施工过程,既是建筑物的形成过程,也是对工区环境的破坏过程。"不破不立、破在开头、立在其中",这是工程形成过程的描述。许多大型工程建设项目,在规划、设计、建造、运行、废弃的全寿命周期内,对生态环境造成的破坏不仅仅是施工建造过程,其运行过程也可能对生态环境产生更加深远的影响。

如果说,工程建造风险和管理风险属于工程的所有者或开发商可能遭遇、面临的风险,而工程区生态环境风险则主要是因建设和运行工程对工程所在区域及民众可能带来的风险,主要风险有:

(1)施工过程大规模扰动工程区环境、破坏植被;

(2)开挖、填筑可能导致大量水土流失;

(3)植被减少与水土流失共同造成土地沙化、石漠化,破坏区域生态;

(4)施工可能排放大量废水和生活污水,持续污染河流下游水环境;

(5)施工扬尘、排放废气污染区域空气;

(6)施工放炮和设备噪声破坏区域环境;

(7)施工现场大量废弃的固体垃圾污染土壤;

(8)施工排污使其大气、水体、土壤环境容量降低;

(9)施工区域及周边(陆生、水生)生物多样性将遭受破坏。

2)遏制生态环境风险的举措

2012 年底以来,党中央、国务院连续出台了多份文件和决定,展示其对生态保护的坚定理念与决心。

(1)中共中央《关于全面深化改革若干重大问题的决定》,对生态文明建设做出具体部署,如建立系统完整的生态文明制度体系等。

(2)新的干部考核评价体系开始发挥作用。2013 年,中央《关于改进地方党政领导班子和领导干部政绩考核工作的通知》强调,今后对地方党政领导班子和领导干部的各类考核考察,将强化环境约束性指标考核,即加大资源消耗、环境保护、消化过剩产能、安全生产等指标的权重。其后,全国已有 29 个省(区、市)将环境保护或生态文明建设相关指标纳入干部政绩考核。

(3)史上最严的环境保护法和环保行动计划开始实施。新修订的《环境保护法》在政府责任、企业罚则、公众权利等方面都有较大突破,堪称“史上最严的环境保护法”。今后一系列体现“从严从紧”原则的环保法律法规将不断出台,构成对未来生态环境风险的强大制衡力量。2013 年开始实施的国家《大气污染防治行动计划》,全国各地纷纷制定出台了本地区的大气污染防治行动计划,其力度前所未有;同时,《水污染防治行动计划》和《土壤环境保护和污染治理行动计划》也逐渐出台施行。

3)推高生态环境风险的因素

高处不胜寒。随着经济持续高增长、资源高消耗,人类活动的区域范围和领域越来越广大,即便是人烟罕见的地球“南极和北极”,资源考察、探采和开发利用已经无处不在;也就是说,人类的活动越强烈,其可能遭受的风险也越大,抵抗风险的能力越弱。人类近100 年来对自然生态的扰动和影响,远远超过地球自诞生以来 46 亿年的全部历史过往。尽管我国已经逐渐加大对生态环境的保护力度,但对于日益趋高的需求来说,推高生态环境的风险因素仍不断增加。

5.1.3.3　工程运行期生态环境风险

无论是能源、交通、国防、水利等工程,或是水上、水下与地下工程,大型建设工程必然体积庞大、功能强大、占地广大。工程运行过程，难免产生强烈振动、发出巨大噪声、排放大量废水、废弃物等，这些废水、废弃物以及振动和噪声，对工程运行所在区域的生态环境构成持续威胁和影响。即便是时下推崇的新能源、清洁能源，它们的运行也难免产生生态环境灾难，带来生态环境风险，如大型太阳能电站，其电池板向大气层和太空反射热量，推高全球气候变暖。据权威媒体报道，许多迁徙途中的小鸟，在太阳能电站电池板上方被烧焦；又如大型风电场或电站，对鸟类迁徙同样构成威胁，一方面有可能破坏迁徙空中通道；另一方面，转动中的叶片，可能改变鸟类判别方向的磁场，也可能打落正在飞行的小鸟。

由于大型建设工程运行期远远超过建设期，也就是说，运行期对生态环境的影响，也远远超过建设施工对生态环境的破坏。要改变或降低人类活动对生态环境破坏及由此产生的生态环境风险并带来生态环境灾难，唯一途径是减少人类活动，降低资源、能源消耗，改变生活方式。

1)大型水工程运行可能产生的生态环境风险

大型水利水电工程，可能产生的生态环境风险主要有：

(1)大坝建筑物阻隔自然河流，改变流速、水温，妨碍部分鱼类繁殖；

(2)水库蓄水过程降低上游河流流速，减少下游水量，改变局地水汽循环；

(3)引水电站发电、灌溉导致局部河段脱水或减水，破坏生态环境；

(4)调水、引水工程使其部分水生生物减少或灭绝，破坏生物多样性；

(5)大型工程占地减少植被，加剧局地水土流失；

(6)大型水库，水面增大，水体自净化能力降低，富营养化程度增高；

(7)大量灌溉引水或跨区调水，调水区河口来水减少、生态发生改变；

(8)水库蓄水和泄水，不断改变区域地应力分布，诱发地震灾害等。

2)其他大型工程运行可能产生的生态环境风险

其他大型工程可能产生的生态环境风险，主要有：

(1)水下工程如隧道、沉井等破坏部分水底生物产卵场；

(2)煤电站热力发电深度破坏区域大气环境，恶化空气质量；

(3)核电站运行(爆炸)事故，可能引发生态环境灾难；

(4)大型工程均加剧局地水土流失。

5.2　工程项目的风险管理

风险，无处不在，无时不有。它并非某些工程或建筑物之独有，也不是所有风险事件都造成损害。任何风险，都存有其自身特点，也能够从诸多独立事件(个性)中找出或发现其具有的(共性)规律性。

跨流域调水工程，战线长，单位工程多，建筑物呈线性点状分布。因此，风险因素复杂，但调水工程建筑物结构相对简单，从调水到供水的远程输水时程，为诸多风险的发生及损害情势提供了应对及应急处置的一定时间和空间，而这种应对和应急处置本身就是对风险的管理。风险管理的内容，主要包括风险分析、风险评估、监测预警和防范(规避风险)与补救(转移或保险)之方法。

5.2.1　风险管理基础

18 世纪于欧洲兴起的工业革命,深刻改变了人类社会的发展进程。1785 年,以瓦特改良型蒸汽机为代表的大机器制造和使用,为人类生产及发展提供了动力,也推动了大型工程建设。而能源、交通基础设施的建设、完善,为各种复杂的创新创造活动提供了便利条件。伴随着大型工程建设和复杂的创新、创造活动,不确定的风险不断发生,损失不断增大。为了降低风险发生概率和损失程度,在风险判识的基础上,对其进行分析、预测、防范、控制、转移、补救等风险管理的理论及方法的研究、实践应运产生。

5.2.1.1　风险管理的定义及内涵

1918 年,第一次世界大战结束。战后的反思和起因研究中,一些学者惊奇地发现,交战国不惜巨资和民众生命、不遗国力地研发和生产各种大型(海、陆、空)战争装备来消灭对方,只是为了获取或占有更多的土地、资源、财富。当然,也正是大型战舰、飞机和装甲战车等高性能杀伤武器装备的投入,一方面加快了战争进程,透支了各参战国的国家经济,使第一次世界大战在较短时间得以结束;另一方面,军事装备与技术的民用化,拓展了科学技术的应用领域空间;而各种大型设备、设施的建造使用,使人类对自然的扰动、破坏、改造之规模增加,招致的风险及损失也日益增大。在这种背景下,部分学者和有识之士开始关注、研究风险管理及管理所涉及的方法。

1)风险管理的定义

所谓风险管理,是指任何自然人或经济体对可能发生的风险在基本判识基础上,进行分析、预测、评估,并采取有效地规避、转移、预案预防和应急处置等措施管控风险,以最低成本和最小代价实现最大利益保障的科学活动及方法。

2)风险管理的内涵

在自然界,许多生物(动物、植物)都具有与生俱来的抗风险本能,如弱小的生命会自行躲避强大、威猛的生命体,以食草类为主的动物会迅速逃离以食肉为主并可能构成现实威胁的动物。植物生长中,草木均会自动避开阻挡枝叶生长的空间方向,如树枝前面有建筑物或其他植物时,在有"障碍物"方向的枝叶长势必定弱于自由空间里枝叶的生长。这种本能,既能够体现在有意识、无意识或潜意识之动物活动中,更能被具有复杂思维和一定智商的人类所拓展、运用。

风险管理起源于欧美发达国家。美国的风险管理学术权威威廉姆斯和汉斯在《风险管理与保险》一书中这样解释风险管理:"风险管理是通过对风险的识别、衡量和控制,以最小的成本将风险导致的各种不利后果减少到最低程度的科学管理方法。"这之后,英国的特许保险行业协会在编写的《风险管理》教材里提出:广义上的风险管理,是为了减少不确定性灾损事件的影响,并预先计划、安排和控制这类事件的活动和资源。更具体地说,就是为了规避或降低不确定性事件的不利影响而做出的包括技术方面的努力。

我国台湾学者袁宗蔚在《保险学》一书中指出:"风险管理是旨在对风险的不确定性及可能性等因素进行考察、预测、收集分析的基础上,制定出包括风险识别、衡量、积极管理风险、有效处理风险和妥善处理风险所致损失等一整套系统而科学的管理方法。"

5.2.1.2 风险管理的基本性质和特点

风险管理的前提或基础,是对风险的理性判识(有些学者称之为辨识、识别)。这里强调理性判识,就需要人们建立尊重科学、尊重自然及事物规律;从事工作或进行任何活动时,应当严谨、守规则,合程序,力戒盲目、冒进和心存侥幸。

初级风险判识,可以凭借本能感测存在的风险;中级判识,可以通过学习、参鉴他人之经验,发现形成风险或事故的条件及触发因素;高级判识,需要建立在科学方法和手段基础上,如采用卫星、遥感、无人机和智能监测、检测设备仪器实时动态监测预警。

在正确判识其自身可能面临的风险之后,人们可以了解和掌握各类风险所具有或形成的特性、特点和规律,采取主动地防范策略、措施、方法,有效的规避、转移和管控风险的发生及造成的损失。

1)风险的基本特性

风险具有多种特性,其主要特性表现在以下几个方面:

(1)风险的不确定性。风险是否发生,在何处发生,受害人无法准确确定;风险发生的时间,即何时发生不能准确确定;风险(事件或事故)造成的后果无法确定,也就是损失程度的不确定性。

(2)风险具有客观性。风险是一种不以人的意志为转移,且独立于人的意识之外的客观存在;因为,无论自然界的物质运动,还是社会发展的根本规律,都是由事物的内在本质因素所决定,它超越人们主观意识,是客观存在的规律。人们只能在一定的时间和空间维度内,改变风险存在和发生的条件,降低风险发生的频率和损失程度。

(3)风险的严重性。应当承认,人类历史就是与各种风险相生相伴的历史。自从人类出现后,就面临各种各样的风险,如自然灾害、疾病、伤残、死亡、争夺等。随着科技发展、生产力的提高、社会的进步,人类抵御风险的意识及能力都在逐渐提高;即便如此,新的风险也不断出现,且危害程度将越来越大,如计算机网络风险有可能毁坏金融系统和任何指挥系统,造成社会支付的瘫痪;又如智能机器人的深度学习和自复制功能发生变异,有可能与人类直接对抗。果真发生,后果非常恐怖,需要人类理性面对。

(4)风险的普遍性。当今社会,任何自然人和社会人(组织),都可能面临各种风险,如个人面临着生、老、病、残、死、意外伤害等风险;企业面临着自然风险、市场风险、技术风险、政治风险等,那些宗派林立的国家和政府也面临着各种势力颠覆的风险。也就是说,风险无处不在,无时不有,风险源非常广泛。

(5)风险的延展性。伴随重大特大自然灾害或责任事故的发生,往往容易引发许多(甚至)持续的次生灾害,使初始风险事件延展、发酵,造成更大损害,如火灾、爆炸、环境污染等。此外,经济社会的不断发展,增加了许多新的风险;换句话说,经济体量越大,社会财富积累越多,风险也越大,使风险的延展性更为突出,风险的时间、空间因素均随之不断改变。

2)风险的特点

根据风险(灾害或事故)的定义、分类,可以看出风险具有以下特点:

(1)风险发生的偶然性和必然性。任何具体风险的发生,都是诸多风险因素和其他因素共同作的结果。也就是说，单个风险事件或事故的发生是偶然的，具有偶然性和随机性，但对于缺乏认知及防范的受害人来说，风险客观存在，发生风险并造成损害是必然的。

（2）风险的突发性或瞬时性。尽管风险的发生是多种因素共同作用的结果，也可以发现其规律性，然而就某一具体事件来说，其发生的时间、空间无法准确预知；尤其是大型工程和复杂项目（如航天工程等），涉及的风险因素、环节多，其瞬间发生来不及预判和处理，损害后果可能非常严重。

（3）风险的严重性。通常，风险的严重性与风险事件（或事故）具有的能量有必然关系；能量越大的危险源，破坏性越强，后果越严重。如飞行器与汽车相比，飞行器的能量和事故后果都相对大很多。又如化学品与生活污水相比，化学品的爆炸、泄漏污染范围及危害程度远远超过生活污水。

（4）风险的可变性。在风险事件或事故发生的整个过程中，不同风险源因质和量上的差异可能呈现多种变化。哪怕是很小的差异，使一些风险受控，有些风险不受控。风险的可变性，还在于一些事件能够产生连锁反应，不断引发新的事件。尤其是复杂社会或大型项目，风险因素多，风险的可变性更加突出。

（5）风险的多样性和多层次性。大型建设项目，周期长、规模大、涉及范围广、风险因素多，且技术、装备种类繁杂，使这些大型项目在全寿命周期内面临的风险多种多样。此外，大量风险因素之间的内在关系错综复杂、各风险因素之间与外界因素交叉影响，使单个风险因子与其他因子叠加，产生多层风险。

3)风险管理的主要特点

简单地讲，风险管理就是为减轻潜在的风险事件及损失实施的管理活动，包括监测、预防、规避和转移风险。同时，也不排除风险管理中利用风险项下潜在的某种利益或机会，实现风险转移及获利。因此，有学者将风险管理当作一项投资。通常情况下，目标事项风险管理的成本，不应超过目标项下潜在的利益。换句话说，风险管理需要在风险事项的损益方面寻找风险和利益之间的平衡。

风险管理，以管理的视角研究、管控风险。那么，管理者应熟习其主要特点。

（1）风险管理活动的广泛参与性。每个自然人、企业和社团法人，都是风险及损害的承受者。对于同一个社会组织或企业，一荣俱荣、一损俱损；受利之时皆受益。也就是说，风险管理不只是领导者个人的责任，与大家利益攸关，需要全民、全体员工（组织成员）广泛参与，共同抵御风险的发生及损失。

（2）风险管理活动的多目标。风险管理是对各类风险进行预测、判识、评估、分析、处置等内容组成的，既通过综合、合理地运用各种科学方法，以计划、组织、指导、控制等行为过程来实现其（规避、降低、转移风险及投机获利，如工程索赔）管理目标；也就是区分不同类别的风险，实施不同的管理策略。

（3）风险管理拟选择最佳的管理技术和方法。风险管理需要根据风险的大小，适用或选择相应的管控方法。如预警监测管理分别可以采取北斗卫星、在线视频、无人机等实时监控，也可以采取 24 小时全天候人工值守，还可以采取智能监测仪自动监测预警。而分析风险的方法，可以采取定性方法或定量方法。

（4）风险管理的目标是以最小代价，实现最大利益。风险管理不是单纯的预防、规避风险,而是利用风险项下的机会,创造利益。如在治理滑坡、泥石流的活动中,完全规避不现实;采取"因势利导",设置排水沟和导渣槽,将滑坡、泥石流渣体导向低洼之处,可以为山区农民造地。

5.2.1.3 风险管理的产生与发展

据2012年的统计,全球每年发生大小自然灾害数十万次,发生航空、海运、道路交通事故数万次,发生重特大火灾、爆炸事故数以千计,地区冲突和局部战事此起彼伏,其灾害、事故和社会冲突造成的损失超过全球生产总值(GWP)的7%。其中,我国各种灾害事件和事故造成的损失超过国内生产总值(GDP)的4%;按2016年约70万亿人民币的产值测算,此类损失可能超过2.8万亿元(人民币)。因此,各国及国际社会愈来愈重视加强对风险(突发)事件和事故的管控。在共同应对区域性(国际河流)洪灾和(强)大地震方面,各国间普遍开展了应急处置和救援的多国合作,如澜沧江流域各国的合作。目前,全球风险管理的意识不断提升,制度机制逐渐完善,抗风险能力显著增强。

1)风险管理的产生

随着现代科技的飞速发展,人类生活节奏不断加快,活动的时空范围迅速拓展,社会环境瞬息万变,各种复杂活动如大型工程建设等涉及的不确定因素日益增多,面临的风险也越来越高,发生风险时的损失规模也越来越大。这一类变化,都促使各国领导、科研工作者和实际管理人员从理论上和实践上重视与加强对风险的管理。尤其是针对大型工程,近年的世界项目管理大会把对大型工程的风险管理作为大会的四大主题之一,各种期刊上有关风险管理的学术研究论文数量不断刷新,理论深度和方法广度都有新的成果。

事实上,风险管理的产生可以追溯到20世纪的初期。第一次世界大战以后,由于空中交通事故频发,为保证飞行安全,美国就开始研究制订飞机性能的可靠性准则和安全规范。1929年,美国爆发史上最严重的经济危机,部分"忧国忧民"的学者开始关注风险管理;1931年,美国管理协会保险部首先提出风险管理的概念。之后,以学术会议及研究班等形式集中探讨和研究风险管理的思路逐渐展开。乘此"东风",一些重大项目开始引入风险管理的专题咨询活动,探索风险管控机制。随着研究与实践的深入,有关风险管理的基本理论、基本观点、基本方法、理论模型和求解问题的框架等内容逐步被管理专家认同和规定,风险管理的思想雏形日渐形成。在此之后,风险分析涉及应用的领域越来越多,诸如医学、经济学、保险学、政治、社会、金融、管理、工程等不同领域。

20世纪50年代,风险管理发展成为一门科学。在航天和核技术领域,开始以失效率、寿命期望、设计合理性、成功率预测以及指标波动合理区间等来研究元件的可靠性与判识系统的安全性。20世纪60年代,出现了新的可靠性技术,更广泛地运用于各个领域。初期的研究,集中于各元件的效能,后期扩大到研究元件失效对于其所组成的各级组织系统的影响。到了发展洲际导弹和载人航天计划的时代,整个系统的可靠性和安全性要求更高,系统化的风险管理技术、方法发展到新阶段。

20世纪70年代,伴随着产品责任制、环境约束,政府部门大规模干预工厂的设计、建造和运转程序等各种情况所提出的问题,产生了一项新的技术即风险分析,并在工业领域得到广泛应用。随着公众对有关化学工业产生公害的抗议日益增多,再加上消费安全诉求和环境保护主义者的呼吁,欧美等发达国家很快出台了一大批针对建造新工厂时必须事先进行风险分析和评估的法律规制。20 世纪 70 年代后期,风险管理方法、手段逐渐延伸应用到大型武器研发和大型水能资源及矿产资源的开发利用工程,如美国的跨流域调水工程规划设计中就应用了风险分析的技术方法。也就是说,大型工程项目的风险管理由此产生。

2)风险管理的发展

1963 年,美国出版的《企业的风险管理》,引起西方多国学界和企业界的高度关注。此后,对风险管理的研究逐步趋向系统化、专门化,将风险管理引入到企业的生产和经营,逐渐发展成为企业管理中的一门独立学科。风险管理技术的大量运用,让许多企业经营者初尝到风险管理的"甜头",一些企业都相继成立风险管理机构,专门负责风险的分析和风险预警和处置等方面的工作,如美国在全美范围的风险管理研究所和美国保险与风险管理协会等专门研究工商企业风险管理的学术团体,就拥有 3500 多家大型工商企业会员。美国的风险管理之"热",源于社会风险意识的形成和风险教育的普及。

美国的风险与保险管理协会(RIMS)和美国风险与保险行业协会(ARIS),是美国最重要的两个风险管理协会,在推动风险教育和管理中,发挥了重要作用。1978 年,日本受其影响也成立了风险管理协会(JRMS)。同一时期,英国工商企业风险管理与保险协会(AIRMIC)在推广风险管理技术方法方面卓有成效(如普及风险管理知识、公开学术讨论等)。美国在大多数大学的工商管理学院,开设了风险管理课程,政府为此还设立了相关行业资格 ARM(Associate in Riskmanagement)证书,授予通过风险管理资格考试的从业者。这些协会的活动,为风险管理在各国、各行各业的推广普及以及风险管理教育和风险管理人才培养方面发挥了积极作用,促进了风险管理的发展。

1983 年,在美国纽约举办的风险与保险管理协会的年会上,各国的风险管理专家学者共同讨论并原则通过了"101 条风险管理准则",作为世界各国风险管理的一般原则。1986 年 10 月,新加坡组织召开了风险管理国际学术讨论会。资料表明,这一时期的风险管理已经成为全球各国的"共识"。20 世纪 80 年代末,随着国际金融市场的发展,特别是金融衍生产品的开发使用,银行和保险业的风险引起了各国的高度关注。也就是说,商业银行面临的风险日益复杂和隐蔽,不仅要应对跨国银行的扩张和海外资产的急剧膨胀带来的国际银行业风险,还要承受世界范围内普遍发生的逃避管制及非理性金融创新对原有金融管制体制的冲击以及新金融工具游离于法规管理之外所带来的诸多弊端。1988 年,国际性清算银行共同签订了一个旨在对商业银行的经营进行规范的"巴塞尔协议"。

从 1988 年巴塞尔 I 出台到 2004 年巴塞尔 II 的推出,风险管理的理念在逐渐深入人心的同时,也从原先的"资产负债风险管理"演变为"全面风险管理"。1992 年,欧共体形成共同市场,需要把风险分析和安全标准规范化,使欧洲风险管理快速发展。相对欧美发达国家而言,风险管理在亚洲,特别是发展中国家的开展较晚。从国外风险管理与控制技术的发展来看,美国、欧洲和日本走在前列,其他国家地区则发展较为缓慢。

我国在 20 世纪 80 年代后期,逐渐开始重视风险管理及技术的研究、应用。早期的研究应用,多集中在大型水利水电建设工程之安全性、防洪减灾等领域;如三峡工程的战争风险与防护研究、地震监测预警、洪水预报与控制、高陡边坡预应力锚固检测等。随着经济活动的规模化和全球化,我国参与国际经济活动日益频繁,引进外资和企业到海外投资的项目越来越多,风险也越来越大,特别是国际间的金融投资风险越来越高,一旦发生,后果严重。因此,风险管理的技术方法逐渐从水利、气象、工程领域引入到大型企业的经营管理和银行、保险业的金融服务。2006年6月,国务院国有资产监督管理委员会发布了《中央企业全面风险管理指引》,这既是我国第一个面向企业的全面风险管理的指导性文件,也是风险管理日渐成熟、应用更加广泛、发展进入新时代的标志。

5.2.2 风险管理方法

对于过去曾经发生和现在正在发生并能够管控后果的事件或事故,已不是风险或真正意义的风险。严格地讲,风险是关于"未来的不确定性",包括人身安全、财产安全、预期经营目标和制度与权利目标等是否能实现、面临多少威胁的不确定。而且,风险总是限定在未来某一时间范围内。也就是说,超越时空的风险只是幻觉和"恶梦",没有实质意义。由于风险同时又具有可变性、可控性和可转移性,那么对各类风险进行有效的判识、分析、评估、规避、转移和利用,不仅能够防范风险的发生或减少其损失,还可能通过风险产生的机会实现风险之外的利益。这个过程,就是风险管理。

如前所述,风险管理的产生和发展经历了近一个世纪;无论风险范围、程度或受险"体量"都呈几何级数的增长。进入21世纪以来,高风险行业和高风险活动,如大型工程、大型企业以及巨额融资、火星月球探险等都实行全面风险管理。现代风险管理不仅注重管理方法和技术手段,更强调规范管理(流程见图5-1)和注重制度机制的创新。

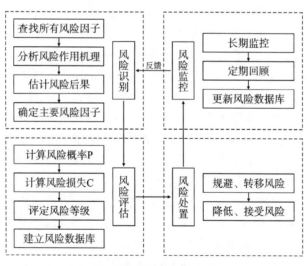

图5-1 风险管理流程图

5.2.2.1 风险预测分析

现代风险管理,强调提升全民风险意识和抗风险能力。提升风险意识,需要全社会培育和形成良好的风险管理文化。提升抗风险能力,要求各"风控"主体根据其事业或职业总体规划、发展方向或经营目标,建立和完善风险管理体系,包括风险管理策略、风险管理措施、风险管理的组织职能体系、风险管理信息系统和风险控制系统,运用成熟的风险管理技术方法,规避或管控风险。风险管理技术,主要包括预测分析技术、安全评估技术和风险处置技术等。其中,风险预测分析的方法相对成熟,常用的有:德尔菲方法、头脑风暴法、情景分析法和故障树法等。

1)德尔菲分析方法

德尔菲方法,又称专家调查法,它起源于 20 世纪 40 年代末,最初由美国著名咨询智库兰德公司首先开发使用。20 世纪 60 年代后期,德尔菲分析方法迅速传播到世界各国,逐渐推广应用于经济、社会、大型工程建设和武器装备研发等领域。

之所以称德尔菲方法为专家调查法,是因为采用德尔菲方法时,基本上都是选择相关领域的专家,由项目风险管理组织与适当数量的业界专家建立直接的联系,或通过函询收集专家意见,然后进行整理,再反馈给各位专家,多次征询意见。经过 4~5 轮咨询,使专家的意见趋向一致,作为最后预测和分析风险的结论。需要说明的是,这种方法不适用会议形式;而且函询时,要求在选定的专家之间相互匿名,以便获得独立意见。经过数轮征询后,使专家们的意见相对收敛,趋向一致。有研究表明,我国于 20 世纪 70 年代开始引入该方法,一些关键项目组采用取得了比较满意的结果。

2)头脑风暴分析方法

头脑风暴,就是从"瞬间的遐想或灵感"中获得启示和发现。产生头脑风暴,需要人们尤其是智者在最清醒的状态自由联想,如"深夜沉梦产生的灵感或灵异"现象。所谓头脑风暴法,就是发挥专家的自由想象,从创造性思维中获取未来信息的一种直观分析预测的方法。1939 年,美国学者奥斯本首创了这种方法;20 世纪 50 年代开始,头脑风暴法在许多项目研究中得到广泛应用。

头脑风暴法一般是在一个专家团队内,以"宏观智能结构"为基础,通过专家会议,启发专家群体的创造性思维,从而提取有用的未来信息。需要说明的是,采用此方法,需要有非常宽松的话语环境,会议主持人善用发言技巧激发专家团队思维"灵感"的大爆发;通过专家之间的信息交流和相互启发,诱导专家团队产生"思维共振"或共鸣,既各种思路与措施互相补充并产生"组合效应",以此解决组织面临的重大问题。我国于 20 世纪 70 年代末开始引进该方法,在一些大学和研究机构受到重视、采用。

3)情景分析方法

情景分析法,是基于事件发展变化的多种可能性,通过对拟研究系统内外相关问题的综合分析,设计出多种可能的未来情势和后果,然后用类似于电影、电视剧本的手法,对系统发展态势的每一种可能做出从始至终的情景描述。也就是说,情景分析法针对可变因素较多的项目和隐患进行风险预测分析,在假定关键影响因素有可能发生的基础上,构造出多重情景,提出多种未来的可能结果,以使采取适当措施防患于未然。

当某一情景或一个项目持续的时间较长时,往往要考虑各种技术、经济和社会因素的影响,对这种项目进行风险预测和分析,就可采用情景分析法来预测和分析其关键风险因素及其影响程度。情景分析法特别适用以下情况:

(1)提醒决策者注意某种措施或政策可能引起的风险或危机性的后果;

(2)建议需要进行监视的风险范围;

(3)研究某些关键性因素对未来过程的影响;

(4)提醒人们注意某种技术的发展会给人们带来哪些致命风险。

4)故障树分析法

1962 年,美国贝尔电话实验室的研究人员维森首创了树形结构的故障诊断分析方法。所谓故障树,是以树的分枝(叉)作为一个节点,枝干代表连线;若干节点及它们间的连线共同组成树形结构,而每个节点表示某一具体事件,而连线则表示事件之间的关系或发展后果。故障树诊断,就是以树枝无限延展特性演绎事件不断发展的逻辑分析方法。

故障树分析方法,遵循从结果找原因的原则,判识和分析项目风险及其产生原因之间的因果关系,即在初期预测和判识其潜在风险因子的基础上,运用逻辑推理的方法,沿着风险产生的路径,求出风险发生的概率,并分阶段提供各种控制风险因素的方案。该方法具有应用广泛、逻辑性强、形象化等特点,其分析结果具有系统性、准确性和预测性。

5)外推分析法

所谓外推法,就是根据规律、经验、数据进行推断、分析、预判的一种方法,主要应用于项目前期风险分析、评估,该方法可分为前推、后推和旁推三种类型。

(1)前推,就是根据历史的经验和数据,推断出未来事件发生的概率及其后果。如果历史数据具有明显的周期性,就可据此直接对风险做出周期性的评估和分析;如果从历史记录中看不出明显的周期性,就可用一曲线或分布函数来拟合这些数据再进行外推。此外,还得注意历史数据的不完整性和主观性。

(2)后推,是没有历史数据可供使用时所采用的一种方法。由于工程项目的一次性和不可重复性,所以在项目风险评估和分析时常用后推法。后推,是把未知、想象的事件及后果,与一些已知事件与后果联系起来,将未来风险事件归结到有数据可查的造成这一风险事件的初始事件上,从而对风险做出评估和分析。

(3)旁推法,就是利用类似项目的数据进行外推,用某一项目的历史记录对新的类似项目可能遇到的风险进行评估和分析。采用此方法,应充分考虑新环境的各种变化。

5.2.2.2 风险评估方法

全面风险管理,是从经营战略目标制定到目标实现的全过程动态管理。根据不同经营目标或项目目标,风险管理确立了 8 个要素:即项目环境、目标制定、风险判识、风险评估、风险对策、控制过程、预警监测和信息管制。其中,对项目风险进行评估,就是在前期判识和预测分析的基础上,建立事件系统模型,对风险因素及影响进行定性定量分析,并估算出各类风险发生的概率及其可能导致的损失大小,从而找到该项目的关键风险,为重点处置这些风险提供科学依据,以保障项目的顺利进行。风险评估和分析的方法很多,主要方法有蒙特·卡罗模拟法、计划评审技术、主观概率法、效用理论和灰色系统理论等。

1)蒙特·卡罗模拟法

蒙特·卡罗,破魔法,也称统计模拟方法,是 20 纪 40 年代中期创立的一种以概率统计理论为指导的数值计算方法,或使用随机数(或常见的伪随机数)来解决很多计算问题的方法(与它对应的是确定性算法)。该方法在金融工程学,宏观经济学,计算物理学(如粒子输运计算、量子热力学计算、空气动力学计算)等领域获得广泛应用。尤其当求解问题是某种随机事件出现的概率,或者是某个随机变量的期望值时,通过某种"实验"的方法,以此类事件发生的频次估算其未来这一随机可能的概率,或者得到这个随机变量的某些数字特征,并将其作为问题的解。

蒙特卡罗方法解题过程的三个主要步骤:

(1)构造或描述概率过程;

(2)实现从已知概率分布抽样;

(3)建立各种测算模型及估算量。

一般说来,构造了概率模型并能从中抽样后,即实现模拟实验后,我们就要确定一个随机变量,作为所要求的问题的解,我们称它为无偏估计。建立各种估计量,相当于对模拟实验的结果进行考察和登记,从中得到问题的解。

项目管理中,该模拟方法的应用步骤是:对每一项活动,输入最小、最大和最可能风险估值,并选择一种合适的先验分布模型;在计算机上利用给定的某种规则,快速实施充分大量的随机抽样,再对随机抽样的数据进行必要的数学计算,求出结果;根据这些结果进行统计学处理,求出最小值、最大值以及期望值和标准偏差;让计算机自动生成概率分布曲线和累积概率曲线(通常是基于正态分布的概率累积 S 曲线);再依据累积概率曲线,进行项目风险分析。

2)主观概率法

主观概率法,是分析者基于事件态势做出的分析评估;此方法多用于以当前市场行情分析不利事件发生的概率(即可能性大小),或对事件发展的一种心理评价,然后计算它的平均值,以此作为事件分析结论。主观概率法一般和其他经验判断法结合运用。

在自然界,某一类事件在相同条件下可能发生或不发生。对于敏感项目或受关注的大型工程,分析、评估其不利事件发生的概率,有利于引起项目经营者或管理者的高度重视。无论大概率事件,还是小概率事件,都需要找到规避不利事件发生的途径和方法。

主观概率反映评估者个人对某类事件的了解程度。也就是说,专业修养、经历和经验对采用主观概率及判识、分析、评估的可信度产生重要影响。因此,依此分析评估的结果,即事件发生可能性大小,需要其他方法补充和验证。应用此方法,其主观概率也必须符合概率论的基本定理:即所确定的概率必须大于或等于 0,而小于或等于 1;经验判断所需全部事件中每个事件概率之和必须等于 1。

需要说明的是,主观概率是一种心理评价,判断中具有明显的主观性,且不同人对同一事件发生的概率判断不同,即因人而异;不同时间对同一事件判断也不尽相同。决策者既要重视这种基于个人知识、经验的分析判断,也要防止既得利益左右的拍脑袋决策,充分发挥集体的智慧。

3)灰色系统分析理论

20 世纪 80 年代,我国华中科技大学(原华中理工大学)邓聚龙教授首先提出并创立了一种新的分析评估方法——灰色系统理论。

灰色系统理论,是一种研究少数据、贫信息不确定性问题的新方法。灰色系统理论以"部分信息已知,部分信息未知"的"小样本""贫信息"不确定性系统为研究对象,主要通过对"部分"已知信息的生成、开发,提取有价值的成分,实现对系统运行行为、演化规律的正确描述和有效监控。

在控制论中,人们常用颜色的深浅形容信息的明确程度,如艾什比(Ashby)将内部信息未知的对象称为黑箱(black box),这种称谓已为人们普遍接受。人们用"白"表示信息完全明确,用"黑"表示信息未知,用"灰"表示部分信息明确、部分信息不明确。换句话说,信息完全明确的系统称为白色系统,信息未知的系统称为黑色系统,部分信息明确、部分信息不明确的系统称为灰色系统。灰色系统理论,基于数学方法的系统工程学科理论,主要解决一些包含未知因素的特殊领域问题,它广泛应用于农业、地质、气象等学科。

4)其他分析方法

项目风险管理中,实施定性风险分析的工具与技术还有风险概率影响评估、概率影响矩阵、风险等级评估、风险数据质量评估、风险紧迫性评估和智能专家系统等。实际应用中,可以综合选择。所谓风险数据质量评估,就是分析有关风险的数据对风险管理的有用程度,它包括检查人们对风险的理解程度,以及风险数据的精确性、质量、可靠性和完整性。如果数据质量不可接受,就可能需要收集更高质量的数据。风险紧迫性评估,可以将近期面临的风险当做更紧急风险;根据风险应对的时间要求、风险征兆和预警信号以及风险等级等,确定风险处置优先级指标,启动风险管理的相应程序。

5.2.2.3 风险处置策略

风险管理,不仅为那些不确定的多种不利可能提供了判识、分析、评估、预警和应急处置的技术方法,而且还为合理规避、转移、控制、利用风险提供了多种处置与选择的方式和手段。显然,被动的规避风险,不利于迎难而上、砥砺前行、创造发展的机会;而单一目标的转移风险,存在损人不利己;自担风险和管控风险,必然加大应对处置成本或代价,那么,利用风险进行投机、盈利,在利用风险"赌博"的同时也可能制造了更大风险。20世纪80年代以来,全球商界和政府越来越重视发挥保险在风险管理中的作用;事实上,保险的确是分散风险或转移风险、避免或减少损失的一种非常有效的方式。众多、分散的投保人可以极少的费用或代价,换取可保利益的相对安全。所谓可保利益,是指保险合同标的所指向的真实财产或权利。但由于保险业在发展中存在操作的不规范,如保险经营者的高收益与低赔付率,使采用保险来应对风险的单一手段呈现越来越明显的局限性。因此,风险管理(尤其是大型项目)更趋向于采用组合方式应对、处置风险。

1)规避风险

所谓规避风险,就是为可能存在的风险"让路"。经营者或大型工程开发商发现某项目的风险及损失等级较大时,主动放弃或终止该项目的经营权(开发机会),以避免遭遇不测风险及损失。规避风险,既可能整体放弃经营或开发机会,也可能部分放弃经济指标更加优越的时空位置。选择整体放弃,其为一种最彻底的风险处置方法;在风险事件发生之前将风险因素完全排除,从而避免风险可能造成的各种损失;如海外投资中,项目所在国政局动荡,存在军事冲突可能性时,整体放弃可能是一种明智选择(部分央企在利比亚投资房地产遭遇政权更迭,及时放弃项目意味着减少损失)。部分放弃,只是换一个时间或地方实施项目,虽然会损失一些经济指标,如重新选址,意味着前期技术、资金投入前功尽弃,工程运营收益降低,但换来资本的保值增值和安全运行。

从技术方法上说,规避风险属于消极的风险处置方法,可能因此失去一些经营投资机会或部分盈利机会。

2)风险自担

风险自担,是指项目经营者或开发商根据其对项目风险的判识、分析、评估情势,采取由自己承担风险及损失后果的处置方法。通常,风险自担的处置方法表现为:

(1)项目经营者或开发商具有应对风险的经济实力;

(2)基于风险评估得出的"低概率、小损失"结论;

(3)采取其他处置方式的成本可能高于风险自担付出的代价。

风险自担也存在两种不同的处置选择,其一是以积极的心态和措施面对可能发生的"低概率、小损失"风险事件,如采取提取风险基金,由基金弥补风险造成的损失;其二是以被动承担的方式,消化风险造成的损失。一些经营者基于对风险的侥幸心理,常常为了少交保险费,甘愿自担风险,结果造成重大损失;此类案例并不鲜见。

3)风险控制

风险控制,是以最大限度降低风险事件发生概率和减小事件造成损失的程度而采取的组合式风险处置方法。降低风险事件发生概率,意味着减少风险因子和触发机制,如:

(1)根据风险特性,采取一定措施使其发生的概率降至最低,既减少已存在的风险因素;

(2)控制风险因子释放的负能量;

(3)改善风险因子的空间分布,从而限制其释放能量的频次和速度;

(4)在时间和空间上,隔离风险因子与可能遭受损害的对象;

(5)建设防控项目,管控风险的形成。

减少风险造成损失,可以事先制定应急预案,实时监测预警,建立风险应急物资储备,加强风险知识普及和教育,提高全员的抗风险能力;如管控洪水风险及损失,既要修建蓄洪、泄洪设施,又必须采取预报、监测、预警、分洪和临时拦挡等综合措施抵御多峰叠加洪水或溃堤、溃坝风险。控制风险,意味着抵抗风险;因此需要前期投入。

4)风险转移

风险转移,是指项目建设单位或经营者一方将可能发生的风险通过市场交易等(如招标、投标)形式,有意识地转给合同对方的风险处置方式。这种方式在国际工程承包合同和许多运输合同中运用十分普遍,但常常被认为是损人利己或损人不利己的策略;出事后,容易引发合同争端,最终导致由仲裁或法院重新分配合同风险。

其实,商业保险也是风险转移的方式,也是当今应用最广泛、最成熟的风险控制方式。对于许多超级工程如三峡工程、港珠澳大桥、美国航天飞机可能发生的(战争之外的)特殊风险,一般都采取保险后再投保或国际联保的方式。因为,一家保险公司不具有巨险损失赔付能力,需要再保和联保。

在我国,强制性保险如"交强险"、养老和失业等保险较为规范,而一般商业险如财产险和意外险(民航意外险除外),经常发生理赔纠纷,被指责为"保险容易理赔难",需要在实践中逐渐公平、合理分配风险。

5.3　水环境突发事件应急管理机制与方法

进入 21 世纪以来,随着工业化、城市化的快速发展以及城市人口规模和经济体量的迅猛增大,一些以往不曾发生或难能发生的事件频繁发生,其中许多重大、超认知规模的事件,已深刻揭示经济社会发展中隐伏的突发事件,同时也环境保护意识,召唤和建立更多、更科学、规范地突发事件应急管理机制和方法。

5.3.1　环境突发事件及应急管理机制

由于突发事件具有普遍性、突发性和巨大的公共危害性。因此,需要全社会重视及建立对突发事件的应急管控,形成科学、规范、有效的突发事件应急管控机制。所谓突发事件应急管理机制,是指针对突发事件而建立的由国家统一领导、政府综合协调、部门分类管理、行政分级负责、事发地地方政府为主的应急管理体制和实时监测、科学预防、应急准备(培训演练)、分级预警、应急救援和善后处置等配套的应急体系和工作机制(包括信息披露机制、应急决策机制、处理协调机制、善后处理机制等)。

5.3.1.1　突发事件

1)突发事件的定义

所谓突发事件,按我国《突发事件应对法》之定义,是指"突然发生,已造成或者可能造成重大经济损失及社会危害,需要采取应急处置措施予以应对的自然灾害、各类重大事故引发的灾难、公共卫生事件和危及社会安全的事件。"

以往,突发事件不常发生,故缺乏应对准备。因此,根据突发事件可能产生的社会危害程度和影响范围,"安监"部门将其设为特别重大、重大、较大和一般 4 个级别,并按不同等级分别制定相应地应急预案。突发事件,类别宽泛,国内外不同的法律文献中有不同的解释。《中华人民共和国刑法》中,突发事件多指"主观故意的实施犯罪和自然灾害等相关的事件";而在《中华人民共和国人民警察法》中是指"违反社会治安的事件";在《国防交通条例》中特指"突发的战争、武装冲突等"。

如上所述,突发事件具有公共性、突发性、危害性和普遍性的特征,需要全社会重视并建立其管控机制及预防与应急并重、常态与非常态相结合、统一高效的应急预警信息平台,健全应急预案制度,完善应急管理法律法规和技术方法,加强应急管理教育、培训,提高公众参与和自救能力,同时建设一批精干能战的专业化应急救援队伍,实现社会预警、政府动员、快速反应、迅疾处置的管理体系,尽可能消除重大突发事件风险隐患,最大限度管控重大突发事件的发展及影响。

2)环境突发事件的定义

环境突发事件,是指包括违反《中华人民共和国环境保护法》等法律法规的经济社会活动与行为,以及因外部因素影响或不可抗拒的自然灾害等原因造成环境污染、危害人群健康、危机社会稳定并可能长期产生环境负面影响的突发事件。

国家环境保护部颁布的《突发环境事件应急管理办法》中定义:"本办法所称突发环

境事件,是指由于污染物排放或者自然灾害、生产安全事故等因素,导致污染物或者放射性物质等有毒有害物质进入大气、水体、土壤等环境介质,突然造成或者可能造成环境质量下降,危及公众身体健康和财产安全,或者造成生态环境破坏,或者造成重大社会影响,需要采取紧急措施予以应对的事件。"

根据其发生过程、触发机理和事件性质,环境突发事件可以分为突发环境(重)污染事件、危及生物物种安全的环境事件和辐射性污染的环境事件三类。具体地讲,突发环境污染事件包括:

(1)重点流域、敏感水域环境污染事件;

(2)重点城市光化学烟雾污染事件;

(3)危险品、废弃化学品污染事件;

(4)海上石油勘探开发溢油事件;

(5)突发船舶污染事件等。

危及生物物种安全的环境事件,主要指生物物种受到不当走私、猎杀、采集、非法携带出入境或合作交换、工程建设危害以及外来物种入侵等对生物多样性造成损失和对生态环境造成威胁和危害的事件。

辐射性污染的环境事件,包括放射性同位素、辐射装置、放射源、放射性废物造成辐射污染的突发事件。

需要说明的是,环境突发事件除具有一般突发事件所具有的公共性、突发性、危害性和普遍性特征之外,环境突发事件更具有宽领域和严重性。尤其是环境突发事件一旦发生,发展迅猛,人们很难对其发生时间、地点以及危害的程度进行管控;其次,环境突发事件发生的方式多种多样,许多事件容易引发"骨牌效应",不仅涉及范围广,其后果也非常严重。

3)环境污染事故

所谓环境污染事故,主要指在较短时间内,污染物突然以大量、非正常的方式排放或泄漏的恶性事故,这类事故对环境的污染危害程度极大,影响人民正常的生产生活,使国家财产遭受巨大损失。

环境污染事故与环境突发事件有所不同,主要体现在:

(1)污染事件是大概率事件;是伴随经济社会活动的增加,越来越常态化及频发的污染事故,而并非强调突发性;

(2)环境污染事故的规模和危害程度相对于突发事件较小;

(3)环境污染事故很难排除排污主体的责任。

常见的污染物有:剧毒化学品砷化物、氰化物、汞及其化合物;剧毒农药有机磷、有机氯系列;有毒气体氯化氢、硫化氢、氯气、煤气、天然气;挥发性有机溶剂苯、甲醛、甲醇、甲苯、丙酮;高浓度耗氧物质如酿造废液、造纸废液、化工母液、印染废液;在用或退役的各种放射性物质等等。另外,由于科技不断创新,各个领域里不断涌现出新的化学合成物质,这些物质也能导致环境污染事故的发生。据统计,近 20 年来,全世界已发生与危化品有关的重大环境事故超过 60 起,约 18 000 人在事故中死亡;约 700 万人难以完全摆脱这些事故带来的持续影响。换句话说,环境污染事故不仅造成巨大的经济损失,污染后的治理和修复产生的投入也非常巨大。

4)水环境污染事故

水环境污染事故,是指由突发环境事件或环境污染事故导致大范围水域(水体)受到污染的事故。水环境污染事故既具有突发环境事件的危情特征,同时具有经常性发生的环境污染事故的所有特征。研究表明,水环境污染事故,一直是我国环境突发事件和环境污染事故中的主要内容。

5.3.1.2 突发事件应急管理机制的形成与发展

1)机制的内涵

所谓机制,可以理解为由其机理产生或形成的规制。有学者研究认为:机制是各种程序、关系构成的运作模式,是各种制度化、程式化的方法与措施。机制具有较强的功能性,侧重于相关系统实际运作的功效发挥。实践中,机制应具有灵活性、效率性、顺畅性、协调性,体现在以下诸多方面:

(1)固化性。机制经过实践检验,证明其有效,形成相对固定的方法,对实践具有一定的指导作用,不因岗职的变动而变动。

(2)规范性。机制要求社会或组织成员共同遵循、运用,具有一定的规制和约束力,而不以某个人的偏好或经验左右。

(3)累积性。机制通过各种实践总结和提炼出更加完善的方法、举措,能够有效地指导和推动其后的实践。

(4)综合性。机制是在科学机理基础上形成的有效规制和方法,需要吸纳更多、更成熟制度和方法,来完善其科学性、有效性和通用性。

(5)发展性。机制是对实践中各种有效经验和方法的总结与提炼,随着实践的发展不断充实、创新、完善。

2)应急管理机制

根据上述机制的定义,我们可以把突发事件应急管理机制确定为:对可能发生的突发事件事前、事发、事中、事后全过程,拟采取的制度化、程式化的应急管理方法及措施。从它的内涵来说,应急管理机制是一套以相关法律、法规和行政规制为基础的政府应急管理工作流程;从其形式来说,应急管理机制体现了政府应急管理的各项管控职能。正如前面概述所示,应急管理机制是指针对突发事件而建立的由国家统一领导、政府综合协调、部门分类管理、行政分级负责、事发地为主的应急管理体制,其职能是实时监测、科学预防、应急准备(培训演练)、分级预警、应急救援和善后处置等的工作机制。这些机制包括信息披露机制、应急决策机制、处理协调机制、善后处理机制等。表现为:

(1)应急管理机制侧重在突发事件的防范、处置和善后的整个过程中,政府部门和管理者如何更好地组织和协调各方面的资源,应对与处置突发事件。

(2)应急管理机制的功能目标,旨在通过各种突发事件应急处置和管控的实践活动中,逐渐总结、研究、凝练、丰富、提高其理论,规范应急管理工作流程.完善相关工作制度,推动应急管理走上规范化、系统化、科学化的轨道。

(3)应急管理机制,是以应急预防体系、应急管理体制(侧重应急管理组织体系)和应急管理法制的具体化、系统化、规范化。具体化,指法律法规和应急预案的相关规定,最终要落实和细化为具体、翔实、规范的工作流程和制度规范;系统化,指各种静态的应急管理组织和法规,必须通过各种动态的机制才能运转起来,发挥积极的系统功能;规范化,指制定统一、协调的工作流程和准则,以各种制度性规范来代替各种临时性行为,做到职责明确、流程顺畅、组织严密、运转有效、协调及时。

3)我国应急管理机制的形成、发展

2003 年初春,我国部分地区暴发非典型流行性肝炎;由于对病因、病情认识不足及来势凶猛,一些地方政府缺乏应对机制,导致应急管控不及时,造成一定程度社会恐慌,使开始阶段的防控工作十分被动。2008 年,是我国的"奥运之年",2008 年也是我国非常"麻烦"的一年,许多不常发生的突发事件集中出现;2008 年 1 月,我国南方大面积冻雨雪灾造成"春运受阻";2008 年 5 月 12 日,四川汶川发生"特大地震",余震及大规模次生灾害持续多年;2010 年以来,西南五省(自治区)发生持续旱灾和重大地质灾害;2011 年 7 月23 日,浙江地区发生动车追尾事件,等等。这一系列突发事件及应对过程中的经验和教训,一方面让我国政府对突发事件及应急管控机制产生认识、接受考验;另一方面,也为我国政府建立突发事件应急管控机制创造了条件。

2003 年 10 月,党的十六届三中全会提出:"要建立健全各种预警和应急机制"。2004 年 3 月,时任国务院总理温家宝同志在所做的政府工作报告中提出,要"加快建立健全各种突发事件应急机制,提高政府应对公共危机的能力"。2005 年,国务院在颁发的《国家突发公共事件总体应急预案》条例中明确指出:"建立及健全应对自然灾害和社会安全等方面的社会预警体系,形成统一指挥、功能齐全、运转高效的应急机制,提高保障公共安全和处置突发事件的能力,使政府全面履行职能";"构建统一指挥、反应灵敏、协调有序、运转高效的应急管理机制"。其后,党的十六届四中、五中、六中全会,亦均提出要建立和完善应急管理机制。2007 年 10 月,党的十七大明确提出,要"完善突发事件应急管理机制。"2007 年 11 月 1 日开始施行的《突发事件应对法》提山,"国家建立有效的社会动员机制"。尤其是发生在 2008 年 5 月 12 日的"汶川大地震",惨痛的代价使政府和国民对建立应急管理机制和救援体系的要求更加强烈。2012 年,党的十八大也明确要求,加快形成"源头治理、动态管理、应急处置相结合的社会管理机制"。2014 年,国务院办公厅关于加快应急产业发展的意见指出:应急产业是为突发事件预防与应急准备、监测与预警、处置与救援提供专用产品和服务的产业。

4)应急管理的九大工作机制

近年来,我国发生突发事件越来越频繁,一些地方政府在应急救援处置中不断遇到各种新问题,尤其在遇到重大事故灾害、公共卫生和社会安全等事件时暴露的管理被动也日渐突出。为了提高各级地方政府及各行业部门对紧急、突发事件的快速反应和应对风险的能力,建设一套完整的政府应急管理机制,十分重要、意义重大。我国政府结合特殊的国情、政情和工作实际,基本建立形成了我国应对突发事件的 9 大应急管理机制,具体内容:

(1)应急预案与准备机制。该机制通过预案编制管理、宣传教育、培训演练、应急能力脆弱性评估等,从更广泛的层面提高各层级应对突发事件的能力和水平。

（2）监测预警机制。通过对各种危险源实时监控、风险排查和重大隐患治理，尽早发现导致可能发生突发事件的信息（征兆）并及时预警，管控事件损失。

（3）信息传递机制。该机制按照信息先行的要求，建立统一的突发事件信息平台，有效整合应急资源，拓宽信息报送渠道，规范信息传递方式，做好信息备份，实现上下左右互联互通和信息的及时交流。

（4）应急决策与处置机制。该机制通过信息搜集、专家指导来制定和选择应对方案，实现科学决策、综合协调，以最小的代价管控突发事件。

（5）应急救援与响应机制。当发生突发事件，在紧急情况下，启动该机制可以广泛动员社会力量参与救援，同时引导事发地民众自救、互救，对普通民众善意疏导、正确激励、有序组织，提高全社会的安全意识和应急机能。

（6）应急保障机制。利用该机制建立人、财、物等资源清单，明确资源的征用、调用、发放、跟踪等程序，规范管理应急资源在常态和非常态下的分类与分布、生产、储备和使用，监控储备、运输、配送与使用过程等，实现对应急资源供给和需求的综合协调，保障应急救援顺利进行。

（7）信息发布与舆论引导机制。发生突发事件时，该机制应保证在第一时间及时、主动、准确地向公众发布警告以及有关突发事件和应急管理方面的信息，宣传规避或减轻危害的常识，提高主动引导和把握舆论的能力，增强信息透明度，把握舆论主动权，防止虚假信息引发混乱、制造危机。

（8）调查评估与问责机制。该机制遵循公平、公开、公正的原则，引入第三方评估机构开展应急管控过程评估、灾后损失和修复评估等，以查明、发现突发事件的问题和责任，为其后启动问责机制提供依据。

（9）善后修复与重建机制。突发事件发生后，应急管理机构需要启动该机制引导事发地民众积极稳妥、开展自救、互救，做好善后处置工作，将事件损失降到最低，组织民众尽快恢复正常的生产、生活和工作秩序；根据修复方案积极开展环境重建和生态修复。

5.3.1.3 国外应急管理机制

1）美国应急管理机制

美国十分重视突发事件的应急管理工作。早在 1976 年，美国联邦政府就颁布了《国家紧急状态法》，尤其在"9·11"事件之后，美国将威胁国家安全和国民人身安全的恐怖事件应急管控放在一切工作的首位，不惜巨资投入开展对全球恐怖组织或恐怖活动的打击。有关国家安全的突发事件应急管理，由国土安全部负责，联邦政府与各级地方政府依照《联邦应急计划和公共知情权法》的规定，成立应急响应委员会与应急计划委员会，具体由联邦应急管理局组织实施。组织机构包括应急指挥机构和应急执行团队（如内部权益办公室、国家安全协调办公室、公共事务办公室、人事管理部等）；职能部门包括减灾管理处、应急准备管理处、灾后重建管理处、应急救援管理处等。

美国应急管理机制的运行分为灾难前如何做好准备、如何充分利用有效资源积极应对、如何进行灾后重建等三个环节。

（1）灾前应急准备。应急准备是美国应急管理机制中最重要的部分，准备充分、救援及时,才能有效保护人民生命和财产安全。20 世纪 70 年代,美国就成立了联邦紧急事务管理署(FEMA),负责灾害应急预案预防、应急救援,修复重建全过程的应急管理工作,并保证应急各个环节的协调有序。美国各州都有相应的机构,形成纵向垂直协调管理,横向相互沟通交流,信息资源和社会资源充分共享,指挥协调高效,组织结构完善的全国范围的应急响应体系。针对各种突发事件,形成了规范的综合处置流程与技术导则。

(2)应急处置。美国的灾难应急管理是建立在国家联邦政府、州政府和地方政府三级管理基础之上的。当灾难发生时,由地方政府实施先期处置;灾难情况较严重时,或超越了州和地方的能力时,由州政府向联邦政府提出援助申请,联邦政府参与或组织救援行动。

(3)灾后修复和重建。每一次突发事件或灾难之后,都可能导致城市基础设施损毁、损失,威胁人们的生活、生存环境;对此,实施灾后的修复和重建成为应对突发事件中的一项复杂、艰巨的任务;20 世纪 90 年代初,美国就在其《应急响应预案》中增加了有关灾后恢复性管理、重建开发、政府间关系以及融资等内容,明确了修复重建的管理机构及相关部门的职责,以及短期功能恢复的安排,建筑标准和土地规划等,联邦政府还规定了许多救援性贷款、基金等援助性融资措施。

2)欧洲应急管理机制举例

德国在 2001 年就启动建立突发事件应急管理系统。早期开发的管理系统,侧重形成预警和救援联动机制;后期开发的应急管理系统,增加了应对重大灾害的信息支持与共享功能和灾害情势与评估的分析报告,为应急管理的决策指挥提供科学依据。

2004 年,针对全球日益增加的突发事件,英国各地方政府开始建立集成应急管理平台 IEM(Integrated Emergency Management),该应急管理平台具有应急指挥、管控、协调、合作、信息交换等多个功能模块,能够增强多个应急机构之间的协调与资源整合能力,以应对各种类型、大规模的突发事件。

3)日本应急管理机制

日本政府很早就建立有非常完善的灾难应急管理体系,应急管理由政府、社会和公民共同构成。20 世纪 50 年代末,日本政府充实扩大了突发事件应急管理机构。早期的应急管理模式主要体现于高度集中的危机管理,中央政府与地方政府共同形成危机管理合作体系;中央政府注重发挥政府、市场和民间团体等各主体的能动作用,鼓励民众参与救助和自救,并由政府建立信息管理与技术支持系统。

(1)建立和完善应急管理的法律法规体系。日本政府十分重视灾难预防管理,为此制定了一整套易操作的法律法规体系。如 1961 年日本制定有《灾难应对基本法》,明确规定预防、预警各类重大灾难的责任人、职能及职责,并在实践中不断地修订完善,使之成为应对各类灾难和突发事件的基本准则;1978 年,日本政府制定了《大规模地震对策特别措施法》,其中规定:如果科学预测可能发生大地震,首相应在预测地震发生日前 2~3 天发表《警戒宣言》,政府同时将启动全面应急救援措施。此类法律法规体系,为日本政府及时、有效地应对各种灾难提供了强有力的法律保障,对提高日本应急管理能力和水平发挥了举足轻重的作用。

(2)响应迅速的减灾、救援体系。日本是强震多发的国家,正是频发的灾难使得日本政府十分重视灾难和危机管理机制建设。战后的日本,逐步建立了现代化的应急管理机制,形成了强有力的应急救援及保障系统。每当灾难来临,日本政府和人民都能够沉着应对、迅速动员、及时避险减灾,大大降低了灾害造成的损失。

(3)高效的应急救援指挥及组织体系。在长期的灾害应急管理实践中,日本政府业已建立了非常完善的应急救援指挥和组织体系;如日本的应急救援组织体系主要包括搜索救援队、专业救助队、医疗队、装备先进的应急管理指挥机构、高效的资源动员机构以及符合国际救援培训指导原则进行培训的教育机构,他们共同构成了日本社会较为严密的应急救援指挥及组织体系。

(4)科学的预案与预防体系。日本中央政府和各级地方政府共同形成了一套理想的灾难管理制度;在制度安排和指导下,又制定有完备的防灾、减灾、应急处置和灾害修复措施(重建计划)。此外,日本政府不断投入巨资用于应急预案、应急储备,预防灾害,优先发展防灾、减灾等科学技术。

(5)应急管理决策、协作与信息管控体系。日本政府成立有以内阁总理府、省政府和地方政府为核心的,由各职能机构、专业机构和社会各层次力量组成的多角度、多领域、多层次的协作系统。此外,日本应急管理决策指挥机构在灾害对策本部会议室内安装有灾害视听系统和应急对策显示系统,将先进的科技手段应用于应急管理。同时,建立有应急联络卫星移动电话系统、防灾情报卫星发报系统和灾害信息搜集、情报传输共享系统以及气象观测系统和灾害监测系统。

4)韩国应急管理机制

韩国地处东北亚半岛,与日本一样也是一个灾难频发的国家。为了应对各种自然灾害及责任事故等突发事件,韩国也很早就成立有中央政府紧急救助机构(如消防防灾厅),直接管理各类突发事件和应急救助;地方各级政府组织也建立了相应的安全管理机构,在全国范围内形成了一个完整的灾难管理体系。

为了提高全民的灾害意识及有效应对各类突发性灾害,韩国中央政府除建立了灾难与危机管理机制外,将每年的5月25日定为防灾日;在这一天,中央政府会举行全国性的综合防灾训练;同时,韩国政府拟于每年3—5月,定期或随机进行灾难应对综合训练,全国灾难应急管理机构、专业化所谓应急救援机构、军队以及社会机构等均可能参与。

韩国的突发事件应急管理机制与日本类似,具有以下特点:

(1)应急管理的法律法规体系完备。韩国中央政府应对突发事件的管理机制,主要依靠一套规范、完善的法律法规作为制度保障。20世纪80年代末,韩国就逐渐重视对灾害的管理,进入21世纪即从2000年开始,韩国中央政府又相继出台了《灾害与安全管理基本法》《火灾服务基本法》《民间防卫基本法》《自然灾害对策法》《灾害救济法》《生命救助法》等法律法规;在国家相关法律指导下,各级地方政府和职能部门也先后颁布了《风水灾害保险法》《关于灾害救助及灾后重建费用负担标准的规定》《灾害管理法》等地方性法规,从中央和地方两个层面完善应急管理的法律制度,以此提高政府和国民应对突发事件及重大灾害的能力。

(2)建立有高效、及时的突发事件信息发布与管控机制。韩国中央政府应对灾难管理机制中,很重要的一个内容是建立有高效、及时的突发事件信息发布与管控机制。对重大灾难,韩国以国家消防防灾厅为中心,建立了一个实时、快速、公开的信息网络系统,实时收集、处理、发布事件信息;该系统包括灾难关系系统、灾难信息点击系统、智能情况传播系统、政府灾难管理网络、灾难管理信息 DB 中心和移动区灾难安全信息中心等,落实预防、应对、救助、复原等各个环节的管理。为此,还专门完善了《信息公开法》及相关法案,指定了负责全国范围内灾难信息和警报的发布工作的专门机构。从 2004 年开始,韩国政府在灾难管理机制中广泛使用手机广播服务系统,以手机短信形式及时向灾害多发地区的居民发布灾害警报,国民也可以通过此方式及时将发生灾害等情况发送到灾难管理机构,争取第一时间开展救援,实现了灾害警报和信息的实时发送。

(3)重视防灾减灾宣传教育,增强国民危机和避险意识。韩国中央政府非常重视国民危机和避险意识的宣传教育;国民自幼稚园时期起,就开始接受防灾抗灾教育,学校专门开设了课程讲授灾害来临时应如何行动等应急常识,社会上也借助专门的防灾减灾设施,开办了安全体验馆,让市民体验灾难发生时的感受,练习如何求生和自救。通过图书、报刊、音像制品、电子出版物、广播、电视、网络等形式,广泛宣传预防、避险、自救、互救、减灾等常识,增强国民的忧患意识、社会责任意识和自救互救能力。

5.3.1.4　我国城市应急管理平台模式

1)城市应急管理平台的作用

20 世纪末,我国开始加快城市化进程。但是,在缺乏城市长期发展的科学规划前提下,盲目扩张必然带来城市拥堵、垃圾围城、空气污浊、灾害频发等一系列"城市之病"和"发展之困",使城市化过程代价巨大,发展不可持续。

为了应对和减轻城市发展中面临的各种灾害和突发事件的侵扰、影响,中央政府和各地方政府在基本构建的突发事件应急管理机制环境下又逐渐建立了城市应急管理平台。针对重大灾害和突发事件的应急管理平台,应当逐步形成并具有对重大灾害及突发公共事件进行科学预测和危险性评估之功能;也就是说,"平台"能动态生成、不断优化突发事件的应急处置方案和资源调配方案,成为实施应急预案的交互式智能指南。具体内容,包括提供未来可能发生的自然灾害、发展趋势、预期后果、干预措施、应急决策、应急救援方案评估,以及全方位预警监测、监控,发现潜在的威胁。

2)城市应急管理平台建设

西方发达国家城市应急管理平台,经过数十年的发展已相对完善,尤其是一些具有国际大都市特质的发达城市根据其不同环境下可能发生的重大灾难和涉及公共安全的突发事件,均建立有相应的应急管理平台。应急管理平台的建设,基本上都是由中央政府层面和地方层面按照应急管控制度机制组成的多级应急管理机构,履行应急管理的职能、职责,实施和实现城市突发事件或公共安全事件的应急管控。

根据国外的经验,建设现代城市应急管理平台,除了需要制定和完善相关法律法规体系之外,组建专业化的应急救援队伍和持续提供先进科技支持手段(科学研究、仪器设备研发及投入)必不可少。事实上,许多发达国家的应急管理平台都具有完善的法律和技术支撑体系,包括科技研发基地和基础条件、各类大型软件系统、教育培训系统等,为应急体系提供关键技术支持和培训手段。

我国城市应急管理平台建设起步相对较晚。2006 年,国务院开始启动城市应急管理平台建设。目前,全国各省、市、自治区省级省会城市都已经建立城市应急管理平台,甚至一些市县级政府也在形式上探索建立相应的应急管理平台。应当承认,近年来我国在应对和处置公共安全事件尤其是管控"群体性维权事件"方面非常成功、不惜投入,而且部分地区、机构的应急管理平台在防灾、减灾方面发挥了积极作用。

3) 大中城市应急管理平台模式实例

根据有关研究成果和参考文献,我国部分大中城市都已经建立有稳定社会秩序、维护公共安全和防灾、减灾的应急管理平台。其中,一些大型城市尤其是特大型一线城市的应急管理平台形成了具有特色的应急管理平台模式,较为典型的有北京、上海、广州、深圳等模式(见表 5-1)。

表 5-1　城市应急平台模式实例

平台所在地区	特征
北京市应急管理模式	**北京统一协调模式** 以 110 为龙头,分类别进行应急指挥:政府牵头、统一接听,发挥具有专业能力和优势的应急机构的配置资源,协调处置。政府设置不同级别应急指挥小组,出现重大事件时,由市级应急指挥部统一指挥、组织和调配。
上海市应急管理模式	**上海联合模式** 成立应急管理联动中心,合并现有资源 时刻待令出动:如将火警电话和匪警电话相统一,将 110、119 和交巡警指挥中心等指挥平台合并成一个指挥平台,形成应急管理联动中心的指挥平台,基本实现公安、交警和消防的联合办公;公安、消防等 17 家单位成为应急联动中心的联动单位,联动单位任务明确,有应急预案和专项预案,保持信息沟通渠道畅通。
广州市应急管理模式	**广州授权模式** 授权模式:以城市公安为牵头、多级接警、分级出警;指挥平台覆盖几乎所有的指挥体系,主要警种集中办公;该模式比较灵活,可设定成国内任何一种模式运行,因而便于与其他联动单位的协调与合作,联动阻力小。
深圳市应急管理模式	**深圳通信整合模式** 深圳整合资源,将语音、集群通信和一期的视频通信进行融合,利用融合通信技术实现城市应急管理机构的联动,而不是简单地通过行政手段进行指挥。
南宁市应急管理模式	**南宁统一指挥模式** 南宁采用"统一接警,统一出警"的应急联动工作体制和应急管理机制,设置社会应急联动中心机构,单独编制,集权管理,市民拨打的 110、119、120、122 等报警电话自动转入南宁市城市应急联动中心,由该中心统一接警,统一处置,按照工作预案及实际情况及时向有关联动单位发出管理指令。
扬州市应急管理模式	**扬州网络模式** 扬州实行统一接警机制,分别处理,依托现有管理架构,侧重分级应急管理,进行统一规划、建设、指挥、协作;政府建设核心的数据交换与指挥中心,各部门按照自己的任务,建立其各自的业务指挥系统;指挥中心只起到统一指挥、统一调度、统一资源的作用。

5.3.2 应急管理方法

当今社会,人们在共享现代科技与政策带来的发展机遇之同时,也不得不面临日益严峻的危机和挑战。如前所述,伴随人类越来越频繁及大规模地开发、建设活动和为利益纷争引发的对峙、对抗,各种风险、自然灾害、社会公共安全等突发事件日渐增多,一些涉及气象性灾害和公共卫生等事件(如流行性疾病)已经由偶发变成常态化。为此,各国政府都开始重视或加强针对各类突发事件的应急管理。

近 10 年来,我国针对公共卫生事件、群体维权事件、重大自然灾害和突发安全事故的应急管理工作卓有成效,突发事件的应急管理机制基本形成,各级地方政府的危机意识和抗风险能力不断提升,组织社会力量、动员救援资源、协调各层面关系和现场临危处置的应急控制力不断增强。同时,也应当理性承认,相当多的地方应急管理方法和手段落后,措施不力,对一些突发事件的应急处置不当或滞后,造成应急管理工作非常被动。

5.3.2.1 我国应急管理仍存在的问题

对于突发事件的应急管理,既需要政府和国民有强烈的危机意识以及为应急管理做出的"顶层设计",也需要职能部门、专业救援机构和人员有高度的社会责任意识,更需要应急管理执行层面具有理性应对、持续改进的能力以及不断创新应急应对手段和科学处置方法。

近年来,我国在应急管理制度和机制建设方面成效显著,但应急管理机制的顶层设计及目标在职能部委和地方政府的履责与执行中尚存在有较大差距,尤其是部门及地方利益掺杂其中,加之缺乏科学手段及理性应对方法,严重阻碍了当前我国应急管理绩效的提升。一些安全监管业界的专家研究认为,我国针对突发事件的应急管理工作还存在诸多问题,主要反映在以下方面。

1)体制因素

我国各级政府对突发事件应急管理的基本要求是:建立和形成统一指挥、反应灵敏、协调有序、运转高效的应急救援专业队伍和管控机制。然而,由于存在部委多头管理,机构过多、职责分工太细等问题,应急管理体制应进一步加强和完善。

2)管理中重应急、轻预防现象普遍

正如南京大学社会风险与公共危机管理研究中心主任、博士生导师童星教授在"江海学刊"《论我国应急管理机制的创新》一文中提出的观点,我国构建突发事件应急管理机制特征上普遍存在"重应急,轻预防"现象;换句话说,"预防第一"虽然已成为我国近年建立应急管理体系建设的基础理念,但在应急管理体制与管理机制及技术设计层面仍缺乏足够关注,从而导致应急管理机制的结构性失衡。

童星教授认为:现代风险管理从经济理性转向风险理性的实践表明,在高风险社会中,需要创新并改造传统风险管理手段,全面识别、监测、评估各种风险,从而形成风险管控格局。而当前,我国应急管理体系中的风险管理仍然停留在管理主体单一、自上而下单向以及封闭的局面,尚未建起一套多主体、全方位、开放的风险共治管理机制。

3)预案缺乏针对性和可操作性

应急预案,是实施突发事件应急救援的指导性文件,也是应急管理重要的组成部分。应急预案的编制和形成,是应急准备工作的主要内容,可为地方政府和专业机构开展应急演练和资源保障提供依据。

由于各地各企业的实际情况千差万别,面临的主要风险不尽相同。因此预案编制必须聚焦本地危险源与脆弱性,并随危险源与脆弱性的变化而及时更新。也就是说,突发事件应急预案,应当针对本地区、本行业可能发生的风险和突发事件进行编制;应急预案在预案体系中的功能定位不同,顶层预案关注指导性,需要确定应急管理的原则与程序;基层预案则应注重可操作性,需要针对危险源与应急资源进行分析、评估,有针对性制定相应的行动方案和计划。此外,应急管理信息与基础数据平台需要整合,以充分把控风险及突发事件的信息,在全面分析与科学研判基础上形成正确的组织、决策。

5.3.2.2　预防与应急预案

居安思危,就是"安而不忘危,存而不忘亡,治而不忘乱。"管控重大自然灾害、事故灾难、公共卫生事件和社会安全事件等突发事件,最佳举措就是科学预防。面对日益频繁和复杂的突发事件,必须建立、形成核心安全感,这对科学预防、管控各类突发事件至关重要。

1)核心安全观

习近平总书记多次强调,国泰民安是人民群众最基本、最普遍的愿望。实现中华民族伟大复兴的中国梦,保证人民安居乐业,国家安全是头等大事。2013年11月,十八届三中全会议决定,设立国家安全委员会,完善国家安全体制和国家安全战略;2014年1月,中央政治局会议研究确定了中央国家安全委员会的设置,明确中央国家安全委员会作为中共中央关于国家安全工作的决策和议事协调机构,向中央政治局、中央政治局常务委员会负责,统筹协调涉及国家安全的重大事项和重要工作;2015年7月,第十二届全国人大常委会第十五次会议通过了《中华人民共和国国家安全法》,并将每年的4月15日确定为全民国家安全教育日。

2017年2月,中央国家安全委员会主席习近平在主持召开的国家安全工作座谈会上,对当前和今后一个时期国家安全工作提出明确要求,强调要突出抓好政治安全、经济安全、国土安全、社会安全、网络安全等各方面安全工作:

(1)要完善立体化社会治安防控体系,提高社会治理整体水平,注意从源头上排查化解矛盾纠纷。

(2)要加强交通运输、消防、危险化学品等重点领域安全生产治理,遏制重特大事故的发生。

(3)要筑牢网络安全防线,提高网络安全保障水平,强化关键信息基础设施防护,加大核心技术研发力度和市场化引导,加强网络安全预警监测,确保大数据安全,实现全天候全方位感知和有效防护。

(4)要积极塑造外部安全环境,加强安全领域合作,引导国际社会共同维护国际安全。

(5)要加大对维护国家安全所需的物质、技术、装备、人才、法律、机制等保障方面的能力建设,更好适应国家安全工作需要。

2)预案的内涵及主要分级

所谓应急预案,就是针对可能发生的突发事件,确保应急组织、科学处置等救援活动能够迅速及有效开展而制定的一系列管理、指挥、响应的救援行动方案、计划等。

从内容上划分:应急预案包括健全的应急组织管理指挥系统、强有力的灾害、事故应急救援技术体系和保障体系、综合协调的社会支援体系、充分备灾的物资储备及供应体系、具备专业化救援的应急队伍等多个重要子系统。

按行政权责关系上划分,我国应急管理的行动预案包括:自然灾害、事故灾难、公共卫生事件和社会安全事件的国家总体应急预案、国家专项应急预案、国务院部门应急预案、地方应急预案。

3)应急预案的编制原则

智者因时而变,善者随事而制。时下,灾害多发、极端天气和突发事件趋于常态;加上经济活动频率及规模越来越高,发生风险及损失事件的可能性越来越大,其事态危情时刻考验着政府的执政能力和国家的经济安全、生态安全、信息安全和社会稳定。突发事件应急预案编制,是应急管理的主要工作之一;加强应急预案建设,提升预案在实施应急救援过程中的指导性、动态性和可操作性,是预案编制的重要原则。

尽管突发事件不会随时随地发生,但科学的应急预案可以为各级政府和专业机构提供应对各种突发事件的依据,确保应急管理责任单位实时高度戒备,即通过事前准备,储备足够的资源、技术、物资以及临危处置的有效防控措施,管控各种突发事件的发生。

突发事件的应急管理,是一项综合性的工程,任何事前的研究、预案都不可能覆盖未知事件的发生机理与态势。因此,应急预案的编制、形成,必须具有动态可调整性;也就是说,必须动态适应经济、环境等的改变,预案及准备应当对一些重大而不确定的灾情管控留有适当余地,使其在不同阶段、环境下不断修改、补充、完善,以保证预案在关键时刻能够发挥指导应急救援的作用。

4)预案的具体内容

应急预案编制单位在制定应急预案过程中,应当对可能发生的风险及事件进行分析、预测、评估,具体方法参考前面相关内容。预案的初稿,可以征求业界专家及预案关涉单位专责的意见;涉及有关鼓励或限制社会人员参与的或与公众权利密切相关的内容,应以适当方式(如网络)征求意见;涉密内容的部分,应按照《中华人民共和国保密法》有关规定,明确预案保密范围和密级。应急预案的编制内容,主要有以下部分:

(1)总则。包括编制目的、编制依据、适用范围和具体原则等。

(2)应急组织、指挥体系与职责。包括领导机构、工作机构、地方机构或现场指挥机构以及应急专家库等。

(3)预防与预警机制和方法。包括应急准备措施、预警分级设置、预警信息发布或解除的程序和应急响应及措施等。

(4)应急救援、处置。包括应急预案启动条件、信息报告、先期或临危处置、分级响应、指挥与协调、信息发布与管控、应急终止等。

(5)后期处置。包括突发事件救援结束的善后处置、事件调查与评估、修复重建等。

(6)应急保障。包括专家及专业人力资源保障、资金保障、物资保障、医疗救护保障、现场交通保障、治安管控、通信保障、技术手段等。

(7)履责监督。包括落实应急值守、应急演练、预案宣教、技术培训以及对应急管理工作懈怠的追责、问责等。

5.3.2.3 预警及监测技术

1)预警及监测的功能

预警监测系统,是应急管理体系中的十分关键的部分。在管控重大自然灾害、事故态势、公共卫生事件和社会群体事件的变化中,预警监测系统不可或缺,能够起到"事半功倍"的效果。预警监测和应急预警,其目的就是尽早发现可能发生的灾害或事件,及时发布事件信息,以便相关机构部门实施应急准备和科学处置,避免或减轻灾难和事故损失。

该系统主要功能:包括收集、预处理各种事件信息,组织专家、技术团队或利用专家智能库进行预警分析,通过设定预警信息的阈值来判定是否发出预警警报、是否启动应急系统等。加强应急管理,需要建立科学、高效的应急预警监测系统,培养一批预警和监测专业的科研、研发专家和从事监测事业的工程技术队伍。此外,还需要不断创新监测技术方法,更新和扩充先进的监测设施、设备,完善预警监测技术手段,增强和发挥预警监测系统功能;运用预警监测系统广泛收集自然灾害、事故隐患以及社会环境中可能发生突发事件的征兆信息,跟踪掌控不利事件及事态发展。

2)预警监测的作用

所谓预警监测,是指对被监测对象(自然灾害、国土、水文、气象、危险源、公共舆情、流行性疾病和社会群体事件等)实施的现场视频监视、监测、监控等技术手段,并根据其数据变化及情势做出的反应。

监测技术,主要包括跟踪监测技术、采样技术、测试技术和数据处理技术。如:露天采矿和地下采矿,容易引起的覆岩破坏和地表沉陷,导致次生灾害,对矿山安全生产和生态环境构成严重威胁;同时,采区(场)沉陷和潜在的安全隐患也可能引发环境地质灾害,使区域建筑物、基础设施、农田受损,生态恶化,威胁民众生命财产安全,激化社群矛盾。那么,

通过并开展对矿区、沉降区及周边环境的监测,可以及时了解和掌握这些区域的变化情况、过程,发现安全事故及隐患,捕捉环境变化特征,为防灾避险和应急管理提供正确分析、评价、预测、预报及治理的实时数据和科学依据。

3)灾害及事故监测方法

目前,在防灾、减灾、社会治安和安全生产监管领域,监测方法越来越多,设施、手段不断推陈出新。监测方法,取决于监测技术手段、设备、仪器,应急管理机构正是运用各种监测方法,实时掌握自然灾害、事故隐患、各类事件的活动情况以及各种诱发因素的动态改变;如对各种重要危险源、地质灾害及次生灾害的监测,就是通过直接观察和仪器测量,记录危险源活动或地质灾害发生前各种前兆现象的变化过程和地质灾害发生后的活动过程。对影响地质灾害形成与发展的各种动力因素的观测,包括:

(1)对降水、气温等气象观测;

(2)对水位、流量等陆地水文进行观测;

(3)对潮位、海浪等海洋水文观测;

(4)对地应力、地温、地形变、断层位移和地下水位、地下水水化学成分等地质、水文地质观测等。

其采用的监测方法,主要有卫星与遥感监测,地面、地下、水面、水下直接观测与仪器台网监测等。在一些重大危险源和事故现场,已经开始使用机器人和无人机监测。

4)预警监测的技术支持

从 18 世纪初第一次工业革命以来,人类经历了三大技术革命。除工业革命之外,第二次的计算机技术革命和第三次之"互联网"技术革命,都深刻改变了人类的生产、生活方式。未来,人类即将面临"智能"技术革命的"冲击",智能技术的不断研发应用,将逐渐渗透到人们生产、生活的方方面面。

当代,在计算机处理、解析能力和互联网不断提速的技术背景下,大数据分析技术、无人机(无人艇)实时视频、卫星、遥感、机器人监测技术都已经开始应用到工程、灾害、环境的监测预警领域;而且,一些新技术、新方法间的相互促进,为突发事件应急管理提供了更加科学的技术支持。时下,计算机辅助决策系统、"3S"技术和方案数据库技术渐进成熟。

(1)计算机辅助决策系统。该系统能够反映某些事件如水环境状况及其随时间的变化过程,直观地表达事发地及其污染水体的地理位置和空间变化情况,尤其是受害对象与污染事故发展的时空关系;其重要功能就是对污染事故进行模拟,即根据污染事故发生的水体类型、污染源类型、污染物性质等选择水质数学模型,并将事故模拟的数值文件结果转换为直观的图形图像信息,使人们能够更加感性的观察到模拟的事故发展过程,便于对事故进行分析和评价。

(2)"3S"技术。3S 是指 RS(遥感)、GIS(地理信息系统)、GPS(全球定位系统)这三项高新技术的总称。"3S"技术,相互独立而在应用上又密切关联。遥感与全球定位系统为地理信息系统提供高质量的空间数据,而地理信息系统则是综合处理这些数据的理想平台,并且反过来提升遥感与全球定位系统获取信息的能力,它们又构成一个有机的整体。事实上,通过遥感技术来获得地面信息已经成为解决基础底图来源的重要手段。

(3)3S 数据处理方法。遥感分为数据预处理(如辐射校正、几何校正、特征提取和选择、数据压缩和消除噪音等)、提取初步的道路和河流网、消除非道路和河流的小斑块、细化、清理小树枝等 5 个步骤,最终将获得的图像数据栅格数据作为背景,通过数据化产生所需要的 GIS 矢量地图;全球定位系统可以实时的确定运动目标的三维位置和速度,如实时的监控行车路线,并选择最佳的行车路线;GPS 和 GIS 结合可以直观地将定位信息显示在 GIS 地图上;3S 技术相互联系、相辅相成,有机结合形成一个全新的综合性技术,并向一体化、智能化及综合应用方向发展。

5)预警信息权威发布

预警信息的权威发布和管道限制,有利于科学防灾、减灾,防止造谣传谣,消除社会不安定因素,保障政府有效管控、顺利组织和应急救援可能发生的重大灾害等突发事件。目前,互联网尤其是手机网络转播技术发展迅速,在优化"时空"、消除阻隔、缩短心距、快速交流之同时,泛滥、失真的信息有可能导致社会失稳、秩序混乱。

在应急管理中,为实时、准确发布灾害或突发事件信息,引导事件舆情,维护社会稳定,最大限度地避免突发事件造成各种负面影响,国内国外都通过建立法规制度加强对各种灾害和突发事件的信息管控,以专门的管道或手段实施权威发布。

（1）国外政府的权威发布。国外对突发事件的信息管理起步较早，相应的信息渠道控制非常严格，几乎覆盖所有传播媒介，防止发生信息源混乱和信息失真。具有代表性的信息管控案例及方式见表5-2。如表显示，美国国家信息发布涵盖电台、电视台、有线电视系统、NOAA专用收音机、手机、显示屏、PC、电子邮件、互联网、移动互联网、广播收音机、公共媒体、军用通信、卫星通信等所有渠道；日本等国家为此建有专门的卫星、无线减灾网等，预警信息发布及时、管道发达。

表5-2　美、日、韩等国应急信息发布管控

国家	信息发布渠道
美国	电台、电视台、有线电视系统、NOAA专用收音机、手机、显示屏、PC、电子邮件、互联网、移动互联网、广播收音机、公共媒体、军用通信、卫星通信等
日本	广播、电视、收音机、卫星、无线减灾网等
韩国	无线电广播、电视、广播、手机短信、固定电话或移动电话、乡村广播喇叭和其他一切可以使用的通信工具
荷兰	电视、网站、E-mail、文字信息、短信、显示屏、收音机、手机小区广播

（2）我国政府的应急信息管控渠道。我国政府发布自然灾害、事故灾难和突发事件的信息渠道主要通过中央权威媒体，如中央电视台、中央人民广播电台、新华社、人民日报等；在手机、互联网用户（扣除重复计算的部分）已超过7亿用户规模的现实情况下，我国对手机、互联网等现代传媒，实行了严格地审批、审查、监管；特定区域或灾害、隐患多发区域，应急管理机构还针对性配置了应急短信、警报器、宣传车等传播方式；发生事件时，现场实施封闭；对于少数信息"盲区"，在启动应急预案后，应急机构拟组织专门人员逐户、到人的通知。

5.3.2.4　应急指挥与组织

应急指挥与组织，是启动应急预案、发布应急响应、实施应急救援、处置突发事件的关键环节。当发生自然灾害或突发事件，首先需要依据预案成立应急指挥中心，明确应急指挥责任人，开启应急预警联动系统，组织、动员应急资源，第一时间赶到"现场"，实施应急救援。

根据应急预案，不同的事件、灾情及态势，成立不同层级的应急指挥机构，开启相应级别的预警响应体系，协调调配相关专家，实施针对性的应急处置方案。

1)应急响应层级设置

我国对国内常规的自然灾害、事故灾难、公共卫生事件和社会安全事件，根据其事件性质、规模、态势和损害程度分为4种级别（特别重大、重大、较大和一般，见表5-3），并按相应级别启动应急预案。由表可知，发生不同程度的事件，应当发布不同（颜色）层级的预警；此时，预案第一责任人和各专业负责人必须在第一时间到达应急指挥现场或事件现场，参与应急救援。

表 5-3 灾害及事件应急响应的层级设置

层级	程度	预警响应	应急决策指挥	整合资源范围
Ⅰ级	特别重大	红色预警	国务院	全国
Ⅱ级	重大	橙色预警	部委、省政府	流域、省域
Ⅲ级	较大	黄色预警	地市级	省域
Ⅳ级	一般	蓝色预警	企业、县处级	本地

2)企业灾情红色预警(Ⅰ级)响应举例

能源开发企业在建设工程期间,可能面临各种风险、灾害和安全事故,必须建立、完善应对其施工风险、灾害和安全事故的应急预案;当发生风险、灾害和安全事故时,应当启动预案和预警机制,如水电工程建设单位遭遇下列情况,应启动环境安全应急预案,实施相应级别如红色预警(Ⅰ级)响应:

(1)收到工区及临近范围拟发生(或已发生)7 级以上地震的预报信息;

(2)收到工区及临近范围超级雷暴预报等突发事件(或已发生)信息;

(3)未来 48 小时,预报工区拟(已)发生强降雨,如 24 小时降雨达 250mm 以上,或 3 小时雨量已达 100mm 以上且持续;

(4)未来 7 天,工区及坝址(库区)上游可能发生超设计(百年一遇)洪水,局部地段可能发生溃堤、决口;

(5)工区环境敏感部位或临近林区已发生大火或危化品爆炸,等等。

3)应急指挥动员

为了高效快速动员社会资源,共同应对灾害或突发事件引发的危机,各级政府应加强应急决策指挥体系和权威机构建设,实现统一指挥,快速反应、科学应急、上下联动。形成应急指挥权威,一方面需要从制度上赋予指挥者相应的职权;另一方面,指挥者个人的专业素养和始终秉持行为公正的影响力也非常重要。大多数实践中,指挥权威都是由个人的职位、职级所决定,也就是说,即便有职权,未必有权威;以至于过去发生的许多自然灾害或突发事件因应急救援迟缓导致应急处置代价高昂。

(1)统一指挥,能够确保指挥的政令通畅、响应迅速;在不能保证指挥者个人权威时,预案中的指挥者应该安排更高一级的现职"一把手"担任,利于实现上下联动。危机决策属于非程序性决策,预案不可能完全"模拟"真实危情,也没有实际经验可资借鉴,指挥者的决策只能建立在个人的科学素养和由专家团队形成的智库基础上。因此,这也要求指挥者提高决策的科学化、民主化和制度化水平,避免专权和个人偏好影响正确决策。

(2)统一指挥,形成应急资源动员能力。如上所述,应对自然灾害和各种突发事件的资源动员能力,也需要统一指挥和指挥者的权威来形成和保证。面对日益复杂的自然条件和社会环境,单个力量和单一手段都不足以抵御、管控重大的自然灾害和大规模的突发事件,需要集中各种要素,整合成统一的社会力量,"纵向到底、横向到边"形成综合应急管理资源体系,实现资源配置的规模化和最大化。

(3)统一指挥,形成四方联动的协调能力。应急指挥过程,是应急救援、救灾的实施过程;应急救援、救灾是否迅速、高效,不仅体现在指挥者的决策能力、资源动员能力,还考验着指挥者的综合协调能力;如果说指挥者的决策能力反映其"智商"、资源动员能力体现其职权;那么,综合协调能力就代表指挥者的"情商"。此外,应急指挥与决策是一项复杂、责任重大的工作,需要多部门协调、合作、共同应对,更需要"预案"建立一个由决策机构领导团队设置的应急管理综合协调部门。

4)应急组织机构

为快速、有效启动和实施应急救援工作,应急预案中应当事先建立和设置"招之即来、来之能战、战之减灾"的应急组织机构,以便于开展应急救援、应急处置和善后等方面的工作。应急管理是日常性工作,多由安全监督机构负责,而应急组织机构是各种应急预案中针对自然灾害或突发事件预先或"虚拟"的组织机构,通过"数据库"形式建档、保存。通常,应急组织机构及职责包括:

(1)应急指挥部。主要由上级政府、部委、流域机构、地方政府职能部门等组成,其针对事故、事件危害程度发布预警等级,领导实施应急预案。

(2)应急指挥办公室。主要由上级政府及部委、流域机构和事件发生地的地方政府与职能部门等组成,针对事故、事件启动应急预案,传达指挥部指令,处理应急管理信息,组织并监督、检查、协调各项应急工作的实施等。

(3)应急救援专家团队及工作组。根据应急预案建立的专家数据库,形成应急救援专家团队及工作组,负责进行现场调查、事故及原因分析、损害评估,提出应急处置的建议措施,协助开展现场处置工作。

(4)应急救援工程办公室。主要由应急救援专业队伍,如水电武警部队、交通武警部队以及从事相关工程建筑的施工等单位的技术施工人员组成,负责接受应急管理指挥部的指令,实时处置现场危情。

5.3.2.5　应急处置与善后修复

发生重大灾害或突发事件,必须依据应急管理的法律法规,迅即启动应急机制和应急预案;突发事件和相应预案设计的应急指挥部,应即时成立并按照预案要求整合应急资源、开展应急救援;必要时,应急指挥部应采取果断措施,科学、有效遏制各种自然灾害或突发公共事件的发展与升级,迅速恢复事件发生地的社会正常生产、生活秩序。救援结束后,应急指挥部应安排预案专家库的相关专家开展事件调查、评估事件损害情况,在其基础上组织专业机构修复损毁的工程、设施、设备,实施必要的心理干预,消除或缓解事件造成的影响。

1)应急处置原则

所谓应急处置原则,是指启动应急机制和应急预案必须遵循的原则。

(1)应急预案启动原则。当发生重大灾害或突发事件时,应急管理机构必须依据应急预案,第一时间启动应急管理机制、应急预警和应急救援处置机制。

(2)第一时间到达原则。在接到发生重大灾害或突发事件的报告或信息时,应急预案制定的应急指挥部第一责任人和各职能机构第一责任人和应急首席专家,应当在第一时间到达应急指挥部或其指定的现场。

(3)及时报告原则。无论何时,应急指挥部第一责任人或各应急职能机构第一责任人和应急首席专家,应当在到达事件现场后第一时间向上级机构报告所在位置、了解的事件原因、发展态势等情况,以便上级和应急指挥部及时指挥救援。

(4)临危处置原则。任何情况下,位于事件或事故现场的负责人,在没有获得授权或无法在合理时间获得授权情况下,都有权根据当时情势,做出果断、正确的临危抉择,实施紧急抢险、避险措施,将灾害或事件损失降到最低。

2)现场管制与临危处置

接到发生重大灾害或突发事件的报告或信息后,应急管理指挥部应当在第一时间(或尽可能及时)封闭事故区域,疏散受影响人群,发布应急公告,稳定事发地秩序,管控所有可能引发信息混乱的媒介,实施包括现场交通在内的多种管制;确保顺利开展应急救援和专业化处置。

3)科学善后与修复

做好善后工作的前提,需要全面调查事件原因,分析、评估事件损失,进而拟定科学善后的措施、方法。也就是说,应急管理机构应抓紧时机,在许多证据没有灭失之前,与救援过程同步,开展事件的调查。主要内容有:

(1)查明事件起因,明确责任属性,为问责提供依据;

(2)查清事件损害,以便制定和实施善后修复;

(3)排除隐患部位,防止此类事件再次发生。

针对事件的具体情况,应急管理指挥部应及时开展对损毁工程、设施、设备和生态环境的修复,消除次生灾害隐患。修复的方法及原则,是委托或招标具有最优资质的专业设计、咨询、施工、监测、监理等机构进行,严格管控质量、进度和资金的每一个环节。

4)次生灾害干预

重特大自然灾害、重特大安全事故和重特大社会突发事件,都可能在极其漫长时间内产生大规模的次生灾害;如汶川大地震,强余震可能持续数十年,已经多次引发大规模的山体崩塌、滑坡、泥石流、堰塞洪水、水污染等次生灾害,造成了巨大的经济损失。对次生灾害开展工程干预,系统治理灾害隐患部位非常必要。2014 年以来,通过一系列(支护、挡渣、排水、导流等防灾)工程治理,汶川地震重灾区的次生灾害部分得到控制。在工程干预次生灾害的同时,实时开展对受害区域的生态干预和受灾群体的心理干预,对于迅速恢复区域自然生态和社会生态也至关重要。

植树、造林、增加湿地、减少人为活动和扰动,可以快速、有效修复自然生态;3~5 年就可以取得明显效果。然而,最为困难、复杂的是对灾区受害群体的心理及社会文化层面的修复。政府应急管理机构应当借助各种心理干预手段,帮助受害群体处理迫在眉睫的问题,恢复心理平衡,安全度过重大灾害打击后的危险期,缓和受灾群体内心痛楚、恐惧、紧张;使其心理、情绪得到抚慰。研究表明,从 20 世纪 90 年代开始,我国就已经开始探索实践灾后社会心理干预工作,许多在矿难、大火等重大事件中的幸存者及家属通过心理干预获得"新生",对心理及社会文化层面的干预作用巨大。

5.3.3　水环境突发事件应急管理

我国政府重视对可能造成重大水污染的危险源开展重点监测、预警,对易于引发水环境突发事件的生产环节、部位实施应急预案和管控,而且通过一些重大水环境突发事件的救援处置实践,锻炼了队伍、获得了许多应急处置经验。

5.3.3.1 水环境突发事件危情回顾

1)国外环境事故

研究表明,许多国家在人均 GDP 1 000~3 000 美元的发展阶段,都存在粗放式的增长,实现快速积累;这期间,很难避免资源过耗、扰动加剧、事故频发、风险高趋。据有关学者统计,1986—1992 年,全世界发生的与危险化学品或与化学品有关的近 20 起重大水污染事故中,有约 20 000 多人伤亡,其中约 8 500 人死亡;这些事件,不仅直接经济损失巨大,而且环境破坏十分惨烈。

水环境突发事件(或事故),不同于一般形式的水污染,没有固定的排放时间、方式和排放途径;其突然发生、浊势凶猛,在瞬时或极短时间内排放大量地有毒、有害物质,对江河湖海水体将造成严重污染,对水生态环境造成严重破坏,尤其是对区域生态的影响可能持续较长时间;事故污染后的长期整治与生态修复,还将消耗难以估量的资源、成本。

2)我国近年环境事故

我们在不断推进工业化、满足日益增长的物质生活需求的同时,生存、发展的情势不容乐观,环境威胁越来越严峻,与生命紧密相关的呼吸、饮水、吃食等涉及健康安全的诸多方面面临挑战。据国家环保部环境公报所做的统计,2000—2010 年的 10 年时间里,全国发生水污染、大气污染、海洋污染和固废污染事件数以万计,环境危情见表 5-4。

表 5-4　2000—2010 年我国环境事故及损失情况

年份	直接经济损失/万元	事故罚款/万元	事故赔偿/万元	污染治理/亿元	环境污染治理投资占 GDP 比重/%
2010	—	1 139.0	3 485.7	6 654.2	1.66
2009	43 354	326.1	1 842.4	4 525.3	1.33
2008	18 186	589.0	338.0	4 490.3	1.49
2007	—	—	—	3 387.6	1.36
2006	13 471	7 396.5	1 019.4	2 567.8	1.23
2005	10 515	2 373.8	708.3	2 388	1.3
2004	36 366	3 487.2	476.7	1 909.8	1.19
2003	3 375	1 999.1	392.4	1 627.7	1.2
2002	4 641	2 629.7	511	1 367.2	1.14
2001	12 272	2 948.7	315.2	1 106.6	1.01
2000	17 808	3 144.9	537.7	1 010.3	1.02

注:"—"表示缺少相关项目数据。

5.3.3.2　重点管控水环境危险源

如上研究分析,环境突发事件和污染事故,正是那些在极短时间内,以大量、非正常的方式排放或泄漏污染物的事件;此类事件对环境的污染范围广、扩散快、危害重、损失大,是环境应急管理需要重点预防和控制的内容。

1)常见的污染物或介质

常见的污染物主要有:

(1)剧毒化学品如砷化物、氰化物、汞及其化合物;

(2)剧毒农药如有机磷、有机氯系列;

(3)有毒气体如氯化氢、硫化氢、氯气、煤气、天然气;

(4)挥发性有机溶剂如苯、甲醛、甲醇、甲苯、丙酮;

(5)高浓度耗氧物质如酿造废液、造纸废液、化工母液、印染废液;

(6)在用或退役的各种放射性物质,等等。

2)环境污染突发事件分类

根据污染物的性质及事故发生率,环境污染突发事件主要有以下 5 种:

(1)大量非正常排放废水造成的污染事故。大量非正常排放废水,指含大量耗氧物质的城市污水、建设施工废水及尾矿废水未经处理直接排入水体,导致河湖流域或部分河段水体质量恶化的环境污染事故。耗氧有机物进入水域后,部分水体发黑发臭,产生有毒的氨氮、硫化氢、甲烷气、亚硝酸盐等物质,COD、BOD_5 浓度大增,水中的溶解氧很低,水生生物窒息死亡,水环境承载能力降低,生态平衡遭到破坏,居民饮水及工业用水面临短缺。

(2)危化品爆炸。危险化学品和易燃、易爆物爆炸产生泄漏导致的江河水源污染事故非常频繁,易燃、易爆物爆炸事故是指包括煤气、天然气、石油液化气、瓦斯气体,以及甲醇、乙醇、乙酸乙酯、丙酮、乙醚、苯、甲苯等易挥发有机溶剂泄漏或操作不当引发爆炸而导致的环境污染事故。该事件不仅污染空气、地面水、地下水和土壤,而且爆炸还可能引发其他次生灾害。

(3)工农业生产环节的泄漏。在生产、仓储、运输过程中,可能发生因剧毒农药和有毒化学品泄漏、扩散而造成水体大范围污染的事故,严重污染水体、空气、土壤,甚至导致人畜死亡。

(4)溢油事故。油田钻探或海上采油平台出现井喷、管线破裂、油轮触礁、油轮与其他船只相撞时,将造成油污泄漏事故;严重时,还可能引起燃烧和爆炸,污染海域、破坏海洋生态平衡。此外,战争及大型油库、炼油厂、油罐车泄漏也会引起溢油事故,如 1991 年,海湾战争使 50 多万 t 的原油流入波斯湾,原油污染了长达 400 海里的海岸线,导致大量的海鸟、贝类、鱼类、海草等海洋生物死亡。

(5)核材料爆炸、泄漏等污染事故。核材料爆炸、泄漏,主要是指核电站发生核反应器爆炸、火灾、反应堆冷却系统破裂等事故。此外,放射性化学实验室也可能发生化学品爆炸、核物质容器破裂,导致其中的放射性物质以及放射源丢失引发核污染事故,如 1986 年,苏联的切尔诺贝利核电站 4 号机组爆炸,引发放射性物质泄漏事故,直接和间接导致数万人死亡,被迫转移 13.5 万人,大面积生态环境遭到严重破坏。

3)重点管控水环境危险源

研究表明,在日益频发的重特大环境突发事件中,涉及城镇江河水源、水体遭受污染的事件已超过水环境污染总数的67%,饮水安全面临越来越严峻的挑战。因此,遏制重特大环境突发事件,管控水环境危险源或危险作业,已成为维护生态安全、确保饮水安全的当务之急。

(1)严控危化品的生产作业。危险化学品是突发水源污染最为直接的污染物。1985—2004年,危化品导致的水源污染事件一直在较高比例,如2000—2004年达到68%的事故高峰,其原因是危化品用量逐年增加,违规作业屡禁不止,生产、运输、仓储环节风险越来越大;未来,加强对危化品生产作业管控应当成为安全生产的重中之重。

(2)管制溢油类污染。随着工业化、城市化的快速推进,人们对以石油为主要能源的需求不断增长;民航、高速公路、城市交通等基础设施的发展,拉动了煤油、汽油、柴油等石油类的巨量消费;而石油加工、运输、仓储以及交通工具的修理清洗,都极易产生漏油、溢油形成污染;事实上,近20年来,此类污染事件持续上升。另外,交通事故和生产安全事故导致的油污泄漏非常普遍,造成城市饮用水源污染的突发事件频现于各大媒体。

(3)严防重金属及尾矿污染。近10年来,采矿、分选、冶炼生产环节的污染事故和尾矿库溃坝事故频发,导致重金属类水源污染加剧。我国近年对重金属的需求不断增加,其中对水环境可能产生重污染的铅、汞、砷、锑等重金属又是工业生产的重要原料,这种需求与污染同步上升的态势,迫使我们必须重视重金属的生产、运输过程之安全问题,严格管控此类污染事故的发生频率与规模。

(4)重处违规排放。违规排放、暗管偷排、夜间偷排污染物,一直是部分经营者主观恶意与侥幸实施的行为。这些违规排污,形成了不受控或难以控制的水源污染风险源。

(5)重罚交通事故排污。1985—2001年,由交通事故引发的水环境污染事件比例约在30%~40%,并于2001年上升到44.4%;而2002年以来,交通事故所占比例略有下降;但为了保证高速公路等交通要道在冬季雨雪天气的通行,通过撒盐作业除雪、化雪,却使污染水环境的途径增多,季节性污染加重。

(6)实时监控监管生活污水排放与处理。生活污水含有大量氮、磷进入水源,给藻类的繁殖提供了充足"养分",导致"水华"、蓝藻现象的发生。我国许多大江大河,既是生活水源,又被利用作为"黄金水道",越来越密集的水运,难以避免移动生活污水和船舶油污废水的排入,加剧"人水矛盾"。因此,需要实时监控监管每一个生产废水和生活污水排放点,加大排污者成本,提升污水处理能力。

5.3.3.3 加强水环境事件、事故的监测预警

1)加强监测预警的水域及部位

突发性水环境污染事件,来势突然、扩散迅速、破坏性大、损失难以控制,需要我们针对风险源和危险源全天候、全覆盖地实时监测,及时发现风险源或危险源,管控可能发生环境突发事件的部位,避减突发事件的频次和规模。主要部位有:

(1)江海河湖水体,尤其是交汇口、取水点、作业区和养殖区。由于大江大河的交汇口和入海口以及近海海域水质变化,便于检测且能够反映来水水质情势;

(2)大中型水库,包括水利工程水库、船闸水道和水电工程水库;

(3)河湖湖库交界、跨界水域;

(4)城镇生活饮用水源取水点上游一定范围;

(5)污水处理厂的排放口;

(6)各排污企业生产流程的所有排污(管、沟、渠)环节;

(7)油污储存地,易燃易爆品的生产场所和危化品仓库;

(8)餐饮、洗浴、洗车等个体经营场站排污点。

2)国外水环境预警监测技术体系

早在 20 世纪初,美国和加拿大对五大跨界湖泊流域开展了水环境预警监测的成功合作。"二战"结束后,各国均将重心转移到本国的经济建设;不久,欧美等工业发达国家部分河流水体(如芝加哥河、泰晤士河、莱茵河、鲁尔河、俄亥俄河、密西西比河等)都出现了一定程度的水体污染。为了预防和管制日益严重的水污染事件,1963 年,加拿大籍的测绘专家 Bernardt Nolan 等开发了地球信息系统(GIS),并将该技术成功运用到地表水质的监测、预警方面。

1998 年,联合国环境规划署组织领域内专家学者,通过多方验证制定了"地区级紧急事故意识和准备"计划。该计划的目的,是增强公众对环境事故的风险意识。在事故发生前,制订应急行动方案以减小事故损失。在这项计划的指导下,美国和欧洲的一些国家利用网络、GIS、遥感、计算机仿真等信息技术,先后建立了包括城市级水环境在内的多种环境风险预防应急管理预警系统。

3)加快我国水环境监测管理与技术创新

我国水环境污染突发事件或事故,具有多源性、突发性、严重性特点。多源性是指可能形成水环境突发事件的危险源多、涉及行业领域多、不确定的触发因素多;突发性是指此类水环境污染事件、事故,突然发生、难以预料,存有很大的偶然性、瞬时性;严重性,是指水环境突发事件或事故往往排放大量有毒、有害物质,有极强的破坏性,严重时不仅威胁事发区域人们的生活、生产,还可能造成巨大的财产损失和生态破坏。也就是说,我国持续快速发展中,已形成非常多的污染源和危险源,一旦发生事故,排污量大、扩散速度快、破坏力强,使应急管理、监测预警和临危处置的工作极其复杂、艰巨。

(1)预警监测的研究。许多学者曾参与对突发水污染事故的应急管控研究。20 世纪90 年代中期,有学者以乌江流域为目标区域,针对乌江流域生态环境渐变趋势的预警技术方法进行了研究,提出了流域生态系统预警管理框架,将流域生态体系分为预警分析和预控对策两部分。前者分析"明确风险、寻找险源、事故征兆和监测预警",后者形成"日常监控、危机管理和应急准备"。还有学者提出了水质监控的工作流程:包括水质现状分析、建立预警系统、预警分析、风险辨识、监测预警和应急处置 6 个步骤,将危险源分为运动源、固定源和面源三类,分别对危险源进行风险评价和事故发生后环境影响评价。2000年以来,有学者从"重大风险源管理、危险品的管理、监测污染物、预警体系和应急决策与部门联动"5 个方面对突发性水环境事故的预警监控进行了详尽的梳理分析,提出危情上报(异常气候条件、异常水条件和建设项目可能引起环境污染事故)、启动预警、生成预警报告、提交审查和发布预警信息的管理思路。

(2)预警监测技术的早期应用。1995年,我国将地球信息系统GIS应用于水环境、大气环境、土壤重金属和固废安全风险管理系统中,一些学者利用GIS强大的可视化和仿真模拟功能,建立了相应的预警应急决策支持系统;如庄学强等学者针对水运中化学品泄漏导致的突发性大气污染事故,选用Mapinfo开发组件,开发了大气污染事故预警系统,实时动态预测污染扩散范围;此后窦明等学者以汉江干流为研究目标,提出将GIS、RS、Web、多媒体及计算机仿真等高新技术综合应用于汉江流域的水文地质、水生生态、水资源分布的信息化管理,并建立了水质评价模型、水动力学模型、水质预测模型、生态环境预测模型、面源污染预测模型和水环境容量计算模型等。而大连环境信息中心开发的"重大污染事故预警系统"把重大污染事故所需的多种信息、多种预测模型的算法与地理信息系统、计算机网络技术、多媒体技术相结合,建立了集环境污染事故隐患的调查、评价、预测、预防、应急处理方法于一体的计算机软件系统。

(3)水环境监测预警管理中存在的问题。研究发现,近年来我国应对水环境突发事件或事故的能力明显增强,对水污染事故的监测预警系统研究研发也取得了不菲的成绩,只是在一些具体管理或实践中仍存在许多问题,如:突发性水环境污染事故的预警工作流程时效性较差,险情评估和预警指标体系不够系统,操作性不强,使得预警工作很难在短时间内迅速完成;水质迁移转化模型中,较少研究污染物长距离远程扩散及在水体中产生的复杂化学变化,同时也较少针对特殊环境(如低温或冰封河流)开展研究;缺乏交界、跨界河流水域水环境污染事故的预警系统,亟须建立和完善适合我国流域特点和管理模式的跨界污染事故预警技术体系,研发跨界水污染事故预警系统以解决跨界水污染事故预警难题。

(4)预警监测全覆盖的技术创新。由于水环境突发事件、事故具有的突然性、严重性和快速扩散特点,要求预防功能和应急功能的监测预警能够快速、及时、准确,迅速找到污染发生源,弄清事件及污染物的空间和时间变化特征、迁移变化趋势和污染物排放总量;以有利于优化和实施应急处置措施,管控事件或事故的严重事态。然而,我国现有的应急监测、预警信息系统比较注重应急情况下的组织"逃离",往往忽略环境污染事故的预防干预。为此,有专家提出建立计算机辅助决策系统、3S技术和数据库系统于一体的应急预警监测的技术支持系统,或将水质预警系统分为自动监测、移动监测、水质预测和信息发布5个子系统分别进行优化设计;还有学者建议以计算机仿真、遥感、地理信息系统、全球定位系统等先进信息技术为依托,构建江河流域突发性水污染事故的预警监测体系,实施动态监测,降低事件、事故发生概率。

为了实现对可能产生或发生水环境突发事件或事故的监测预警全覆盖,有专家提出将自动化技术、网络等新技术引入应急监测预警中,以3S技术为基础,采用航天卫星、低空遥感、无人机、地面监视监测相结合的技术,对广域水环境和重点污染源进行在线监测管控。作者研究认为,当今智能机器人的研究、实验取得重大进展,不久将广泛应用于防灾、减灾、探测、工程治理等领域。此外,鉴于土木工程基础处理中采用自动检测仪可以掌控灌浆作业的进出水量和浆量,我们尚可创新、研发小微无人机安装红外感应成像仪器,实现全天候低空实时监测任何危险源,利用智能机器人(监测仪)和无人机盯住任何可能产生排污的每一个节点,管控那些恶意或侥幸暗排、偷排、夜间大规模排污的行为,大幅度减少水环境突发事件或事故。

（5）预警监测全覆盖的管理创新。目前，水污染的应急预案初步构建了应急指挥机构和人员的联络方式，大部分地区水质监控仅有常规监控网络，监测点位布点不尽合理、监测人员缺乏专业培训、对事故的应急处置及方法不够明确，认识不充分，措施可操作性差，难以应对日益复杂、频发的突发事件、事故。因此，也需要在技术创新的同时实现在管理体制和机制上的创新。体制创新，需要在深化改革基础上，加快职能整合，合并水利、环保、安监等相关机构，建立专门、常设的应急管理部门，管控各类环境突发事件。

监测预警体系作为预防、管控突发水污染事故的重要组成部分，对处置水环境突发事故具有指导作用；监测预警机制的创新，就要求完善相关立法，用法律的形式赋予应急管理机构或现场人员（在应急状态下）的"特权"，能够在第一时间（最短时间）指挥、调动、协调应急人力资源、装备、物资，查处任何地方、部门、企业（包括央企）的违规排污、懈怠、不作为等行为，从制度、机制上为应急管理、预警监测、现场查危和临危处置提供依据和权力保障。

5.3.3.4　水环境突发事件处置方法研究及实践案例

1）不同水域水污染物迁移差异模拟研究

统计表明，水环境突发事件中，由化学物质引起的突发环境污染事件约占 80% ~ 90%。油类、危化品等导致的突发事故，化学物质种类繁多、成分复杂、迁移扩散快、应急处置难度大。因此，一些学者对不同水域及河流断面污染物浓度和迁移扩散差异进行了研究模拟，并针对各种水污染突发事故提出了科学应对的预警、监测及处置方法。

分析表明：不同河流水体污染物迁移扩散随河流水域断面、来水量、流速和时程发生改变。也就是说，污染物迁移扩散与水域断面、来水量、流速和时程呈正相关关系；水域断面、来水量、流速越大，污染物迁移、扩散、稀释越快；反之则慢。此外，时间和迁移距离越长，测得的断面污染物浓度越小；污染物浓度的变化，还与水质离散（条件）系数和降解（时间）系数有关。模拟计算水体污染物浓度的变化规律，尚需要对比不同流量、不同污染强度条件下，下游污染物的迁移扩散规律和对某取水口的影响，以此可应对不同水体突发性水污染事故态势。

2）不同水体类型水污染规模与适用模型

不同水域、水体和不同水文（水量、流量、流速、水温等）条件下，水污染事故的迁移特性、危害及影响范围存在明显的差异。国内外许多学者对不同水体类型和水文条件下污染物参数与监测预警模型做过分析研究，提出了河、湖、海湾水体持久污染与非持久污染的预警监测适用模型（见表 5-5）。

3）水环境突发事件应急处置方法

水环境突发事件，已成为世界各国面临的常态风险。加强应急处置技术方法的研究应用，也是各国应急管理的一项重要职能。面对频发的水环境突发事件及其对经济社会产生的严重危害，专家大量研究了各种污染源条件下的应急措施，如常规给水工艺（混凝、沉淀和过滤）对突发挥发酚污染原水的处理，其重点研究了 PAC 吸附、臭氧预氧化和高锰酸钾预氧化等 3 种应急工艺的除酚效能。2005 年，高中方学者分析了发生突发性镉污染时,镉(Cd)在水体中的存在形式,考察了常规混凝、化学沉淀的处理效果及优缺点,对两者联合使用及镉(Cd)污染源水的处理效果进行了研究。2011 年,陈艳芳学者以黄浦江饮水水源地取水口突发苯酚污染为背景,分别采取高锰酸钾氧化及 PAC 吸附,对突发苯酚污染进行消减试验,确定了不同的苯酚污染程度下适宜的工艺和药剂投放量。

表 5-5   不同水体类型下污染物规模与适用模型

水体类型		持久污染物	非持久污染物
河流	充分混合段	河流完全混合模式	streetr-Phelps 模式
	平真河流混合过程段	二维稳态混合模式	二维稳态混合衰减模式
	弯曲河流混合过程段	稳态混合累积流量模式	稳态混合衰减累积流量模式
	沉降作用明显的河流	尚无通用成熟的模式。混合过程段可以近似采用非持久性污染物的相应模式;充分混合模式可以近似采用 Thomas 模式	
湖泊水库	小型湖库	湖泊完全混合平衡模式	湖泊完全混合衰减模式
	无风时的大型湖库	卡拉屋舍夫模式	湖泊推流衰减模式
	近岸环流显著的大型湖库	湖泊环流二维稳态混合模式	湖泊环流二维稳态混合衰减模式
	分层湖库	分层湖库集总参数模式	分层湖库集总参数衰减模式
	顶端入口附近排入废水的狭长湖库	—	狭长湖库移流衰减模式
河口海湾	感潮河段 充分混合段	一维动态混合模式或 O'connor 河口模式	一维动态混合衰减模式预测水质,或 O'connor 河口衰减模式
	感潮河段 混合过程段	二维动态混合模式	二维动态混合衰减模式
	海湾区域	ADI 潮流与水质模式,或 Joseph-Sendner 模式。由于海湾中非持久性污染物的衰减作用远小于混合作用,可近似采用持久性污染物的相应模式预测	

受突发污染事件、事故之不同特征、污染物理化学性质和应急工程条件下等因素限制与影响,针对各种水环境突发污染事件,专家研究总结有工程应急调度法、吸附拦截法、混凝沉淀法、催化氧化法、以及生物降解法等 5 种应急处置措施,不同方法优劣比较见表 5-6。

4)水环境突发事件应急处置案例

突发性重特大水污染事故,由于其突发发生、触发原因及机理不清,加上事发时间(如夜间)和事发地点(如远离城市中心或应急处置的专业队伍)等因素,如果处置不及时和处置方法不当都必然加重事故灾难性后果及损失。因此,不断健全和完善各类事故应急预案、加强危险源实时监测预警、培养训练专业化应急救援队伍、交流事故成功处置经验,均显必要和重要。

(1)2005 年北江锡污染事件的应急处置。2005 年,广东北江发生大规模锡污染事件,事由韶关冶炼厂赶工维修,工厂违规操作偷排漏排储液池中的"蓝泥——含重金属污泥",导致短时间内大量有毒有害污泥外泄入河。当广东省环保部门监测到河水中重金属严重超标后,立即启动了水环境应急预案。应急管理指挥部在实施应急监测预警的同时,委托专家组精准分析了污染情势,研究、模拟了多种处置措施,并果断采用以调控流域补水流量,将污染水团控制在白石窖水坝上游,对受污染水体实施投絮凝剂削除污染物、关停全流域排放重金属的企业生产等措施;使飞来霞水利枢纽出水完全达到国家二类水质标准,控制了含重金属超标污水进入珠江三角洲,减轻了此次事故造成重大损失。

表 5-6　水环境突发事件应急处置适用方法

方法	主要作用机理	优点	缺点	应用
工程应急调度	主要是对河库闸坝等水利工程的调度,通过排、截、冲、拦等措施对污染物进行稀释、冲污或拦截	多是事故发生后首先采用的方法,能在短期内降低污染物浓度或限制污染范围	不能减少水中污染物的总量,需要其他工程措施的补充,在河道沉积物较多的污染区域,易冲扬底泥造成二次污染,效果有限	广泛应用于突发水污染事故的应急中,如龙江镉污染,松花江硝基苯污染等
吸附拦截法	通过内填吸附材料(如 PAC 等)的吸附设施或表层阻拦带等,吸附拦截水中污染物	吸附法处理效果较好,将污染物从水相中快速移除,其原理简单、适用性强、无二次污染	传统吸附装填阻力打、水通量低而难在应急中广泛应用。吸附剂的再生循环使用工艺复杂且投资和操作费用偏高	2013 年山西长治苯胺泄漏事故。河道内渗筑焦炭吸附污染物
絮凝沉淀法	通过投加以 PACl 为代表的絮凝剂,对污染物进行絮凝沉淀以达到去除污染物的目的	共有投资少,方法简便易行,处理效果好,成本低廉等优点,在应急实践中具有重要作用	处理药剂需用量大,应用中易产生污染残留,而且通过沉淀等方法进入底泥中的污染物形成二次污染源	2012 年的龙江镉污染,投加 PACl 进行絮凝沉淀
能化氧化法	采用高锰酸钾或过氧化氢等强氧化剂对具有不同特性的污染物进行氧化	对于有机污染物,高毒危险品或生物类污染,能快速降低污染物的毒性	氧化剂需用量大,处理费用相对较高,特别是高锰酸钾催化氧化后会影响水体的颜色	多应用于水厂的应急净水工艺流程之中
生物降解法	通过微生物对污染物质的吞噬,经过新陈代谢等作用将之分解转化	能有效地去除焦化废水中的酚类物质,以及石渣等有机污染物	对难降解有机物的去除率低并且菌种易失活而且其投资大占地多周期长	

(2)松花江硝基苯污染重大事故的应急处置。2005 年 11 月 13 日,松花江上游的吉林石油化工公司生产装置因违规操作发生连环爆炸,导致数十吨的硝基苯、甲苯、苯胺等剧毒污染物随着消防水进入河道,并在加大水库泄流的不适当措施下,污染物较快的流过吉林省进入黑龙江省并扩散到国际界河黑龙江,造成极坏的国际影响。在国务院高层的重视下,于全国范围内调动相关科技力量、专业队伍进一步纠正前期不当的应急处置,经过调查研究和对事故分析后,专家组模拟了各种措施的环境效应,指导采取了关闭水库流量,利用封河滞缓、减缓污染物下泄,阻断污染物进一步流人俄方水域河汉等措施,使流入

中俄界河的污染物浓度达到了俄方环境标准。本案教训在于企业生产违规、事发后先期应急措施不当;经验主要是及时纠正了处置错误、发布了预警信息、争取了外交主动。

(3)云南省某水体砷污染事件的应急处置。阳宗海砷污染事件起因,是由于企业未能科学选址,违规生产与忽视管理引发的典型特大环境污染事故。2008 年 7 月前,共有超过 100t 砷液流入云南省第九大高原湖泊的阳宗海,使 6 亿 m³ 湖水的砷含量超标 3 倍。为清除事故造成的污染,2008 年 7 月,环保部推荐的专家赶到云南事故现场,采取果断措施截断污染源,隔离污染带,治理和清除了污染团,优化水资源调度,最大限度地稀释、下泄水体中砷污染物,同时制定了沿湖周边饮用水供水替代方案,基本保障了群众饮水安全。

(4)云南富宁翻车导致苯酚污染的应急处置。同在 2008 年,云南富宁运输苯酚车辆翻车,超过 40t 苯酚泄露并进入珠江支流的右江,严重威胁到珠江流域供水安全。为此,环境保护部与云南、广西组成联合应急指挥部,许振成研究员受环境保护部指派赴现场,以应急专家组长身份主持制定了应急处置方案,对流向右江的苯酚实施拦截,采用 4 道活性炭拦截坝对苯酚进行了有效吸附,并同时关闭百色水库泄水,使泄露的苯酚仅进入百色水库上游的汉湾,在 4 天内,所有受影响的水体基本达标。

(5)东深供水污染事件的应急处置。2009 年 8 月初,由于东江上游来水流量偏小,广东的惠州、深圳、东莞等地降水带来大量的突发性污染负荷,致使东深供水工程水质出现异味。事发后,广东省省环保厅立即启动了相应地应急管理预案,委托应急处置专家团队组织有关专家查明供水异味原因并提出应对方案。具体措施是:快速查明主要污染来源,及时提出了上游加大调水、控制支流入流污水量,并根据东江水质状况科学调度供水。经过努力,及时化解了供水危机,确保了东深供水安全,未造成重大不良社会影响。

第6章 南水北调工程运营管理重大难题对策措施

6.1 工程重大问题的对策措施

南水北调东线一期工程和中线一期工程分别建成运行两年多,从长江流域向黄河流域、海河流域的跨流域调水已经开始发挥初期效益。

6.1.1 调水功能与产能损失的对策措施

水是生命之源,也是人类生产、生活和维持生态不可或缺的资源。实施跨流域调水工程,不仅能够缓解缺水地区生活用水紧张的矛盾,而且能够增加缺水地区经济发展潜力,从根本上改善该地区因缺水逐渐退化或恶化的生态环境。通常,大型跨流域调水工程,可以或应当兼具有削洪、蓄水、发电、灌溉、航运、养殖、旅游、增设景观和改善生态等多功能。完备这些功能,需要在规划设计中和决策时遵循科学运筹、系统开发、综合利用之思想原则。

6.1.1.1 调水工程功能产能内涵

1)功能的内涵

功能泛指事物、器具、组织、方法所能发挥的各种作用和效能。而具体的功能,则可定义为特定对象能够满足某种(或特定)需求的一种属性。也就是说,只要能够满足使用者现实需求或潜在需求的属性就被赋予了功能。根据事物自身环境条件和利用目的,功能可分为:

(1)基本功能,是与对象及主要利用直接有关的功能,是对象存在的主要条件。

(2)辅助功能,是实现基本功能必须完善的条件(如配套工程),对基本功能起辅助作用的功能,同时形成基本功能的潜在(尚可开发、拓展)的功能。

(3)剩余功能,是指形成基本功能之时附随产生的功能,但不能兼而使用;若同时利用,有可能与主要功能产生需求冲突,换句话说,这种剩余功能超过使用者的利用需求,放弃或待开发,因具体情势而定。

2)产能的解释

产能的一般概念是指某一特定对象所具有的产出能力。一项工程、一个工厂、一条流水线、一名操作手都具有其"硬软件"所赋予的产能。这里所指的"硬件",是指包括工程设施、设备、仪器等装备;"软件"包括形成生产能力的技术条件、组织生产的程序以及明确地计划安排等。

不同对象,其产出能力及标称不同。一座煤矿,其产能是它在计划期内(一年开采)产出的原煤数量。对于一个企业来说,产出能力是指在考核的计划期内,企业各生产单元(全部流水线等固定资产设施)在既定的组织技术条件下,所能生产的产品数量,或者能够加工的原材料数量。但对于一个发电工厂或电站来说,它的产能并不是以实际发电量来表示(如水电站发电量随来水情况变化),而是以其装机规模标称。同理,民航局很难以投入的飞机及座位数量和机场吞吐量来表示产能,而只能以年乘机人次来标称。也就是说,生产能力或产出能力只是反映企业所拥有的加工能力的一个技术参数,它可以反映生产单元的生产规模,也可以表示企业的产出数量。

受诸多因素影响,单元产能和系统产能不是简单的加成关系。具体地说,流水线的产能不是由组成流水线的所有设备产能累加而成;工厂的产能不是多个生产线产能的简单相加。因此,产能也可以分类为:

(1)设计产能,是规划设计的总体方案确定或设定的生产能力,它是按照工程(工厂)设计文件选型的关键设备计算得到的最大年输出、产出能力(产量)。

(2)有效产能,是一定时间内正常生产所形成的生产能力(产出数量),也就是扣除辅助(如检修、维护、换件及外部限制性条件等)时间后的产出能力。

(3)利用产能,是指设计产能因市场需求不足、操作不熟练或(人力、资金、关键材料)资源配置不当,部分产出的能力。

(4)计划产能,是根据企业发展和市场需求预先安排的生产能力,它反映企业利用设计产能和适应变化的管理水平。

6.1.1.2 调水工程的合理功能与产能规模

1)水的总量约束

众所周知,地球是一个被水圈"包裹着"的星球。据测算:地球表面约有71%的面积被水覆盖,地表水的总量大约为13.68亿 km^3(1 km^3 = 10亿 m^3),其中,97.3%的水存在于海洋。到目前为止,科学家们在浩瀚无际的宇宙空间和无数的星体上尚未发现与地球相同的液态水。

水的用途非常广泛。然而,地球上被人类经济利用的淡水(资源)却十分有限。受地球大环境的影响,地表降水分布不均,导致部分地区水多成灾,另一部分地区因缺水生态不断恶化。加上人类自身扩张的非理性和用水的不节制,又加剧了淡水资源的社会分布失衡。早期的人类择水而居、人水和谐。从20世纪初开始,人类凭借自己的智慧和能力,实施跨区跨流域调水工程,改变水资源的分布不均,以满足不断增长的用水需求。

2)功能与产能配置

跨区或跨流域调水,本身就是水资源再配置工程,需要全面、综合利用有限的水资源。合理地的调水功能与产能安排,应予比选以下配置形式:

(1)大规模、全功能、用途广泛。如大规模调水工程兼具有拦洪、蓄水(增加湿地)、供水、发电、灌溉、航运、养殖、旅游、联通湖泊增设景观、改善生态等多功能,那么,合理的主产能应选择发电、拦洪和供水。

(2)单一功能、小规模。除单纯改善区域生态的目标外,若调水工程仅以供水或灌溉为单一功能选项,这种简单的利用水资源方式,调水规模既产能只能维持在较小规模。

(3)多功能,限制次功能规模。若调水工程具有供水、拦洪、发电、灌溉、航运、养殖、旅游及改善生态等多功能;就需要对部分功能及产能进行合理限制,如对航运、旅游和养殖等功能产能适当限制,防止此类产能利用的同时,污染或影响其主要功能、产能发挥效益。

由于我国河川径流(来水量)年际、年内变化较大,南方地区大江大河年际变率在10%~30%,而年内丰枯极值之比高达数十倍;北方地区,年最大最小的径流极值比为4~7倍,一些支流可超过10倍;也就是说,一条河流的流水,各年、各时段都不一样,最大、最小的时候可以差到数十倍。因此,跨区跨流域调水应充分考虑来水的变化以及水源区及河流下游自身需求的变化,科学、合理配置调水工程的产能规模。

根据河流来水的年际、年内变化规律和多国部分调水工程的实际调、引水运行实践,合理的调水工程产能规模应做如下限制性优化。

(1)调水河流水源区上游,雨季调引水量为同时段径流值的5%~10%,旱季不宜调水;

(2)调水河流中游区域,雨季约为总水量10%~20%,旱季可调5%的水量;

(3)调水河流下游,雨季水量约20%~30%,旱季不超过10%的水量。

6.1.1.3　功能产能失配的原因和咨询业的改革

十八大以来,党中央一直在推动资源行业的市场化改革,只有加快资源配置和公共服务领域的市场化改革,才能更好地提高大型工程的决策效率。

1)设计咨询业的改革与发展

我国工程勘察设计咨询业,是应用科学技术服务型产业,也是经济发展中的重要组成部分。新中国成立以来,工程勘察设计咨询业伴随国家建设和发展,已经同步成长为引以骄傲并领跑世界工程技术的企业团队。据有关资料统计,截至2015年底,我国工程勘察设计企业总数约14 500家,从业人员约190万人,全行业营业收入约7 000亿元,实现的利润总额约1 200亿元。然而,我国的工程勘察设计咨询业发展经历了以下几个阶段。

(1)勘察设计咨询业体制的发展。改革开放以前,工程勘察设计单位属于事业性质,任务由国家下达,人员受编制控制,经费由政府财政全额拨款。

(2)1979年,国务院批转国家"建委"党组《关于改进当前基本建设工作的若干意见》指出"勘察设计单位现在绝大部分是事业费开支,要逐步实现企业化,收取勘察设计费"。随后,部分勘察设计单位开始了转企和设计取费试点。

(3)1984年,国务院又提出国营勘察设计单位实行企业化,要求"勘察设计向企业化、社会化方向发展,全面推行技术经济承包责任制",独立核算,自负盈亏。

(4)20世纪末,国务院先后多次发文,明确勘察设计单位由事业性质改为科技型企业,逐步建立现代企业制度,并具体规定了体制改革的基本原则、方案、配套政策。其后,大部分勘察设计企业开始了设计单位体制改革(如与原行政主管部门脱钩、划归国资委直接管理或移交地方管理,完成政企分开)。

(5)2010年,中央所属178家勘察设计单位大都完成了体制调整,改变了隶属关系;

大部分勘察设计单位已由事业改为科技型企业,成为独立企业法人。

2）勘察设计咨询业存在的问题

勘察设计单位的体制改革,中央部门与地方和行业之间步调不一。其中,小设计院、地方设计单位的改制步伐较快,中央层面的设计企业尤其是效益好的企业改制步伐缓慢。

（1）一些工程设计过于强调传统理念,反映时代特征不够,而另一些工程的设计过于注重外观形式,片面追求视觉冲击效果,忽视建筑的使用功能、节能环保、环境景观、经济实用等重要因素;"贪大求洋""标新立异""新奇特"之风盛行,使其"产品"资源能源消耗过高、功能不尽合理、与周边景观极不协调。由于建设投资规模不断扩大、设计周期不断缩短、设计任务不断加重,许多设计人员疲于应付完成出图,设计原创能力不强,工业设计核心研发能力薄弱,工艺设计不先进,细部处理深度不够。特别是方案设计、技术集成、科技创新与国际水平差距较大;设计顶尖人才缺乏,与国际著名设计师比较,在精品创作和设计理念上存在不足,以致在一些高端设计市场上竞争力不强。

（2）市场秩序不够规范。许多设计企业分散经营、盲目扩张、无序竞争;一些设计单位为取得设计项目常常采取不正当方式竞争;地方保护和行业垄断现象依然存在;自负盈亏的设计单位与仍依靠行政指令项目或财政补贴的设计单位存在不公平竞争。

3）设计咨询业深化改革的方向

解决勘察设计咨询业存在的问题,根本出路在于加快其市场化的改革。深化改革的方向和思路、政策措施主要体现在以下方面。

（1）深化改革的方向和思路。勘察设计咨询业的改革与发展,应当坚定党的十八大以来确定的市场化方向,以市场经济的规制、办法,引导勘察设计咨询业的理性行为;通过持续推进的体制机制、理念和技术创新,加快与原行政管理体制的脱离、脱钩,不断优化行业运行模式和市场环境,提高设计企业活力和竞争力。在 2020 年前后,应形成合理地行业运行体系、组织结构体系和经营服务体系,全面提高执业者素质和整体水平,培育一批具有国际竞争力的设计人才,创造一批精品工程和技术品牌。

（2）深化改革的政策措施。设计咨询业的深化改革,首先要完善设计资质管理体制。因为资质和执业资格是政府调控和规范市场的重要手段。目前,我国的行业资格管理和执业注册制度尚不健全,企业诚信与行业自律体系尚未形成,需要探索符合国情并与国际接轨的勘察设计准入制度;其次,打破行业界限,消除保护壁垒,逐步建立"统一标准、统一考试发证,分级申报,分类审查"的资质、资格管理体制;最后,建立健全注册执业者责任追究制度,即逐步实行由注册执业人员对勘察成果、设计文件负法律责任,单位负经济赔偿责任的制度,提高行业和从业者责任意识和能力。

（3）严格设计招投标制度,促进设计总承包模式发展。除少数涉密项目外,所有勘察设计咨询活动都必须依据法律实行强制性招标,确保国家重大工程项目在阳光下运作;各部委可根据项目实施阶段,委托社会中介机构组织招标工作。从减少管理环节考虑,设计合同尽可能采取总承包方式。总承包有利于对项目实施全过程、全方位的技术经济分析和方案的整体优化,有利于保证建设质量、缩短建设工期、降低工程投资,实现社会效益、经济效益和环境效益的最佳统一。

（4）加强勘察设计诚信建设,推行勘察设计责任保险制度。市场经济是信用经济,有效运行的市场机制必须能够对失信行为进行有效的惩戒。因此,市场需要建立系统完整的设计主体和执业人员的信用档案,严格信用等级评价,通过资质、市场准入、招投标、设计保险等机制,对失信行为进行惩处,发挥信用体系的促进作用。积极探索重大工程设计保险,运用市场机制合理分担勘察设计单位和专业人员的执业风险,增强企业和工程抗风险能力;通过立法或修法,强制推行勘察设计责任保险制度,逐步降低工程建设风险。

6.1.1.4　调水功能产能失配的对策措施

1)同丰周期调水功能及规模失配的对策措施

如前所述,我国水资源量年际分布不均,大江大河年际年内变化较大。根据水文资料,长江流域径流丰枯变化频繁,1956—2000年,45年中偏丰和枯水年有17年,占37.8%,正常年份12年,占26.7%。且出现连续丰水或连续枯水年的情况,给水资源开发利用造成一定困难。同时,长江降水量和河川径流量的60%~80%集中在汛期,长江干流上游比下游、北岸比南岸集中程度更高,年内分布不均性显著。

从2014年底以来,我国南北方部分地区同时遇到多雨小周期。也就是说,近年的降雨频次和雨量都明显多于前10年。需要说明的是,这里所说的多雨周期,仅为气象统计中降雨的周期性变化规律;所谓小周期,是指在20~30年里重现或持续多年的多雨。持续地多雨,使缺水的华北地区来水增加,缓解了缺水紧张与矛盾,减少了调水需求。

由于北方地区的缺水,是根本性缺水和资源型缺水,即使在多雨周期,也只是一些年份或一段时间比历史上的平水年和枯水期及相应时段的降雨增多,并没有也不可能根本改变受水地区水资源短缺的事实。因此,在多雨周期,仍然需要按照设计的调水规模实施调水,通过进一步开发调水水量的多种及重复利用(如灌溉、养殖、向部分河流湖泊生态补水等)功能,合理发挥跨流域调水的水资源功能和产能规模,最大限度地挖掘跨流域工程再配置水资源的作用和效益,以弥补向城市供水之产能过大、功能(单一)不足造成的损失。

2)同枯周期调水功能及规模失配的对策措施

南水北调东线一期工程和中线一期工程分别建成运行两年多,从长江流域向黄河流域、海河流域的跨流域调水已经开始发挥初期效益。从水量上说,东线一期工程水源可靠,设计的调水产能规模不会因为上游来水不足而调不出水。但是,南水北调中线工程自2014年11月开始调水,2014年底至2015年底,中线一期工程仅调水22亿 m^3,约为设计产能规模的23%;2015年底到2016年底完成调水约33亿 m^3,为设计产能规模的34%。为什么连续两年达不到设计的调水规模产能,一方面有内部人士分析认为,华北并不是当初设计想象的"那样"缺水;另一方面,南水北调中线水源公司的有关负责人指出,一些曾经要水的沿线地方,因中线水源公司收取一定成本的水费,就不再要水,而不要钱的水则多多益善。这也就是说,那些曾经叫喊缺水的地方,实际上并不是真正意义上非常缺水,而是缺少更经济更便利的水。

根据央视的报道,2017年长江流域将是一个来水偏少的年份。对这个信息的解读可以告诉我们,2014年底以来的多雨周期可能结束,或者说长江流域将进入持续偏旱的少雨周期。根据水文资料分析,历史上的持续少雨年份远远多于多雨年份。以南水北调中线水源区丹江口水库的来水情况为例,1991—2001 年的年均径流量只有 279.2 亿 m^3,比以前多年平均来水减少约 100 亿 m^3;较枯的 1999 年,上游仅来水 147.6 亿 m^3,远不能满足汉江中下游的用水需要(大约需要 240 亿 m^3);遇到少雨年份,如 2004—2014 年的枯水年,南水北调中线工程基本无水可调。

有专家研究提出,汉江流域水文丰枯差异较大,丰水年频次为 8~12 年发生一次较大来水;期间有 3~5 年的平水年和 5~6 年的枯水年;丰水年丹江口水库来水量约 390 亿 m^3,10 年一遇的偏旱年来水量约 218.4 亿 m^3,百年一遇的大旱年来水量仅为 133.0 亿 m^3。据此分析,以中线调水工程的功能和设计产能规模测算,调水的保证率不足 50%。也就是说,南水北调中线水源无保障,这与水利部原工程局蒋本兴局长在有关南水北调的建议报告中提出的"中线水源不可靠"结论基本一致,也和长江水利委员会、长江科学院多位老院长、老专家所说的"跛脚水源"之分析结论相同。对此,我们应当采取的措施是,在多(丰)水年尽可能按设计规模实施调水,沿线修建并联通多个湖泊、水库,储存更多的水资源(应对来水不足),同时改善缺水地区的生态环境,提高缺水地区自身的产水条件和能力;当水源区来水减少或持续偏旱,则停止实施跨流域调水,确保水源区及流域的合理用水。

6.1.2 东线一期工程运行风险的对策措施

大型跨区、跨流域的调水工程,尽管建筑物结构相对简单,施工技术也不复杂,但其单位工程数量多、运行线路长,不同地形与建筑物地质条件和社会环境条件复杂;调水工程运行过程,不仅面临自然灾害、次生灾害、突发环境事件和责任事故的风险及损害,还可能面临主体建筑物变形、老化和主要设备、材料的疲劳、损坏以及经济恶化、人为破坏(如投毒、报复性损坏)等风险及损失。

在南水北调工程建设期间,包括作者在内的许多学者都曾思考或参与了南水北调工程的风险研究,如秦明海等学者将南水北调的风险划分为工程类风险、经济类风险、环境类风险、社会风险、调水保证率风险、工程管理运作风险等 6 个方面,并提出了"风控"建议;南京水利科学研究院水文水资源与水利工程科学国家重点实验室的刘恒、耿雷华学者对南水北调工程运行风险开展的管理研究,并提出了工程风险、水文风险、生态环境风险、经济风险和社会风险等 5 种风险源(图 6-1);2005 年,程铁信等学者对南水北调中线工程河北段建设施工过程中的物流风险进行了分析;2006 年,阎德强学者运用工程项目风险管理理论,对南水北调东线工程山东段的建设和运行管理可能面临的投融资、水价、航运、技术、移民、防汛、治污等风险进行了研究。

此外,中国水利水电科学研究院、南京水利科学研究院、河海大学等单位联合攻关,历时 3 年完成国家"十一五"科技支撑计划项目——"南水北调运行风险管理关键技术问题研究"。该课题围绕南水北调工程东线和中线调水未来运行可能出现的技术风险,识别其风险因子,探讨这些风险发生及作用的机理,初步研究了运行风险的综合评估方法,提出了工程安全运行风险控制的基本思路。

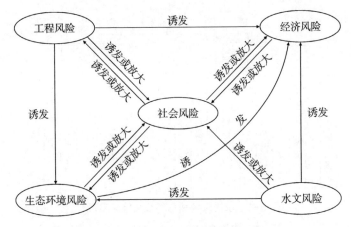

图 6-1　南水北调工程风险源相互关系

由于南水北调东线一期工程主要向东部平原和黄河下游的山东供水,调水属于相机补水性质。也就是说,在受水区降水较多的年份和雨季,无须调水或仅需少量补水。因此,东线工程调水特点决定了其工程系统必须科学调度,确保运行可靠、高效。依据图 6-1 的分析可知,东线调水一期工程风险因子众多,各风险源的具体因子之间还存在着互相诱发和放大的关系,如工程风险可能诱发经济、生态风险,水文风险可能诱发经济和生态环境风险;生态环境风险反过来也可触发经济风险等。同时,这些风险源具有传导性,如工程风险、环境风险、水文风险、经济风险等都有可能形成严重的社会问题,即通过工程风险、环境风险触发社会风险。这其中,工程本身的风险是诸多风险的"牛鼻子"。管控工程风险是规避或降低其他风险的关键。目前,东线调水一期工程已经投入运行,而运行中的工程风险主要包括抽水系统、输水系统和蓄水系统 3 个独立部分。

6.1.2.1　抽水系统运行风险隐患的对策措施

东线调水工程风险主要包括抽水系统运行和水源生态环境风险。其中,抽水系统运行风险源主要来源于工程及设备质量与管理,而水源水质及生态环境风险主要受水文情势变化和污染事件影响。抽水系统的主要风险分别为泵站系统抽水效率和泵站系统工程及设备安全两大方面(见图 6-2)。影响抽水效率的因素包括:运行条件、设备质量、技术状况,具体有出水量的变化、水泵扬程的变化、电压波动、水泵陈旧等;影响工程安全的主要因素,包括工程位置、洪水水位和堤高在内的防洪条件等。

东线调水工程抽水系统,主要由泵站建筑物及设备组成;东线抽水泵站设备的特点是扬程低(多在 3~6m)、流量大(单机流量一般为 20~40m³/s)、运行时间长(黄河以南泵站约 5 000h/a),且部分泵站兼有防洪排涝任务,要求泵站运转灵活、高效、可靠。抽水系统的运行风险,是指由于内因和外因作用导致抽水系统工程运行不能满足调水功能及产能要求,即:在受水区有需水要求时,抽水系统不能满足水量要求;对部分自身存在防洪要求的泵站,在受到洪水冲击时,不能设计供水要求正常抽水运行。

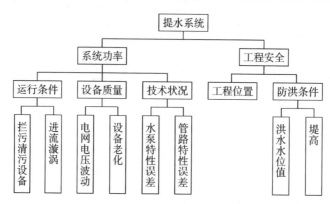

图 6-2　东线工程抽水系统风险环节图

1)泵站系统抽水效率降低

在水泵运行过程中,出水量的变化、水泵约束扬程的变化、电压波动、水泵陈旧等均可使系统抽水效率发生变化;也就是说,效率降低可归纳为三个方面:即运行条件、设备质量、技术状况。运行条件对泵站抽水效率的影响主要表现为:

(1)拦污清污设备。泵站进水口前设置拦污栅拦截污物,拦污栅及污物阻力形成栅前后水位差。排涝期,来水污物较多,如果清污设备不完善,水位差最大达 2.0~3.0m。泵站来水污物量适中,清污设备较好与较差的泵站拦污栅前水位差分别为 0.5~1.0m、1.5~2.0m。水头损失造成扬程改变,从而影响泵站提水功率。

(2)进流漩涡。前池水位低,来水有旋时,叶轮需要克服反旋或利用正旋做功,扬程增大(反旋)或减小(正旋),而流量变化不大;因此,水力功率随之增大或减小,而水泵出口能量基本不变。

2)设备质量

设备质量影响泵站抽水效率主要表现为:

(1)电网电压波动。电网电压波动,端部电压低于额定电压时,电动机额定输出功率减小。如果额定电压时电动机处于满负荷工作状态,则降压后就会过载,影响泵站抽水效率。

(2)设备老化、磨阻增加。由于电机设备老化,导致泵站抽水效率降低;根据江苏省江水北调近 40 年的运行现状来看,泵站系统存在一定程度的老化现象,电机功率在运行过程中存在一定程度的衰减。

3)技术状况

技术状况对泵站抽水效率表现为:

(1)水泵特性误差。通常水泵叶片角度越大,轴功率越大。制造安装、调节过程,容易造成水泵叶片角度误差,同时叶片形状误差也会造成水泵实际性能与设计性能的差异。

(2)管理、维护状况。根据调查,泵站的年运行时间在 10~150d/a 不等,平日对泵站管理和维护十分重要,例如:淮安三站规定运行满 5a 或 12000h 后,进行检修,每年进行定期状态检修,汛期前进行安检。若有关管理部门不能及时对泵站进行管理、维护,则易造成泵站工况点变化,影响抽水效率。

4)泵站系统工程安全

南水北调东线工程部分泵站需要具有一定的防洪功能,以保障其在汛期的正常运行。影响泵站工程安全的主要有河道洪水水位和河堤堤高两个因素。

(1)在泵站系统中,建立站身防洪的泵站有:淮安四站、金湖、泗阳、刘老涧二站、唯宁二站、皂河二站、郑州站、刘山、台儿庄、解台、韩庄、二级坝、八里湾、淮安二站、皂河一站。

(2)建立防洪大堤的有:宝应、洪泽、万年闸、长沟、邓楼。对修建引水渠的泵站而言,影响其安全运行的因素主要是洪水漫堤威胁泵站安全性;对其他类型而言,工程安全的风险因子主要为河道最高洪水水位。

5)抽水系统工程风险对策措施

对于大型工程的风险控制,大多数研究成果都提出了两种对策措施,即工程类和非工程类措施。所谓工程类风控措施,主要是在总体规划、技术设计和建设管理决策中,预置相应的防控风险及损失的设施或手段,或事后(如运行阶段)视情况变更增加此类手段;如通过提高关键建筑物的结构安全性能、增加防护设施以及减小系统或建筑物的破坏概率的方法来抵御风险。而非工程类的风控措施,则主要是通过法律规制、技术规范、操作规程、应急预案等制度性保障措施和方法,指导、约束和规范当事人的行为,以实现避险、减灾、降损的目标。

针对南水北调东线工程的抽水系统,其防控措施有:

(1)抽水泵站设备数量及单机能力配置,应充分考虑检修、保养和突发故障;

(2)泵站系统实行集中控制、提高泵站自动化程度;

(3)建立严格的抽水系统安全生产责任制度;

(4)健全操作规程、实行定时定期保养、维护;

(5)对泵站系统配置智能监测或故障专家诊断系统,实时监测和发现问题;

(6)强化责任意识,完善问责机制。

6.1.2.2　蓄水系统运行风险隐患的对策措施

1)蓄水系统面临的主要工程风险

东线调水工程的蓄水系统,主要包括洪泽湖、骆马湖、南四湖和东平湖在内的4大天然湖泊及联通的河渠。根据南水北调东线一期工程调度运行方案,蓄水系统汛期工况较之前改变甚微,蓄水系统运行中的风险源同样来自工程、水文、环境、社会等多个方面(水文、环境和社会风险及对策措施分别在随后的章节加以分析、表述,此处仅讨论蓄水系统工程风险之对策措施,其风险或隐患部位见图6-3)。

也就是说,除输水、蓄水系统的洪泽湖、骆马湖、南四湖和东平湖4大天然湖泊提水工程设施及抽水设备具有的(建筑物、关键设备及材料老化或故障损坏)运行风险之外,蓄水湖泊的工程风险大都与抽(提)水系统的工程风险相似,主要是天然湖泊堤防渗漏或破坏。尤其是输水过程,各大湖泊堤防将长期遭遇高水位浸泡(如东平湖,正处于汉河来洪高峰期);若不考虑荷载情况、风浪作用和水流等条件,其工程风险类同于输水系统中河道工程运行的风险。

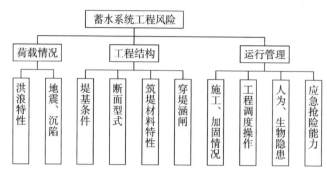

图6-3　蓄水系统工程风险部位图

2)洪泽湖的基本情况

蓄水湖泊中的洪泽湖,形成于公元12世纪,有"悬湖"之称,湖底高程在10.0~11.0m,比下游里下河地区高4~8m,汛期洪水位一般为12~13m,最高可达16m以上。每年的洪水仅凭湖东洪泽湖大堤抵挡,洪水威胁较大。洪泽湖大堤北起淮阴码头镇,南至盱眙县张庄高地,全长67.26km,宽8~20m。其中,淮阴区境堤顶高程18~19m。此外,洪泽区境内的42.5km堤段是大堤主干部分,该段湖面开阔,大堤内外水位落差较大,历史上常常被洪水及风浪袭击而损毁;大堤沿线建有大小穿堤建筑物20多座(包括三河闸、高良涧进水闸、二河闸等大中型水工建筑物10余座),组成洪泽湖防洪控制性工程。但部分建筑物标准不足、混凝土老化严重、质量差,防渗长度不足,严重削弱了堤身断面,是大堤防洪的薄弱环节。而且,堤基沉降等问题,导致大部分林台达不到设计高程,沿线约有30%堤段坡脚无抛石护坡、无底坎;在高水位运行期间,受风浪拍击可能造成损堤和漫溢。特别是新老堤接触面处理不良,堤身存在多处渗漏通道,渗漏现象严重。

3)骆马湖的基本情况

骆马湖位于沂河末端,中运河南侧,承接南四湖、沂河干流和邳苍地区5.1万km²面积的来水,主要入湖河道有沂河、中运河,多年平均入湖径流量67.2亿m³。湖区南北长20km,东西宽16km,周长70km,一般湖底高程为20.0m,最低为19.0m。南四湖和邳苍为相应洪水的地区组成,50年一遇时,骆马湖设计洪水位为25.0m,湖面面积450km²,容积15亿m³,出湖流量7540m³/s,校核洪水位26.0m,湖面面积450km²,总库容19亿m³。历史上主要为滞洪的过水湖,1958年改为常年蓄水库,汛后蓄水兴利。

在设计洪水位下,骆马湖调洪库容仅7.5亿m³,调蓄能力小;北堤迎水面无护坡,东堤和西堤砂浆石护坡高度不足,且损坏较多。若利用该湖实施蓄水、提水,则需要对湖周提防进行大范围加固,主要内容包括堤防护坡,重建穿堤建筑物等,如皂河镇北段、宿迁闸至幸福电站段进行堤防加固;东堤局部需防渗处理;北堤新建、维修护坡6km,东堤新建、维修护坡14km,一线堤防维修护坡4000m²,抛石护底4.6km;处理滑坡60m,重建涵闸12座,加固和维修涵闸5座,新建及维修防汛道路90.71km,新增上堤道路30km等。

4)南四湖的基本情况

南四湖位于江苏、山东交界处,属浅水性湖泊,其南北狭长 125km、东西宽 6~25km、周边长 311km,承接着 53 条河道的来水,有较大入湖河道 22 条,流域面积 3.17 万 km²;其中,湖西地区为 2.18 万 km²,湖东地区为 0.86 万 km²,湖面面积约 0.13 万 km²;总库容 53.7 亿 m³,防洪库容 47.31 亿 km²,兴利库容 17.02 亿,兴利调节库容 11.28 亿 km²。

1958 年,南四湖建设了二级坝水利枢纽,坝上称为上级湖,坝下称为下级湖;上级湖包括南阳、独山及部分昭阳湖,湖底最低高程为 32.3m,死水位 32.8m,南北长 67km,在南水北调东线工程中的作用主要为输水通道,水位稳定在 34.50m。下级湖包括部分昭阳湖及微山湖,湖底最低高程为 29.0m,南北长 58m,死水位为 31.3m,计算调蓄洪水设计水位为高程 36.3m,百年一遇洪水位为 36.62m,300 年一遇洪水位为 37.29m;1957 年型洪水位(相当于 90 年一遇)为 36.5m,是南水北调东线工程重要的蓄水湖泊。调水运行时,蓄水位将抬高到 33.50m。

湖西地区为黄泛平原,地势西高东低,地面坡降由西向东逐渐变缓,地面高程西部最高为 60m,至南四湖周边为 33.0m,坡度在 1/4 000~1/12 000;湖东地区东部为山地及丘陵,中部津浦铁路两侧为山麓冲积平原,西部为滨湖洼地,地面高程自东向西倾斜,坡降约为 1/1 000~1/10 000。

由于湖西大堤管理难度较大,仍存在 20km 堤段未按设计防洪标准实施加固,可能影响整体防洪效能的发挥;而且,部分湖东堤身破坏严重,如济宁老运河 0+000 至 31+200 段全长 31.2km,该段重点保护着济宁市、兖州煤炭基地、津浦铁路和国家棉粮油仓库等,但其堤身单薄、堤顶高程低、老化严重,道路缺口较多,穿堤建筑物老化失修,防洪标准不足 10 年一遇(韩庄运河经过治理标准已达 20 年一遇),沿河配套工程设施仍不完善,穿堤建筑物老化严重,堤顶缺乏防汛抢险道路;伊家河防洪标准不足 5 年一遇,堤防标准过低,堤防断面较小,且主河槽淤积严重,遇超标准洪水容易出险。

5)东平湖的基本情况

东平湖是南水北调东线工程黄河以南利用的最后一个调蓄湖泊,同时也是黄河下游的重要分滞洪湖泊,属于黄河宽河道进入窄河道的过渡水域;原为黄河、汉河洪水汇集而成的天然湖泊,1951 年正式规划为滞洪区,开始有计划地自然分滞洪;1958 年修建了围坝,成为河湖分家并有效控制的东平湖水库;1963 年改为单一滞洪运用的滞洪区,其主要作用是削减黄河洪峰,调蓄黄河、汉河洪水,控制黄河艾山站下泄流量不超过 10 000m³/s。

东线工程运行后,老湖区主要担负调水调蓄功能,并保护柳长河输水工程和梁济运河。因此,老湖将长期处于高水位蓄水状态,蓄水期水面宽阔,风浪作用强烈,出现风浪危害的概率大大加大。按老湖接纳汉河来水和东线工程利用老湖蓄水,水位按 44.79m 考虑,解河口至武家漫围堤长 9 550m,围堤高程不足;有 6 230m 围堤渗水严重,不适应长期蓄水的要求;11km 石护坡损坏严重,2 312m 围堤堤脚残缺不全;二级湖堤上的八里湾闸不能满足围堤断面及两侧防渗要求;4 600m 围堤堤身断面不足;山口隔堤筑堤时土石结合部未按要求处理,渗水严重;大部分石护坡蛰陷损坏严重,不适应防风浪要求;陈山口、堂子、卧牛等许多引水涵洞和排灌站的修筑标准低,防渗效果差;一旦长期蓄水,必然导致出现渗水或土石结合部漏水等险情。

6)蓄水系统工程风险的对策措施

南水北调东线工程位于我国经济发达、人口稠密地区,东线工程运行沿线有超过20个城市。调水过程,既有来自外部的风险(如地震、洪水、水环境突发事件等),也存在工程本身隐伏的风险。

东线工程蓄水系统与输水系统和抽(提)水系统联系紧密,工程潜在风险问题相近;一旦遭遇风险,一损俱损。因此,应对蓄水系统工程风险,需要结合输水系统和抽(提)水系统之方法,工程措施和非工程措施"双管齐下",全面落实下列措施:

(1)强化湖堤、河道险工险段及在建工程的防汛责任,提高湖泊流域排洪通道防洪标准和防洪工程实际防洪、泄洪能力;

(2)按最高标准加固各隐患部位,实时、全面监测和维护防洪工程运行工况;

(3)严格实施水闸、涵闸等工程维修,确保启闭灵活、运用自如;

(4)加快对采煤沉陷段应急处理及加固进程,确保堤防安全及完整;

(5)改进洪水预报方法,不断提高预报速度和精度。

6.1.2.3 输水系统运行风险隐患对策措施

1)东线输水系统组成

根据南水北调东线一期工程建筑物与功能的不同,东线分由提水、输水和蓄水三大功能系统。东线调水工程,从长江下游干流江都站取水,利用京杭大运河等河道,经泵站逐级提水输水北送,在调水沿线设有和利用若干个用于调蓄的湖库,形成输水系统。

在东平湖以南,主要采用双线输水;以运河线为主、运西线为辅。运河线主要连接河段为高水河、里运河、中运河以及韩庄运河,输水至南四湖;运西线主要为新通扬运河、三阳河、潼河、金宝航道和三河,从三河入洪泽湖后通过徐洪河汇入中运河,后由不牢河输水入南四湖。运河线与运西线在南四湖交汇后,由梁济运河输水入东平湖。东线工程输水过东平湖后分为两路,一路穿黄河,经小运河输水至德州大屯水库,输水路线长173.49km;另一路向东经新辟的胶东地区输水干线接"引黄济青"渠道,向胶东地区供水;胶东输水干线长239.78km。由于输水线路长,涉及工程多,因此工程运行将不可避免地受到各类不确定性因素的影响。为规避风险、减少损失,工程运行应采用风险管理。

穿黄工程为南水北调东线调水的关键控制性工程,连接东平湖和鲁北输水干线,由出湖闸、南干渠、埋管进口检修闸、滩地埋管、穿黄隧洞、穿引黄渠埋涵、出口闸及连接明渠等建筑物组成,全长7.87km。东线工程输水系统流程示意见图6-4。除穿黄隧道之外,东线工程输水系统主要为输水河道,其涉及的工程项目主要是堤防。与大坝风险分析相比,有关堤防工程风险分析的研究相对较晚,其成果主要集中于水文风险、堤防结构风险、失事后果等单项研究,风险计算主要依据堤防漫顶、渗透变形、管涌渗漏、边坡失稳、风浪冲刷等失事模型。

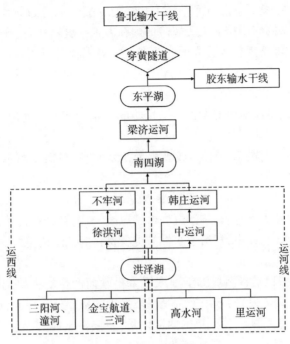

图 6-4　输水流程示意图

2) 东线输水系统主要风险

东线工程输水河道在运行期间,承担着输水、泄洪、航运等多重任务,故无论输水期还是汛期,部分渠线将保持高水位运行。但是,持续高水位和洪水是触发工程失事的最直接因素。而根据泄洪和输水功能的不同,部分河道水流流向不断发生改变,加上水位陡起陡落,极易导致工程失事;此外,东线工程在"苏北皂河—宿迁—骆马湖"一带穿越我国东部深大断裂郑庐断裂,烈度以上区间渠线长达 90km,地震、地质灾害也是工程运行不可回避的外部因素之一,其输水河道工程风险各部位见图 6-5。

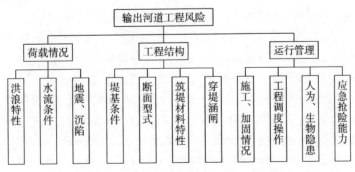

图 6-5　输水河道工程风险各环节结构图

工程的外来荷载,如洪水、水流条件及地质灾害等,是影响工程安全的最重要的外部因素。输水河道工程作为人工建筑物,是一个较为复杂的系统工程,主要由堤基、堤身以及穿堤建筑物(如涵闸)等组成。工程在设计、施工、运行和管理过程中,难免存在许多不确定性,这些因素的共同作用构成工程风险的内在因素。也就是说,每个部位与环节的运行好坏都将直接导致堤防工程风险程度的改变。在对工程进行风险识别时,必须结合堤防的失事模式,通过分析工程运行外部环境和各个环节中的风险因素,预测工程可能发生的险情,才能得出较全面、清晰的风险诱因体系。

输水系统,工程运行风险主要考虑河道堤防的安全稳定性。而堤防风险形式则主要考虑下列几种情形。

(1)漫堤失事。因堤防高度不足,或者堤前洪水水位过高,都将造成洪水漫过堤顶,引起溃堤失事。

(2)渗透失事。大堤堤身或堤基发生渗透破坏后,可能引发整个或部分堤防溃决;其破坏类型主要为管涌和流土等;影响渗透失事的风险,主要有堤防坡降和临界比降以及堤身断面尺寸、材料透水性,其中,材料透水性与堤身材料的孔隙比、黏粒含量、干密度、颗粒级配等有关。

(3)失稳失事。失稳是指因堤脚空虚或堤基松软而产生的大块土体移动,即河道河堤发生崩岸、滑坡等;研究发现,暴雨通常是滑坡发生的重要外在因素,水流冲刷力是崩岸发生的主要外在因素。影响失稳失事的内部因素,主要指土体的物理参数,包括容重、渗透系数、土体沉积强度等。

(4)复合破坏。堤防破坏失事,有可能是上述几种失事模式的叠加,即复合破坏模式;如堤防在长时间高水位运行时,堤内浸润线抬高,渗透坡降增大,而浸润线以下土体饱和后,抗剪强度降低,下滑力增大;此时,堤防就有可能同时发生渗透破坏和失稳破坏。也就是说,堤防工程的风险应该是某一荷载组合下对应的漫顶失事破坏风险、渗透破坏风险、失稳破坏风险和复合破坏风险的综合表现。

3)输水河道触险机制

如果说漫顶、渗透破坏和提基失稳,是输水工程破坏的主要形式;那么,建筑物自身结构、筑堤材料和运行工况以及管控能力,都是规避或降低这种破坏与风险的重要环节;尤其是以失稳破坏为前提的(临水面滑坡、背水面滑坡和崩岸)工程风险,筑堤材料特性、工程结构型式和施工质量等,对调水运行安全起着极为重要的作用。

(1)材料与结构方面。筑堤材料的透水性,决定工程与堤身的渗流速度,是影响工程渗透破坏的主要因素;渗透系数越大,堤体越容易发生渗透变形。东线输水河道堤防和蓄水湖泊堤防,多为人工就近取土填筑而成;由于建设历史时期与技术水平的不同,导致堤防土质类别、土粒级配迥异,质地不均匀。事实上,堤基条件是触发风险的重要因素,表现为堤基地层结构即基础的天然强度不足。工程沿线地层结构复杂,岩性局部变化大,物理力学指标相差悬殊,堤基类型较多,因此,存在渗透变形、地震液化、不均匀沉陷及失稳等安全隐患。若局部堤身曾发生过决口险情,在填堵中用到的秸料等杂物,易形成低强度基础,如老口门堤基作为一种专门地质结构,由于堵口时填料物质复杂,既有干口填堵的素填土,又有抢险时的秸料、块石等,存在不均匀沉陷及失稳风险,特别是堤身的断面型式、防渗体类型、堤身材料级配、密实度和渗透性等因素,对工程的安全运行产生不同程度的影响。

（2）工程质量方面。众所周知，施工质量是触发工程风险的重要因素之一。东线工程输水河道，多利用原有堤防蓄水防洪，大多数堤防都是在原有民烷、旧堤基础上逐步加高培厚而成。堤基未做处理，堤身则在不同技术条件下填筑而成，存在填筑土料不纯、土料含水量控制不严、内外边坡过陡、分期施工新旧土结合面处理不当、碾压密实度不高等施工质量问题，容易产生各种不均匀体，使得工程产生不均匀沉陷和裂缝，一旦发生洪水，堤身易产生渗水，引发堤防渗透失事、失稳等风险事件。

（3）运行工况方面。东线调水过程中，上游湖泊的调蓄调度方式与下游河道及排洪工程的运行情况等，都是决定工程是否能安全运行的关键因素。也就是说，上游湖泊控泄流量是否与河道工程规划设计标准相一致，下游河道是否存在河道障碍、能否顺利行洪，泄洪能力是否满足设计要求等至关重要。堤防工程运行，有别于大坝的重要特征是堤前水位无法通过控泄调节，而水位的陡涨陡落极易造成堤防崩岸、滑坡及内水外渗等险情。连接建筑物主要为穿堤涵闸，是堤防工程安全运行的结构薄弱点，在经受上游水位长期浸泡后，穿堤涵闸可能在堤防背水坡发生渗漏现象。若涵闸伸缩缝止水失效，将使沿洞壁的纵向与横向渗流连接，洞内外漏水连通，渗流出口处土体湿润或渗水，形成漏洞或塌坑的情形。此外，堤防运行中受自然和人为活动破坏很显著，如人类的不合理采煤、开采地下水、植物根系及动物掏挖等，均易形成堤基堤身质量隐患，一旦遭遇洪水就可能诱发险情，进而危及堤防的安全。

4）降低输水系统风险的对策措施

东线调水工程输水河道运行中存在的风险，可以采取工程类措施和工程管理措施并举的方法，降低和管控输水系统可能出现的工程风险。

（1）主要的工程措施：出险机制表明，漫顶风险主要因堤防高度不足或遭遇超标准洪水，造成洪水漫过堤防；渗透破坏，源于土体的渗透坡降大于临界坡降，在渗透力作用下堤体发生渗透变形；失稳破坏主要为堤防滑坡；堤防滑坡时，临水面滑坡多发生在高水位退水期或在出现过崩岸、坍塌险情的堤段；背水面滑坡，多发生在汛期高水位或出现渗透破坏险情的堤段，崩岸主要发生在临水坡滩地较陡的堤段。针对此类风险，设计时应复核堤顶高程，检查其是否满足规范的要求。为了消除汛期风浪对堤顶和堤坡的冲刷，调水运行前对堤防进行加固、加高；若遭遇渗透风险时，一方面提高堤身和堤基本身抵抗渗透破坏的能力；另一方面应降低渗流的破坏能力。即按"前堵后排、反滤料保护渗流出口"的控制原则，降低渗流出口比降和堤身的浸润线。在遭遇边坡失稳时，应设法减小滑动力、增大抗阻力，上部削坡与下部固脚压重结合。对渗流作用引起的滑坡，必须采取"前堵后排"的措施，还要加强区域地下水监测，控制岩溶水的开采等。

由于加固措施可以明显降低堤防出险概率；因此，东线工程应对原有堤防进行系统性加固处理。除实施防渗处理外，护坡也是重要的加固方式（包括模袋混凝土、混凝土块、砌石护坡、生物护坡、黏土护坡等）。防渗处理，对风险的影响取决于防渗型式，如截渗墙型式（通常有混凝土、水泥土以及土工膜等截渗墙型式），放淤固堤、加高、帮宽、灌浆等；若采用截渗墙，则需要论证采用哪种类型的截渗墙，因为不同的加固方式对降低风险的效果亦不同。在加固施工过程中，对软夹层、防渗处理施工不连续、防渗体搅拌不均匀等也容易造成堤身质量缺陷。

(2)管理类措施。管理是实现生产力的根本;应对调水工程的风险,管理措施一方面加强制度、机制和控制方法建设,如建立健全运行安全生产责任制度、风险应急预案机制和运行信息系统等建设;另一方面,严格检查各项调水运行制度、规程的落实,如根据《堤防工程设计规范》中规定的堤防工程安全等级划分规则,确定堤防安全管理等级;严禁河道内无序采砂而改变河道水流、水力条件,杜绝管理中的人为影响。再一方面,就是加强对输水系统实施全天候预警监测,及时获得各种管理信息,降低风险。如实施堤防工程安全实时监测系统,在堤防重要部位布置相应的自动化监测仪器,一旦发现问题,依据预案及时处置。

具体地讲,东线输水河道堤防工程在运行过程中管理质量的好坏,直接关系着堤防在汛期抵御洪水风险的能力。如堤防的日常维护管理,包括巡堤检查、隐患排查,制止一切损害河道安全的人为活动,有效解决一些不安全因素等。针对运行中的薄弱环节,如高水位且持续时间较长时,若堤身碾压较差,临水坡脚浸水软化,有可能引起滑坡失稳时,加强对堤面检查观测,必要时采取预案安排的除险加固措施,以防堤防失事;再如强降雨时,由于雨水入渗和风浪冲击,对可能产生局部滑坡的部位,现场负责人应启动应急预案,实施应急加固等临危处置,控制风险的发生及造成损害。

6.1.3 中线一期工程运行风险的对策措施

南水北调中线工程是我国跨流域再配置水资源的关键工程,它能够从根本上缓解我国政治文化中心(首都)北京及华北地区水资源短缺的矛盾,具有重要的政治经济意义。根据南水北调工程总体规划(2001修订),中线一期工程从长江的一级支流汉江丹江口水库引水(后期视发展需要再考虑从长江三峡水库引水);按独立的单项工程划分,一期工程主要有水源工程、输水工程、供水工程和环境保护工程(包括污水处理和生态修复补偿)。因供水工程属于南水北调工程的配套工程,实行计划单列,由受水城市另筹投资和建设;环境保护工程由地方政府负责实施,也就是说,由中央财政投资和建设的仅有水源工程和输水工程,建设规模如下:

(1)水源工程,在水源区建设丹江口水库大坝加高工程,设计蓄水位从157m提高到170m,水库库容由174.5亿 m³ 增加到290.5亿 m³,丰水年可满足调水和防洪对调蓄库容的要求;此外,在汉江中下游干流上新建一座节制闸,改扩建沿江部分引水闸站,整治航道,并兴建从长江补水到汉江下游的工程。

(2)输水工程,建设从汉江丹江口水库引水到京津华北地区(长约1 400km,包括天津干渠)的输水总干渠;因属明渠自流输水,沿线需穿越众多大小河渠、公路、铁路,连同渠道上的节制、分水、退水工程,干渠上需设建筑物2 000余座。

由于水源工程中的丹江口大坝加高是在原基础上的改扩建工程,其跨越数十年,设计计算条件、施工工艺方法不同,新老结构、材料和运行工况发生了较大改变,大坝运行时必然隐伏许多工程风险。与其同时,超过1 200km 的输水干渠沿线,存在有数千座分水闸、节制闸、泵站等交叉建筑物和控制性建筑物,这些建筑物将直接影响输水系统的稳定性和安全性,容易触发调水工程运行风险事件。此外,中线一期工程输水过程中,还将穿越众多大小河流,这些交叉河流上游水库众多;任何一处发生风险或破坏,均会影响输水系统的正常运行。

6.1.3.1　中线工程重大风险分析

如果将南水北调工程各子系统独立开来,每个子系统的建筑结构都不复杂,运行条件也相对简单,发生风险的概率较低,即便遭遇突发风险其损失规模可控。然而,南水北调工程既跨流域、也跨区域,仅中线一期工程输水距离超过 1 200 km,其间需穿越大小河流700 条,建有各类建筑物约 1 757 座,还要与 23 座干渠梁式渡槽、16 座涵洞式渡槽、10 座渠道暗渠、74 座渠道倒虹吸、4 座排洪涵洞、2 座排洪渡槽、26 座河道倒虹吸等 7 类建筑物立交;不同的气候条件和地质条件以及生态环境,使其风险因子众多,且各风险源的具体因子之间存在着互相触发和叠加放大的关系。因此,自 20 世纪 90 年代开始,许多专家学者针对南水北调工程的运行风险开展了全面研究。

1995 年,朱元牲、韩国宏等学者以水文风险为研究对象,采用概率组合法,建立了总干渠洪水水毁风险计算框架,提出了二维复合事件的风险计算模型,揭示了各交叉建筑物水毁事故之间的相关性,据此简化了大型串联系统风险计算的复杂性,并在此基础上估算了整个干渠的水毁风险概率。其后,王华东等学者分别采用层次分析法、模糊概率—事故树分析法进行风险识别和风险概率估计,运用统计分类法和类比分析法对风险后果进行估计,以灰色关联分析法和综合指数法对南水北调中线水源区进行了风险的综合评价。

2003 年,冯平等学者以风险理论为基础,提出了先建立二维复合风险事件组合模型,然后再进行两两组合,逐步给出整个输水工程防洪风险的估算方法;2001 年,梁忠民学者在分析南水北调中线调水量的基础上,采用多变量随机模型,对中线工程水源区可调水量与各受水区缺水量进行模拟研究,并提出供求水量的风险计算方法;2002 年,张彤等学者针对长系列供水、最不利来水、运行断水三种情况,分别测算其工业及生活供水可能遭受的风险和损失,并提出了规避风险的对策与措施;梁志勇、何晓燕等学者基于洪水风险与脆弱性概念,引荐了有关国家城市防洪的成功案例,提出洪灾中风险和脆弱性对城市供水的影响;2003 年,吴兴征、赵进勇学者结合堤防安全运行和管理实践,提出基于可靠性理论的边坡稳定和渗透稳定风险评价模型及解决方法。

2005 年,顾文权等学者依据可靠性、恢复性、易损性、协调性和缺水指标等风险指标,对比研究了南水北调中线工程调水后的汉江中下游干流供水风险;贺海挺学者采用失效模式及影响分析方法,分析评价了跨流域调水工程中的风险因素及可能采取的应对措施;2006 年,田为民学者通过对比京广铁路(河北省段)和总干渠(河北省段)与河流交叉建筑物的设计指标,对交叉建筑物的水毁风险进行了分析研究;2007 年,王仲玉等学者分析研究了中线工程各交叉建筑物的综合风险规律,并提出了渡槽风险控制的相应措施。

应当承认,在近 20 年里,针对南水北调工程的风险及管理研究取得了许多具有参鉴、指导意义的成果。但是,相当多的研究集中于风险辨识与分析方法,缺少具体地避险和应对措施,尤其是缺少一些涉及敏感的社会风险(如水权的产权属性和公平交易诉求和新时期逐渐增多的恐怖活动或事件)与应对措施的研究内容。事实上,偏重与自然灾害(如洪水、地震等)的风险尚归类于小概率事件,真正对南水北调工程构成威胁的风险主要是水源工程(东线指提水工程)关键建筑物及结构、施工质量和输水工程运行中的变形、渗漏、振动破坏,如穿黄隧道地基及渠坡地基砂层液化失稳等。

1)丹江口大坝加高工程风险分析

19世纪末以来,全球因地震震毁和洪水水毁大坝的事件超过1000例,许多大坝失事造成重大人员伤亡和财产损失。1997年,在意大利佛罗伦萨召开的第十九届国际大坝会议上,各国的水利工程专家一致同意将水坝的事故及风险、已运行的大坝安全性评价和大坝工程造价控制等内容列为会议研讨的重要议题,尤其强调了对人为失误导致工程损毁的关注及重要性。

丹江口水库大坝加高工程是南水北调中线工程的重要组成部分,大坝加高形成的(库容及蓄水量等)水源条件,可以确保丰水年全年向京津、华北地区持续供水。丹江口水库由汉江库段和丹江库段组成,库区地势西高东低;大坝加高后,坝顶高程由初期的162m升至后期续建的176.6m;运行时,汉江回水至将军河口、长188km;丹库回水至紫荆关镇、长120km。由于丹江口大坝已经运行数十年,大坝建筑物结构已部分老化,加上设计基础条件发生变化,从工程力学角度来说,除需要重新论证大坝的抗滑稳定性之外,还需要分析地基承载力是否不足、坝体倾覆以及坝趾坝踵混凝土拉压强度不足产生的风险或破坏。此外,丹江口大坝的整体性加高,不只是大坝坝顶升高,还包括下游坝坡贴坡加厚。因此,大坝加高存在以下三种新老结构与结合型式:

(1)大坝的水平面新老结构结合;

(2)坝体的垂直面新老结构结合;

(3)下游坝坡的斜面新老混凝土结合。

根据结构力学和材料力学分析,大坝老混凝土对新混凝土将产生约束应力;同时,新混凝土的逐渐收缩,将对老混凝土产生应力作用,特别是对坝体产生的拉应力,使结合面因收缩可能部分脱开,破坏大坝及结构的整体性和强度;一旦遭遇超过设计标准的洪水、地震等,大坝的安全面临严重威胁。也就是说,大坝加高其坝体新老混凝土的结合问题,实际上是研究解决坝体的整体受力和坝体各部位的应力要求问题。

2)交叉与穿越工程风险分析

南水北调东线工程和中线工程的输水线路,都将穿越沿途的大小河流、湖泊,也要与沿途已经存在的建筑物发生交叉。如上所述,除东线、中线工程的输水设施需要穿越黄河外,中线工程的总干渠将穿越大小河流约700条,建有或与2000多个各类建筑物立交,输水过程的运行安全存在较大的不确定性。

(1)穿黄工程风险。有研究表明,穿黄工程的运行风险源主要来自两个方面。一方面,穿黄工程的风险表现为隧道结构或施工质量的安全性,如隧道连接处断裂、突水、突泥等;另一方面,隧道工程运行可能面临诸多的外部威胁,如地震导致输水隧道结构整体损毁或地基塌陷使局部断裂等,再如输水设施进水口的大流量冲击产生的振动,局部砂层液化使其结构破坏。

(2)交叉建筑物风险。如前所述,中线工程输水线路上与众多河流和渠系建筑物(其中仅干渠梁式渡槽有23座、涵洞式渡槽有16座、渠道暗渠10座、渠道倒虹吸74座、排洪涵洞4座、排洪渡槽2座、河道倒虹吸26座)立交。无论是输水干渠上新建的立交建筑物,还是与原有的渠系建筑物交叉,一旦起因任何一方发生的事故、灾难,都将导致输水运行中断,造成调水工程严重损失。

我国是世界上地震灾害发生率较高和损失最严重的国家之一,全国 50% 以上的省会城市和 70% 左右的大中城市均位于 7 度及以上烈度区域。以北京为中心的首都华北地区和云南—四川—陕西—内蒙古相连的南北地震带上以及新疆的西北部,都是地震风险及损害较严重的地区。

3)渠坡稳定风险

南水北调中线工程属于跨区、跨流域、远距离调水,1 200 多 km 的输水总干渠建筑在不同的(如黄土、冲积层粉细沙土、膨胀土岩和软黏土)地质环境,其地基和基础因设计疏漏、施工质量缺陷和地质灾害等风险因素,都可能造成输水建筑物结构损坏,导致输水过程中断及渗漏损失。

(1)膨胀土(岩)渠坡。总干渠沿线分布的膨胀土主要为第四系中、下更新统黏土、粉质黏土和残坡积黏土,膨胀岩主要为上第三系黏土岩、泥灰岩;参考文献资料表明,膨胀土主要分布于河南省以及河北省邯郸和邢台的丘陵、垄岗地貌区,膨胀土分布渠段累计长度约 346.85km,其中弱膨胀土占 69.3%,中等膨胀土占 24.6%,强膨胀土占 6.1%。干渠通过膨胀土分布区多为挖方,极少数为填方;开挖深度一般 7~25m,局部 25~49m;弱膨胀土(岩)组成的渠坡,稳定性较好,可视作一般粘性土渠坡对待;中一强膨胀土(岩)遇水后力学强度降低较多,渠坡稳定性差,存在较大破坏风险。

(2)黄土类土。总干渠沿线的黄土类土,由上更新统黄土状亚砂土、黄土状亚黏土、黄土和中更新统黄土状亚黏土组成;主要分布于郑州到邙山渠段,黄土状土分布于汝河至郑州、黄河至北京的山前丘陵、黄河及其支流的二级阶地上部。黄土类土一般仅具湿陷性,部分具中等湿陷性,且均为非自重湿陷性。非自重湿陷性黄土类土一般只分布在地表下 4~8m 深度范围内,此深度以下的黄土不具湿陷性。黄土类土渠段累计长度约 245km,其输水建筑物容易形成建筑结构破坏的风险因素。

(3)软黏土。通常,软黏土在力学强度上呈软—流塑状,抗剪强度低;而且,软基处理技术复杂、施工成本高;参考文献资料表明,中线总干渠沿线软黏土主要分布在河南省南阳和天津干渠段。其中,南阳软黏土为第四系上更新统冲湖积淤泥质黏土,分布长度 4.25km;天津干渠软黏土为湖沼相、海相沉积的第四系全新统黏土、壤土,累计分布长度 14.8km。大范围的软黏土地基,容易造成输水建筑物结构破坏,形成运行风险。

4)饱和砂土液化风险

南水北调中线工程输水沿线,黄河及其以北的潮河、沁河、纸坊河—沧河、漳河等的河漫滩、阶地和古河道等地,广泛分布着粉细砂、亚砂土,且地下水埋藏浅,砂土处于饱和状态,加之地震基本烈度大于 7 度(地震动峰值加速度大于等于 0.10g),存在饱和砂土液化问题。地质勘探和物探发现,中线输水干渠存在饱和砂土震动液化问题的渠段累计长度超过 37km,这些渠段的震动液化风险不容忽视。

5)煤矿开采区的工程地质风险

众所周知,煤矿区地层结构复杂,承载力较低;开采区及采煤作业过程,容易造成大体积(方量)的塌陷。

南水北调中线工程总干渠,自南向北,通过河南省禹州、郑州、焦作煤矿区和河北省的

7 个煤矿区,输水建筑物存在渠道压煤和通过采空区产生的稳定问题。有关研究认为,上述矿区在开采条件下,地质条件非常不稳定;地下煤炭开采 3~5 年后,其地表方可视为相对稳定状态,干渠的安全将不受影响。但是,活动的采空区,则会引起渠道的变形、破坏。由于煤矿开采是个动态的过程,采空区和压煤的长度在不断地变化,设计应根据矿区的情况、地形和地质条件等优化渠道走向,合理安排煤矿的开采,尽可能少地占压煤炭资源,确保总干渠地基的安全。

6.1.3.2 丹江口大坝加高工程的风险对策

丹江口大坝是我国 20 世纪 50 年代开始建设的水利枢纽工程。1949 年新中国成立后,治理洪灾水患成为中央政府的头等大事。根据长江流域规划办公室 1958 年提出的《汉江流域规划报告节要》,汉江流域规划任务就是治理汉江洪水灾害、综合利用水资源,并提出除满足本流域国民经济发展用水要求外,尽可能引水济黄和济淮;推荐汉江干流梯级开发方案,并选定丹江口水利枢纽为综合治理开发汉江的首期工程。也就是说,丹江口水利枢纽工程很早就被确立为跨流域调水的水源工程。

1)丹江口大坝建设情况

作为 20 世纪 50 年代后期开工建设的国内规模最大的水利枢纽工程,丹江口大坝坝址位于湖北丹江口市,在汉江干流与其支流丹江汇合口下游 800m 处,控制汉江流域面积的 60%、径流量的 70%;具有防洪、灌溉、供水、发电、航运、水产养殖等综合效益;是治理开发汉江的关键工程。按照《丹江口水利枢纽初步设计要点报告》,设计选定水库正常蓄水位 170m。其首要功能、任务是防洪,以下依次为供水、发电和航运,并明确远景要考虑引江济黄和引水济淮。1958 年 4 月,中央政府决定兴建丹江口水利枢纽;大坝设计坝顶高程 175m,正常蓄水位 170m,总库容 290.5 亿 m³,防洪库容 80 亿~110 亿 m³;1958 年 9 月 1 日开工建设,次年底实现截流,进入主体工程施工。

建设初期,鄂、豫两省十万建设大军会战湖北的丹江口。1962 年初,水下工程基本完成,河床混凝土大坝浇至 100~117m 高程。但是,时逢 3 年"自然灾害",国民经济遇到暂时困难,加上"会战性质"的突飞猛进,施工质量出现了问题,决策层决定暂停主体工程施工,以贯彻"调整、巩固、充实、提高"的 8 字方针,压缩基础规模,减少基础投资,提前发挥丹江口水利工程效益。因此,提出了分期建设方案。复工后,确立大坝正常蓄水位 157m,坝顶高程 162m;1967 年 10 月,水库开始蓄水,次年 10 月第一台机组发电,1973 年初期工程完工。

2)建筑物及布置

丹江口水利枢纽工程的主要建筑物及布置有:

(1)丹江口大坝挡水建筑物全长 2494m,其中河床及两岸连接段混凝土坝长 1141m,分 58 个坝段,最大坝高 97m;

(2)右岸土石坝长 130m,左岸土石坝长 1223m,最大坝高 56m;

(3)泄洪建筑物布置于河床右部及中部,全长 384m,由 12 个泄洪孔和 20 个表孔组成,泄洪能力 4.82 万 m³/s;

(4)坝后式发电厂布置在河床左部,装有 6 台单机容量为 15 万 kW 的机组;

（5）大坝左岸设有 110kV 和 220kV 开关站；

（6）大坝右岸布设有通航建筑物，由垂直升船机和斜面升船机组成，通行 150t 级驳船；

（7）引水建筑物位于水库东南角的陶岔和清泉沟，陶岔引水渠包括长 4.4km 引渠，孔口为 6m×6.7m 的 5 孔闸，闸底高程 140m，设计引水流量 500m³/s；初期功能是灌溉，后期调水；

（8）两引水渠首设计初期年均引水量 15 亿 m³；由于闸底高程按后期规模设计，初期工程不能保证灌溉供水，1992 年又在清泉沟渠首兴建提水泵站，装机 1.5 万 kW，设计年抽水量 8.54 亿 m³，以满足灌溉需求。

3）初期工程效益

丹江口水库初期工程建成之后，发挥了巨大的水资源效益。

（1）防洪效益。初期工程建成后，汉江中下游形成了以丹江口水库为主，由两岸堤防、杜家台分洪工程、中下游临时分蓄洪民垸组成的防洪体系，使汉江中下游防洪标准由 5 年一遇提高至 20 年一遇，缓解了江汉平原及武汉市的洪水灾情威胁；通过水库调蓄，利用杜家台和部分民垸分洪后，基本可保证江汉平原安全，使近百万人免遭洪灾。

（2）发电效益。丹江口水利枢纽电站装机 90 万 kW，多年平均发电量约 38.3 亿 kW·h；电量容量并重，是当时我国华中电网的骨干电站，并承担调峰、调频、调相和事故备用任务；截至 1999 年底，电站累计发电量达 1070 亿 kW·h。

（3）灌溉供水效益。丹江口水库陶岔和清泉沟两灌溉引水渠，设计年供水量 15 亿 m³，规划灌溉面积 36 024 万 hm²；由于水库库容不足，防洪与兴利矛盾十分突出而影响供水，实际灌溉面积约 21 014 万 hm²；灌溉后，灌区粮食亩产提高 100~150kg。同时，通过水库调蓄，一般在汉江枯水期仍保持 400~500m³/s 的下泄流量，保证了中下游生活用水。

（4）航运效益。丹江口水利枢纽初期工程的运行，改善了大坝上下游航道条件，库区形成了约 95km 的深水航道，变季节性通航为全年通航；汉江中下游 640km 航道，由于水库的调节作用，汛期洪水流量大幅度削减，枯水流量加大，水位变幅减小，航深增加，改善了航运条件，促进航运事业的发展。换句话说，建库前，库区只有几只机帆船，中下游通航驳船；建库后，500t 级驳船从汉口可直抵沙洋，350t 级驳船可达襄阳，100~150t 级驳船可通航升船机跨越大坝抵达上游。

（5）水产养殖效益。丹江口初期工程水库形成了 400~700km² 的广阔水面，为发展淡水渔业养殖创造了有利条件；建库后，水产捕捞量由 1969 年的 86t 增加至 1998 年 10 000t。此外，水库的形成，改善了区域景观，带动了旅游业的发展，为安置部分水库移民及就业创造了适合的条件。

4）丹江口大坝加高的重要性

随着水源区上下游用水量的增加和北方地区缺水情势的日益严峻，加上丹江口水库库容偏小，在防洪和综合开发利用汉江水资源方面尤其是实现调水功能受到很大制约，不能满足经济社会发展的需要。因此，按照当初设计的坝高实施加高非常必要，其重要性体现在以下方面。

（1）汉江中下游防洪标准需要提高。丹江口水库上游地处秦巴山区，因集中性暴雨而突发峰高、量大的洪水,其中下游河道泄洪能力不足,历史上水灾频繁。大坝加高之前,汉江中下游依靠丹江口水库初期工程调蓄和堤防及运用杜家台分洪工程,尚可防御 20 年一遇洪水;超过此级别的洪水,新城以上民垸必须分洪。若遭遇 1935 年型洪水时,为确保重点堤防的安全,将有 14 个民垸分洪,按 1990 年统计资料,分洪民垸耕地超过 6 万 hm^2,需临时转移人口约 80 万人,分洪难度及损失都很大。

(2)实施跨流域调水的需要。丹江口水库,位于华中、临近华北,水库水位踞华北平原之上,占尽地利优势,加以水量充沛、水质好,是南水北调中线工程较为理想的水源地。但是,汉江流域径流量年际变化较大,丹江口水库以上最大年径流量为最小年径流量的 4 倍多,年径流量的 2/3 以上又集中在汛期。也就是说,丹江口水库必须要有较大的调节库容,才能满足汉江中下游防洪与向北调水的双重需要。按照设计单位的考量,维持大坝初期工程,预留的防洪库容将造成大量弃水(年均弃水量 54.3 亿 m^3);与此同时,水库蓄不够水的情况也时有发生,说明在保证防洪条件下,就无法实施中线南水北调,必须加大库容至后期规模,增大水库调节能力。

(3)初期水库调度运行问题严重。为保证防洪,初期工程水库调度要求夏汛(当年 6 月 21 日~8 月 20 日)及秋汛(8 月 21 日~9 月 30 日)库水位分别控制在 149m 及 152.5m 以下,即分别预留防洪库容 77 亿 m^3 和 55 亿 m^3。因此,造成大量弃水,汛后来水又有限,水库蓄满率仅 22%。防洪与兴利公共库容多,往往造成防洪与兴利争夺库容的局面。特别是洪水结束时间的年际变化大而难以把握,有的年份 7 月底汛期就已结束(1991 年),有些年份如 1996 年,到 11 月 20 日还产生 1.29 万 m^3/s 的洪峰流量。提前蓄水,则要冒有可能汛末发生洪水而造成上游淹没、下游受灾的风险;如按设计规定的 10 月 1 日开始蓄水,又可能造成水库蓄不满的结果。汛期大量弃水,供水期水量不足。同时,因水库蓄满概率低,造成了洪水期发电与灌溉的矛盾;每年 4~6 月是灌溉的关键季节,要求库水位不低于 146.5m。然而,这一时期也是发电的高峰期,库水位经常降至保证灌溉水位以下,不能满足灌溉需要。

若要保证灌溉,就得减少发电量,发电与灌溉争水矛盾,直接影响了工农业生产。

5)丹江口大坝加高的工程规模

丹江口水库大坝加高,是在已建初期规模的基础上按原设计方案续建加高,设计蓄水位由 157m 提高至 170m,相应库容增加至 290.5 亿 m^3,较初期规模增大库容 116 亿 m^3。其中,增加防洪库容 33 亿 m^3;使校核洪水位(万年一遇加 20% 洪量)达 174.35m,总库容达 339 亿 m^3。按设计要求,混凝土坝坝顶高程为 176.6m,实际加高 14.6m;而土石坝加高达到 15.6m,土坝顶高程 177.6m。大坝施工采用下游面贴坡加厚的加高办法。

枢纽布置与初期工程相同,右岸土石坝需改走新线,在原土石坝下游张家沟南坡向右岸红土岭方向延伸约 882m;坝型为黏土心墙坝,最大坝高 62m。左岸混凝土连接坝段和左岸土石坝仍沿原线加高培厚向岸坡延伸约 200m。泄水建筑物的 12 个泄洪深孔,其启闭条件均能适应加高后的运用要求,20 个溢流表孔需将堰顶高程由现在的 138m 抬高至 152m,挑流鼻坎相应抬高。枢纽最大泄洪能力为 4.74 万 m^3/s,满足加高后防洪和各种运用情况的要求。厂房坝段的引水钢管及坝后式厂房设计为初后期公用,不受大坝加高的影响。通航建筑物仍布置在右岸原址,随大坝加高相应抬高,通航能力由 150t 提高至

300t 级航舶。

事实上,在初期工程的设计与施工中,均考虑了大坝后期加高的要求;河床部分高程 100m 以下坝体已按后期正常蓄水位 170m 要求施工,后期加高再无水下工程;下游坝坡面预留了新老混凝土坝体结合键槽,便于嵌固结合;泄洪表孔设置有后期施工的堵水门槽,方便施工。除施工期一段时间内通航建筑物停用,货物需用已设置于左岸的专用码头转运外,可满足度汛需要及不影响枢纽连续运用,初期工程部分施工企业尚在,天然建筑物材料储量丰富,运距 5km 以内,开采运输条件齐备,内外交通方便,供水供电通信条件好,实施大坝加高的条件十分优越。

6)大坝加高工程风险及应对措施

尽管在丹江口大坝初期建设中,技术上曾经考虑了后期大坝加高的可能性,也曾采取了相应的技术措施,确保地基承载力满足加高的条件。但是,丹江口大坝的设计者不可能预先知道需要在 50 年之后实施加高大坝混凝土工程。由于大坝加高是在原建筑物上架构,新混凝土与老混凝土的结合面应力状态迥异;换句话说,在坝体水平结合面、垂直结合面和斜坡结合面上,老混凝土将对新混凝土产生约束应力,同时新混凝土收缩可能对老混凝土产生应力,尤其是是对坝体产生拉应力,使结合面因收缩难免拉裂或脱开,影响主体建筑物的整体性。因此,需要应对"新老混凝土结合"带来的结构安全问题。

解决坝体的整体受力和坝体各部位的应力问题,关键是尽可能减少新浇混凝土因温度收缩对坝体产生的不利影响,避免或尽可能避免产生大范围混凝土裂缝,尤其是需要控制危害性的裂缝。对此,我们可以采取以下对策措施。

(1)在浇筑新混凝土之前,通过试验确定凿除老混凝土厚度;

(2)对老混凝土界面进行严格清理,将老混凝土的风化、变质、蜂窝、麻面和酥松部分全部凿除,形成凸凹面;

(3)老混凝土中钢筋构件露出部分,进行清洗和防锈处理,以防油污阻隔新旧混凝土的结合;

(4)采用锚筋法,以加强新老混凝土的结合;具体地讲,在老混凝土上钻孔,绑扎钢筋笼,直接浇筑新混凝土;

(5)加强施工后期监测,发现裂缝及时灌浆补强;

(6)严格控制新混凝土浇筑时间和温度,尽可能浇筑预冷混凝土。

6.1.3.3　中线工程立交建筑物风险对策

工程建筑物立交,可以有效利用空间、节约土地,但也由此带来巨大风险。处于高处(或上层)建筑物具有更高的势能,也更容易失稳。无论何种事故或灾难导致损毁,其下层建筑物必然面临损毁风险。近年来,频发的城市立交桥交通事故、重载压垮桥体的侧向垮塌事故,无疑都造成下层路面人身及财产的巨大损失。

20 世纪,美国旧金山曾发生了两次大地震:其一,1906 年 4 月 18 日的里氏 8.3 级地震(后经修定为 7.8 级),该市大部分高楼大厦非倒即歪,大火整整烧了三天三夜,多人被压死、烧死,直接经济损失 5 亿美元;其二,1989 年 10 月 17 日,旧金山再次发生里氏 6.9 级大地震,死亡约 270 人,直接经济损失超过 10 亿美元。除因时隔 83 年,经济总量发生较大变化之外,1989年的较小震级与较大损失主要是城市交通主干道上的立交桥、高架路倒塌,压扁了许多下层路面的小汽车,使其人身伤亡及财产损失更为惨重,这种情况,与日本阪神大地震(单腿高架道路整体倒塌)相似。也就是说,立交建筑物产生的工程风险,远远高于平交的工程情况。

1)中线工程交叉建筑物类别

根据南水北调总体规划(2001修订)报告,中线调水工程输水总干渠从丹江口水库陶岔渠首引水,线路跨越河南、河北,至终点北京团城湖,全长约1276km,跨长江、淮河、黄河、海河四大水系,沿线穿越大小河流超过656条,与数以千计的建筑物发生立交。按照水利部南京水利科学研究院及水文水资源与水利工程科学国家重点实验室宋轩、刘恒、耿雷华等学者在《南水北调中线工程交叉建筑物风险识别》所做的研究统计,其主要立交建筑物有梁式渡槽、涵洞式渡槽、渠道倒虹吸、暗渠、排洪渡槽、河道倒虹吸、排洪隧洞等7种类别,数量如下(因统计口径不同,立交建筑物数量与前文存有差异)。

(1)跨越656条河流之同时,总干渠与164座沟、渠建筑物立交;

(2)包括15座各类涵洞(建筑物)交叉;

(3)与32座渡槽立交;

(4)和117座渠道倒虹吸(包括穿黄建筑物3座)交叉;

(5)在总干渠上方新建近千座沟通两岸的交通桥梁。

2)中线干渠穿黄工程自然环境

中线调水,在河南省方城穿越江淮分水岭后,沿黄淮海平原西缘北上,从郑州西到黄河南岸,立交穿过黄河。穿黄工程曾研究了渡槽和隧洞两种方案,经论证决策采用隧道方案。

穿黄工程黄河段地处黄河中游尾闾,系典型的游荡性河段,河道宽浅、主流多变,其河段南岸为邙山台塬,北岸为青凤岭高低,河床宽4～11km,主槽宽1～3km。1960年以前,主流游荡剧烈,在南岸邙山与北岸青凤岭高低之间摆动,范围达10km。1973年以来,在该河段修建了许多河道整治工程,河势得到一定的控制。

为便于穿黄工程与黄河两岸输水总干渠衔接,又能协调黄河治理开发的关系,研究发现孤柏嘴附近到牛口峪河段,多年来水流稳定,两岸为岗台高低,防洪压力小;地形、地质条件较好,能利用现有河道控导工程并于今后河道整治规划相协调。

穿黄隧道置于黄河冲积扇顶部,南岸为邙山黄土丘陵台地(高程130～260m,黄海高程系),北岸为青凤岭黄土岗地(高程107～112m),河槽高程98～100m;河床地覆盖层厚50～90m,岩性为砂壤土、壤土、粉细砂、中砂等。下部为壤土、黏土、含矿泉水砾中细砂等,较密实;下伏第三系黏土岩、砂岩,胶结疏松,力学强度较低;工程区地震基本烈度为Ⅶ度,地震时河床表层饱和粉细砂可能液化,易液化土层深15～17m(如长江科学院土工研究所周小文、刘鸣等学者在《南水北调中线工程砂层液化问题判别》研究中提出:砂层在7度地震下的液化深度在17m内;在地震加速度0.194g的作用下,隧道在深度30m处为非液化层,其液化影响深度计算见表6-1)。

表 6-1　砂层液化深度计算表

水平地震加速度	液化深度/m					
	隧道段				隧道段	
	YZK16	YZK17	YZK18	平均值	YZK19	YZK20
0.125 g	7	5	2.5	4.8	2.5	7.5
0.14 g	9.2	6.5	8	7.9	10	11
0.194 g	17.8	14.7	13	15.2	16.5	14.2

3)立交建筑物风险情势

与中线输水工程总干渠立交的建筑物,主要有渡槽、倒虹吸、涵洞和交通桥梁等类型,每种建筑物都可能因外部因素和自身结构问题触发不同的工程风险。以风险模式分析,立交建筑物虽各有其特性,但主要是结构整体性破坏、渗漏水、结构裂缝;直接原因是地基不均匀沉降、应力超过材料强度、止水破损等,风险模式见图 6-6。

(1)整体滑移与失稳。建筑物滑移与失稳,是指整个结构或一部分作为刚体失去平衡(如滑动、倾覆等);导致建筑物发生整体滑移与失稳的主要因素是地基不均沉降、局部基础上抬、进出口段边坡失稳。根据宋轩、耿雷华等学者在《南水北调中线工程交叉建筑物风险识别》的研究,诱发地基不均匀沉降的原因,主要是洪水、地震。洪水时,立交建筑物基础常常遭受不同程度的冲刷,导致地基应力发生变化而产生不均匀沉陷,造成建筑物整体破坏。此外,洪水对填方边坡的冲刷,可能引起边坡失稳,使整个填方段冲毁。如渡槽遇到超标准洪水时,水位超过槽身底部高程,在水流的浮托力和冲击力的共同作用下,加上水流携带的漂浮物对槽身的撞击,槽身极易发生滑移失稳、倾覆;对于排洪渡槽,洪水可能从槽顶漫溢,水流对基础及岸坡产生冲蚀,威胁地基安全。而排洪涵洞,地基的不均匀沉降是其发生坍塌的主要原因。当发生超标准洪水时,河道流量大于涵洞排泄量,排洪涵将遭受漫顶、水流冲击等破坏,最终冲毁坍塌。倒虹吸因上部河床受水流冲击作用而出现侵蚀,一旦防护设施难以抵抗水流的冲刷力,将形成冲刷破坏,使其失去平衡而引起管节错位等。倒虹吸属有压管道,若冬季管内水体结冰不仅会影响倒虹吸的过流能力,也可能使混凝土结构因冻胀作用产生的拉应力而破坏。

由于地震产生的惯性力,使建筑物同时产生竖直与水平方向的加速度,地面以上建筑物容易遭受剪切力而整体破坏,或因砂土液化使建筑整体倾覆。渡槽为地上结构,地震的破坏作用远大于地下的倒虹吸和涵洞;暗渠从河流底部穿过,跨度较大,若清基不彻底或分缝不合理等原因,使洞身坐落于沉降相差较大的地基上出现裂缝等问题;严重时,将导致洞身坍塌,使整个工程丧失输水功能。倒虹吸、涵洞属于地下结构,由于地下管道受周围介质约束,不易产生共振效应,地震惯性力的影响小,破坏主要来自回填土的变形,震害远比地上结构小。

(2)渗漏水。渗漏水可分为止水破损渗漏和裂缝渗漏。止水破损的原因,有止水材料自身老化、基础不均匀沉陷变形、结构不合理、施工质量缺陷及人为破坏等。渗漏不仅损失水量,而且会对基础及岸坡产生冲蚀,危及整体稳定。地基不均匀沉降,可能导致渡槽伸缩缝止水破损,尤其是槽身与进出口建筑物之间的接缝止水破损,不仅会造成水量漏失,还可能造成岸坡滑塌影响渡槽安全。据统计,已建渡槽的接缝漏水,已成为严重威胁渡槽安全运行和水量浪费的突出问题。倒虹吸与涵洞属于地下建筑,其渗漏水原因与渡槽基本一致,主要是管节沉陷导致止水破损以及老化等原因产生的结构裂缝。

(3)结构裂缝。混凝土结构裂缝,根本原因是结构应力超过材料的抗拉强度。主要因素有:荷载裂缝,既结构承受洪水、地震等引起静、动荷载超过了混凝土的应力许限。此外,设计不合理也产生裂缝,如混凝土结构外形设计不合理造成应力集中引发裂缝;冰冻灾害致使裂缝,混凝土因温度降低冷缩产生拉应力或表面降温过快产生内外温差使表面开裂;干缩裂缝,混凝土在空气中凝结时,由于水分蒸发混凝土体积收缩引发裂缝,这主要和混凝土配方以及施工工艺有关。

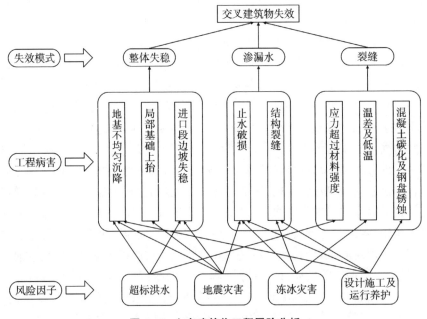

图6-6 立交建筑物工程风险分析

渡槽的裂缝,一般发生在槽身和支承结构上,是渡槽结构上最常见的破损形式。大型渡槽,日照温度变化和秋冬季的温度骤降可能引起温度应力而产生结构裂缝。这两种温度作用的特点是周期短,不会使渡槽结构产生大位移,却能产生很大的拉应力,即骤然降温时,结构外表面温度迅速降低,形成内高外低的温度分布,拉应力使结构破坏。夏季,太阳辐射强度较大,混凝土温升较快,槽内水体温度相对较低,在槽身的侧墙和底板内外都形成了较大的温差,产生拉应力。

4)降低立交建筑物运行风险的对策措施

渡槽、倒虹吸、涵洞和交通桥梁等立交建筑物,结构整体破坏通常是由灾难性事件(洪水、地震)、设计疏漏或施工质量缺陷所致;渗漏水主要是结构裂缝、材料老化等原因引起;结构裂缝是混凝土建筑物的常见病,受混凝土材料本身的特性和外部环境因素影响;裂缝不可避免,严重时将加速混凝土老化,致钢筋锈蚀;有些裂缝会破坏结构的水密性、抗冻性,降低结构强度,危及工程安全。尽管结构整体破坏的概率较小,一旦遭遇突发事件,其损失巨大;渗漏水可补救,损失程度可控,但需要及时维护、修复;结构裂缝,需要在设计和施工过程时,科学、合理选择工程结构形式与材料等级。除此之外,降低调水工程运行风险,尚可以采取以下对策措施。

(1)提高立交建筑物的设计标准(如加大设计荷载等级);

(2)扩大基础面、提高地基和基础承载力;

(3)"能钢则钢""能整宜整",也就是优先采用钢结构或钢混结构,整体式基础、整体式框架,提高结构整体性和稳定性;

(4)尽量避免采用单腿、单柱的支撑结构,避免整体性倒塌、垮塌;

(5)减少采用悬臂结构,控制选型采用斜拉桥(包括单斜拉和双斜拉)和悬索桥;

(6)加强立交建筑物安全监测,实时监控其运行工况;

(7)发现建筑物出现(渗漏、裂缝等)问题,及时进行修复和加固;

(8)建立和完善立交建筑物的应急预案,管控突发风险事件。

6.1.3.4　膨胀土(岩)地段干渠工程风险及对策措施

1)膨胀土(岩)的基本特性

所谓膨胀土,是一种遇水即膨胀,失水就收缩,胀缩效应十分明显的特殊黏性土。因此,膨胀土(岩)地质环境对大型工程建筑物可能产生的危害,一直都是岩土工程学研究、试验、求解的技术难题之一。

20 世纪 30 年代,国外已经开始研究膨胀土的破坏现象。20 世纪 60 年代开始,我国的土木工程领域(如水利、公路、铁路建设施工科研单位)也对膨胀土的结构、分类、矿物成分和膨胀基本特性等方面进行了试验研究,并取得了大量的阶段性成果。但是,针对膨胀土的强度、变形开展的研究大多基于饱和土理论,反映膨胀土的非饱和特性方面存在明显的缺陷,即不能体现膨胀土于湿循环过程中的强度、变形之变化,很难全面反映膨胀土土体的工程特性。随着非饱和土试验研究技术的发展,20 世纪 90 年代开始,国际上兴起了非饱和土研究热潮,膨胀土作为其中比较典型的非饱和土,受到更多的关注,多数学者认识到不能再将膨胀土作为一般黏性土看待。

2)膨胀土(岩)地段的破坏模式

在能源、交通工程中,遭遇膨胀土(岩)的地质环境常见。膨胀土(岩)边坡的破坏形式,通常为渐进性浅层破坏。以往对膨胀土(岩)边坡稳定分析,主要采用极限分析法、有限元法等。在抗剪强度参数的选取上,也只是采用折减法;土的本构关系基本沿用饱和土的本构关系;这些"假定",难以反映膨胀土湿胀干缩特性和膨胀力产生的独特作用,尤其不能诠释降雨、裂隙、膨胀特性等因素对边坡破坏的影响。根据长江科学院水利部岩土力学与工程重点实验室学者李青云、程展林、龚壁卫的研究,膨胀土边坡失稳主要有浅层滑动和深层滑动两种类型。其中,浅层滑动较为多见,主要发生在浅层大气影响范围内(2~3m);深层滑动则主要由软弱结构面控制,可按照通常的边坡稳定问题处理。按照工程现场工况模拟研究试验成果,渠坡失稳主要是浅层滑坡,分为以下类型:

（1）第一种类型。开挖过程中，即时滑坡；从滑坡勘探看，失稳原因是由膨胀土固有的裂隙面组成有利于滑动的产状而产生滑坡，此类滑坡主要由裂隙面控制，属重力作用下的失稳，在某些膨胀土（岩）试验段反映得非常明显，如中膨胀土试验段开挖中发生滑动，就是沿已有裂隙面（实测内摩擦角小于100）滑动的。

（2）第二种类型。这种类型主要是滞后性滑坡，即开挖后渠坡是稳定的，但经过人工降雨或者某一阶段的自然降雨后，渠坡发生了滑动。此类破坏，一般为从坡脚向坡顶发展的逐级牵引式滑动破坏；如试验段裸坡，中、弱膨胀岩4种不同坡比（1：1.5，1：2.0，1：2.5和1：3.0），经人工降雨后，有2个边坡失稳，另一组试验段裸坡，中膨胀土试验区2种坡比（1：1.5，1：2.0）的边坡经人工降雨后均发生破坏，弱膨胀土坡比为1：2.0的边坡在人工降雨后也发生滑坡。

3）膨胀土（岩）地段的破坏机理

试验研究表明，膨胀土边坡脚部位的位移比坡肩部位的位移大，说明边坡的失稳首先从坡脚开始发生，然后逐步向上牵引式发展。这类滑坡事先没有明显的滑动面。如果按照通常的稳定性计算方法和强度折减计算，这类边坡在重力作用下是稳定的，也就是说，它们之所以失稳，应该与膨胀土（岩）膨胀性有关。为验证这种结论，长江科学院的研究人员在室内专门进行了大比尺（与原型渠坡的尺寸比为1：10）的膨胀土边坡物理模型试验。

模型试验采用强膨胀土（岩）、中膨胀土（岩）的扰动样分层压实，对于扰动样，膨胀土体固有的裂隙性和超固结性均已消除，只有膨胀性保留。3个模型的试验结果显现了膨胀土渠坡在没有裂隙以及重力很小的情况下，人工降雨产生的滑坡过程（模型膨胀土、岩渠坡失稳现象）。分析认为，膨胀土（岩）坡失稳机理是其重力和膨胀性共同作用的结果。渠坡稳定的主要影响因素，包括膨胀土岩的强度变化、膨胀性大小及裂隙的发育程度等。水分状态的改变（增加）导致膨胀性（膨胀变形、膨胀力）及遇水强度降低（降雨入渗土体饱和度增加、吸力减小）以及裂隙产生和发展，是滑坡产生的推动因素。因此，膨胀土（岩）边坡失稳表现出浅层性、时间效应、雨水的诱发等特征。

上述两种类型的失稳模式，其机理和处理办法均不相同。其中，第一种类型的浅层滑坡主要受裂隙控制，只要裂隙产状组合有利，开挖时在重力作用下即发生滑坡，其处理办法为局部挖除，回填压实；第二种类型的失稳模式在挖方段、填方均存在。

4）膨胀土（岩）地段工程风险的对策措施

大范围及深厚层膨胀土，是地质灾害的重要诱因之一。同时，对大型工程建设的安全运行产生极为不利的影响。由于膨胀土地基危害性大，大范围处理费工费时，工程风险问题突出。因此，在膨胀土地质环境建设大型基础工程，一度成为工程和工程地质领域的世界性技术难题。

南水北调中线工程输水总干渠，遭遇膨胀土线路长约400km，主要分布在丘陵、垄岗、山前冲洪积和坡洪积裙等地貌区域。对干渠膨胀土（岩）段渠坡的研究，曾列为南水北调工程的重大关键技术之一。南水北调中线一期工程动工之前，国内公路、铁路等部门以往曾使用掺石灰、固化剂等方法，拟改变膨胀土的胀缩性、提高强度；但这些方法效果有限，若应用于中线总干渠工程，可能存在环境保护等问题。而全部采取挖除的方法，部分渠段挖深 15~30m,少数渠段挖深将超过 30m;其开挖工程量巨大,造价高昂。20 世纪 90 年代,国内岩土工程中有运用土工格栅、土工布(膜)等土工合成材料回填膨胀土形成路堤、处理路堑和解决渠道的工程防渗问题,但真正能够借鉴的国内外成功工程经验不多。

为此,结合中线输水总干渠工程的实际情况,长江科学院等多家科研设计单位联合进行了试验研究,如对典型膨胀土(岩)取样进行了物理力学、胀缩、渗透和大气影响等工程特性试验分析,建立了全新的膨胀土多指标定量分类体系,提出了考虑膨胀特性的膨胀土边坡流固耦合分析方法。根据室内试验和现场试验研究成果,采用换填非膨胀土或水泥改性土,成为处理膨胀土边坡行之有效的方法;采用换填方法时,对各种(弱、中、强)膨胀土渠坡的处理措施主要有:

(1)弱膨胀土渠坡的换填厚度 0.6~1.0m;

(2)中膨胀土换填厚度 1.0~1.5m;

(3)强膨胀土换填厚度 1.5~2.0m。

采用膨胀性岩土作为填筑材料时,填筑后的膨胀性能是控制因素;不同起始含水率和不同压实密度条件下,膨胀性(膨胀力和膨胀变形)决定设置土工格栅、土工袋的密度和改性土的成分:

(1)采用纤维改性:在膨胀土中掺入一定量的人工合成纤维,可形成"真正的"加筋土;不同材料、不同形状和不同长度纤维,可以增强膨胀土的膨胀性约束和抗拉强度,可以针对具体的(弱、中、强)膨胀土性能试验得出纤维掺量;

(2)采用水泥改性,可以通过改性后的自由膨胀率试验,确定其水泥的最佳掺量;通过胀缩特性试验分析,实现降低膨胀潜势的效果;以无侧限抗压强度、压缩等力学性质试验,可以得出水泥改性对膨胀土强度软化、模量软化的抑制指标。

6.2　气候变暖频发灾害的对策措施

20 世纪 60 年代开始,每年地球不间断地"发烧""发怒""打摆子"。早先,科学家们认为这种持续高温、忽冷忽热的极端天气只是偶发或异常现象。进入 21 世纪后,尤其是 2008 年以来,每年的夏季高温和冬季寒潮都在刷新有史以来的温度记录。曾经一百年或两百年一遇的高温、干旱、飓风、暴风雪天气渐渐成为新常态。尽管地球已经存在了 46 亿年、生物进化也超过 1 亿年,但面对如此迅猛地全球气候变暖、极端天气现象频发的情势以及它带来的影响,显然不仅仅是人们"更衣"、出行的不适应,也不限于对正常人尤其是"老弱病残"者心理、生理、健康造成的危害。令人担忧的是,缓慢、持续的气候变暖与极端天气常态化的愈演愈烈,可能加速环境恶化和导致大量生物物种灭绝,这才真正令全球科学家们感到恐惧。

回归本著,气候变暖必然导致强降雨、持续干旱等恶劣天气频发;降雨的年际、时程分布紊乱,洪灾水患、干旱、冰冻等灾害交替发生,进而影响南水北调工程的正常调水、输水。因此,为保证南水北调工程能够发挥应有的功能、效用,我们必须实时监测气候变暖与极端天气频发的情势及变化,从宏观和微观两个层面研究、建立科学、有效的应对措施。

6.2.1 气候变暖的幅度及对降水的影响

正如人体温度必须稳定在 36~37℃ 范围内一样,地球表面温度也需要稳定在合理区间。反映人体表面温度的部位主要在额头,而体现地球表面温度变化的部位是南极和北极。

从世界气候大会公开的资料和"央视"报道的新闻来看,气候变暖导致地球南极冰架不断崩塌、垮塌,地球北极冰川融化的范围越来越大,全球气候变暖的速度加快、趋势明显、形势非常严峻。

6.2.1.1 气候变暖的幅度

1)地表变热

武汉、南京和重庆曾经是长江流域的"三大火炉"。20 世纪 60 年代,每年夏季最高气温都在 35~38℃,很少有超过此温度的气象预报。在既无制冷机又没有电风扇的大多数家庭,人们手拿芭蕉扇挨过炙烤的白天;太阳落山之后,微微的凉风会渐渐平息人们于白天的闷热和烦恼,"东倒西歪"安然睡去。尤其是武汉的盛夏,城市主干道两侧密布的"竹床""躺椅",一度是全国人民热议的城市"风景"。到 20 世纪 80 年代,随着人口与经济活动的剧增,夏天的气温越来越高,若非电风扇和制冷机逐步进入家庭,人们没有更好办法应对酷热的夏季。有趣的是,为了抚慰夏季人们的烦躁情绪,也为了维护社会治安、减少犯罪,电视台热播港台电视连续剧,将大多数年轻人吸引在家庭。

2)气温的升幅

气候变暖、平均气温升高,不仅反映在气象预报的数值变化,也是所有人真真切切的现实感受。小时候,每年深秋、初冬时节大地铺盖的晨霜不见了,每年如期到来的"鹅毛大雪"成了十分罕见的景观。随着工业化、城市化进程的加快,大部分湖泊变成了住宅小区,农田变成了城市,车水马龙、人声鼎沸,繁华的街道、高层建筑吸纳了来至太阳的热量,推高了地表大气温度,形成城市"热岛效应"。根据英国气象局科学家的长期研究证实,地球表面的温度正在不断升高。以 1979—2011 年的气温变化的测报资料分析,其间全球月平均气温每十年上升约 0.16℃;从观察此期间的几个连续十年的气温变化情势发现,每个十年都比前一个十年的气温更高。换句话说,人类身处的气候环境越来越热。

我国是典型的季风气候国家,气候种类多且复杂多变,气候差异大。与西方发达国家研究、观测的结论一样,20 世纪中叶以来,我国气候发生了显著变化,气温平均每 10 年升高约 0.23℃,变暖幅度几乎是其他地区的两倍。

3)科学家的担忧

对于坚持劳作的农民和为生计奔波忙碌的人们来说,我们大众百姓对夏季高温的变化显得相对"麻木"。但是,在科学家的大脑里,气候变暖、气温升高却是一个令其担忧甚至是非常恐怖的事实。

进入 21 世纪以来,权威或主流媒体几乎每年都一致地报道"当年夏季又是有气象记录里最热的一年,而冬天除短时程暴风雪带来的异常寒冷之外,也是有记录以来最暖和的年份"。内外网站搜索不难发现,2006 年以来,此类新闻词条难计其数;2010 年以来,这种最热、最暖和的一年信息不断被"翻烧饼"。如：

(1)2014年，英国《泰晤士报》就报道说"2014年是有记录以来最热的一年"；

(2)2015年6月，英国泰晤士报又称从目前情况看，2015年这个纪录很可能会被打破；其后，美国电视新闻多次提到"2015年将成有记录以来最热一年"，"已有9个国家的气温创历史新高"；我国CCTV2和CCTV13也在其后预测、报道：2015年，全球将迎来史上最热的一年；

(3)2016年7月，央视新闻连续多日报道当年是有气象记录以来最热的夏天；

(4)2017年2月至4月，我国大部分地区冷热交替频发，不是高温就是暴雨，"三九寒冬"穿单衣，极端天气频现，不少学者惊呼气候与季节进入"二季时代"。

6.2.1.2 气候变暖的趋势与减排协定

1)气候变暖的趋势

世界气候大会及多个国际权威报告指出："至西方工业革命以来，人类生产、生活排放的二氧化碳及其他温室气体，已经造成全球平均温度上升并超过0.8℃"；特别是20世纪50年代以来，科学家们观测到许多气候变化在几十年乃至上千年时间尺度上都是前所未有的。1981—1990年，全球平均气温比100年前上升了0.48℃。在整个20世纪，全世界平均温度约攀升0.6℃。最显明的改变是：北半球春天冰雪融化期比150年前提前了9天，而秋天霜冻开始时间却晚了约10天。换句话说，20世纪80年代之后，气候变暖的"步伐"明显驶入了快车道。

人类刚刚开始迈入21世纪，仅仅10多年的时间，科学家就已经发现北极的平均气温又上升了1.6℃。对此，有许多科学家都发出警告：如若全球的平均温度升高3℃，人类就已经无须再实施任何拯救措施，将坐以待毙；也就是说，因气候变暖产生的粮食危机、环境恶化和气象灾难将接踵而至，不可逆转。也正因为此，世界气候大会为全球平均气温升幅设定了2℃的"红线"。也就是全世界各国人民必须协调一致，共同遵守协定，承担减排的责任，控制温室气体的排放总量。

2)变暖争议与消除杂音

欧洲科学家通过对全球各地区大量气温资料统计发现，20世纪下半叶至21世纪的前10年，全球平均气温大抵经历了冷→暖→冷→暖等4次不规则周期波动。但从总的趋势来看，全球气候平均温度仍为持续上升。世界气候变化大会的有关报告指出：有一些科学家曾以为20世纪90年代(如1997年和1998年)出现的最温暖的气温记录只是暂时或异常情况。而随后逐年(如2002年、2003年及以来)不断刷新的地表平均气温，让这些科学家惶恐不安！于是，有科学家大胆预测到2030年，气温将再升高1~3℃。

事实上，有关气候变暖的情势及后果，国际学术界一直存在争议，如英国一些学者认为：温室效应自地球形成以来，它就一直在发挥作用；如果没有温室效应，地球表面就会寒冷无比，温度就会降到零下20℃，海洋就会结冰，生命就不会形成。还有学者认为，气候变暖，植物生长期可能延长，将吸收大量二氧化碳又导致降温，如此循环形成地表温度的自调节。除此之外，海洋本身具有调节气温的能力，当海水表面温度升高，深层的冷水就会上涌，吸收地表的过热，阻止气温升高。显然，这类观点无法得到稳定的印证。因为，近

20年来厄尔尼诺现象的频发,使一度趋缓的全球气温再次飙升。

科学,是一个不断探索的过程;但科学家本身赋予其追求真理的本质,去伪存真。科学家之间的争议是正常的讨论,不应被当作世界气候大会中各国政客在减排方面"讨价还价"的理由。毕竟,西方大国政客的立场或最关心的是巩固执政地位。但是,人类需要及时清除和过滤掉可能误导全球应对气候变暖做出决策时的一些错误观点(或杂音),换句话说,关系到全球人类共同命运的重大抉择,容不得迟疑和错选。

3)巴黎气候协定要义

有关气候变化及各国应承担的责任,国际社会已经开展了多轮艰苦卓绝的谈判。2015年12月12日,巴黎北郊布尔歇展览中心,由法国外交部长、巴黎气候变化大会主席法比尤斯在气候变化大会上庄重宣布,《联合国气候变化框架公约》近200个缔约方在巴黎正式达成全球气候协议。巴黎气候协定的落锤,标志着人类在共同应对气候变暖及毁灭性灾难问题上结成命运共同体。该协定指出,缔约各方将加强对全球气候变化威胁的应对,把全球平均气温较工业化前水平升高控制在2℃之内,并为把升温控制在1.5℃之内而努力;全球将尽快实现温室气体排放达峰,20世纪下半叶实现温室气体净零排放。

根据协定,缔约各方将以"自主贡献"的方式,参与全球应对气候变化之行动。发达国家将继续率先减排,并加强对发展中国家的资金、技术和能力建设支持,帮助后者减缓和适应气候变化。2023年开始,每5年将对全球行动总体进展进行一次盘点,以帮助各国提高力度、加强国际合作,实现全球应对气候变化长期目标,其关键要义如下:

(1)减排责任。《联合国气候变化框架公约》196个缔约方中,有187个成员提交了该国2020年生效的管控气候变化的承诺方案,并以每五年上调一次;其余国家必须提交承诺方案才能成为协定的缔约方。每个国家都要承诺采取必要措施,并可利用市场机制(如排放量交易)来实现目标。

(2)目标。将全球平均气温较工业化前水平升高的幅度控制在2℃之内,并承诺"尽一切努力"使其不超过1.5℃,从而避免"灾难性的气候变化后果"。

(3)法律形式。缔约国通过的协定具有法律约束力,但相关决议和各国减排目标不具备法律约束力;但针对各国承诺的调整机制,具有法律约束力,确保协定得到履行。

(4)调整。各国应每五年上调一次承诺,以便随着时间的推移而提高目标,保证将气温升幅控制在2℃以下的目标得以实现。

(5)执行。巴黎协定不施加任何惩罚,但会有一个透明的后续跟踪机制,以保证全世界都能言出必行;在期限来临之前,提醒相关国家是否走在执行协定的道路上。

(6)长期目标。协定希望各国的温室气体排放量能够"尽早"达到峰值,并承认对于发展中国家来说,这项任务会需要更多的时间;建议采取快速减排的措施。各国承诺在20世纪下半叶实现"排放气体与可吸收气体之间的平衡",以达到净零排放。

(7)资金。协定指出,发达国家应出资帮助发展中国家减缓和适应气候变化,鼓励其他有经济条件的国家也做出自主贡献。出资的意图应在资金转交两年前通报,以使发展中国家能够对可能获取的资金有个概念。从2020年起,发达国家每年应动用至少1000亿美元来支持发展中国家减缓和适应气候变化,并从2025年起增加这一金额。

(8)损失与损害。协定承认有必要推动与气候变化负面影响有关的"损失与损害机制"，但没有具体提出任何相关的金融工具。

（9）协议生效。该协定要求，在排放量占全球 55% 的至少 55 个缔约方批准之后，新协定正式生效。

6.2.1.3　气候变暖影响降水分布

1) 气候变暖、海面升高

众所周知，全球地表的降雨主要来自海洋。气候变暖，两极的冰川和高山冰盖将加快融化。地表和近地大气温度会越来越高，北极海冰会大范围消融，北极区域将变成一个少冰的海洋。夏天，海水受太阳强烈照射吸收大量热量，海水大量被蒸发，强降雨频发；冬天，热量被释放出来，导致冷空气频袭，气温发生巨变。受加拿大西北部高压影响，冬天来自北极的冷空气频繁并强烈地侵袭美国和亚洲东部。因此，不光美国、日本、韩国乃至中国的东北部，冬天都可能不停地下雪，持此态势。

根据科学家的研究，过去的 100 年中，全球海平面每年约以 1~2mm 的速度缓慢上升；预计到 2050 年，海平面将继续上升 300~500mm，由此淹没沿海大量低洼土地。此外，气候改变需要较长时间建立新的温度平衡。在这种平衡之前，全球天气紊乱、异常，各种气候灾害难以预测。1993—2003 年的卫星观测证实，全球海平面上升速度为 0.7~3.1mm/a，其上升幅度明显比此前加快。据分析，最大的海平面上升海域，可能发生在太平洋西部和印度洋东部。整个大西洋的海平面，除了北大西洋部分地区外基本上都会上升。

2) 雨量及频次分布更加不均

全球平均气温升高，高原冰川后退，高山积雪面积缩小，海平面迅速上升，从海洋和陆地吸取的水分增多，水汽循环加快。这种变化带来的直接后果，就必然加剧降雨量和频次的不均衡。一方面，原本雨水就多的地区（尤其是沿海）夏季降雨越来越多，洪灾水害越来越严重，而另一方面，一些降水本来就少的地区，有效降雨越来越少；或者说，需要水的干旱地区降雨越来越少。同时，易于水循环的南方沿海降雨增多，而能够形成径流的水资源时程越来越短，枯季缺水情势更加严重；如：西非的萨赫勒地区从 1965 年以后就持续干旱化；中国华北地区从 1965 年起，降水连年减少。与 20 世纪 50 年代相比，华北地区的降水已减少了 1/3，水资源减少了 1/2；我国每年因干旱受灾的面积约 4 亿亩，正常年份全国灌区每年缺水约 300 亿 m^3，城市缺水约 90 亿 m^3。

3) 丰枯规律改变

根据上述分析，气温升高可能使部分地区降水丰枯规律（或周期性）发生较大改变。以 20 世纪的水文资料，长江流域丰水周期约 7~8 年，既 7~8 年可能发生一次较大洪水，30~40 年可能发生一次特大洪水（如 1931 年、1954 年和 1998 年）；同一周期内，3~4 年出现一次较枯来水或特枯年份，而且较枯可能持续多年。与此相似，黄河流域丰水周期约 10~11 年，即 10~11 年可能发生一次较大来水；2~3 年出现一次较枯来水。但气候变暖后，这种规律在一定程度上发生改变。多则更多、少则更少；需时无雨、涝时雨难停。2006—2013 年，我国云南、贵州和四川部分区域持续干旱，而 2014 年和 2016 年，云、贵、川等高原地区连续 3 年雨量丰沛，完全打破了降雨及雨量的大规律。

应当承认,雨雪的区域性、季节性以及雨量丰枯的大规律没有发生根本性改变。换句话说,100多年来有限的气候变暖,仅使降雨的地带分布、雨量分布和强降雨频次发生了些许改变,也可以说时下的气温升幅和降雨规律的改变尚在可承受、能应对的范围之内。

4)灾害及次灾增多

有研究表明,全球气候变暖可能使亚热带和热带的夏季气温大幅度升高,高温蒸发的大量水分及所带来的热能,会提供给空气和海洋巨大的动能,从而更容易形成大型、甚至超大型的台风、飓风、洪水、海啸等灾害、灾难;尤其是强台风和一次接着一次的强降雨引发的洪水,导致占国土面积70%的我国山区频发崩塌、滑坡、泥石流等地质灾害或次生灾害,严重威胁国民交通安全和城镇居民生活安全。

在冬季,由于平均气温升高,陆地蒸发量也同时增大,原本干旱少雨的地区频发持续性旱灾,加剧缺水地区生态恶化;与此同时,多雨地区将增加寒潮、暴风雪等灾害天气。

6.2.1.4 变暖趋势下的调水工程应对措施

1)人类活动与气温升高的相关性

多年来,一些国际知名学者在世界气候大会和减排谈判阶段都曾提出严正警告:"气候变化与人类生活方式紧密相关"。联合国政府间气候变化委员会的一份评估报告特别指出,全球气候变暖有超过90%的可能性是由人类非理性活动所致。例如,燃烧一支香烟会产生30毫克的一氧化碳;日用洗衣粉导致磷酸盐排放于地表水,使藻类疯长;使用一次性筷子、纸巾导致大量森林被砍伐;开一天大车,消耗数百升化石燃料的同时,还向大气排放足以让数十人于封闭环境窒息身亡的有毒气体;使用冰箱、塑料袋和饲养宠物等,都在贡献污染物、排放温室气体,最终推高气温上升。

具体地说,不健康的生活方式和发展模式,都是导致地球"发烧"——全球变暖的因素。例如:城市房地产建设以及硬化的道路,会改变到达地面的净太阳辐射,这是因为建筑群的表面和道路的地表热反射率更高;这些热能反射到大气中时,又被温室气体所吸收,加剧了气温上升;与其机理相同,土地的荒漠化和沙漠化过程,也成为推高气候变暖的因素。又如,能源消耗和GDP增长与气温升高呈正相关,也就是说,人类无论是利用化石能源,还是太阳能、风能、核能,其最终的结果是直接将热量排向大气。有科学家指出:"太阳能的利用实际上使得地面吸收到更多的太阳辐射,同样也会造成全球变暖。

2)落实气候协定与节能减排

气候变化,已经深度危及人类的生存和发展;积极应对严峻地全球气候变暖情势,需要国际社会理性决策,以体现和落实各国政府和人民对地球生态和人类未来的责任担当。面对当今全球出现的三大风险难题(人口增长、气候变暖、核武化学武器扩散),国际社会需要共同采取措施,控制人口规模快速增长,改变人类的生产、生活方式,减少对能源的消耗,尤其是建少对化石能源的依赖及消耗。可喜的是,巴黎气候协定,已经为全人类管控气候变暖提供了目标和行动进程。

我国是世界温室气体排放总量第一的发展中大国,节能减排压力巨大。李克强总理在国家应对气候变化及节能减排工作领导小组会议上强调着力推进应对气候变化行动时指出:积极应对气候变化,不仅是我国保障经济、能源、生态、粮食安全以及人民生命财产安全,促进可持续发展的重要方面,也是深度参与全球治理、打造人类命运共同体、推动共同发展的责任担当。中国作为负责任的大国,将坚持共同但有区别的责任原则、公平原则和各自能力原则,承担与自身国情、发展阶段和实际能力相符的国际义务,中国将按照2030 年左右二氧化碳排放达到峰值且将努力早日达峰的目标,继续积极主动加大节能减排力度,大幅降低单位国内生产总值二氧化碳排放量,进一步提高非化石能源占一次能源消费比重和森林蓄积量,不断提高减缓和适应气候变化能力,为促进全球绿色低碳转型与发展路径创新做出自身最大努力。

3)变暖趋势下的调水应对措施

应对全球气候变暖带给人类的风险及难以预测的灾难,人类唯一应该采取的措施不是坐以待毙,而是需要更多人更快觉醒与从善选择,降低对物质的过高需求和盲目消费欲望,大规模节能减排,发展循环经济和低碳消费,维持地球生态。当前,欧洲许多发达国家已经普遍认识到他们早期的增长产生的恶果,反思之时正在放缓生活追求与经济增长的脚步;与其相反,大多数发展中国家还在奋力追赶曾经缺失的增长过程及物质享乐,仍不断加大温室气体的排放。持此态势,要么全球所有国家一并坐视气候变化及可能快速实现的生态灾难;另一种选择就是强烈要求维持生态、保护环境与坚持高排放发展的国际两大阵营(不仅仅是富国与穷国、富人与穷人)重启早期传播"文明"的战争方式。

世界气候大会和巴黎协定,为全球设定了气候红线,给我国经济社会发展带来新的命题。2℃以内的温控目标,要求人类必须控制温室气体的排放,理性、适度消耗地球有限的化石燃料和包括森林资源为关键资源的一切自然资源,以最大的勇气和牺牲精神,为子孙后代的可持续发展留下一条"绿色"通道。倘若,大多数人能够达此共识,那么,本著针对的跨区、跨流域调水规模,也就无须维持当初设计、决策的宏大及"第一",而由其产生的风险和可能存在的问题将迎刃而解。对此,我们尚可以实施以下综合措施:

(1)降低经济增长中的"虚火",发展低碳经济,落实巴黎协议规定的减排责任;

(2)维持适度增长前提下,控制投资和消费规模,实现可持续发展;

(3)采取高额税率征收资源税、环境税和奢侈品消费税,抑制资源过耗和盲目消费;

(4)实施生态修复,大范围植树造林,让更多的森林植被吸收二氧化碳;

(5)进一步科学优化区域水资源配置,节约用水,控制调水规模,充分利用雨季强降雨形成的雨洪资源,实施汛期调水;

(6)在主要受水区增加多个蓄水湖库,一方面有利于雨季多调水,如中线总干渠渠首按最大输水流量 800m³/s 调水,汛期 6—9 月的 100 天里可实现调水 69 亿 m³,完全能满足京津、华北地区的缺水需求;另一方面,沿线保持一定水量的蓄积,有利于调节各地供水水量;

(7)采用管道联通干渠和受水区沿线的蓄水湖库,以便于秋冬短时缺水的相互调配;同时,利用这些增加的湖库湿地改善缺水地区生态环境。

6.2.2　强降雨形成的洪灾风险与对策措施

如上所述,近 100 年来因气候变暖,导致极端天气频发,强降雨常态化,这必然造成多雨地区洪灾增加。随着人类经济活动规模与总量的增长,每次洪灾的风险及损失不断扩大。20世纪60年代,西方发达国家已经开始重视及研究规避洪灾风险问题,通过分析洪水等水文极值事件,掌握洪水风险发生的概率,实施(预防、躲避、抵抗、保险等)应对措施,消纳洪水及灾损。如1970年,Todorovic P等学者借助POT模型,最先对季节性洪水及风险的变化进行了描述;1984年,Diaz-Grandos等学者对降雨强度和土壤水分影响及洪水风险大小进行了研究;1989年,Rasmussen学者基于超定量频率序列,对数据匮乏条件下设计洪水的风险判识问题进行了研究。

20世纪90年代,我国应用技术突飞猛进,在土木工程、装备制造、水利学等方面取得长足发展,尤其是水利学及洪灾风险理论方面成果丰硕。如1998年,傅湘、纪昌明学者以三峡水库为研究对象,应用系统分析方法建立了大型水库汛限水位分析模型,确立了不同汛限水位与最大洪灾风险之关系;2001年,徐玉英、王本德学者将改进的一次二阶矩AFOSM法应用于水库洪水预报子系统的风险分析;2003年,韩宇平、阮本清等学者建立了干流多个梯级水库与地下水库联合作用下区域供水系统的风险分析模型;2004年,姜树海、范子武学者以短期洪水预报精度评定指标转为入库洪水过程的随机特征值,通过水库调洪演算随机模型,实现水文预报风险向预报调度风险的转化,为合理选择动态汛限水位并提高水文预报精度、降低水库调洪风险提供了依据。

南水北调东线和中线一期工程已经投入运行,面对日益增多的强降雨等极端天气,东线工程的输水渠道和蓄水湖泊以及中线工程总干渠与其交叉的河流水体,都是易于遭受灾损的重要部位,需要采取重点防范及科学的应对措施。

6.2.2.1 东线工程洪灾风险与对策措施

1)东线调水易受洪灾的部位

东线工程调水运行,易于遭受洪灾风险及灾损的部位主要包括四大蓄水湖泊。

(1)洪泽湖。其形成于公元12世纪,有"悬湖"之称,湖底高程10.0~11.0m,比下游里下河地区高4~8m,汛期洪水位为12~13m,最高达16m以上。每年的洪水依靠湖东洪泽湖大堤抵挡,洪水威胁较大。洪泽湖大堤北起淮阴码头镇,南至盱眙县张庄高地,全长67.26km,宽8~20m;其中,淮阴区境堤顶高程18~19m。而洪泽县境内42.5km堤段是大堤主干部分,其湖面开阔,堤内外水位落差较大,历史上常常遭受洪水及风浪损毁。据有关资料,洪泽湖经历了几个历史时期;因湖水蓄泄原则不同,水位特点也不同。1736—1901年,湖水主要用于"刷黄",水位升降明显,多年平均最高水位为12.99m;1802—1850年,为保持漕运,水位较高,年际变化较小,最高水位为15.01m;1855—1913年,黄河改道,主要承接淮河来水,洪水经三河下泄入江河,多年平均最高水位为12.56m。三河闸建设前,即1914—1937年和1951—1953年,其水位主要受淮河来水量及入江水道影响,最高水位为16.25m;三河闸建成后,多年平均最高水位为13.40m,1954年达15.23m,因优化调度,湖水位的变化趋于平稳,绝对变幅减小。

(2)骆马湖。其位于沂河末端、中运河南侧,承接南四湖、沂河干流、邳苍地区5.1万km² 面积的来水,多年平均入湖径流量约67.2亿m³,汛期6—9月为49.96亿m³,约占74.3%;最大年径流量发生在1963年,约187亿m³,汛期占151.97亿m³。湖区南北长20km,东西宽16km,周长70km,一般湖底高程为20.0m,最低为19.0m;汛限水位为

22.5m,警戒水位为 23.5m。正常蓄水位 23.0m 时,湖面面积为 375km²,平均水深 3.32m;最深等深线,东南部水深 5.5m,容积为 9.0 亿 m³;设计洪水按沂沭河发生同频率洪水,南四湖和邳苍为相应洪水的地区组成;50 年一遇时,骆马湖设计洪水位为 25.0m,湖面面积 450km²,容积 15 亿 m³,出湖流量 7 540m³/s;校核洪水位 26.0m,总库容 19 亿 m³;历史上主要为滞洪的过水湖,1958 年改为常年蓄水库,汛后蓄水兴利。

(3)南四湖。属浅水性湖泊,位于江苏、山东交界处,南北狭长 125km,东西宽 6~25km,周长 311km,承接 53 条河道的来水,有较大入湖河道 22 条,流域面积 3.17 万 km²;湖西地区为 2.18 万 km²,湖东地区为 0.86 万 km²,湖面面积 0.13 万 km²;总库容 53.7 亿 m³,防洪库容 47.31 亿 km²,兴利库容 17.02 亿 m³,兴利调节库容 11.28 亿 m³。以 1958 年修建的二级坝枢纽为界,分为上、下两级湖。上级湖包括南阳、独山及部分昭阳湖,湖底最低高程为 32.3m,死水位 32.8m,南北长 67km,在东线调水中的作用主要为输水通道,水位稳定在 34.50m;下级湖包括部分昭阳湖及微山湖,湖底最低高程为 29.0m,南北长 58km,死水位 31.3m,调洪演算得设计洪水位为 36.3m;100 年一遇洪水位 36.62m,300 年一遇洪水位 37.29m,1957 年型洪水位(相当于 90 年一遇)为 36.5m。湖西地区为黄泛平原,地势西高东低,地面坡降由西向东逐渐变缓,坡度在 1/4 000~1/12 000 之间,地面高程西部最高为 60m,至南四湖周边为 33.0m。湖东地区东部为山地及丘陵,中部津浦铁路两侧为山麓冲积平原,西部为滨湖洼地,地面高程自东向西倾斜,坡降 1/1 000~1/10 000。

(4)东平湖。东平湖是南水北调东线工程黄河以南的最后一个调蓄湖泊,同时也是黄河下游的重要分滞洪工程,为黄河由宽河道进入窄河道的转折点。原是黄河、汶河洪水汇集而成的天然湖泊,1951 年正式开辟为滞洪区,开始有计划地自然分滞洪。1958 年修建了围坝,成为河湖分家并有效控制的东平湖水库;1963 年,东平湖改为单一滞洪运用的滞洪区,其主要作用是削减黄河洪峰,调蓄黄河、汶河洪水,控制黄河艾山站下泄流量不超过 10 000m³/s。东线工程调水运行后,老湖区主要担负调水调蓄之功能,并保护柳长河输水工程和梁济运河。

2)蓄水湖泊历史洪水

东线工程输水和蓄水的四大湖泊历史洪水,反映气候变暖和调水运行之前的洪灾风险及频次,如若考虑气候变暖,极端天气及强降雨和连续调水增加的总水量,四大湖泊洪灾风险将进一步上升。

(1)洪泽湖历史洪水。历史上,洪泽湖曾经发生多次大级别洪水,如 1866 年的洪水,水位达 15.94m;1875 年,洪水水位持续超过 15.81m;1921 年,洪水水位越过了 16.0m;1931 年,长江流域发生世纪大洪水,水位高达 16.25m,这些历史洪水都出现过风浪损堤和漫溢洪灾。洪泽湖大堤沿线建有大小穿堤建筑物 20 多座,包括三河闸、高良涧进水闸、二河闸等大中型水工建筑物 10 余座,共同组成洪泽湖防洪控制工程。其中,二河闸至三河上游拦河坝区间的大堤及沿堤闸、涵按一级建筑物进行了历史洪水的除险加固设计;洪泽区以南重点堤段及建筑物按原有标准提高一度进行抗震设计。但仍有部分建筑物标准不足,混凝土碳化严重,质量差,防渗长度不足,严重削弱堤身断面,是大堤的薄弱环节。

(2)骆马湖历史洪水。1957 年,骆马湖发生洪水,水位 23.15m,黄墩湖滞洪;1974 年,最大入湖流量接近 11 450m³/s,退守宿迁大控制后,骆马湖最高水位达 25.47m,嶂山闸最大泄量 5 760m³/s,宿迁闸最大泄量 1 040m³/s,均创历史最大值。由于科学调度、指挥得当,南四湖韩庄闸实施了反控制,堤防未发生溃决,黄墩湖也幸免滞洪。洪水调度:当水位在 23.5m 以下时,皂河闸以下中运河照顾黄墩湖排涝;超过 23.5m 时,在新沂河敞泄情况下,视水情确定皂河闸以下中运河服从排洪,黄墩湖地区滞涝由皂河站开机排除或通过徐洪河黄河北闸、沙集闸下排;超过 24.5m,水位还上涨时,退守宿迁大控制,同时,充分做好黄墩湖分洪准备;当水位在 24.0m 至 25.0m 时,退守宿迁大控制后,黄墩湖滞洪区滞洪前,为减少滞洪机遇,要求新沂河力争多泄,皂河以下中运河行洪 1 000m³/s,徐洪河刘集地涵协助排涝 200~400m³/s。

(3)南四湖历史洪水。1957 年,洪水冲垮湖西大堤,南阳、微山岛两站最高水位分别为 36.48m、36.28m,蔺家坝坝口被冲毁,经历史考证为 1730 年以来最大洪水。2003 年发生了 1973 年以来最大洪水,上级湖最高水位 35.28m,下级湖最高水位 33.36m。工程防洪标准:50 年一遇标准之内洪水不出险,新中国成立以来最高洪水位保安全,超标准洪水有对策。湖西大堤 36.7m,京杭运河 20 年一遇洪水 33.0m,(解台站)不出险。存在问题,是湖西大堤管理难度大,约 47km 堤段防洪抢险行政首长负责制落实不到位;近 20km 堤段未按设计防洪标准实施加固,影响整体防洪效能的发挥,部分湖东堤破坏严重,自济宁老运河 0+000 至 31+200 段全长 31.2km,该段堤防重点保护着济宁市政府、兖州煤炭基地、津浦铁路和济宁市棉粮油重地等,可堤身单薄,堤顶高程低,老化严重,道路缺口较多,穿堤建筑物老化失修,防洪标准不足 10 年一遇,韩庄运河经过治理标准已达 20 年一遇,但是沿河配套工程设施仍不完善,穿堤建筑物老化严重,堤顶缺乏防汛抢险道路,伊家河防洪标准不足 5 年一遇,堤防标准过低,堤防断面较小,且主河槽淤积严重,遇超标准洪水容易出险;二级坝泄流不畅,所有闸门全部打开也远达不到 12 420m³/s 的设计泄洪能力,如 1993 年,最大泄量为 5 000m³/s,2003 年为 1 780m³/s。

(4)东平湖历史洪水及险情。自 1958 年建库以来,东平湖老湖水位曾 8 次超过 43.0m。其中,5 次达到 43.5m,分别为 1990 年、1996 年、2001 年、2003 年和 2004 年。以 2001 年和 2003 年险情最为严重。2001 年 8 月,老湖水位一度达到 44.38m,为历史最高,超警戒水位 1.88m,距设防水位仅差 0.12m,加上随后出现的 8 级以上阵风,形成风浪爬高,部分堤段洪浪超过堤顶(48m)。2003 年 10 月,老湖水位上涨至 43.20,加上湖面持续 80 多个小时的 6 级以上北风,最大风力达 10~11 级,风浪爬高最大达 5m,造成二级湖堤坎石护坡损坏严重,坍塌 4.53 万 m³,不少堤段堤身受到严重淘刷,淘刷深度达 1~2m。

3)减灾的对策措施

针对东线工程调水运行中输水和蓄水湖泊存在的洪灾风险,运行管理单位应在汛期加大调水量,控制汛限水位,制定完备的洪灾应急预案和多地联动协调机制,落实防洪抗灾责任。在此基础上,根据输水和蓄水湖泊具体的风险部位实施相应的工程预防措施。

(1)洪泽湖防洪措施。洪泽湖大堤经过历史上无数次的人工堆筑,筑堤质量也较差,堤身内存在严重的不密实、压密不均及裂缝,甚至存在架空现象,且新老堤接触面处理不良,堤身存在多处渗漏通道,渗漏现象严重。此外,堤身仍有隐患 41 处、减水坝 26 座、历史溃口 140 余处,沿线有较多的雨淋沟、深塘、狗獾洞等,均形成堤防安全运行的薄弱点。

2000—2001 年,洪泽湖大堤多处渗水窨潮,最大渗漏流量达到 260L/min;对 32.5km 的险工险段进行注水试验,表明大堤渗透系数普遍较大。2003 年,大堤防浪林台 80%上水,巡查人员在堤后坡脚发现 24 处渗水,最大处渗水量达 28L/min;钱码大塘段受总渠风浪淘刷岸坡陡立,近几年以每年 0.5m 的速度向内坍塌,造成大堤损毁。

为了确保大堤安全运行,调水运行前和运行中,实时监测水情水位,严格排查、加固堤身堤基隐患部位,如防浪、消浪设施,抛石护坡等,及时处置渗漏、管涌等险情要害;在重要险段预备足够的块石、铅丝笼、编织袋等堵口、放冲物资,保持值守和培训应急处置专业队伍和人才,管控洪灾风险。

(2)骆马湖防洪措施。在设计洪水位下,骆马湖的调洪库容仅 7.5 亿 m³,调蓄能力小;北堤迎水面无护坡,东堤和西堤砂浆块石护坡高度不足,且损坏较多。随着时间推移,大堤还将不断暴露和产生新的工程隐患。因此,应当采取科学调度与堤防加固相结合的方法,形成稳定的防灾抗洪措施,如当水位达到 25.5m,预报上游来水量大、水位将超过 26.0m 时,而新沂河已经敞泄,则优先保骆马湖、新沂河大堤安全,而黄墩湖滞洪区实施滞洪。此外,调水前对主要堤防护坡、穿堤建筑物扩除重建、维修加固、险工处理等,如皂河镇北段、宿迁闸至幸福电站段堤防加固,东堤防渗局部段处理,北堤新建、维修护坡 6km,东堤新建、维修护坡 14km,一线堤防维修护坡 4 000m²、抛石护底 4.6km、处理滑坡 60m;拆除重建涵闸 12 座,维修加固涵闸 2 座,新建涵闸 1 座,拆除涵闸 2 座(共计 17 座涵闸);新建及维修防汛道路 90.71km,新增上堤道路 30km,配备水文基础及其他工程管理设施。

(3)南四湖防洪措施。湖西大堤的老运河口至大沙河口段,设计防洪标准为防御 20年一遇洪水,即上级湖洪水位 36.5m,堤防加固标准为堤顶高程 39.5m,堤顶宽 6m,堤防边坡 1∶3。此外,济宁城防段(老运河口以西)3km,以防御 1957 年型洪水标准进行加固,即上级湖洪水位 37.2m,堤防加固标准为堤顶高程 40.3m,堤顶宽 8m,堤防迎水边坡 1∶4,背水坡为 1∶3。大沙河口以下至蔺家坝段,设计标准为防御 1957 年型洪水,相应设计洪水位:上级湖为 37.2m,下级湖为 36.7m;堤防加固标准为上级湖堤顶高程 40.3m,下级湖大沙河口至郑集河口段堤顶宽度为 8m,郑集河口至蔺家坝段为 10m;迎水边坡 1∶4,背水边坡为 1∶3。穿堤建筑物按防御 1957 年洪水标准加固;湖西大堤已除险加固 110km,完成湖内深槽开挖 22.8km,使韩庄运河达到 20 年一遇的防洪标准;其他措施类同。

(4)东平湖防洪措施。东线工程调水运行后,老湖将长期处于高水位蓄水状态,蓄水期水面宽阔,风浪作用强烈,出现风浪危害的概率大大增大;按老湖接纳汉河来水和东线工程利用老湖输水、蓄水,老湖水位可能达到 44.79m,解河口—武家漫围堤长约 9 550m,围堤高程不足;有约 6 230m 围堤渗水严重,不适应长期蓄水的要求;另外,尚有 11km 块石护坡损坏严重,2 312m 围堤堤脚残缺不全。二级湖堤上的八里湾闸不能满足围堤断面及两侧防渗要求,4 600m 围堤堤身断面不足;山口隔堤筑堤时,土石结合部未按要求处理,渗水严重;大部分石护坡蛰陷损坏严重,不适应防风浪要求;陈山口、堂子、卧牛等许多引水涵洞和排灌站修筑标准低,防渗效果差;一旦长期蓄水,必将出现渗水或土石结合部漏水等险情。调水前,这些部位都必须按照设计标准进行加固、处理;对于气候变暖、强降雨增多以及输水过程增大的来水,当采取与上述相同措施加大汛期调水,完备应急预案和应急处置手段。

6.2.2.2　中线工程洪灾风险的对策措施

20世纪60年代建设的汉江丹江口水库,控制汉江流域面积9.52万 km²,多年平均径流量约370亿 m³;水库正常蓄水位157m,相应库容174.5亿 m³,属不完全年调节水库,调节库容98亿~102.2亿 m³,防洪库容55亿~77亿 m³。为了向京津华北调水,丹江口水库大坝在已建初期规模的基础上按原计划续建加高,设计蓄水位由157m提高至170m,总库容从当初的209.7亿 m³增大到290.5亿 m³,较初期规模扩容116亿 m³,同时,增加防洪库容33亿 m³,校核洪水位(万年一遇加20%的洪量)174.35m,总库容达339亿 m³。此外,丹江口水库上游建有多个大型水库,下游建有多个水利枢纽,也就是说,丹江口水库作为中线调水工程基本不受洪水威胁,只有输水总干渠运行时面临洪灾风险。

南水北调中线输水工程总干渠,南北地跨8个纬度,东西跨7个经度,跨越湿润、半湿润的亚热带和半湿润、半干旱的暖温带两个气候(区)带。总干渠自渠首陶岔经河南、河北两省至北京市团城湖全长1277km,另加天津干渠长155km,全线跨江、淮、黄、海4大水系,沿线穿越大小河流约700条,控制交叉河流集水面积约90万 km²(包括交叉河流集水面积大于2km²的193条,20~100km²的交叉河流113条,100~1000km²的57条,10000km²以上交叉河流23条,影响供水范围15.5万 km²);其水文气候特性非常复杂,自然条件差异大,水文情势复杂。尤其是受气候变暖和极端天气影响,交叉河流发生洪灾可能性极大;严重时,可能造成总干渠局段冲毁,阻断向北输水或污染水质。对此,长江水利委员会水文局李明新、张明波等专业技术人员通过实测数据,分析了沿线不同条件下的暴雨洪水特性与设计洪水方法,为研究、应对洪灾风险提供依据。

1)暴雨洪水特性

总干渠西侧,伏牛山、太行山山前地带是我国主要的暴雨区之一,其最大24h、3d暴雨均值都比同纬度地区大。表现为雨强大、雨量集中,呈愈往北愈甚之特点。据研究,伏牛山、嵩山、太行山东侧有多个暴雨中心,沿线都有日雨量大于50mm的记录,最大24h雨量超过200mm,全年达400~1000mm。历史上,大暴雨均有发生,如1553年大洪水横跨江、淮、黄、海4大水系,几乎覆盖了总干渠沿线地区;又如河北"63.8"暴雨涉及豫北、冀中、冀南广大地区,范围超10万 km²;河南"75.8"暴雨影响江、淮约4.38万 km²。研究表明,总干渠沿线洪灾均由暴雨形成,发生时间与暴雨一致,自南向北,唐白河水系多发生在6月底、7月和8月上中旬,淮河流域多集中在7—8月,北部地区集中在7月和8月上旬;海河流域大洪水发生在7月下旬至8月下旬,少数年份洪水迟至9月。

2)设防洪水方法

总干渠交叉河流的设计洪水,应根据资料条件、流域特性、上游水利工程调节情况等,分别采用暴雨洪水图集的参数检验(包括统计参数检验、点面关系检验、降雨径流关系检验和汇流参数检验等)、有无实测流量数据的设计洪水以及上游有水库调蓄调节的设计洪水分析计算方法。

(1)暴雨统计参数检验。在总干渠河南省境内选取不同水系的24个雨量站点,对最大10min、1h、6h、24h 历时点暴雨分别延长系列至2000年,进行长短系列暴雨均值和 C_v 的比较检验;结果表明,大部分站点长系列均值和 C_v 有所减小,变化范围为均值的正负

10%，C_v 在正负 0.05 内波动。河北省将暴雨资料系列延长到 1991 年，通过长短系列参数对比，长系列均值和 C_v 值普遍偏小。1996 年 8 月，海河南系发生了 1963 年以来最大的暴雨洪水后，各站点资料均延长到与其对比分析，多年平均值虽比原暴雨洪水图集偏小，但偏小幅度也在 10% 之内，而 1h 均值部分站点略大于短系列均值。

（2）暴雨点面关系检验。选取河南省唐白河水系 2 个小流域、淮河水系 9 个中小流域、海河 3 个小流域及河北省 10 个小流域，进行暴雨洪水图集中的暴雨点面关系分析检验；结果表明，河南省各区域计算的点面折算系数与暴雨洪水图集比较无明显增减规律，一般在正负 8% 内波动；河北省拟分析的山区暴雨定点定面，与原采用的太行山迎风区动点动面关系比较，6h、50km² 和 100km² 以及 3h、20km² 的 3 种面积折减系数比动点动面系数略小，其他时段小面积的折减系数均与动点动面折减系数较为接近；100km² 以上的较大面积，其折减系数均大于动点动面成果，且随面积增大，两种折减系数的相对差值也增大。

（3）降雨径流关系检验。选择河南省总干渠沿线山区及平原 13 个水文站实测雨洪资料对降雨径流关系进行检验。与暴雨洪水图集比较，唐白河水系和沙河水系检验点据与暴雨洪水图集中的降雨径流关系线配合良好；黄河流域南潮河绕岗段、豫北黄河北岸至焦作以南，地势平缓，宜采用平原河道分析的降雨径流关系线。河北省选取了 11 个小河站 1980—1992 年实测洪水资料及 19 个站的 1996 年特大雨洪资料。检验结果：小量级洪水差别稍大，而越是高水点据配合越好，表明稀遇洪水时，次降雨径流关系受人类活动影响减弱，暴雨洪水图集中降雨径流关系有一定稳定性。

（4）汇流参数检验。重点为推理公式汇流参数 m 值的分析检验，河南省选取棠梨树（Ⅱ区）、鸡冢站（Ⅳ区）5 场洪水，与祁仪径流实验站 15 场洪水以及沙河北沿线 13 个中小流域径流试验站和河道水文站资料，对唐白河、沙颍河、海河山丘区水文分区汇流参数进行了检验，并用 1980—1996 年之间发生的"82.8""96.8"洪水验证；结果表明，总干渠沿线河南省暴雨洪水图集中汇流参数比较合理。河北省选择了太行山迎风区流域面积为 5.85~408km² 的 12 个小河站的 35 场次洪水，根据计算的不同站点洪水 m 值，分析建立单站 Q_m-m 关系，作为依据。"96.8"洪水后，选用了实测雨洪资料较好的 7 个山区中小流域对综合的 Q_m-m 关系进一步检验，没有出现系统偏差。另外，选择面积小于 20km² 的 38 条交叉河沟，用实测"96.8"暴雨资料和调查洪峰反推 m 值，并点绘在 $m-\theta$ 关系中，38 个点据基本都在关系线上下，带状分布均匀，说明汇流系数可作为推算无资料小流域设计洪水的依据。

（5）有实测流量资料的河流，交叉断面设计洪水由实测洪水系列加入历史洪水组成一个不连续系列，直接采用频率分析法计算。其中，拒马河各分支设计洪水根据实测分流比计算，子牙河、大清河、水定河 3 条下游有防洪要求的河流，设计洪水根据经审定的防洪控制流量确定，部分有资料河流交叉断面设计洪水成果见表 6-2。在总干渠及天津沿线穿越的 660 条无流量资料河流，中、上游无水库或可以不考虑水库影响的河流有 641 条，这些河流交叉断面设计洪水，依据其所在地区暴雨洪水图集方法计算。

（6）无资料交叉河流的设计洪水，根据交叉断面以上流域面积、地形地貌、产汇流情况等以不同方法计算，如河南省流域面积 200km² 以上河流，采用淮上法综合单位线法，河北省流域面积 100km² 以上的河流采用瞬时单位线法计算设计洪水过程;河南省流域面积小于 200km²、河北省流域面积小于 100km² 的交叉河流、北京市山区无实测资料河流,采用推理公式法计算洪峰流量,然后通过概化过程线方法计算设计洪水过程线;各省、区位于坡而缓流区、地形平缓、无明显天然沟溪的小河流,采用排涝公式法或《设计洪水计算手册》中的方法计算,其成果见表 6-3。

表 6-2　部分交叉河流有实测断面流量资料的设计洪水

河名	集水面积/km²	设计洪峰流量/(m³·s⁻¹)			
		0.33%	1%	2%	5%
淄河	2 326	9 950	7 590	6 160	4 340
北汝河	3 680	11 800	9 220	7 650	5 600
洺河	2 211	13 530	9 690	6 780	4 010
双洎河	1 080	6 850	4 770	3 570	2 130
子牙河		1 000	1 000		
永定河	45 120	4 000	2 500	2 500	
大清河	10 154	5 000	5 000		
南拒马河	4 980	5 880	4 310	3 360	2 200
北拒马河南支断面	4 990	4 520	3 290	2 600	1 700
北拒马河中支断面		3 720	2 710	2 140	1 400
北拒马河北支断面		5 050	3 680	2 900	1 900

（7）上游有水库调蓄影响河流的设计洪水。总干渠沿线交叉河流上游,兴建了众多的大中小型水库;除黄河外,大型水库有 18 座,总库容近 130 亿 m³,中型水库 40 余座,其对洪水有明显的调洪削峰作用;如白河鸭河口水库"75.8"洪水,最大入库流量 1.16 万 m³/s,最大下泄 2240m³/s,削峰 80.7%;海河流域"63.8"洪水,滏阳河干流东武仕水库,入库洪峰 2030m³/s 最大下泄仅 152m³/s,削峰 92.5%;大清河水系沙河王快水库,最大入库流量 9600m³/s,下泄仅 1790m³/s,削峰 81%。交叉河流中,需考虑上游水库影响的河流共 49 条,大型水库 22 座、中型水库 40 座。其中,受 1 座水库影响的河流 41 条,受 2 座水库影响的有 4 条,受 3 座水库影响有 3 条。

该研究表明,有水库影响的交叉河流,分水库控制区和水库至交叉断面区间两部分,分别计算设计洪水;然后采用同频率地区组成法,分析确定交叉断面设计洪水,即水库控制区与交叉断面同频率、区间相应,区间与交叉断面同频率、水库控制区相应两种组合,选用其中通过水库调蓄影响后对交叉建筑物防洪较为不利的一种,作为交叉断面设计洪水成果(见表 6-4)。

表 6-3　部分交叉河流有实测断面流量资料的设计洪水

序号	河名	交叉断面集水面积/km²	设计洪峰流量/(m³·s⁻¹)			
			0.33%	1%	2%	5%
1	淇河	142.63	3 050	2 430	2 020	1 520
2	东赵河	359	5 550	4 500	4 060	3 130
3	潘河	145.5	3 510	2 770	2 300	1 710
4	贾河	98.2	3 170	2 530	2 100	1 600
5	大郎河	129	2 490	1 940	1 610	1 180
6	兰河	174.3	2 290	1 790	1 490	1 090
7	山门河	139.8	2 960	2 310	1 910	1 400
8	刘店干河	178.1	4 410	3 510	2 930	2 210
9	？　河	111.8	2 030	1 580	1 310	952
10	七里河	303	3 538	2 410	1 880	1 230
11	白马河	385	3 971	3 126	2 560	1 781
12	古运河	231	2 620	1 720	1 370	876
13	蒲阳河	124	2 710	2 160	1 830	1 410
14	界河	297	3 640	2 780	2 190	1 320
15	瀑河	170	2 770	2 030	1 580	1 030
16	北易水	321	4 420	3 450	2 750	1 840
17	兰沟河	697	309	234	197	175
18	牛河	730	502	390	318	221

3)对策措施

南水北调中线工程输水总干渠沿线,地形、地貌及水文气候条件差异较大,众多交叉河流水情复杂,历史水文资料难以满足防洪减灾要求。但是,根据现有的水文、气象资料,对各交叉河流 100 年一遇、左岸排水 50 年一遇的暴雨与洪水关系研究,仍可以建立其频次和雨量的分布规律,即暴雨中心附近及比降大的河流,洪峰及产流较大;暴雨边缘及接近平原地区的河流,洪峰及产流较小,同时,北部洪峰较南部递减。

如前所述,因国家近年重视水利投入和大力发展水电等清洁能源,汉江丹江口水库上下游都建设了许多大型水库和梯级电站,防洪能力明显增强。丹江口大坝加高后,又为汉江流域合理调度上游来水提供了安全库容。也就是说,南水北调中线水源工程基本消除了洪水威胁,即便再发生如 1983 年出现的"83.8"和"83.10"两次特大洪水(1983 年 8 月 1 日洪水,入库最大流量 33 600m³/s;1983 年 10 月 7 日洪水,入库最大流量为 34 300m³/s,年入库总径流量约 752 亿 m³),一方面不会再因调节库容不足,全年净弃水高达 378 亿 m³ (相当于弃掉坝址多年平均年径流总量 379 亿 m³——即全年的入库水量);另一方面,除沿线同时发生洪水或水质因素外,同规模洪水也不会影响调水工程向北输水。

表6-4 部分受水库影响河流设计洪水成果

序号	河名	集水面积/km²	设计洪峰流量/(m³·s⁻¹)			
			0.33%	1%	2%	5%
1	白河	3 590	8 950	7 690	6 850	5 590
2	澧河	364.7	3 660	2 910	2 440	1 850
3	沙河	1 918	10 160	8 190	5 140	3 940
4	颍河	1 578	5 640	3 900	3 160	2 130
5	淇河	2 088	7 230	3 880	3 140	1 840
6	沁河	12 870	9 750	7 110	5 540	3 620
7	安阳河	1 432	5 170	3 570	2 390	1 680
8	漳河	18 142	11 700	7 840	3 000	1 500
9	南沙河	1 640	11 390	8 840	4 995	1 800
10	沙河(北)	4 915	15 750	8 880	7 160	4 370
11	滹沱河	23 800	19 200	14 050	5 010	4 420
12	泜河	558	4 353	2 393	1 201	653
13	槐河(一)	516	5 980	4 530	3 620	2 370
14	磁河	982	4 750	3 540	2 780	1 820
15	唐河	4 578	10 450	7 160	5 680	1 870
16	中易水	631	4 100	3 180	2 370	1 680

在全球气候变暖、极端天气频发的新环境下,对于交叉河流的流域气候及降雨变化,显然我们尚缺乏足够的认识和实验印证,规避交叉河流的洪灾风险,需要考虑采取以下技术和管理措施:

(1)重视对交叉河流水文、水情的调查和监测;

(2)既然交叉河流发生洪灾难免,应考虑洪水资源化利用;

(3)对雨强、雨量较大的交叉河流,研究实施分滞洪湖库或划定分洪区;

(4)合理修订交叉河流设计洪水标准,提高防洪等级;

(5)交叉河流发生洪水时,视洪水威胁或污染情势暂停总干渠输水;

(6)制定翔实、可靠的应急预案,储备应急物资,及时截堵、抽排对总干渠构成威胁的污染水体,分流可能形成的洪水。

6.2.3 持续干旱影响调水的对策措施

当今世界,洪水尽管仍是经常发生的自然灾害;但随着生产力的提高,全球所有国家抵御洪灾水害的能力不断增强,洪灾威胁及损失程度大大降低。由于全球人口呈爆炸式增长,加上人类活动规模和需求日益扩大,森林植被锐减,水土流失强烈,生态恶化明显;部分地区长期干旱少雨,旱灾频繁,水资源矛盾突出,干旱损失非常巨大。

南水北调中线工程根本目的,是通过跨流域调水以缓解京、津、华北地区水资源紧张的严峻局面。但是,中线调水水源区,因其所在的长江流域及汉江丹江口上游水资源(年降水总量)也在发生降雨减少或不规则、上游利用增加、污染加重等多种因素导致调水水量难以保证的变化。那么,如何研究、监测、应对这种不利变化,是南水北调工程运营管理者面临的重大难题之一。20 世纪 90 年代以来,国内外专家学者开始重视研究长期干旱及灾害带给人类的风险和损失。1998 年,冯平学者应用风险分析理论于干旱期水资源管理,以可靠性、可恢复性和易损性等指标,测算干旱期的缺水风险;2005 年,阮本清等学者将区域缺水的风险率、脆弱性、可恢复性、重现期和风险度作为评价指标,针对京津冀缺水问题研究建立了模糊综合评价方法,从而得出改进首都圈应对缺水的风险管理刻不容缓的结论。

6.2.3.1 长江流域的水量变化

1)降雨条件

从 20 世纪 80 年代初,到 20 世纪末的 20 年间,长江流域频发洪涝灾害,造成流域民众生命财产重大损失。与此同时,我国华北、西北等北方地区持续干旱缺水,损失更为严重。由于灾害范围广大、受灾人数众多,多年来南涝北旱一直成为我国两大难以克服的自然灾害。中国气象局武汉暴雨研究所陈正洪和杨宏青、国家气候中心任国玉、长江水利委员会水文局沈浒英等机构的专家学者长期从事长江流域面雨量变化趋势及对干流流量影响的时空差异研究,在《长江流域面雨量变化趋势及对干流流量影响》文章中,通过大量分析拟找到其变化规律,为防洪、抗旱、调水、减灾提供科学依据。

2)分析依据和方法

根据本著作者多年从事水利水电科研及技术工作的经验,长江流域气候、水情基本遵循"大规律、小周期",即便考虑气候变暖、极端天气常态化的影响,季节、丰枯、总降雨量等关键时点和数据并未发生根本性改变。也就是说,大规律揭示其普遍性,极端天气或个别年份的变化尚难具有代表性。上述学者在研究长江流域面雨量变化趋势及对干流流量影响的时空差异方面,使用了多站点、长系列水文数据和先进计算方法,分析结论符合气候、雨情、水量的基本规律。

(1)基础资料。《长江流域面雨量变化趋势及对干流流量影响》一文,分析采用的资料为长江流域 109 个气象站(其中上游有 46 个气象站)1960—2001 年逐月降水的测报数据及大通、宜昌水文站(分别为长江流域和上游控制站)逐月平均流量资料;长江流域边界,按照中国气象局的规定,季节划分采用冬季为当年 12 月至次年 2 月,春季为 3—5 月,夏季为 6—8 月,秋季为 9—11 月。

(2)雨量计算方法。长江流域面雨量变化趋势分析,采用"泰森多边形"方法,计算其流域的面雨量。该方法是先求得各测站的面积权重系数,然后用各测站雨量与该测站面积权重系数相乘后累加得到面雨量。

对长江流域及其上游雨量和流量的年、季、月序列,采用一元线性回归来拟合其线性变化趋势和气候倾向率。据此,再求取全流域和上游的年、季、月面雨量与流量的同期及隔月相关系数。

3）面雨量的变化趋势

根据对资料及方法运用,先确定长江流域及长江上游各月雨量趋势系数见表6-5,四季面雨量的变化趋势见图6-7和图6-8。由图表可知:长江流域面雨量变化以夏季、冬季、1、6月显著增加;秋季、9月显著减少为主要特征,而春季略有减少,全年略有增加;上游面雨量变化则以秋季、9月显著减少为特征,而冬季、夏季略有增加;1—2月显著增加,春季和年无变化,10月显著减少。其中,在夏季、冬季,全流域和上游为一致的增加,但全流域更显著,表明全流域流量的增加以中下游为主;在秋季,全流域和上游为一致的显著减少,程度相当,表明秋雨减少是全流域的共同特征。由于流量在春季变化不明显,而在冬季和夏季增加,在秋季减少,二者相互抵消,从而造成全年变化不明显。

4）流量变化及趋势

通过对大通(流域水文站)和宜昌站(长江上游水文控制站)各年、月流量的变化趋势分析,数据表明:大通流量变化以夏季、冬季、全年、1—3月、7—8月显著增加为主要特征,且与面雨量的增加趋势基本一致;秋季几乎无变化,这与面雨量显著减少不同,而春季略有增加;宜昌流量则以秋季显著减少为特征,而冬季、夏季略有增加,春季和年无变化,年及各季流量变化趋势与上游同期面雨量的变化基本一致。

6-5　长江流域及上游各月面雨量趋势系数

月份	长江流域	长江上游	月份	长江流域	长江上游
1	0.52	0.39	7	0.25	0.17
2	0.12	0.09	8	0.14	−0.02
3	0.16	0.10	9	−0.38	−0.30
4	−0.15	0.03	10	−0.03	−0.13
5	−0.21	−0.10	11	−0.16	−0.07
6	0.37	0.18	12	−0.07	−0.14

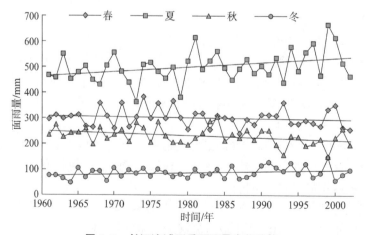

图6-7　长江流域四季面雨量变化趋势

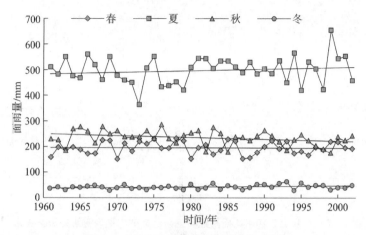

图 6-8　长江上游四季面雨量变化趋势

5)面雨量与流量的相关性

根据对流域水文站(大通水文站)和宜昌站(上游控制站)历年雨量、流量资料的整理分析,长江流域年平均面雨量与大通水文站年平均流量的历史变化(见图 6-9);长江上游年平均面雨量与宜昌水文站年平均流量的历史变化(见图 6-10)。结果表明:长江流域或长江上游,面雨量与同期流量在多数时间段里具有显著的正相关性,多数达到极显著程度,即多雨对应洪涝或丰水,少雨对应干旱或枯水。若以年、季为单位,除长江上游冬季为显著、长江流域秋季为很显著外,其余均为极显著,尤其是年流量与面雨量相关系数达到 0.80 以上;若以月为单位,仅长江流域 9、11、12 月等 3 个月正相关不显著,长江流域 10 月、长江上游 2 月和 12 月显著,长江流域 4 月很显著,其余均达到极显著。可见,不显著或显著多集中在秋冬季月,其原因主要是这些季节雨水相对较少,水库、塘堰等蓄水较多,从而降低了面雨量与长江干流流量的相关性。

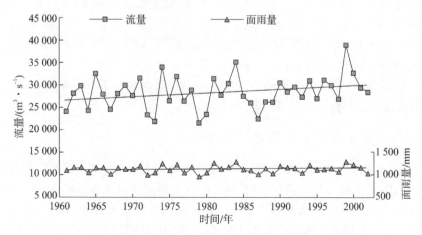

图 6-9　长江流域年平均面雨量与大通水文站年平均流量的历史变化

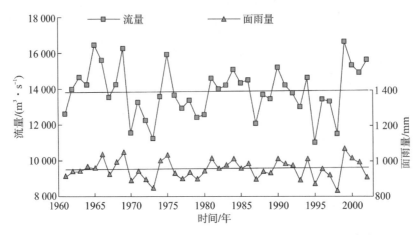

图6-10 长江上游年平均面雨量与宜昌水文站年平均流量的历史变化

长江上游,面雨量与下游月流量的相关系数在1—3月、10月、12月等5个月有所增加,其中11月增加了0.45,主要集中在冬半年,这可能是冬季流速慢的原因,其余7个月下降,最多下降0.2,可见增加的幅度大于下降的幅度;对全流域而言,月面雨量与下游月流量的相关系数,比与同期流量的相关系数都有不同程度增加,其中10月增加了0.49,这是由于全流域干流长,面积大,滞后影响也更显著。

6)主要结论

根据长江流域1960—2001年42年间109个气象站的雨量资料和大通、宜昌水文站同期的流量资料,以及论文作者得出的全流域及上游年、季、月平均面雨量、流量变化趋势及相关性,雨量对干流流量(未考虑气候变暖因素)变化的主要结论有:

(1)全流域面雨量,夏季显著增加,秋冬季显著减少,全年弱增,呈现多则越多、少则越少的趋势,尤其发生在1、6、9月;上游仅秋季明显减少,夏、冬季呈弱增加趋势,全年无变化。

(2)大通站流量,在冬、夏、年季显著增加,秋季无变化,发生在1—3月、7—8月;宜昌流量仅秋季有增加,冬、夏季为弱增加趋势;全年无变化,发生在1—2月、10月。

(3)全流域或上游的面雨量与同期流量均为显著正相关,尤其是年、春夏季,主要发生在全流域的1—8月、上游的3—11月。

(4)全流域所有月份、上游1—3月、10月、12月,面雨量与下月流量的相关性均比同期更好,表明流量对雨量的响应有一定的时空滞后性。

6.2.3.2 汉江上游水资源量变化趋势分析

汉江上游是中线调水的水源区,其多样化的气候特点,导致该区域多旱频涝、降水变率较大。但20世纪90年代以来,气候变化使汉江上游天然降水逐渐减小,连续性枯水年的发生,引起了许多专家、学者的高度重视。长江水利委员会水文局李明新、吕孙云、徐德龙等专家在《汉江上游水资源量变化趋势分析》一文中,采用坎德尔、斯波曼、滑动平均及周期图法等方法,对水文周期的规律性方面进行了研究,以多年实测资料及相关历史文献的统计分析,得出"连续枯水年并非表明汉江上游径流量呈持续减小趋势,而是处于周期变化中的枯水期"之结论。

与此相反,武汉大学水资源与水电工程科学国家重点实验室陈华、郭生练、柴晓玲和徐高洪学者在《汉江丹江口以上流域降水特征及变化趋势分析》一文中,利用1951—2003年汉江丹江口以上流域7个气象站点降水量资料,分析了丹江口水库上游降水量的变化特征和近53年降水量的变化趋势,并采用最大熵谱估计方法分析丹江口水库上游年降水量序列的变化周期,得出"丹江口水库上游降水量年际变化不大,降水量年内分配不均匀,汛期约占全年降水量的75%～85%,1951—1978年期间降水变化小,20世纪80年代至90年代降水变化相对较大,20世纪80年代是持续的多雨期,而20世纪90年代到2002年是持续的少雨期,总体呈减少趋势"的结论。

1)汉江上游水资源条件

汉江是长江中游的重要支流,发源于秦岭南麓,经汉中盆地与褒河汇合后始称汉江,于武汉入汇长江;全流域集水面积15.9万 km^2 ,干流全长1 577km;流经陕西、河南、湖北、四川、重庆及甘肃;北以秦岭及外方山与黄河为界,东北以伏牛山及桐柏山与淮河为界,西南以米仓、大巴山、荆山与嘉陵江、沮漳河相邻,东南为广阔平原。流域略呈羽叶状,干流大致为东西向,丹江口以上较大支流在北岸有洵河、甲河及丹江,南岸有任河及堵河等,丹江口以下至碾盘山区间有较大支流南河及唐白河入汇;汉江流域在丹江口以上为上游,丹江口至钟祥为中游,钟祥以下为下游。

丹江口水库上游地区面积9.6万 km^2 ,水库上游地区范围介于东经106°～111°30′,北纬31°21′～34°10′,跨越陕、甘、川、豫、鄂5省,其中山地占92.4%,丘陵占5.5%,平原占2.1%。丹江口水库上游地区穿行于秦岭、大巴山之间的高山深谷,两岸坡陡河深,只有少数盆地稍为开阔。为了研究的方便,根据丹江口水库水资源管理分区,将上游流域分为3大区:石泉以上区间、石泉—白河区间和白河—丹江区间。

2)丹江口入库径流特征

丹江口水库位于汉江干流与支流丹江汇合处下游约800m,距离河源925km,约占干流河道长1 577km的59%,控制流域面积95 217 km^2 ,约占汉江全流域的60%,丹江口水库入库径流即代表汉江上游水资源量。汉江丹江口以上1956—2000年平均年降水量870.4mm,平均天然入库水量383.3亿 m^3 ,约占汉江流域的70%。其中,年最大天然入库水量约为795亿 m^3 (1964年),最小年入库水量为165亿 m^3 (1999年),两者比值4倍以上。

丹江口入库径流以汛期为主,年内分配见图6-11;李明新、吕孙云、徐德龙等专家分析认为,水库5—10月来水量占年内来水总量的79%以上,并且年内来水有3个明显的峰:第1个峰为5月份,来水占年内9.4%;第2个峰为7月份,来水占年来水的17.5%;第3个峰为9月份,来水占年来水的17.6%,3个峰分别由坝址以上流域的春汛、夏汛、秋汛引起。而陈华、郭生练、柴晓玲和徐高洪学者认为,丹江口水库上游降水量年内分配不均匀,汛期5—10月占了年降水量的75%～85%,降水量分布变化不大,雨量最多的是石泉以上区域,年降水量达886.8mm,由南向北减少。

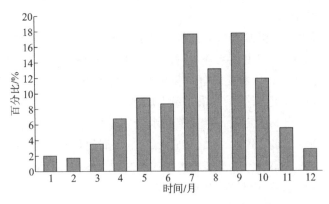

图6-11 丹江口水库入库径流量年内分配

3)上游降雨分析

(1)天然入库水量系列代表性分析。李明新、吕孙云、徐德龙等专家根据丹江口水文长短系列特征值比较(见表6-5),1956—2000年短系列与1933—2000年长系列相比,均值减小7.0亿 m^3,仅偏小1.4%,C_p值相同。各频率的入库水量也是仅偏小1.4%。因此,从量值上比较,1956~2000年系列有较好的代表性。采用入库水量的相对差积曲线[$\sum(K_i-1)$]分析,1933—2000年68年的长系列中,1944—1962年、1962—1979年、1979—2000年3个时段虽包含一些小波动,经分析仍为3个丰枯周期,每一个丰枯周期约17~21年,1956—2000年45年系列中,1962—1979年、1979—2000年2个时段虽包含一些小波动,经分析仍为两个丰、枯周期。

从系列的丰、枯组成分析(见表6-6),1956—2000年与长系列比较,丰水年和偏丰水年合计百分比偏小5.7%,枯水年和偏枯水年合计百分比偏大2.5%。长系列中,枯水年和偏枯水年合计百分比比丰水年及偏丰水年大1.5%;短系列中,枯水年和偏枯水年合计百分比比丰水年、偏丰水年大9.3%。

表6-5 丹江口水库长短系列天然入库水量特征值

系列	年数/a	均值/亿 m^3	C_v	C_i/C_p	不同频率年入库水量/亿 m^3			
					20%	50%	75%	95%
1933—2000	68	390.3	0.35	2.0	498.2	374.5	291.7	195.9
1956—2000	45	383	0.35	2.0	489.3	367.7	286.4	192.4

表6-6 丹江口水库天然入库水量不同系列的丰枯组成

系列	年数/a	丰水年		偏丰年		平水年		偏枯年		枯水年	
		年数	%	年数	%	年数	%	年数	%	年数	%
1933—2000	68	6	8.8	19	27.9	16	23.5	16	23.5	11	16.2
1956—2000	45	3	6.7	11	24.4	12	26.7	13	28.9	6	13.3

1933—2000 年中,连续 5 年和 10 年小于均值均出现 1 次,统计时将此列为枯水期;连续 4 年小于均值的出现 2 次;其他都是连续 2 年以下小于均值。从长系列中按 45 年滑动平均看,1956—2000 年的均值为 383.3 亿 m³ 是 24 组中均值最小的一组。24 组均值中小于 395 亿 m³ 的只有 4 组,小于 405 亿 m³ 的共有 14 组,有 10 组均值均大于 405 亿 m³。也就是说,1956—2000 年系列均值略偏小;5 年、10 年的滑动均值过程线。

(2)降水量的年际变化。陈华、郭生练、柴晓玲和徐高洪学者对丹江口水库上游 7 个代表站的年降水系列进行了分析,降水量的 C_v 值在 0.19~0.24 之间,如表 6-7 所示,降水量年际变化不太大。降水量 C_v 最大的站点是尚州站,主要是该站处于南北气候交界的位置,年最大与最小降水量之比在 2.5~3.3 之间,年极值比最大的是石泉以上区间的佛坪站,其多年平均降水量为 906.2mm。

表 6-7　丹江口水库上游年降水量极值比统计

站名	实测年数/a	多年平均年降水量/mm	C_v	最大年		最小年		最大、最小比值
				降水量/mm	年份	降水量/mm	年份	
汉中	53	862.2	0.23	1 462.0	1983	519.0	1997	2.82
佛坪	47	906.2	0.22	1 382.3	1983	419.0	1969	3.30
石泉	44	877.7	0.23	1 439.5	1983	575.5	1966	2.50
安康	53	804.2	0.19	1 114.0	1983	524.0	1999	2.13
尚州	47	701.6	0.24	1 125.0	1958	400.0	1995	2.81
郧县	53	801.4	0.21	1 277.0	1964	496.0	1976	2.57
西峡	47	863.1	0.22	1 465.4	1964	557.3	1966	2.63

(3)降水量的年内分配。受北亚热带季风气候影响,尽管其年际雨量变化不大,但年内各月分配变化显著,主要是汛期雨量大且集中、非汛期雨水少更不稳(见表 6-8),汛期 5—10 月降水量占全年 75%~85%,11 月至次年 4 月仅占全年 10%~25%;上游连续最大 4 个月降水量为 6—9 月,如石泉—白河区间 6—9 月的降水量超过全年降水量的 60%,白河—丹江区间略低于 60%;在连续两个月中,以 7 月、8 月最为集中,约占年降水量 40%,7 月、8 月份也是暴雨洪水的频发期;最大月降雨一般在 7 月,约占年降雨量的 22%。连续最小 4 个月(11 月至次年 2 月)降水量约占全年降水量的 5%~10%;石泉—白河区间当年 12 月至次年 1 月的降水量不到全年的 1%。分析表明,丹江口水库上游降雨的年内分配极不均匀。

4)丰枯频次分析

陈华、郭生练、柴晓玲和徐高洪学者通过计算丹江口上游流域平均年降水量,并将序列从大到小进行排列,用经验频率分为:小于 12.5% 为丰水年,12.5%~37.5% 为偏丰年,37.5%~62.5% 为平水年,62.5%~87.5% 为偏枯年,大于 87.5% 为枯水年 5 种年型,其相应的降水量为:12.5%(988.3mm),37.5%(861.3mm),62.5%(781.1mm),87.5%

（648.0mm）。然后统计分析各站年降水量序列的丰水年、偏丰水年、平水年、偏枯水年和枯水年的频次，具体数据见表6-9。

表6-8　丹江口水库上游年降水量年内分配　　　　　　单位：mm

站名	1月	2月	3月	4月	5月	6月	7月	8月	9月	10月	11月	12月	全年
汉中	8.4	9.5	31.0	62.0	90.4	102.0	162.9	131.8	145.0	76.1	34.2	8.9	862.2
佛坪	6.4	10.2	28.7	57.5	92.7	105.6	198.1	156.0	137.8	78.3	28.9	6.0	906.2
石泉	6.4	10.4	28.8	63.5	92.1	102.8	173.8	125.5	150.1	84.0	32.3	8.0	877.7
安康	5.0	10.0	32.1	66.1	86.6	107.7	136.2	120.2	126.3	76.4	29.6	7.6	804.2
尚州	8.0	11.7	31.5	55.5	68.0	80.7	134.1	108.6	100.2	68.0	27.4	7.9	701.6
郧县	13.2	19.3	41.7	69.0	81.7	89.7	140.6	122.5	103.7	69.7	36.7	13.4	801.4
西峡	14.5	17.4	39.5	64.9	78.1	93.1	184.7	157.7	98.7	68.8	32.3	13.4	863.1

表6-9　上游年降雨量频次分析表

站名	系列	年数/a	丰水年		偏丰年		平水年		偏枯年		枯水年	
			年数	%	年数	%	年数	%	年数	%	年数	%
汉中	1951—2003	53	15	28.30	9	16.98	10	18.87	11	20.75	8	15.09
佛坪	1957—2003	47	18	38.30	4	8.51	11	23.40	12	25.53	2	4.26
石泉	1960—2003	44	11	25.00	9	20.45	7	15.91	13	29.55	4	9.09
安康	1951—2003	53	7	13.21	12	22.64	9	16.98	16	30.19	9	16.98
尚州	1954—2003	50	4	8.00	2	4.00	6	12.00	17	34.00	21	42.00
郧县	1951—2003	53	8	15.09	12	22.64	9	16.98	12	22.64	12	22.64
西峡	1957—2003	47	10	21.28	11	23.40	7	14.89	15	31.91	4	8.52

　　从年降水量序列中，挑选持续时间最长且均值最大的连丰期和均值最小的连枯期，并分别计算连丰和连枯的平均年降水量及其与多年平均降水量的比值 $K_丰$ 和 $K_枯$（见表6-10）。结果表明，连丰期在2~7年之间，$K_丰$ 在1.23~1.51之间；连枯期在3~4年之间，$K_枯$ 在0.69~0.83之间。

　　与其结论类似，李明新等专家分别采用坎德尔（Kendall）秩次相关检验、斯波曼（Spearman）线路趋势回归检验以及滑动平均等方法，对丹江口上游入库水量变化趋势进行了分析。其中，滑动平均法拟选择合适的 k，使序列高频振荡平均化；通过其入库水量序列按8a进行滑动平均（见图6-12）。图形表明：丹江口水库入库水量在消除波动影响后（20世纪90年代以来），其水量有减小的趋势，其减小的趋势符合周期性。

表 6-10 年降水量连丰期和连枯期分析

站名	连丰期				连枯期			
	起止年份	年数	平均年降水量/mm	$K_丰$	起止年份	年数	平均年降水量/mm	$K_丰$
汉中	1980—1984	5	1 154.0	1.34	1994—1997	4	634.3	0.74
佛坪	1983—1984	2	1 241.4	1.37	1969—1972	4	680.1	0.75
石泉	1983—1984	2	1 325.0	1.51	1993—1995	3	731.7	0.83
安康	1982—1984	3	1 013.7	1.26	1997—1999	3	610.0	0.76
尚州	1983—1984	2	979.3	1.40	1993—1995	3	507.2	0.72
郧县	1979—1985	7	982.0	1.23	1976—1978	3	552.3	0.69
西峡	1979—1981	3	1 086.8	1.26	1997—1999	3	713.1	0.83

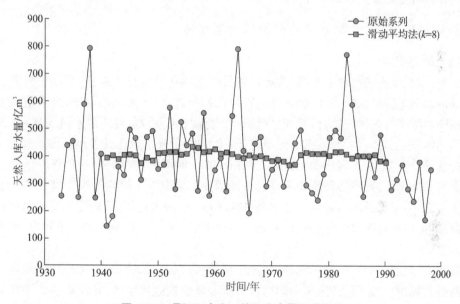

图 6-12 丹江口水库天然入库水量滑动平均

5)分析结论

李明新、吕孙云、徐德龙等专家和陈华、郭生练、柴晓玲、徐高洪等学者采用不同时间跨度的水文资料和分析方法,对丹江口水库上游降水量变化特征进行分析,得出的结论大相径庭。相同的部分是:

(1)丹江口水库上游多年平均降水量在 700~910mm 之间,属于湿润地区,上游区域降雨量由上往下增大,由南向北减少,降水量年际变化不大;

(2)丹江口水库上游降水量年内分配不均,汛期 5—10 月占了年降水量的 75%~85%;

(3)1951—1978 年期间,上游降水变化趋势不大,有多雨期也有少雨期,变化的幅度相对较小,多雨期和少雨期间隔变化比较频繁,很少出现长期多雨期和长期少雨期的情况;但在20世纪80年代和20世纪90年代降水的变化趋势相对比较大,20世纪90年代到2002年是持续的少雨期;

(4)通过周期分析,丹江口水库上游年降水量序列存在2~3年的变化准周期。

结论不同的是,李明新、吕孙云、徐德龙等专家认为持续的雨量减少只是上游来水的周期性变化,不是根本性减少。而陈华、郭生练、柴晓玲、徐高洪等学者的研究认为,丹江口水库上游流域降水量的年内分配和年际变化都在逐渐增大,上游降雨或来水减少不完全是周期性变化,而可能是未来趋势。这种变化及趋势存在明显的转折点如1958年、1964年、1978年、1983年和1990年,1958年、1964年是大洪水年,1983年是特大洪水年,这可能同全球厄尔尼诺年发生的时间基本相同;但越来越频繁的干旱也说明气候变化、厄尔尼诺现象对丹江口水库上游的降水变化有直接的影响;进而影响着丹江口水库入库径流量和水量分配,情势不容乐观。掌握其降水量的变化规律,对于科学调度水量和合理分配水资源具有重要意义。

6.2.3.4 中线水源地持续干旱的对策措施

1)干旱与持续干旱

干旱,因受旱或缺水对象不同,其定义和具体指标存有差异。通常,干旱是指因水分收支或供求不平衡形成的持续缺水情势;它包含两种含义:一是气候干旱,指某地多年无降水或降水很少的气候现象,世界气象组织将干燥度(年蒸散量与年降水量之比)作为判别干旱的标准;二是气象干旱,指某区域在某一时段内的降水量比其多年平均降水量显著偏少的情势。干旱,并不表示受灾;旱灾,是指在某一时段内(持续30天),降水量少于常年同期的平均水平,导致经济活动和日常生活遭受重大损失。旱灾是当今世界最严重的气象灾害之一,不仅是因为它发生频次高、持续时间长、波及范围广,而是其造成的损失超过除核武器、核电站爆炸之外的任何灾难。持续干旱,使荒漠化加剧、沙尘暴频发,生态环境不断恶化。

我国干旱指标划分,以国家标准《气象干旱等级》(GB/T 20481—2006)中的综合气象干旱指数为标准。每当预计未来一周综合气象干旱指数达到重旱,或者某一县区有40%以上的农作物受旱,气象部门就要发布干旱预警信号。干旱预警信号分两级,分别以橙色和红色表示。

(1)重旱橙色预警标准。预计未来一周综合气象干旱指数达到25~50年一遇的严重程度时,或某一县(区)有40%以上的农作物受灾,可以认定为重旱,发出橙色预警。

(2)特旱红色预警标准。预计未来一周综合气象干旱指数超过50年一遇的严重程度,或者某一县(区)有60%以上的农作物受灾,可以认定为特旱,发出红色预警。

2)应对干旱的一般措施

持续干旱,对农业生产和城镇居民生活的影响最大,需要特别重视并积极应对。

(1)农业生产需要耗用大量水资源,选择农作物应当考虑自然降水条件。为了抵御干旱或抗旱,可以未雨绸缪,兴修库、塘、堰、坝、沟渠、窖等水利灌溉设施,储备足够的水资源;也可以采取科学选种、优化灌溉、节约用水、造林保水、人工增雨等被动措施应对干旱。

在干旱和缺水地区,还可以采取大棚、(地膜或秸秆)覆盖技术,减少水分蒸发,以及采用滴灌、薇灌、渗灌等节水灌溉方式,避免水资源的过度浪费。

(2)随着城镇化的快速发展,城市人口过度集中,使生活用水需求和压力剧增;许多城市在干旱年景或秋冬少雨季节,常常面临供水暂停,给正常生活带来不便;但同时,相当多的城市居民用水浪费现象又十分普遍。应对城市干旱缺水,关键是增加城市湿地面积,利用湖、库、塘、堰留住暴雨、强降雨(靠所谓渗水、吸水的"海绵"人行道不解决问题)。此外,用阶梯水价和高付费来抑制浪费,力推节约用水的多举措。节约用水,需要从细微处做起,如防止跑冒滴漏,随用随关,集中洗涤,采用一定容器盛装洗衣、洗菜水冲刷厕所等。

(3)应加快建立和完善现代城市用水制度,加强节水工程建设,实行雨污分流,收集雨水、处理生活污水,实现水资源的循环利用。遭遇持续或严重干旱时,应采取针对性的抗旱措施,如暂停工业性用水、限制高耗水的(洗浴、洗车、水疗、室内游泳)服务和消费、临时转移或疏散部分城市人口、购买水权、跨区调水等。

3)中线水源区持续干旱

根据武汉大学水资源与水电工程科学国家重点实验室陈华、郭生练、柴晓玲和徐高洪学者 2005 年 11 月发表在人民长江期刊的《汉江丹江口以上流域降水特征及变化趋势分析》,丹江口水库上游不同年代降水均值和距平值见表 6-11。

表 6-11　不同年代降水均值和距平值

站名	年数	50 年代		60 年代		70 年代		80 年代		90 年代		2000—2003 年	
		均值/mm	距平百分率/%	均值/mm	距平百分率/%	均值/mm	距平百分率/%	均值/mm	距平百分率/%	均值/mm	距平百分率/%	均值/mm	距平百分率/%
汉中	9	902	4.6	904	4.8	814	−5.6	992	15.1	719	−16.6	754	−12.5
佛坪	3	975	7.5	911	0.6	864	−4.7	1 026	13.2	802	−11.5	854	−5.7
石泉				896	2.1	831	−5.3	979	11.5	772	−12.1	910	3.7
安康	9	778	−3.3	786	−2.3	836	4.0	876	8.9	711	−11.6	841	4.6
尚州	6	804	14.6	720	2.6	657	−6.4	742	5.7	604	−14.0	724	3.1
郧县	9	784	−2.1	841	5.0	750	−6.5	906	13.1	697	−13.0	816	1.7
西峡	3	911	5.6	888	2.9	846	−2.0	890	3.1	774	−10.3	933	8.1

由此得知:丹江口水库上游降水量变化,存在一个 10 年的变化周期,如:

(1)20 世纪 50 年代,安康和郧县的降水量偏少;

(2)20 世纪 60 年代,安康站降水量偏少,其余各站均高于多年平均值;

(3)20 世纪 70 年代,除安康站外,其余各站均持续偏少;

(4)20 世纪 80 年代,各站降水量均高于多年平均;

(5)20 世纪 90 年代,各站降水量均低于多年平均,而且距平百分率均在 10%以上;

(6)20 世纪 90 年代,丹江口水库上游干旱比较严重;

(7)2000—2003 年,汉中和佛坪的降水量偏少,其余各站高于多年平均。

考虑近 10 年来的气候变化和上游拟向黄河流域的渭河调水,丹江口上游来水将持续减少,有关方面应充分认识这种减少带来的影响。

4)持续干旱条件下中线调水措施

我国除东南沿海和长江中下游地区之外,大部分地区都干旱少雨。黄淮海平原,是我国最大的平原,由黄河、淮河、海河三条河的供水面积约 144 万 km²,占全国内陆面积的 15%。该地区耕地资源丰富,光照条件好,是北方主要的农业经济区和粮、棉、油主产区。截至 2010 年:该区域人口约 4.6 亿,约占总数的 33%,灌溉面积 22.8 万 km²,约占总数 (12.4 万 km²)18%;该地区不仅承载环渤海经济圈的发展,更有首都北京这个政治文化中心。有历史记载以来,华北地区频遭重旱,灾损惨重。陈志恺院士的研究指出,20 世纪 80 年代开始,华北地区再次遭受严重干旱,京津冀地区出现了供水危机。

根据水利部 1956—1979 年的水文资料,估算黄淮海地区的河川径流量为 1 690.5 亿 m³,包括地下水在内水资源总量为 2 125.7 亿 m³,仅占全国水资源总量的 7.7%,是我国水资源最为短缺的地区。1980—1989 年,平均降水量比多年平均偏少 10%~15%,气温偏高 0.1~0.36℃。降水偏少、气温偏高,地面蒸发损失加大,加上人类活动规模越来越大,水资源补给量明显不足。据海河水利委员会测算,海、滦河全流域产生的地表径流量仅 155 亿 m³,比 1956—1979 年多年平均径流量 288 亿 m³ 减少了 46.2%,约 133 亿 m³。20 世纪 90 年代,干旱从华北平原向黄河中上游地区(陕甘宁)、汉江流域、淮河上游和云贵川高原扩展,1990—1999 年该地区年平均降水量偏少 5~10%,气温偏高 0.3~0.8℃;黄河利津以上同期年平均产水量仅 476 亿 m³,比 1956—1979 年平均年径流量 661 亿 m³ 减少了 28%,约 185 亿 m³。1997 年的干旱,黄河河口以上地区产流量减少到 304 亿 m³,扣除中上游消耗,利津实测径流量为 18.6 亿 m³,仅有 15.4 亿 m³ 水量入海,减少趋势见表 6-12。

表 6-12　1980—1999 年黄淮海流域降水、径流变化

流域	项目	56~79	80~99	80 年代	90 年代	56~99
海河	降水/mm	560	531	471	506	529
海河	径流/亿 m³	288	177	155	200	217
黄河	降水/mm	464	426	447	407	449
黄河	径流/亿 m³	661	542	607	476	582
淮河	降水/mm	860	871			890
淮河	径流/亿 m³	622	568	567	570	598
山东诸河	径流/亿 m³	119	86	(86)	(86)	103
山东诸河	与 56~79 比较	0	-32.6			-15.6
山东诸河	%		-27.5			-13.2
黄淮海+山东诸河	径流/亿 m³	1 690	1 373	1 415	1 332	1 500
黄淮海+山东诸河	与 56~79 比较	0	-317	-275	-356	-190
黄淮海+山东诸河	%		-18.5	-16.3	-21.2	-11.2

南水北调中线工程,是缓解华北地区水资源短缺的重要举措。尽管如此,中线调水尚不能从根本上解决华北地区再次遭遇与历史重旱同等级别的旱情;尤其是华北地区与中线调水水源区发生同丰同枯降雨周期,中线调水就只能"望天兴叹"。应对华北地区与中线调水水源区同时遭遇持续性干旱的恶劣条件,我们可以采取以下对策措施:

(1) 正常年份,加大中线工程汛期调水,利用 5—10 月的多雨天气,按最大能力($800 m^3/s$)输水,实现调水约 70 亿 m^3;

(2) 在中线调水受水沿线不缺水的情况下,部分调水量应回灌到地下,补充地下水源,重旱时,适当抽取地下水;

(3) 在冬春少雨时节或当中线调水水源区发生持续性干旱,应当停止调水;

(4) 中线受水沿线,增加或修建蓄水湖库,充分利用中线水源区强降雨形成的水资源,减少工程防汛弃水;

(5) 加强对总干渠和供水系统的监测、维护,减少输水和供水环节渗漏损失;

(6) 环渤海沿线适当增加海水利用规模,以淡化海水弥补中线水源的不足。

6.2.4　中线工程输水蒸发与渠管渗漏水量损失

蒸发,是水由液态(或固态)转化成气态,逸入大气中的过程;而蒸发量,是指在一定时段内,水分经蒸发渐渐散布到空中的量;气象学中,通常以毫米为单位来表示全年蒸发掉的水层厚度(水面高度)。蒸发,受温度、湿度、风速、气压、日照及强度等方面的影响。在地表或水面,当温度越高、湿度越小、风速越大、气压越低时,蒸发量就越大;反之,蒸发量就越小。

土壤蒸发量和水面蒸发量的多少,对于指导农业生产、防灾减灾和维持生态等工作非常重要。蒸发量大于降水量,表明降雨稀少、气候干燥,如若地下水源及流入径流水量不足,即易发生干旱;一旦形成大范围持续性干旱,就可能造成气象灾害以及经济、生态等诸多方面损失。

南水北调中线工程,联系黄、淮、海及长江 4 大水系,其建设规模,世人瞩目;输水总干渠全长超过 1200km,明渠采用梯形横断面;输水及自流过程,水面暴露,全年调水必然产生较大的蒸发损失。此外,由于总干渠穿行于山地与华北平原之间及丘陵、岗地与山前倾斜平原,地质条件较复,其通过的第四系沉积物分布区约占总长的 92%,岩体段约占 7.2%,交叉建筑物长度约占 0.8%;沿线既有挖方段,亦有填方段(挖方段约占总长的 92.8%,填方段占 7.20%)。其中,挖方段共有 3 种渠基土类:土体段 876.2km,占总长 70%;土岩体段占全线长 15.5%;岩体段 91km,占全线 7.2%。根据技术设计,强渗漏和膨胀土渠段,拟采用混凝土+土工膜(或混凝土+土工织物)衬砌;一般渠段采用水泥土衬砌,岩体段采用喷浆或抹面。受材质、施工质量、外部振动等多种因素影响,总干渠结构难免出现裂纹、缝隙等导致其渗漏。有研究表明,蒸发和渗漏损失的水量可能超过全年输水能力的 16%~23%;因此,优化输水时间减少蒸发和管控渗漏因素,对于提高调水效益具有重要意义。

6.2.4.1 华北平原蒸发环境

华北平原,是中国第二大平原,位于黄河下游,西起太行山脉和豫西山地,东到黄海、渤海和山东丘陵,北起燕山山脉,西南到桐柏山和大别山,东南至苏、皖北部,与长江中下游平原相连;延展于北京市、天津市、河北省、山东省、河南省、安徽省和江苏省等7省、市的境域;面积约30万km²;主要由黄河、淮河、海河、滦河泥沙冲积而成,又称黄淮海平原。黄河下游,天然地横贯中部,分南北两部分:南面为黄淮平原,北面为海河平原。近百年来,黄河在这里填海造陆面积超过2300km²;平原还不断地向海洋延伸,最迅速的是黄河三角洲地区,平均每年增加2~3km;地势低平,大部分在海拔50m以下。

东部沿海,平原海拔10m以下自西向东微斜,主要属于新生代的巨大坳陷,沉积厚度1500~5000m;平原多低洼地、湖沼,集中分布在黄河冲积扇北面保定与天津大沽之间。冲积扇东缘与山东丘陵接触处,排水不畅,地下水位高,易受洪水内涝威胁,形成盐碱地。1949年后进行了改造治理;属暖温带大陆性气候,四季变化明显。南部淮河流域处于向亚热带过渡地区,其气温和降水量都比北部高;平原年均温8~15℃,冬季寒冷干燥,最冷月(1月)均温0~-6℃,夏季高温多雨最热月(7月)均温28℃,年均降水量400~800mm;无霜期6~8个月;日照充分,大部分全年平均日照时数2300~2800h,农作物大多为两年三熟,南部一年两熟;土层深厚,土质肥沃。华北平原有许多古老城市,如北京(蓟)、邯郸、开封、商丘、淮阳等。

华北平原地区,自然资源丰富,海洋运输和铁路运输便利,开发历史悠久,工农业基础较完善;19世纪末,这里陆续开办大学、聚集人才;1949年北京成为首都后,华北地区科技发达,劳动力素质较高,同时享有较多的优惠政策,使经济发展相对较快。但是,华北地区也存在诸多因自然条件带来的问题,一是旱涝并存。尤其是春旱:春季升温快,蒸发旺盛、降水稀少、农作物需水量大,加上植被覆盖率低及不合理的用水,水资源短缺难以从根本上改善。以持续性干旱出现频次类似,因其地势低平,降水集中、且变率大,夏季暴雨又容易引发滞涝;二是土壤盐碱化:由于渤海海水盐分高,海水的入侵渗透导致土壤含盐量大,夏季淋盐、春秋返盐,成为其特点;原因是干旱时节,尤其是春季,气温回升快、蒸发旺盛,土壤中盐分向地表集中;平原地势低、地下水位高、排水不畅,只灌不排的耕作使地下水位上升时将盐分集中于表土;三是风沙:干旱季节,气温回升快、蒸发明显,地表干旱时细颗粒容易侵蚀,春季大风又缺乏风力屏障,导致风沙肆虐。

根据气象学中的干湿划分,华北地区属于半湿润地区,干燥度(可蒸发量与降水量的比值)在1~1.49之间的地区,耕地大多是旱地,降水集中在夏季。对此,荣艳淑、余锦华等学者选用1957—2002年的气象观测资料,对其5个分区的动力和热力蒸发量之季节、年际变化规律,动力和热力蒸发量之间的差异,动力和热力蒸发量对总蒸发量的贡献以及近20年全球变暖条件下华北地区动力和热力蒸发量的变化趋势进行了分析研究,结果表明:华北各个区域动力和热力蒸发量的年、季变化规律有明显差异,动力蒸发量的季节变化呈双峰特征,而热力蒸发量则呈单峰变化;动力蒸发量和热力蒸发量的年和季节序列线性变化趋势也有差异。在全球变暖的背景下,这种差异不断变大,且年平均热力作用对总蒸发量的贡献大于动力作用,不同季节这种规律有所不同;除个别区域外,温暖季节热力作用对总蒸发量贡献较大,寒冷季节动力作用大于热力作用。

6.2.4.2 中线输水蒸发损失测算

1)总体概念

蒸发使水分进入大气,降水(雨、雪等)使水分落到地球上;蒸发和降水相互依存,总体保持平衡。也就是说,地球上总蒸发量应基本等于总降水量(如若不平衡,要么海洋面积不断增大,要么陆地不断增大)。地表水资源,主要来自海(面)水的蒸发;研究表明,因各地的地形、气候不同,区域间的陆上蒸发量大小迥异。我国年蒸发量最大的地区是青海省的察尔汗盐湖,年均蒸发量(蒸发能力)约3518mm。通常,山区降水量远远大于蒸发量,沙漠和荒漠中的降水量又远远小于蒸发量。需要说明的是,传统气象学所指的蒸发量实际上是在气象台站保持供水条件下的蒸发皿(器、桶)中测得的数据,这只说明该点位(地区)的蒸发能力,而不是其实际蒸发量(水量损失)。换句话说,气象学所测得的蒸发量只代表环境蒸发能力(或潜在蒸发量),如新疆吐鲁番盆地的托克逊,气象站测量的年蒸发量是3700mm,而实际可蒸发的水分非常有限,原因是那里的年降水量不足10mm。

2)蒸发机制

蒸发是动态的过程,反映地表热量平衡和降水的再平衡;其水循环过程的加快,可以揭示人类活动(如土地利用和气候变化)的程度、趋势,表明蒸发能力和降水量同步提高。也就是说,这种变化,有可能使一些地区河川径流量增加,而另一些地区河川径流量减少。根政府间气候变化专门委员会(IPCC)的有关报告,过去的数十年中,全球气温平均上升了$0.6\pm0.2℃$;有些学者预测全球变暖可能会使大气变干,导致陆地上水体蒸发量上升;而实测结果却与此相反,一些地区蒸发皿中测得的蒸发量呈显著下降趋势。如申双和研究发现,近45年间我国年平均气温以每10年增加0.2℃的趋势递增,可是蒸发皿蒸发量总体上却以每10年减少34.12mm的速度递减。其中,夏季下降速率及下降幅度最大,为每10年下降15.59mm,其次为春季、秋季,冬季变化不明显。"这种变化趋势总体上是与全球保持一致的,这主要是气温升高集中在冬季,而对很多地区来说,占全年蒸发量总量比例较大的夏季气温不升反降,这就导致了全年蒸发量显著下降。"

蒸发量说明该地的水分支出状况。然而,由于蒸发器本身及其周围空气的动力和热力条件与天然水体有所不同,蒸发器测得的蒸发量要比湖泊、水库等实际水体的蒸发量大。蒸发量的空间变化,受气温、海陆、降水量诸因素的影响。纬度愈低,气温愈高,蒸发能力愈强,蒸发量也就大;在温度相同条件下,海洋上的蒸发量大于大陆,并有自沿海向内陆显著减少的趋势;一般说来,降水量多的地方蒸发量也大,反之,蒸发量小。从地域分布看,蒸发皿蒸发量显著上升只集中在少部分地区,如大兴安岭北部和北山地区;下降幅度最大的地区则集中在东部、西北北部和南部及西藏南部。

3)水面蒸发损失

水面(水库、水渠、河道)的蒸发损失,是指水面形成前后因蒸发量的不同,所造成的蒸发水量差值。水面形成前,除原有水面蒸发外,整个环境都是陆面蒸发,而这部分陆面蒸发量已反映在坝址断面处的实测年径流资料中。水面形成之后,区域内原陆面面积变为水库水面的这部分面积,由原来的陆面蒸发变成为水面蒸发;因水面蒸发比陆面蒸发大,故所谓蒸发损失就是指由陆面面积变为水面面积所增加的额外蒸发量。水面蒸发量不是年年相同的常数,而随气候变化不断发生改变。如果所持的蒸发资料充分,尚可根据实测资料建立河川径流与蒸发量关系曲线;由此按照河川径流查出蒸发能力,计算水量损失。

根据中科院地理科学与资源研究所陆地水循环及地球过程重点实验室学者梁季阳2011年4月在海河水利期刊发表的《控制蒸发是解决华北地区缺水的第一要务》一文,华北地区84%的降水损耗于蒸散发;在1951—2009年,春夏秋冬各季蒸发量占全年比重分别为18.9%,55.9%,20.4%,4.9%。而河海大学水文水资源与水利工程科学国家重点实验室的罗健、蔡艳淑等学者在《利用英国CRU资料,重建华北地区百年蒸发量及变化分析》一文中实测华北地区蒸发量为:夏季最大,月平均约235mm,占全年58.6%;其次是秋季84.3mm,占21%;春季67.3mm,占16.7%;冬季蒸发14.8mm,占全年比重3.7%。

4)以华北怀柔水库为例的蒸发分析

常见的蒸发观测器皿有20cm口径蒸发皿、E601型蒸发器,由于其器型大小、设置条件不同,因而水面周围的空气动力条件也不相同,蒸发观测值也不尽相同。《怀柔水库库区水文站不同蒸发器蒸发量对比分析》文章笔者,根据库区水文站E601型蒸发器、20cm口径蒸发皿的观测数据,计算两者之间的折算系数,对两者关系进行对比,分析了差异产生的原因及影响蒸发观测值的因素,从而作为该地区水面蒸发损失的判据。

(1)水库概况。怀柔水库属于大II型水库,库容1.44亿 m^3,连接京密引水渠,具有密云水库调节库的功能。水库区域地处燕山山脉南麓,是华北平原与山区的结合部,属半干旱地区;受东南暖湿气流影响,多年平均降雨量650mm,流域降雨量的年内分配和年际间变化不均匀,汛期雨量丰沛,6—9月份降水量占全年的80%左右。据北京市水利志记载,水库地区年最高气温可达40℃以上,年最低气温为零下20℃,多年平均气温11.7℃;无霜期为216天,冰冻期为12月至次年2月,平均结冰日数为132.2天,冻结厚度最大约1m。

(2)资料来源及观测方法。怀柔水库库区水文站始建于1958年;20世纪70年代,开始进行蒸发能力观测,蒸发器采用20cm口径蒸发皿,每日进行观测;2005年,加入E601型蒸发器,与20cm口径蒸发皿的蒸发量进行对比观测。冰冻期,20cm口径蒸发皿每日观测,E601型蒸发器每月观测1次。观测场地选择、仪器设备的安置、观测方法等均严格执行《水面蒸发观测规范》(SD265—88),观测资料保持了较高的精度,每年资料均已通过北京市水文总站的审查验收。

(3)水面蒸发器的比较。E601型蒸发器,由蒸发桶、水圈、测针、溢流桶4个部分组成,蒸发桶埋于地下,器口面积3000 cm^2,器口缘高于地面30cm;该型蒸发器稳定性较好,但冬季受冰冻影响,采用称重法测量,测量误差较大。20cm口径蒸发皿安装在地面以上70cm处,观测、换水方便,易于管理,但蒸发皿受温度、气流影响较大,稳定性较差;在冰冻期,可替代E601型蒸发器进行观测。

(4)蒸发量及分布情况。该文选择水库水文站E601型蒸发器和20cm口径蒸发皿2006—2011年度同步观测资料,计算两种蒸发器蒸发各月平均值、多年平均值、比值及差值。两种蒸发器蒸发量年内分布规律相似,当年11月至次年2月,蒸发量较小,各月平均蒸发量分别为 56mm 和 81mm,最小值出现在 1 月份,为 13.4mm 和 16.7mm;3—10 月蒸发量较大,分别为 159mm 和 177mm,最大值出现在 5 月份,为 210mm 和 260mm;E601 型蒸发器蒸发值小于 20cm 口径蒸发皿蒸发值,二者月平均蒸发量比值在 0.50~0.74 之间。

5)总干渠蒸发损失及影响因素

南水北调中线工程总干渠全长超过 1200km,全年调水时估算平均水面宽约 120m,形成的水面面积约为 1.44 亿 m²,参考以上蒸发系数测算,总干渠全年蒸发量约 2.33 亿 m³;考虑总干渠本身也接受来至空中的降雨,实际净蒸发量测算约 1.37 亿 m³。如果按设计的输水规模 95 亿 m³ 计算,损失率为 1.5%;以 2015 年送水 22 亿 m³ 计算,损失率为 6.2%;以 2016 年输水 33 亿 m³ 计算,损失率为 4.15%。应当承认,这种蒸发损失仍未考虑如下影响因素和蒸发量,更没有计入结构性损坏或渗漏产生的水量损失。

(1)风速影响。当其他条件不变时,风速跟蒸发量呈正比;也就是风速愈大、蒸发愈快,尤其是春秋之季,风干物燥,水分损失较大。

(2)太阳辐射的影响。夏秋之季,在火一样的阳光照射下,水面水温极易升高,蒸发量增大;换句话说,饱和水汽压随温度增加而增大,温度越高、蒸发越快;总干渠大都在平原地表,太阳辐射必然增加水面蒸发量。

(3)冬季和雨天的影响。在冬季,受冷空气影响,气温迅速下降,从而使饱和水汽压也迅速下降,蒸发速率迅速变小;同理,在下雨天气,空气中含水量增加、湿度大,对水面的蒸发将减少。

(4)水面面积和流速的影响。水面面积越大,水面与大气热交换的范围就越大,蒸发量也就越多;但与此相反,水体流速越快,单位时间内带走的热量也必然越多,其水面的蒸发量会相对减少,水量损失则减少。

6.2.4.3　中线调水总干渠渗漏分析

1)总干渠渗漏研究概述

水工建筑物,无论其土石材料或混凝土材料构成,局部变形、开裂、老化失效现象难以避免。南水北调中线工程,输水总干渠超过 1200km,沿线地质条件较复(第四系沉积物分布区约占总长 92%,岩体段仅占 7.2%,交叉建筑物长度约占 0.8%)。其中,挖方施工段约占总长的 92.8%,填方段占 7.20%。除强渗漏地段和膨胀土渠段,采用混凝土+土工膜(或混凝土+土工织物)衬砌外,一般渠段采用水泥土衬砌;岩体段采用喷浆或抹面。受多种因素影响,总干渠(结构连接端和缺陷部位)出现渗漏属于正常现象,但需要研究、监测和掌握其渗漏部位,控制渗漏总量,避免造成水量损失及结构破坏。

长江科学院土工研究所吴昌瑜、张伟学者曾参与中线工程总干渠渗漏损失专项研究,在《长江科学院院报》的《南水北调中线工程总干渠渗流与蒸发损失研究》中,根据相关地质资料,对输水总干渠地质进行分类,找出产生渠道渗漏的主要影响因素,选定计算模型,优化计算参数,采用有限元方法分析其渗漏量,并提出了控制这些影响的方法。研究表明:在采用全线衬砌情况下,衬砌完好时的渗漏量较小,渠系水利用系数很高,衬砌有一定破损时,渠道渗漏量与渠基渗透性关系密切,应当采取措施加以控制。

2）已建明渠的渗漏损失调查

根据相关资料和吴昌瑜、张伟学者对国内外已建大型明渠的运行状况所做的调查分析,我国部分地区输水明渠衬砌前的渗漏损失情况见表6-13,而衬砌有混凝土结构和三合土的输水明渠实测防渗情况见表6-14。由表6-13和表6-14提供的数据不难发现,输水明渠有衬砌与没有衬砌的渗漏损失情况千差万别。

表6-13　输水明渠衬砌前的渗漏损失情况调查

地区或渠名	年渗漏总量/亿 m³	渗漏占总引水量/%	地区或渠名	渠系水利用系数 δ
甘肃河西走廊		60～70	北方较好灌区	0.55～0.65
人民引泾	1.021 0	41.5	北方较差灌区	0.24～0.32
人民引渭	2.175 5	65.0	陕西各大灌区	0.6左右
山西省	20.000	40.7	南方水稻灌区	0.30～0.77

表6-14　有衬砌的输水明渠防渗效果

渠道名称	衬砌材料	减少渗漏/%	渠道名称	衬砌材料	减少渗漏/%
湖南韶山灌区	三合土	86	安徽东方红水库渠道	水泥土	98
广东雷州青年运河	砼	>80	北京市东北旺南干渠	塑膜	89～94
陕西宝鸡引渭灌渠	砼	93～96			

吴昌瑜和张伟学者从收集到的国外资料中了解到:印度S·罗斯拉博士实验指出,无衬砌渠道的渗漏损失通常可达输水量的25%～60%,而有衬砌的输水明渠可以使这一损失可减为原渗漏量的1/4～1/5。不仅如此,苏联学者柯西钦科也做过类似研究,其协调计算与分析表明,采用混凝土塑膜复合材料的衬砌,可以减少输水明渠约97%渗漏量。也就是说,有无衬砌和采用不同材料的衬砌,对于减少输水渠道渗漏损失效果迥异。

3）明渠衬砌缺陷分析

对于常规简易的水工建筑物来说,普通结构、材质与传统的建造施工方法,不可避免存有各种质量缺陷,而这些质量缺陷决定输水明渠运行中产生渗漏损失的多少;如输水明渠衬砌结构设计本身会留有伸缩缝,止水密封施工难免造成损伤。无论采用混凝土或水泥土,都可能形成自身的施工裂缝或温度裂缝;此外,用于防渗的土工膜也会出现撕裂、针孔、搭接裂缝等。此类问题,美国水利专家W·R·毛里森等曾对垦务局9条已运行1～19年的塑膜衬砌渠道进行了现场调查和取样检测;虽然防渗效果总体仍获得满意评价,但也观测到渠道衬砌局部缺陷产生的渗漏及损失。如美国蒙大拿州太阳河渠道H支段试验段用塑膜衬砌前平均渗漏率为152.5L/(m²·d),衬砌的当年减少为0.01L/(m²·d),衬砌4年后为3.1L/(m²·d)。

为了探求质量缺陷出现的部位和程度,美国专家在随后获取的防渗塑膜样品上发现了大小不一的撕裂和针孔,究其原因,主要是由地基土体颗粒料穿刺所造成。延伸检验中,发现其他渠段也存在类似的质量缺陷。同样的分析研究,来自南非学者J·R·缪勒对佛尔坝 20km 无接缝混凝土衬砌渠道的检测发现,其水面以上的混凝土初期裂缝间距约为 5m,1 年后裂缝间距为 1.8～3.2m;混凝土浇筑施工 1 个月后,平均缝宽达 0.2～0.5mm;15 个月后,缝宽为 0.5～1mm,以后无明显增长。苏联学者柯西钦科针对不同衬砌材料的各种损伤条件,则推导了一系列渗漏量计算公式,并针对伏尔加格勒灌溉系统干渠等 13 条大型渠道的实测资料进行了相应的对比计算。结果表明,当假定塑膜衬砌的损坏率为 7.5/100 000 时,计算结果接近实测数据。

4)渠道衬砌有裂缝条件下渗流条件假定

不同地质条件以及不同的衬砌方式,渠道的渗漏率差别较大。根据有关资料及总干渠的地质分段以及渠水位断面要素及衬砌方式,吴昌瑜、张伟学者将总干渠分为 47 种计算基本条件;在如下假定前提下,结合设计沿线布置和地质情况,将有裂缝时总干渠的渗漏计算条件归纳为 54 种。

(1)当衬砌材料透水性和渠基透水性相差很大时,假定渠水通过衬砌后为自由出逸;

(2)由于以往衬砌渠道渗漏计算很少采用有限元法,尚缺乏这方面资料,加上总干渠地质情况的局限性,因此假定裂缝均匀分布于渠底;

(3)假定裂缝内无充填;

(4)水通过裂缝时无水头损失;

(5)计算采用厚 10cm、渗透系数为 $K_1=10^{-1}$cm/s 的介质层来模拟衬砌与渠基接触不紧密,水通过裂缝后易于沿接触面迅速扩散的现象;

(6)渠基土的渗漏系数,由地质资料确定;

(7)渠底下部的地下水面视为水平面。

6.2.4.4　中线输水总干渠渗漏损失估算

1)衬砌完好时总干渠渗流计算结果

吴昌瑜、张伟学者采用二维稳定渗流控制方程,对 47 种计算条件的单位渠长渗漏量进行了计算;如水泥土衬砌段的衬砌材料渗透系数取值为 10^{-6}cm/s,同时比较了渗透系数取为 10^{-7}cm/s 和 10^{-8}cm/s 时的单位渠长渗漏量。取单位渠长渗漏量乘以相应渠段净长度(扣除过河建筑物长度),得出的总渗漏量参数见表 6-15。计算表明:总干渠单位渠长渗漏量在不同衬砌条件下相差较大,渠段编号 1～8 段是混凝土+土工膜(土工织物)衬砌,其单位渠长渗漏量最小;9～36 段是水泥土衬砌,单位渠长渗漏量最大,37～47 段为喷浆或抹面,简化为 3cm 厚的混凝土衬砌,其渗漏量介于上述两者之间。所以,表中反映出衬砌完好时水泥土衬砌的渗透性对干渠总渗漏量影响最大。

2)衬砌有裂缝的渠道渗漏计算分析

按照有裂缝的计算条件,再采用二维稳定渗流有限元程序,分别对 54 种条件的单条裂缝渗漏量进行了计算。在得到 54 种条件下单条裂缝渗漏量后,考虑一定破损率,并将渠道湿周面积乘以破损率得破损面积,折算为裂缝条数后再乘以单条裂缝渗漏量,即可得出该渠段的渗漏量(见表 6-16)。需要说明,表中括号内结果为卵石段,渗透系数 $K=69.5m/d$ 时的计算值;否则,$K=69.5m/d$,n 为破损率。表中得出了不同破损率条件下 9 大渠段的渗漏量,同时给出了破损率为 7.5/10 万时的渠系水利用系数。

表 6-15 衬砌完好时总干渠渗透量、蒸发量及水利利用系数

统计段	渗漏量/($10^8 \mathrm{m^3 \cdot y^{-1}}$)			蒸发量/($10^8 \mathrm{m^3 \cdot y^{-1}}$)	渠系水利用系数 * δ
	$K_{砼}=10^{-8}\mathrm{cm/s}$ $K_{土工膜}=10^{-11}\mathrm{cm/s}$ $K_{水泥土}=10^{-8}\mathrm{cm/s}$	$K_{砼}=10^{-8}\mathrm{cm/s}$ $K_{土工膜}=10^{-11}\mathrm{cm/s}$ $K_{水泥土}=10^{-8}\mathrm{cm/s}$	$K_{砼}=10^{-8}\mathrm{cm/s}$ $K_{土工膜}=10^{-11}\mathrm{cm/s}$ $K_{水泥土}=10^{-8}\mathrm{cm/s}$		
渠首—方城	0.015 5	0.086 0	0.790 4	0.216 0	0.999/0.998/0.995
方城—石良河南	0.032 8	0.138 3	1.193 4	0.218 0	0.998/0.998/0.992
石良河南—黄河	0.012 2	0.106 8	1.053 3	0.145 6	0.999/0.998/0.992
黄河—省界	0.022 0	0.199 7	1.977 0	0.318 8	0.997/0.996/0.983
省界—元氏	0.014 1	0.118 0	1.155 7	0.225 6	0.997/0.995/0.991
元氏—正定	0.001 0	0.009 6	0.096 2	0.023 5	0.999/0.999/0.997
正定—中易水	0.005 6	0.041 5	0.401 6	0.099 1	0.997/0.996/0.987
中易水—北拒马河	0.031 6	0.010 4	0.096 1	0.027 4	0.998/0.998/0.996
北拒马河—玉渊潭	0.000 7	0.005 5	0.053 5	0.029 5	0.998/0.998/0.995
总计	0.135 5	0.715 8	6.817 1	1.303 6	0.983/0.978/0.920

注：* 的该拦数值分别对应于水泥土衬砌段取 3 种 K 值的情况。

表 6-16 衬砌有裂缝时总干渠各渠段渗透量及水利利用系数

渠段	$Q/(10^8 \mathrm{m^3 \cdot y^{-1}})$			δ
	$n=5/10$ 万	$n=7.5/10$ 万	$n=10/10$ 万	$n=7.5/10$ 万
渠首	0.105 8	0.158 7	0.211 6	0.996 6
方城	1.385 6	2.780 4	2.771 2	0.985 0
石良河南	0.015 7	0.023 5	0.031 3	0.998 2
黄河	2.739 4	4.109 1	5.478 8	0.964 0
省界	0.942 3	1.413 5	1.884 7	0.973 2
元氏	0.069 3	0.130 9	0.138 5	0.996 0
正定	0.975 5	1.463 5	1.950 9	0.960 5
中易水	1.175 9(0.218 8)	1.763 8(0.382 8)	2.351 7(0.510 4)	0.937 0(0.985 3)
北拒马河	3.063 4(1.225 5)	4.595 1(1.838 3)	6.126 8(2.451 1)	0.762 8(0.972 5)
玉渊潭 Σ	10.490 8(7.703 0)	15.736 2(11.554 5)	20.981 6(15.406 0)	0.628 6(0.842 6)

根据资料,总干渠从南向北延伸时,过水断面由大变小,水位由高到低,有裂缝条件一定时渗漏量与水位差、介质渗透性、过水面积的大小有关。结果表明,北拒马河—玉渊潭渠段虽在最北端,但由于其渠基为卵石层,使得该段渗漏量远高于其他渠段(由于卵石的密实性不确定,地质资料提出了较大范围的渗透系数,在计算时对卵石渗透系数做了相应的敏感分析)。此外,黄河—省界段存在一些砂性土等渠基的强渗段,其渗漏量亦较大。

也就是说,强渗渠段的衬砌施工质量必须很好地控制,否则会造成较大的渠道渗漏损失。

综合国内外及以上研究成果,吴昌瑜、张伟认为,取渠道衬砌破损率为 7.5/10 万时,总干渠渗漏量为 15.736 2 亿 m³/a,此时渠系水利用系数为 0.628 6;若改变最后一段卵石基础的渗透系数,总干渠渗漏量减少为 12.979 4 亿 m³/a,渠系水利用系数为 0.842 6。利用上述渗漏量反算衬砌的等效渗透系数为(1.28 ~ 1.55)/10⁻⁸m/s,这与苏联学者柯西钦科的计算和实测渗透系数结果很接近;不同的是,苏联学者在计算中选用的渠基土渗透系数为 1.0m/d,而总干渠绝大部分渠段渠基土渗透系数小于该值,说明总干渠渗漏量计算结果不会偏小。

为了定性分析有限元计算结果的合理性,其采用公式法进行了比较计算。当取混凝土+土工膜的渗透系数为 10^{-8}cm/s、水泥土为 10^{-6}cm/s、喷浆或抹面为 10^{-8}cm/s 时,得到 47 种条件下的单位渠长渗漏量,与有限元计算结果对比两者十分接近。另外,取衬砌有裂缝时的等效渗透系数为 $1.55×10^{-8}$m/s 进行公式法计算,得到了各段渗漏量及总干渠总的渗漏量。将破损率为 7.5/10 万时各段的渗漏量与公式法计算结果对比可见,两种方法取得的总干渠渗漏量在数量级上基本一致,但计算结果具有一定差别。这是由于经验公式用等效渗透系数代替裂缝渗漏量,计算结果只与渠水位、渠道断面、衬砌厚度有关,不能反映渠基渗透性的影响;而在有限元计算中,当衬砌裂缝加上强渗透性渠基础条件时,计算得到的渗漏量远大于弱渗基础渠段,所以导致了两种结果的差别。

3)计算结果的讨论

长江科学院学者吴昌瑜、张伟,通过参照国内外已建明渠渗漏状况的实测和统计结果,采用有限元方法对南水北调中线总干渠渗漏损失进行的初步研究,取得如下认识:

(1)初步计算表明衬砌完好时,总干渠的渠系水利用系数为 0.92 ~ 0.98,主要取决于水泥土衬砌的渗透性。

(2)衬砌裂缝条件计算了 3 种衬砌破损率对应的总干渠渗漏量,参照前人研究成果采用总干渠渗漏量为破损率 7.5/10 万时的计算结果为 12.979 4 ~ 15.736 2 亿 m³/a,相应的总干渠渠系水利用系数为 0.842 6 ~ 0.628 6,这取决于北河—玉渊潭段渠基土的渗透性。

(3)对于砂性土等强渗渠段,衬砌完好与否对总干渠输水影响很大,需要加强强渗透性基础渠段的衬砌施工质量。

(4)采用有限元法进行衬砌渠道渗漏分析时,可以克服以往经验公式的不足,是一种较精确客观的方法,它能针对不同渠基的具体条件求出不同渗漏量,为设计提供重点防渗段及相应设计参数。

基于以上分析、计算的结果,本著作者认为,总干渠因不同地质条件和施工缺陷存在渗漏难以避免;但是破损率为 7.5/10 万时的渗漏损失高达 12.979 4 亿 ~ 15.736 2 亿 m³/a,显然偏离正常或实际可能结果。换句话说,渗漏损失 12.979 4 亿 ~ 15.736 2 亿 m³/a 相对于开挖一条分流流量为 41.16 ~ 49.9m³/s 的河流(相当于西南许多中小引水式电站发电的流量);如此之大的水量损失,超过设计输水规模的 16%,是南水北调中线工程经济运行无法接受的(也不真实的)结果。应当承认,上述研究分析具有重要意义,得出的计算结果只是初步成果,许多假定有待检验,正如该分析结果的笔者给出的意见,计算偏于安全考虑,计算结果具有一定安全裕度,有待进一步研究。

6.3 突发事件影响调水的对策措施

前章所述,突发事件是指突然发生,并造成或者可能造成重大经济损失的事件或事故,包括各种(地震、洪水、飓风、海啸、干旱等)自然灾害及(滑坡、泥石流等)次生灾害、各类(撞击、垮塌、爆炸、危化品泄漏等)重大事故及引发的灾难、公共卫生事件和危及社会公共安全的(如投毒、截水、毁桥、炸坝等)恐怖性事件。突发事件,毫无先兆、难以克服,属于自然加社会之双重不可抗力,它不仅具有突发性和对公众的危害性,而且发生的时空范围没有边界,受害人不特定,因此,又具有其普遍性。

跨区、跨流域调水工程安全运行所称的突发事件,特指影响、阻碍和危及调水、输水正常进行的一切活动、事件或事故。既包括上述定义所涵盖的全部内容和范围,也包括次生灾害、极端天气事件和众多与调水工程立交的交通设施发生的(如撞车、翻车、重载车辆压垮桥梁等)交通事故,还包括干旱条件下的违法偷(抽)水、抢(截)水等活动。针对洪水、旱灾、水污染等灾害和事故引发的突发事件,前章已经阐明其应对措施,本章拟研讨的突发事件应对措施主要针对那些小概率极端天气事件、特定环境的不利变化和主观恶意实施的违法事件。

6.3.1 极端天气事件影响调水的对策措施

极端天气事件,原本只是一种正常少见的自然天气现象,现指由人类大规模开发建设活动和不当的生活方式造成的极端高温、极端低温、极端干旱、极端降水等小概率事件。近20年来,极端天气事件在全球几乎每年都发生,并且于不同地区频发而交替发生。刚开始时,一些科学家将其作为"异常天气",但随后从小概率事件变成大概率事件,甚至成为常态事件,就彻底颠覆了科学家当初的认识。

6.3.1.1 极端天气事件的定义解释

1)极端天气事件定义

根据世界气象组织的规定,当气象学意义上的气候要素(气压、气温、湿度等)的时、日、月、年值达到25年一遇,或者与相应的30年平均值之差超过标准差的两倍时,这种天气状况就可以被认为是极端天气。

所谓极端天气气候事件,是指"天气(气候)的状态严重偏离其正常均态的天气事件"。如北半球冬季的持续高温或夏季6月寒流暴雪、频发的干旱和强降雨、超强台风和低温冰冻等现象。这些事件发生频次和程度,都远远超出人们认识的一般自然(气象)规律和有记载的天气统计之概率。

2)极端天气事件解释

气象学中,将超过50年一遇或100年一遇的天气事件称为小概率事件,也就是极端天气事件。从统计学上说,如果某一地区或地点的气温在多年平均条件下呈正态分布,那么在平均温度处的天气出现的概率最大,偏冷和偏热天气出现的概率较小,极冷或极热的天气出现的可能性很小。但是,随着人口数量和人类开发建设及活动规模的剧增,尤其是对化石能源的过量开采、消费产生的温室气体巨量排放,导致全球气候变暖、平均气温升高。简而言之,也就是偏热天气出现的概率将明显增加,甚至很少出现的极热天气也频繁出现。极端天气事件,特别是强降雨、持续高温干旱的频繁出现,带给人类的不仅仅是夏季及潮湿延长和酷热难耐之感受,更严重的是灾害不断和病菌蔓延以及许多生物生命遭受灭绝威胁。

一些科学家指出,全球变暖使地表气温升高,而不断升高的温度导致海洋水面蒸发加大、水循环速率加快,这又可能使风暴的形成及能量更强;在更大能量的推动下,更多降水在较短时间内完成,这就是所谓的强降雨;增多的强降雨或大暴雨,必然增加局部地区发生洪灾水患的频次;此外,受这种能量的影响,一些地区发生龙卷风、强雷暴以及飓风、冰雹等强对流天气的概率也会加大。从内陆温升机制上解释,由于从植物、土壤、湖泊和水库的蒸发加快,水分耗损增加,加上气温升高,一些地区将遭受更频繁、更持久或更严重的干旱;同时,大气水分的增多,也可能使一些较寒冷地区暴风雪的强度和频次增加。

3)超强台风席卷全球

应当承认,极端天气事件带来的影响前所未有,与全球不断发生的爆炸等恐怖活动事件一样令全世界感到不安和畏惧。联合国政府间气候变化专门委员会(IPCC)在 2005 年发表的一项研究指出,20 世纪 70 年代以来,超强台风(风速 58m/s 以上,17 级)发生的次数越来越多,其中,在北太平洋、印度洋与西南太平洋的增加最为显著;强台风出现的频率由 20 世纪 70 年代初的不到 20%增加到 21 世纪初的 35%以上,如 2005 年,全球洋面生成的热带气旋个数创历史纪录,"卡特里娜"成为美国 1928 年以来破坏性最大的一次飓风;当年 10 月 9 日,飓风"文斯"第一次登陆欧洲大陆;10 月下旬,"威尔玛"成为大西洋历史上最强的一次飓风,并造成了一些沿岸国家重大损失。

在极端天气事件面前,全世界没有任何一个国家完全置身其影响之外。与上述超强台风相比,近 10 多年来的夏季地球持续高温和冬季超强暴风雪,也不断刷新历史极值,这些极端天气让科学家们惊愕万分。2006 年 8 月 10 日,超强台风"桑美"登陆我国,其中心附近最大风力达 17 级,亦是百年一遇,为新中国成立以来登陆我国大陆最强的台风。这之后,超强台风如"家常便饭",并有逐年加强的趋势。2010 年夏天,罕见的高温袭击北半球,从美洲、欧洲到亚洲,都发生了有气象记录 130 年来最热的夏天;但入冬后,气温骤降频发,忽冷忽热,部分地区平均气温比常年偏低,引起欧洲一些气象学家高度紧张,并发出人类将面临"千年一遇"新低温的警告。

6.3.1.2　国内外极端天气的灾势危情

进入 21 世纪以来,每年的气象统计资料和央视新闻等权威媒体不断报道的事件,都足以呈现一个不容置疑的事实,那就是极端天气正在频繁发生,且有增多增强的趋势。

1)我国极端天气造成的灾势危情

国家气象研究部门编辑的《中国极端天气气候事件图集》中,部分地区极端高温、低温、强降水、干旱等 11 个极端天气事件指标的极端阈值、历史极值、50 年频次阈值和 100 年频次阈值的空间分布图就达 44 幅,而日最高气温极值、最低气温极值、降水量极值空间分布图有 36 幅,极端连续降水日和连续无降水日阈值及历年变化图有 8 幅。数据表明,极端天气事件不仅频次在增加,极值不断刷新,而且带来的灾势危情也越来越严重。

2011 年 5 月 12 日,我国台北地区出现罕见的龙卷风袭击,龙卷风高约 50m,移动速度惊人,瞬间造成田毁、屋倒、墙歪、大型车辆被吹起翻覆。当地气象部门证实,其北部地区地形不利于形成这种龙卷风,气象部门也从来没有此类纪录,其是台湾北部陆地第一次观测到的龙卷风灾。我国华北地区,历史上如南方沿海的大雨量暴雨十分少见;2012 年 7 月,北京频发暴雨;国家气象局研究证实 2012 年以来,华北地区的平均降水量比常年同期增多 10% 以上。气象部门发布的数据指出,2013 年 7 月以来,我国南方区域平均最高气温 38.6℃,比常年同期偏高 2.4℃,区域平均高温日数为 10.2 天,比常年同期偏多 4.8 天,且这种趋势越来越明显。

与上同期,四川、重庆、湖南、江西、福建、浙江、上海、江苏等省份,共有 300 个气象观测站出现了日最高气温;在上海,2013 年夏天的连续高温,让中暑患者明显增加,非职业性中暑死亡患者超过 12 人,其中室内中暑患者占三成以上;而浙江的连日高温,也造成多人中暑身亡。就在中国南方地区遭受大范围极端高温侵袭的同时,东北的嫩江、松花江干流却发生了自 1998 年以来的最大洪水。受嫩江洪水与松花江洪水的共同影响,黑龙江省肇源县各堤段累计出现险情 200 多次;在嫩江洪峰通过的杜尔伯特蒙古族自治县,由于境内连环湖水位持续高位,加重当地内涝,仅该县受灾人口就达 6.47 万人。尽管我国经过数十年建设了超过 10 万座水库,每年的防洪抗旱形势依然紧张、严峻。

2)国外极端天气的灾势危情

全球气候变暖,是导致极端天气事件频发的大背景。世界气象组织指出,十年前的 2007 年 1 月份和 4 月份,全球地表气温分别比历史 100 年前的同期平均值高出 1.89℃和 1.37℃,同时也超过了 1998 年来的最高水平,是 1880 年有记录以来的同期最高值。2006 年,东南亚年平均气温较常年偏高 1.1℃,为 1951 年以来最暖的一年。2012 年,菲律宾台风"苏拉"袭击其北部,造成 37 人死亡,33 人受伤,另有 4 人失踪,52 万人受灾;印度发生 1998 年以来最严重的洪水,强降雨造成东北部 100 多人死亡,600 万人被迫离开家园,200 多万人无家可归,还有至少 559 只野生动物和珍稀动物已经死亡。2013 年 1—7 月,该地区平均气温比常年同期偏高 1.4℃,再次刷新 1951 年以来历史高值。无独有偶,欧美等西方国家同期也在遭受极端天气事件的影响。

2012 年 4 月到 6 月,英国经历了史上雨水最多的第二季度,超过 1931 年同期的降水纪录。其间,很多地方都遭遇了 5 年以来最严重的洪涝灾害;此外,英格兰中北部、苏格兰以及北爱尔兰等地还遭遇了暴风、冰雹和雷电天气。

2012 年最新公布的美国干旱监测报告显示,美国部分地区旱灾持续恶化,全国接近 2/3 的地区遭遇干旱,经历了 50 多年来最严重的旱灾,如中西部 9 个州遭受的严重干旱持续了数周,使灾情加剧;其后,美国农业部宣布全美 26 个州共 1000 多个县为自然灾害地区,这是美国农业部有史以来宣布范围最广的灾区。2012 年 3 月,美国夏威夷欧胡岛出现了一场罕见的雷暴现象,其带来的冰雹降直径打破 1 英寸的历史记录。

2013 年 7 月初,美国多地连续数日最高气温超 46℃,最热的加州"死亡谷"地区气温高达 53.3℃。2013 年 8 月 5 日至 11 日,日本局部地区出现 40℃以上高温。同期,欧洲大部地区也在不断刷新当地最高气温。然而,7月28日晚,德国汉诺威却忽降冰雹,且体积硕大,直径均在50mm以上,最大的直径达到80mm,很多人被冰雹砸伤。这次灾害,给汉诺威造成了数百万欧元的损失。

2013年8月,俄罗斯远东地区的大雨,也带来了其历史上规模最大的洪水,洪水迫使超过1万人逃离家园,并淹没了大片农田和许多道路;阿穆尔州、哈巴罗夫斯克和犹太自治州有140处居民点被淹没,农作物受损面积为62.74万hm²,约占地区总种植面积的40%。这些数据说明,极端天气事件的发展趋势已经远远超出人们预测和想象。

6.3.1.3　应对极端天气的困难

全球气候变暖和极端天气事件常态化,是21世纪人类面临生存与发展的重大难题,人类需要形成共识,结成命运共同体,应对这种由人类自身原因产生的自然威胁。然而,世界各国发展不平衡,承担减排的责任和态度存有较大差异。本来,在全球占比极少的发达国家中,多数发达国家都积极倡导节能减排,控制气候变化;但仍有少数(个别)发达国家不愿"节制、减排"及包容大多数发展中国家和贫穷国家的"拖累",利用个别学者的不同观点,罔顾事实、不断抛出"气候变化是伪命题,气候变暖是大骗局"的论调,以此"要挟、赢取"在国际"舞台"上的绝对话语权和掌控权,使全球应对气候变化的努力举步维艰。

近日,北京时间2017年6月2日(美国时间6月1日下午3点30分),美国现任总统特朗普在白宫玫瑰花园正式宣布,美国将单方面退出《巴黎气候协定》。表面上,美国退出《巴黎协定》只是特朗普兑现他竞选时的"美国优先主义"承诺,其实质还是试图强势维持美国"单边主义"和霸主地位,不愿意看到亚洲人口大国的经济崛起。美国退出《巴黎协定》,无疑将拖慢人类控制气候变暖的进程,对国际关系和秩序造成严重破坏。有专家分析,美国退出《巴黎协定》可能存在以下理由:

(1)《巴黎协定》限制了能源的独立性,阻碍美国能源发展和经济增长;

(2)行动计划中,美国应于2025年前实现在2005年基础上减排26%~28%的目标,而中国、印度等人口大国拟在2030年左右二氧化碳排放达到峰值,让美国处于不利地位;

(3)《巴黎协定》要求未来五年发达国家将提供总值为5000亿美元(每年1000亿美元)资金及技术支持,帮助发展中国家发展清洁能源产业,美国承担的责任过多;

(4)中国是温室气体排放的最大国家,而美国2015年二氧化碳排放量约51.7亿t,位于中国之后,作为全球第二大经济体中国的发展之势迅猛逼人,让美国感到不安;

(5)欧洲、日本既是协定的主要推动者,也是其最大受益者,美国承责而未受益;

(6)特朗普认为,《巴黎协定》使中国和印度未来可以随心所欲增加温室气体的排放量,尤其是印度则可在2020年将煤炭产量提高一倍,这阻碍了美国发展的进程。

6.3.1.4　极端天气事件影响调水的应对策略

1)积极的态度

早在20世纪末,就已经有不少科学家在研究全球气候变化问题。其中,许多科学家对气候变暖和极端天气事件常态化的预测都在之后的近20年得到应验;如当时的美国《科学》杂志刊登的英国哈德莱气候预测与研究中心的一项气候变化研究成果,预测

2006—2015年全球气候将继续变暖,尤以2009年之后,至少有一半的年份全球平均气温将超过历史上最高的1998年。

2)建立应对机制

极端天气事件的常态化,不仅在于它频繁发生及造成损失,更关键在于变暖趋势可能根本改变地球生态系统,甚至改变生物本性与适应能力。对此,多一点理性优于"侥幸";多一点"忧患"胜于发展中的"盲目性";多一点"减排"更利于子孙后代的可持续。事实上,我国政府一直重视气候变暖和极端天气事件等气候变化问题,积极配合、参与国际社会的减排行动;2008年,我国发布了《中国应对气候变化的政策与行动白皮书》,并正在持续加强对极端天气事件的监测预警和处置能力建设,气象及其衍生、次生灾害应急机制也在不断完善。特别是在汶川大地震后,通过逐级建立的多灾种的监测预警机制、多部门参与的决策协调机制、全社会广泛参与的行动机制、加强极端气候灾害监测预报信息发布与管控机制,已经克服了多次重大自然灾害。

3)调水工程措施

南水北调中线工程调水过程,毫无例外地也会遭受极端天气事件的影响。应当承认,经过数十年来水利工程建设,我们应对洪灾水患和干旱的能力大大增强;一般情势的强台风、强降雨和干旱,不会中断中线工程正常的输水,但超强降雨可能引发次生灾害,恶化中线工程水源区或总干渠水质,可以采取停止调水、堵截清除污染水体的措施;对于持续干旱和短时程冰冻,可以视具体情势采取相应的针对性措施。如遭遇持续干旱并形成旱灾,就需要停止调水。实际上,此种情况本身就无水可调。冬季遭遇极寒天气时,有可能导致输水干渠结冰,但这种情况出现的概率较小,中断输水时间不影响受水区的供水。其他对策措施参鉴前章,无须赘言。

6.3.2 冬季冰冻影响调水的对策措施

我国北方地区,冬季降水主要是降雪。由于水体水深不足、流速较小,河流、近海水面每年都会结冰。也就是说,北方冬季水体结冰仍是正常的自然现象。黄河流域每年的凌汛与(炸冰)开河,都曾是一些主流媒体播报的重大新闻。

南水北调中线工程,是将我国长江流域的水资源跨流域调配到黄淮海流域的华北平原的再配置工程。从汉江的丹江口水库输水到北京,全长超过1 200km,加上天津段的输水干渠,总长超过1 400km。中线总干渠自南向北,从气候温和区进入寒冷区,跨越了50%的国土面积。受气候条件的影响,冬季调水过程必然在沿线发生不同趋势的封冻结冰。对此,长江科学院河流研究所范北林、张细兵、蔺秋生学者曾专题进行过研究,其在《南水北调中线工程冰期输水冰情及措施研究》中,依据北方河渠冰期输水中出现的问题,系统分析了中线工程输水渠段冰期不同冰情的时空分布,特别是输水过程中自北向南或自南向北的结冰、融冻变化之复杂状态,并提出冰期输水冰情防治和预防的建议措施。

6.3.2.1 黄河冰凌特征及历史灾情

1)冰期概念

我国以秦岭—淮河为界,南方的河流流经湿润地区,水量丰沛、含沙量小、冬季不结冰;北方的河流流经半湿润、半干旱地区,水量较小、水深浅,冬季常常伴有结冰现象。河流、湖泊等水体从开始结冰到解冻的过程称为结冰期,结冰期不是以整条河流或湖泊完全封冻为结冰开始,而是自其形成结冰形态为临界判断。我国结冰最长的河流是黑龙江,每年 10 月下半月开始结冰,于次年 5 月初彻底解冻。

2) 黄河冰凌特征

南水北调中线和东线工程,主要是向黄淮海平原及下游地区调水。而黄河流域,东西跨越 23 个经度,南北相隔 10 个纬度,地形、地貌相差悬殊,年际年内径流量变幅均较大;冬、春两季,受西伯利亚和蒙古一带冷空气的影响,偏北风较多,气候干燥寒冷,气温的分布是:西部低于东部,北部低于南部,高山低于平原;每年的元月,平均气温都在 0℃ 以下。根据有关气象资料,年极端最低气温:上游 -25 ~ -52.3℃,中游 -20 ~ -40℃,下游 -15 ~ -23℃。也就是说,黄河流域干、支流冬季都有程度不同的冰情现象出现,尤其是极端冰雪天气事件,对冬季的水运交通、供水、发电、调水及水工建筑物等都将造成直接影响,如河流中出现冰塞、冰坝等特殊冰情后,还可能导致凌洪泛滥成灾。

3) 黄河冰凌灾情

历史上,黄河下游每年都出现不稳定的封冻河段,凌情变化较为复杂。黄河水文资料表明,自 1951—1990 年的 40 个冰情年份中,有 4 年未封河;其余 36 个封冻年份中,一次封河一次开河的有 24 年,二封二开的有 11 年,三封三开的有 1 年。河段的首封最早于当年 12 月 12 日,最晚于次年 2 月 16 日,变幅达 67 天;封河历时,最长 86 天,最短 6 天,变幅 80 天;封冻长度:最长有 703km,最短 25km;全河段冰量最多时约 1.42 亿 m³,最少只有约 0.011 亿 m³。40 年中,封冻期因冰塞壅水而漫滩成灾有 16 年,占总年数的 40%;解冻期因冰坝壅水形成大堤溃口的有 2 年,漫滩成灾的有 9 年,占总年数的 28%。每次冰凌成灾,都给沿河人民的生命财产造成重大损失。

6.3.2.2　人工河渠输水冰情案例

与天然河道相比,人工河渠通过设计能够实现裁弯取直,增加流速,提高河渠输水能力;同时,人工河渠有利于防洪,并兼顾打造沿岸生态景观。我国历史上有许多人工河渠(如京杭大运河等)曾经在增加水运交通、改善农业灌溉、带动区域经济发展方面发挥了重要作用。但是,受气候因素影响,北方地区的人工河道仍无法避免冬季结冰、泥沙淤堵造成短时程的功能失效。南水北调中线工程总干渠,从低纬度输水到高纬度地区,冬季沿线将出现不同程度的冰情,需要在分析、借鉴 20 世纪 80 年代以来实施的"京密引水渠、引滦入津、引黄济青和引黄济津"等调水工程冬季运行的类似经验基础上,研究科学的应对措施。

1) 京密引水工程的冬季冰情

京密引水渠是北京市 1961 年建成的大型供水工程,自密云水库引水,经怀柔水库调节,穿过颐和园团城湖与永定河引水渠汇流后流向北京城区,全长 102km,设计流量 40 ~ 70m³/s,水工建筑物约 400 座。京密引水渠原设计以农业灌溉为主,冰期无输水任务;但渠道自建成以后,因冬季严重缺水曾多次启用水渠强行输水,结果均发生了不同程度的冰害。1989 年 12 月 10 日至 1990 年 3 月 10 日调水期间,为防止冰害,上段明流输水在宫庄子进水闸前设置了拦冰索,下段为冰盖下输水方式,对闸门、桥墩和渡槽边墙采取了保护措施才顺利通水。

2)引滦入津工程的冬季冰情

引滦入津工程,也属于大型跨流域的调水工程,输水沿线途经河北省和天津市,工程主要包括引水隧洞、两座水库、三级提水泵站、专用明渠、输水暗渠等建筑物,调水全长约234km。从工程运行之时,但凡进入冬季,渠水经常出现流冰现象,对泵站运行、闸门启闭及建筑物安全等产生了较大影响。

3)引黄济青工程的冬季冰情

引黄济青工程,是国务院1985年批准兴建的以解决青岛市生活供水为主,兼顾沿线地区农业灌溉和人畜用水的一项多效能、跨流域的大型调水工程。为了防止冬季结冰影响正常调水,工程在冬季运行时,通过优化调度和稳定流量,使泵站前保持在较高的水位,同时控制倒虹吸、涵闸等设施的合理水位。那么,一定的水深及流速,即便在寒冬大雪天气,也能确保调水在人工形成的冰盖之下流动。

4)引黄济津应急调水工程的冬季冰情

引黄济津应急调水工程,是为缓解天津市的严重缺水实施的临时性补水工程。1972年以来,水利部门一共安排了9次向天津市及沿线的补水。但是,在冬季引水时,同样经常发生不同程度的冰塞、冰阻险情;如1981—1982年冬季引水时,在九宣闸等处多次出现冰阻、捷地闸被冻结失灵、连镇桥防冰柱被冰撞倒、兴济渡槽和安陵闸等被冻结等冰情;2000—2001年引水时,山东、河北及天津段也不同程度发生了冰阻、水位抬高、流量降低、位山三干渠王堤口段出现冰阻,两处堤防漫溢决口;2004—2005年的引黄济津应急调水工程中,利用现有河道和渠道输水,为避免冰期输水的影响,在进入冰期之前就一直采用大流量集中的输水方式,但当年12月21日"引黄穿卫"枢纽开始出现流冰,随后渠首位山闸也出现流冰,并由南向北推进,冰情较为严重,导致部分建筑物出现冰塞,渠道输水流量明显下降;2005年1月10日左右,位山三干渠已基本封冻,无法正常供水。

6.3.2.3 中线总干渠冬季输水结冰分析

南水北调中线工程总干渠输水全程超过1 400km。随着受水沿线各地区的用水和(沿程蒸发、渗漏损失等)消耗,越往北段或受水区末端,总干渠的水量、流量逐渐减小,流速逐渐降低。冬季调水运行时,尤其是遭遇极端暴风雪天气事件时,总干渠水面出现结冰等影响正常调水的冰情难以避免。此外,中线工程总干渠与数百条河流交叉,又与其上方的1000多座建筑物立交,一旦局部渠段发生结冰、冰塞、冰柱等阻碍水流的冰情,中线调水就可能面临中断,部分建筑物安全面临威胁。

长江科学院范北林、张细兵、蔺秋生学者认为,以上述的黄河等北方天然河流冰期特征分析,每年冬季均有不同程度的冰情发生,尤其当河流中出现冰塞、冰坝等特殊冰情以后,会导致上游水位显著壅高,甚至导致凌洪泛滥,威胁河道两岸安全。"京密引水渠、引滦入津、引黄济青、引黄济津等人工输水渠道冬季输水运行的实际情形"表明,人工河渠同样会出现冰塞、冰坝等冰情冰害。与天然河流不同之处在于,这些人工渠道尚可以通过沿线的水工建筑物(如节制闸)等设施,实现输水过程的人为控制,从而减轻或避免冬季冰害的发生及造成损失。

京密引水渠、引滦入津、引黄济青、引黄济津等人工输水渠道的冬季运行,均采用了冰盖下输水的调度运行方式;其优点在于形成冰盖后,可有效减小水面与大气的热量交换,避免盖下水体的冰层增厚;同时,渠道上游产生的流冰可在冰盖前缘向上游堆积,从而消除了产生冰塞的条件。但不利之处在于,冰盖形成后会影响渠道的输水能力,同时对输水调度和运行管理提出了更高的要求。南水北调中线总干渠与上述河渠比较分析认为,总干渠为人工输水渠道,受北方冬季寒冷气候的影响,可能会出现诸如岸冰、冰花、流冰、冰盖、冰塞、冰坝等各类冰情;尤其是总干渠南北跨度大,沿线各类建筑物众多,其冰情会更加复杂。

总干渠自南向北输水,在结冰、封冻、解冻等3个不同冰期,沿程将出现不同的冰情。在同一时期,总干渠内明流、流冰、冰盖3种不同冰情也可能同时并存。首先,从流冰情况分析,在不利组合条件下,流冰区域南界位于焦作白庄附近;而一般组合情况下,流冰区域南界位于河北磁县附近。若沿线未采取分冰排冰措施,则越往北方流冰量会越大,到明渠末端北拒马河处,流冰量达到最大;若按沿程分水比例分冰计算时,最大流冰量将出现在石家庄的鹿泉金河和新乐曲阳河之间。对可能形成冰盖的情形分析,在不利组合条件下,自安阳漳河附近以北可能大范围封冻形成冰盖;而在一般组合情况下,自鹿泉金河断面附近以北可能大范围封冻。

6.3.2.4　总干渠冬季冰情模拟与测算

1)模型及边界条件

考虑到总干渠冰情影响,设计将北京、天津部分渠段改为地下管涵。长江科学院冰情研究范围从总干渠陶岔渠首(桩号0+000)至拒马河中支南(桩号1192+927)明渠输水段作为计算渠段,全长1192.927km。数学模型模拟将整个总干渠视为局部嵌入交叉建筑物的串联渠系,采用含相变的一维非恒定水—冰两相混合流动扩散模型。按质量守恒、动量守恒和能量守恒原理,分别建立两相混合流动的基本控制方程和流冰扩散方程,冰的本构关系和经验参数主要参照前人研究的成果及开展的冰期观测分析成果;数学模型分别采用京密引水渠原型观测资料、大清河系天然河道冰情观测资料进行验证计算。

验证结果表明,建立的数学模型能够有效地应用于有交叉建筑物串联渠系的非恒定流水力计算和热量收支计算。中线工程冬季输水冰情计算分析中,分别选定了两个典型年,即根据国家气象局提供的资料选定1979年11月15日—1980年3月15日为平冬年、1976年11月15日—1977年3月15日为冷冬年;根据规划资料,以冬季入境河北的输水量大小选取1970年、1973年两个典型年作为平输和少输的代表年份,起讫时间从当年11月至次年3月;根据渠道设计流量、渠道底宽、设计水深、边坡系数、渠道纵坡等因素的不同,共划分计算渠段333段;其中,黄河以南110段,黄河以北223段,涉及各类分配水头建筑物共149座;计算初始,全渠水温均按4℃考虑,水内冰浓度初取值为零;渠首陶岔闸起点水温采用4℃作为边界控制。

2)测算成果分析

相关研究采用上述模型计算,成果如下:

（1）总干渠水温的变化取决于水体热量收支的盈亏。由于不考虑渠底热交换，水体的热量收支基本来自水面，主要包括太阳短波辐射、水（冰）气界面上的长波辐射、水（冰）—气或水—冰界面上的感热以及水（冰）面蒸发等。计算中，渠段内一天内水温的小尺度波动，通常在上午8时最低，14时水温最高，反映昼夜交替过程中太阳辐射变化的影响。水面感热一般远小于长波损失，但大气和水的湍流可以使界面上的热流增强；寒潮入侵中的大风降温，将引起的感热损失可以与长波辐射相比。水温变化反映热量收支总和的消长，水温的急剧下降与寒潮入侵密切相关。

（2）冬季，前期由于水体原有的热量储备，水温下降后仍有可能继续回升；多次反复后，水温下降到接近 $0 \sim 4{}^{\circ}\text{C}$，如果继续损失热量就会结冰，产生流冰以至形成冰盖。冰期中，总干渠水温每百千米约降低 $0.34 \sim 0.5{}^{\circ}\text{C}$ 左右（北拒马河中支段可达 $0.6 \sim 0.74{}^{\circ}\text{C}$ ）；水温降低程度，寒潮期大于非寒潮期，少输年大于平输年，北方大于南方。

（3）总干渠流冰量分析计算成果表明，冰期中总干渠流冰的趋势为流冰量由南向北逐渐增加；考虑沿程分冰条件下，经过分水闸后的流冰量会有相应减少，然后再继续上升；在不考虑沿程分冰情况下，渠道内沿程流冰量逐渐累积；最大流冰量则出现在强寒潮期间。

（4）总干渠冰情集中在冬季，随着气温的下降，各种冰随着水温的下降而形成；其中，大部分漂浮于水面，称之为流冰；随着流冰密度不断增大，当密集的流冰在水工建筑物前、弯道或断面缩窄处卡堵形成冰桥时，后续的流冰由此开始不断上溯形成冰盖。范北林、张细兵、蔺秋生学者认为，冰盖的形成还没有比较成熟的判别标准，但冰盖的形成及发展与水流弗汝德数、流冰密度及负气温等因素有关。

（5）冰盖由冰桥处向上游的发展形式，与弗汝德函数 F_r 有关。根据京密引水渠、大清河冰期观测等资料，存在三种不同情况：当弗汝德数 $F_r \leqslant 0.06$ 时，冰盖以平铺上溯模式发展；当 $0.06 < F_r \leqslant 0.09$ 时，冰花下潜黏附在冰盖前缘，冰盖以水力加厚模式发展；当 $F_r > 0.09$ 时，冰盖前缘发展停止，表面流冰或冰盘会潜入水中，在冰盖下面输移。

（6）同样，冰盖与流冰密度及负气温也存有关系。对大清河原型观测资料分析，即使在较大 F_r（弗汝德函数）和较大流速（ $0.8 \sim 1.0 \text{m/s}$ ）条件下，只要流冰密度足够大，也能形成冰盖。流冰密度，是指流冰表面积与水面面积的比值；当流冰密度等于1.0时，将形成冰桥；因此，若大范围、长时间满足这个条件，将有可能形成若干个冰桥，并有可能在较大弗汝德数情况下，抵抗水流的拖曳作用而不致下潜，形成冰盖。

6.3.2.5 中线工程冰期影响输水的对策措施

中线总干渠加天津干渠全长1432km，受水区气候差别大，安阳以北渠段存在冬季渠道结冰的问题。结冰后，渠道内产生大量流冰形成冰盖、冰塞后，水流阻力增大、水位抬升、输水能力必然下降；此外，在冰期总干渠运行不当，也可能造成冰塞、冰坝事故，威胁渠道安全；总干渠从陶岔渠首至北拒马河中支南的1267km中，有相当长的填方渠道和半挖半填渠道；正常运行时，渠内水位比原地面高出数米，成为"悬河"；两个节制闸间的总水量相当于一座小型水库；渠道一旦失稳，对周围城镇及沿线铁路、公路、桥梁等基础设施同样构成威胁，因此，针对总干渠沿线不同渠段可能出现的冰情、冰害，需要采取科学的预防和控制措施。

在中线工程技术设计和施工之初,有关机构就开始研究冰期输水的情势与措施,并提出冬季可采取有冰盖输水或无冰盖输水两种方式;对于具备形成冰盖气温条件的渠段,控制沿线节水闸使渠道尽早形成冰盖,同时考虑到冰盖对过流能力的影响,流速、流量、水位变幅不宜过大;对于不能形成冰盖的渠段,可适当加大流量或通过设置拦冰索、排冰闸,分段及时清理冰块,防止形成冰坝或冰塞。具体操作:

(1)调水进入冰期运行后,严格控制水位的变幅;一旦冰盖形成后,控制渠道水位每日升幅不超过 100mm,每日降幅不超过 50mm,确保冰盖下稳定输水;

(2)对产冰量大的渠段,通过下闸将水位憋到一定高度尽快结冰形成冰盖,在冰盖下边实现过流输水,同时,尽量避免流冰泄向下游;

(3)当渠道内冰情严重时,如果没有形成人工冰盖输水的条件,在一些工程建筑物前设置一些拦冰锁,一些闸保持随时可开启,如闸门门槽冻结就用电加热使其随时启动;

(4)温升的化冰期,为避免破碎冰块堵塞,倒虹吸、涵洞、渡槽等建筑物进口安装拦冰索,防止流冰进入建筑物内造成冰害;若冰花在渠道内大量堆积或堵塞建筑物的进口段,应设置专门的退冰闸,及时消除冰害;

(5)在节制闸、倒虹吸、桥梁等建筑物上游附近,设置拦冰索以及时拦冰;还可在闸门上游间隔布设排冰闸;出现大量流冰时,排冰闸将流冰拦住排出干渠外;易于堵塞之处,采用人工除冰或机械排冰等方法进行处理;

(6)各种控制闸门、启闭机、拦污栅等,可采用保温法、加热法、吹泡法、射流法、电脉冲法和微波振动、潜水泵喷水扰动法,控制闸门前水体和门槽不冻结。

作者认为,上述应对中线工程冬季冰情的对策措施都是基于全年连续调水的思路。根据近三年来的调水及管理实践,反映出华北并没有像"总体规划"所陈述的严重缺水或水资源紧张;相反,当中线有水可调时,一些受水区因"有偿用水"而拒绝受水。换句话说,水价才真正反映了水资源紧张状况和供求关系。解决冬季输水冰情影响和有偿用水就拒绝受水的问题,根本措施是"择机调水",视需要调水。也就是作者一直主张的汛期调水,尤其是调配强降雨时的"弃水",让洪水得到资源化利用。除特殊情况外,冬季或冰期基本不调水,可完全避免此类情形或不利事件的发生。

6.3.3　生态环境事件的对策措施

前章阐明,生态环境事件是指违反环保法的经济社会活动,以及不可抗拒的自然灾害或事故等原因造成环境污染、生态恶化并产生持续负面影响的事件。本著此处所指的影响南水北调工程正常调水的生态环境事件,既包括突发的灾害、事故污染(可能污染)调水水源或输水水体导致中断调水的事件,也包括因长期调水不断恶化水源区或河流增减水河段及下游河口生态环境而不得不采取修复或补偿措施的事件。前者强调其事件的突发性和对受水区造成的即期危害,而后者表现为缓慢的环境影响与事件形成过程,该事件属必然事件,影响期长、后果严重,需要理性应对、加强监测和管控。

对于受水地区,调水越多、用水越多,排放的污水就越多;无论生产、生活各环节,都存在发生突发性污染事件(或长期累积、集中爆发环境问题)的因素。如新增水量使地下水位上升,盐类在土层中再次积累和重新分配,部分地方水土和水盐平衡失调,导致土壤含盐高的地区出现盐渍化;水域扩大、蚊虫滋生、疾病蔓延;在钉螺滋生地区,钉螺在水流中的迁移可能导致血吸虫病扩。在水源区,一方面调出水量使参与水汽循环的蒸发和降水减少;另一方面发展经济又增加用水量,导致土壤含水量降低,加剧水源区气候干化和土地荒漠化。调水河流,水源工程下游水量的减少,水流将变缓,同等用水和排污条件下的水质将变差,污染稀释及净化能力减弱,生态环境将趋于恶化;加上多年平均水位下降、流量减小,下游湿地、滩涂将减少,发生生态环境事件的风险增加。

减水河流的河口地区,因下泄流量减少,尤其是偏枯年份将引起河口咸水上溯,使大量植被死亡、水质变差、生态恶化;三角洲地区,河道水流流速缓慢,水体自净化能力减弱,对其富营养化水平、重金属浓度、溶解氧和生化需氧量水平均产生不利影响。上述生态环境问题,前章针对重大自然灾害和突发环境事故已经提出了应急处置及对策措施,本章仅针对重点区域可能发生的生态环境事件提出具体的相应措施。

6.3.3.1 调水流域重点减水河段水环境问题的对策措施

1)中线工程丹江口水库及上游来水不足

南水北调中线工程设计选择的水源,在持续、严格落实系统化的环境保护措施前提下,水质尚能够满足调水要求。但长期关注和参与南水北调工程研究和汉江水资源测报的专家学者普遍认为,中线调水水源及上游来水存在明显的水量不足;即便实施了从长江干流引水的"引江济汉"工程,仍然无法根本避免汉江中下游无补偿河段(也称减水河段)可能发生的水环境变差、水生态恶化等一系列问题。

根据武汉大学有关专家所做的水文(历史系列)资料统计,丹江口水库多年平均入库水量约 361.1 亿 m³,占汉江流域的 63.9%。受汉江上游沿岸用水量不断增大、产水模数变小等多种因素影响,1990 年以来丹江口水库入库水量明显减少。1990—1999 年,丹江口水库平均入库水量约为 272.9 亿 m³,比 1956—1990 年平均入库水量减少近 29.4%。据计算,汉江丹江口 1935 年最大洪峰流量达 50 000m³/s,而 20 世纪下半叶汉江最小流量仅为 1935 年最大洪峰流量的 1/300;丹江口水库 1995 年入库水量为 1983 年的 28.5%;而 2006 年 10 月 26 日遭遇了 77 年以来汉江历史同期最低水位,当年 4—10 月平均流量只有 578m³/s,比多年均值减少 47.8%;此外,汉江在冬春枯水期的流量仅有 500m³/s,而中线工程总干渠输水能力恰好也是 500m³/s。若汉江流域持续来水减少或频发小周期的枯水概率事件,丹江口水库的水量无法满足长期调水的需要。

2)减水河段的用水情况

减水河段是指南水北调中线工程运行后,丹江口大坝以下的汉江中下游河段。考虑到中线水源及水量不足,设计已从长江三峡工程大坝下游再开渠引水补偿汉江下游,其减水河段就仅指无水量补偿的河段。根据湖北省水利水电勘测设计院的有关资料,减水河段调水前的正常来水和用水情况如下:

(1)正常来水情况。根据汉江丹江口建库后的 1968—1997 年实测资料分析,汉江中下游沿线主要测站来水流量成果见表 6-17。

表6-17　减水河段各测站实测流量(1968—1997年)　　　　单位:m^3/s

水文测站	历时保证率 P/%				多年平均
	50	85	90	95	
黄家港	875	485	441	341	1 080
襄阳	1 060	617	564	435	1 250
沙洋	1 120	674	593	456	1 450
仙桃	1 040	654	592	464	1 290

(2)河道内用水情况。河道内用水,包括环境和航运用水两个部分。自1990年以来,汉江沙洋以下河段共发生过5次严重的"水华"现象,直接影响汉江下游各自来水厂的正常运行。若以仙桃流量500m^3/s作为"水华"发生的警戒流量;汉江中下游河道维持必要的且最少时大于500m^3/s的流量,对保护河道内水环境非常重要。航运,只增加排污,并不消耗水量;但要求汉江保持一定的航深(即水深);现状丹江口—襄阳河段达到6级航道,襄阳—汉口河段基本为4级航道标准;交通部门拟结合局部航道整治,当期目标是将丹江口—襄阳河段达到5级航道标准,襄阳—汉口河段全面达到4级航道标准。那么,相应最小通航河段流量要大于600m^3/s。

(3)河道外用水情况。根据1997—1999年统计年鉴分析,汉江中下游干流供水区内实有耕地面积81.2万hm^2,有效灌溉面积超过65.7万hm^2,总人口约1 526.2万人,工业总产值约1 700亿元,多年平均总用水量超过128亿m^3。减水河段沿线直接从干流取水的公用或自备水厂216座,农业灌溉引提水闸站241座,总设计流量1 059m^3/s,总装机容量约10.3万kW,现状水平年多年平均可供水量104亿m^3。汉江下游干流供水区内较大的自流灌区有罗汉寺、兴隆、谢湾、泽口以及从东荆河取水的东荆河灌区。上述大型自流灌区对汉江的水位、流量要求较高,一般需汉江流量达到1 200~1 500m^3/s左右时各涵闸才能引到其设计流量;东荆河在汉江流量达到880m^3/s左右时开始分流,现状分流机率为60%左右。

3)重点城市减水情势

汉江中下游有许多中小城市,其中十堰、襄阳都是其重点城市。实施调水,这些城市的河道来水必然减少,尤其是襄阳市处于减水河段。

(1)城市地位。襄阳市是湖北省经济发展及汉江产业带的重要组成部分,也是工业化"走廊"和连接汉江上中下游的经济纽带,为国家授权的湖北三大"自贸区"之一。其所辖的老河口、谷城、宜城及襄阳市区,均位于汉江岸边;据统计,调水前年均总供水量达23 000万t;调水后,汉江中游正常水位平均下降0.8~1m,沿江各水厂的功能将受到影响,供水保证率下降34.7%。据调查,汉江襄阳境内有城市、城镇、工矿企业供水泵站32座,设计提水流量28万m^3/s,年提水8.9亿m^3。减水后,襄阳市农业灌溉、生态环境、航运、渔业经济等都将受到严重影响。

(2)环境容量降低。由于襄阳江段流量减少、水流变缓,水位下降,使汉江中游沿岸城镇与工业排放污染物的稀释、自净能力下降,浮游藻类可能发生爆发性生长繁衍,形成"水华"。汉江沿岸是襄阳市生产布局的重要地带,随着工农业生产的发展,生产过程中排放污染物将不断增加,据当时的初步测算,2010年中下游污水处理量增加2.94亿t,到2020年增加7亿t;使干流平水年相当一部分断面水质达到或基本维持Ⅲ类水质标准,枯水年份更差;2020年,有些河段的污径比将接近或超过河水污染1:20的临界值。调水95亿 m^3,汉江下泄水量将减少25%~36%;特别是平水年和枯水年,有效水体大量北调,稀释自净能力减弱,整个流域环境容量将大幅度降低。

(3)航运功能衰退。汉江起着连接川、陕水上运输通道的作用,也是北煤南运的主要中转站,还是鄂西北通江达海与全国联系的重要运输途径之一。世纪之交,经汉江的货运量总计在1亿t左右,远景运量月可达到300万t以上。从流量与水位关系来看,汉江中游最小流量多年平均为428 m^3/s,相应枯水流量更为缩小,按襄阳市水文站实测,汉江中游每少下泄4 m^3/s 流量,枯水水位将下降0.1m,以此测算枯水期水位拟下降0.65m,对枯水期的浅滩航道水深(通航需水深1.2m)将难以维持,使航行条件变差,通航等级明显下降。丹江口到襄阳段,现状通行230~175天;调水后,每年仅航行58~47天,保证率下降到13%,严重影响航运效益。汉江水位下降后,通航能力将由现在的常年通航200t级下降到50t级,现有大部分船舶不能在汉江继续行驶。国家"八五"期间投资2亿元进行汉江航道整治工程将不能发挥应有效益。此外,调水后汉江流量减少,汉江航道发生迁移,港口位置将随之发生变化,原有的设施将发挥不了作用;大量运输物资弃水走陆,襄阳市33家水运企业和4000多水运职工面临着生产损失;企业改制、转产、搬迁、职工重新就业安置等众多问题,必将引发更大社会问题。

(4)水产经济损失。据水产部门调查,汉江中下游共有鱼类118种,分别隶属9目21科78属,以流水生态型鱼类为主,与长江中游鱼类组成类似。加坝调水后,由于坝下江段缺乏库区水表层浮游生物的补充,襄阳江段鱼类作为以流水生态型与底栖生物为主要食物的小型鱼类,四大家渔产卵场由于水温达不到要求则有可能受到严重影响;如襄阳市汉江水面5.05万 hm^2,占全市总水面的25.4%,汉江内有自然生长的鱼类73种,占全市总鱼类品种的74.5%,天然捕获量在8000t以上;实施南水北调工程后,23个鱼类产卵场受到破坏,鱼类资源初步估计减少1/3以上,天然鱼产量减少60%。

4)长江流域泥沙影响

作者曾参与三峡工程设计技术工作31年。20世纪70—80年代,经常在冬季枯水期乘坐长江"东方红"客轮往返于宜昌和武汉两地;途经荆州河段时,客轮多次"搁浅",只有等待疏浚航道,但每次延误行程数小时至十多小时。

减水河段,平均流量减少,流速必然减缓;在同样(上游来沙)含沙量情况下,泥沙容易沉积、抬高河床、雍高水位、淤积河岸及部分供水设施。泥沙淤积,虽然有一个缓慢的过程,但其危害巨大;大江大河泥沙之害不乏先例,不容小视。

(1)长江流域泥沙特性。长江多年平均产沙约4.38亿t,主要沙源来自宜昌以上干流,宜昌以下有清江支流入汇和松滋、太平两口分流,沙市上游约17km处有沮漳河流入;三峡建库前,该河段水沙特征年内分配以沙市水文站为代表,按1956—2001年资料,沙市站多年平均流量为1.25万 m^3/s,最大5.52万 m^3/s,最小2900 m^3/s;最大产沙为6.56亿

t,最小为 2.05 亿 t;历年最大含沙量为 13.1kg/m³,最小为 0.022kg/m³。输沙量年内分配也大致与径流分配规律相同;历年最大含沙量出现在 7 月,最小含沙量出现在 3 月。三峡水库运行后,尽管采用了蓄清排浑的调度运用方式,但水库的泥沙淤积仍然较大,蓄水初期水库的排沙比约为 30%;运行到 80a 后,排沙比可达到 85% 以上,水库冲淤达到基本平衡。

5)汉江流域泥沙情况

汉江和金沙江、嘉陵江都是长江流域产沙量较大的支流。尤其是汉江流域上、中游地区,是水土流失最严重的地区之一。汉江部分河段含沙量高,输沙模数大。根据有关资料,丹江口水库建库前,汉江皇庄站平均含沙量达 2.62kg/m³,是长江汉口站平均含沙量的 4.3 倍,年平均输沙量达 12700 万 t。自 1968 年丹江水库建成蓄水后,汉江中下游含沙量迅速减少,主要测站的输沙量见表 6-18;其中,表中时段 1 为 1955—1966 年;时段 2 为 19—2006 年。由于丹江口水库发挥了巨大的拦沙作用,皇庄站 20 世纪 60 年代输沙量模数比此前的 50 年代减少 26.5%,20 世纪 70 年代又比 60 年代降低 72.5%,一旦水库淤满,减水河段来沙量必然大增。

表 6-18　汉江不同河段多年平均输沙量及比例

测站	时段	输沙量/10¹¹kg			汛期比例/%
		汛期	非汛期	年平均	
白河	1	0.605	0.023	0.628	96.3
	2	0.298	0.007	0.305	97.8
皇庄	1	1.149	0.140	1.290	89.1
	2	0.172	0.037	0.209	82.3
仙桃	1	0.720	0.072	0.792	90.9
	2	0.169	0.053	0.222	76.1

6)引江济汉泥沙情况

根据设计资料,引江济汉工程取水河段含沙量较大,同时,取水口渠底高程基本上与长江河床持平,故引水后入渠泥沙含沙量也较大;为保障引江济汉工程永久正常运用,应对引江济汉工程泥沙问题慎重考虑。按照武汉大学泥沙研究所和长江科学院测算,引江济汉工程运行第 1~10 年及 41~50 年的入渠泥沙总量分别为年均 150、64 万 m³ 和 94 万 m³。引水口河段含沙量变化过程见表 6-19。也就是说,三峡水库运用前 50 年,引水河段前 10 年含沙量较小、颗粒较粗,41~50 年含沙量较大、颗粒较细,基本上反映了三峡水库运行后引水河段的泥沙变化趋势。

在渠首不设沉沙池条件下,淤积在渠道的泥沙分别为 46、9 万 m³/a 和 15 万 m³/a,入湖泥沙分别为 104 万 m³/a、55 万 m³/a 和 79 万 m³/a。入湖泥沙约 60% 淤积在庙湖,15% 淤积在海子湖,25% 淤积在长湖。根据计算,入湖方案在不设沉沙池条件下,淤积于渠首的泥沙需采取一定清淤措施,其最终仍将进入长湖。而在渠首设沉沙池,淤积的泥沙可通过机械清淤措施弃于沮漳河故道,可减少入湖泥沙。在三峡水库运用后的前 50 年,入湖方案平均每年淤积在长湖的泥沙在 55 万~75 万 m³,随着三峡水库出库沙量的恢复,淤积量将增大。为了不影响长湖现有状况,入湖泥沙需清淤,清淤的泥沙堆放、处理基本上在入长湖局部地带,此处理方式仅为权宜之计,长久仍需转移,成本较大。

表 6-19　三峡水库运行后引江济汉河段含沙量变化　　　　单位:kg/m³

断面位置	运行年限/a			
	1~10	11~20	41~50	71~80
宜昌	0.408	0.394	0.642	1.031
太平口上	0.511	0.481	0.782	1.251
太平口下	0.521	0.482	0.784	1.253
新厂	0.542	0.484	0.784	1.245

7) 减水河段生态环境问题对策措施

按照以上参考文献所做的测算,即使实施"引江济汉"工程之后,丹江口大坝至汉江兴隆河段之间的减水河段因调水使多年平均流量减小约 300m³/s(27%~36%),多年平均水位下降约 0.5~0.7m。由兴隆河段以下的水需求推算调水前后灌溉期(4—10 月)的分旬需水保证率,除个别旬外,来水均有不同程度的下降,尤其 4 月份降幅最大,说明调水对春灌期用水影响较大。此外,不考虑航运影响,仅以汉江仙桃断面环境需水分析,调水后的枯水期 2—3 月,流量大于 500m³/s 的历时保证率从 87% 下降到 44%,说明调水后对部分减水河道内水环境需水条件影响较大,对河床冲淤也有明显影响。因此,有必要采取多种科学措施应对调水对汉江流域及减水河段生态环境的影响。

(1)"引江济汉"工程,是应对调水流域及减水河段经济发展和生态保护的关键性措施,但"引江济汉"工程只能解决兴隆河段以下的航运和环境用水。

(2)应加强调水流域尤其是减水河段的生态环境监测,发现存在恶化趋势时,提高优化调水规模(量)和调水时段来减轻其影响。

(3)因调水改变了汉江中下游地区的防洪形势,调水区地方政府可以将防洪资源投入到保护与改善流域及减水河段的生态环境方面。

(4)受水区应当从调水获得的收益(年经济产出)的总量中,拿出一部分用于帮助(实施)调水地区的生态修复。

(5)在减水河段和可能造成泥沙淤积的河段,通过"招、拍、挂"形式,出售河床采砂权;以合规经营性采沙替代无序非法私采滥采,既达到疏浚效果,又从出售河床采砂权中获得资源收入。

(6)鉴于高速公路等交通体系越来越便捷、快速和发达,调水区可以优化减水河段沿岸的航运经营,通过快速交通实现"一站式"(无须中转)服务,降低运输成本的同时减少对水运的依赖。

6.3.3.2　东线调水水环境突发事件的对策措施

1)水环境突发事件的污染特征

水环境突发事件除具有一般突发事件(如雷击、爆炸、撞机等)的共性特征外,更具有其超出一般突发事件的特殊性,体现在危险源多、污染事态不易控制、处置复杂以及影响持续较长时间等多方面。

(1)多源性。是指潜在的事故危险源或可能形成水环境突然污染的危险源,这类事件涉及行业领域广泛,触发因素多。

(2)严重性。是指水环境突发事件或事故往往排放大量有毒、有害物质,有极强的破坏性;严重时,不仅危及事发区域人们的生活、生产,还可能造成巨大的经济损失和持久地生态破坏。

(3)突发性。是指水环境污染事件或事故毫无预兆突然发生、难以预料,存有很大的瞬时性、偶然性,也就是发生的方式、时间和触发因素无法确定。

(4)处置的艰巨性。突发性水环境事件或事故的发生形式比较多,每类事故都需要相关专业措施处理,如果措施不当,反而会增加过程中的危害。此外,水环境事件产生的污染量很大时,在外界因素作用下,污染物迁移转化过程也很复杂,增加处理难度。

(5)影响的持续性。水环境污染突发事件或事故,一旦发生(如危化品罐车、船),排污量大、扩散速度快、破坏力强;若水体量大、水面开阔,处置极为复杂,对生态环境影响可能持续很长时间。

2)水环境突发事件的多发态势

研究表明,近 15 年来我国的江河水体和近海海域水环境遭受严重污染的突发事件一直呈多发、频发态势。除平常大量发生躲避监测、巡查的夜间偷排、深埋暗排之外,重特大灾害及事故污染水环境的事件频现于各大媒体。2002—2006 年,我国发生的 7 453 次环境污染事件中,较为严重的水污染事故达 4 067 次;2007—2010 年,突发环境污染事件 1 774 起,其水污染事件超过 35%;2004—2012 年,全国各大流域发生的重大和特别重大的水环境突发事件数十起,华东、华中和华南三个地区的突发事件占总数的 67%。

根据水环境突发事件及污染物的性质及触发形式,突发事件主要产生于:

(1)危化品泄漏、溢油事故;

(2)有毒化学品的泄漏、爆炸、扩散等污染事故;

(3)非正常大量排放废水造成的污染事故。

南水北调东线工程,跨越黄淮海及长江四大水系;输水渠道与江南各主要河流平交。江浙地区及淮河流域,是我国经济较为发达的地区,同时也是水环境污染非常严重的地区;而且相当多的民营经济主体水环境意识模糊;为降低经济活动成本,不惜违法、放任"污水横流"、甚至恶意排污,使东线工程水源水质难以保证;或者说输水沿线发生水环境突发事件的可能性增加。要确保东线调水的水质达到标准要求,需要制定十分严密地防范措施以应对各种突发性水环境污染事件的发生。

3)潜在的水环境事件

根据污染物性质及事故概率,潜在的水环境污染突发事件主要有:

（1）大量非正常排放废水。城市污水、有毒污水、施工废水及尾矿废液，未经处理直接排入江河水体，必然导致河湖流域或部分河段水体质量急剧恶化，形成水环境污染事故。这些耗氧有机物进入水域后，部分水体将发黑发臭，产生有毒的氨氮、硫化氢、甲烷气、亚硝酸盐等物质，使 COD、BOD$_5$ 浓度大增，水中的溶解氧很低，水生生物窒息死亡，水体承载能力降低，生态平衡遭到破坏。

（2）危化品爆炸。危险化学品（包括煤气、天然气、石油液化气、瓦斯气体，以及甲醇、乙醇、乙酸乙酯、丙酮、乙醚、苯、甲苯等易挥发有机溶剂）的生产、运输、储存、管道检修等诸多环节，均容易因泄漏、雷击、撞击和操作不当而发生爆炸。一旦发生此类事故，将直接威胁江河水源的水质和生态安全。

（3）工农业生产过程的泄漏。为了增加产量和降低生产成本，工厂可能疏于对设备的维护、检修，农民可能盲目使用化肥、农药。其生产、运输及装卸过程，均可能发生危废机油、清洗液、剧毒农药和化肥等泄漏。这些有毒、有害物质的泄漏、扩散，很容易造成水源或水体大范围污染，引发重特大水环境事故。

（4）次生灾害或事故的污染。台风、地震、洪水、危险品爆炸等都可能引发火灾、泥石流、建筑物垮塌等次生灾害；而翻车、撞桥、撞车等事故也可能引发爆炸、燃烧和有毒有害物质泄漏。这些次生的灾害或事故，同样会造成江河水体及人工河渠严重污染，持续影响水域生态环境。

4）东线水环境突发事件的对策措施

南水北调东线水源及输水沿线，有地市级城市 25 座，县级市和县城 107 座；不仅人口密度大、经济活动频繁，而且涉危涉化企业众多，发生水环境突发事件的可能性与日俱增。在东线工程建设中，为防治其沿线工业和城镇居民生活污水对输水水体造成污染，国家投入约 150 亿元巨资，建 127 个污水处理厂。但巨大的污水处理成本可能诱导经营者偷排污水，而严格有效的监管机制并未完全落实。也就是说，我们仍需要研究、实施以下一系列措施才能应对东线水源及输水沿线可能发生的水环境事件或事故。

（1）从依法治国、依法行政、依法治水的角度考虑，国家应该针对南水北调工程建设和运行的特殊性，制定实施专门法，如跨流域调水法。

（2）中央政府应当研究和改变经济增长方式，地方政府应适时调整经济结构，转变"高增长、高投入、高消耗和高污染"的发展模式，降低对危化品的依赖。

（3）在大江大河水源地和水环境敏感区域，关闭所有排放污水、废水的生产经营企业或没有能力处理污水并实现达标排放的单位。

（4）堵塞东线调水沿线所有工厂的工业废水排放口，严格监测监管工业废水（都必须在）厂内处理、达标排放的全过程。

（5）达标的工业废水，全部引入污水处理厂及中水处理系统进行二次（混合）处理，以利于中水回用；多余的中水，引入农田灌溉水库，灌溉和养殖利用。

（6）沿线居民区生活污水，应禁止排入大运河，分散的乡镇可规划并推广建设沼气池、污水处理厂及中水处理系统等设施，使生活污水得到处理并与输水设施隔绝。

（7）成立水环境突发事件或事故的专业化监测、预警和应急处置机构，实施 24 小时全天候监测、监管；输水沿线及受水区实行监管联动、密切合作，共同应对水环境突发事件,降低其造成损失。

6.3.3.3 防控调水输入血吸虫病的对策措施

南水北调中线水源地位于汉江中游,丹江口水库库容较大(总库容超过 300 亿 m³),来水经过沉淀和净化,水质基本达到国家饮用水源 Ⅰ 类标准。而东线水源直接抽取江苏长江河段江水,其水质随季节和来水状况动态改变。除来水必然携带的化学物质、有机营养物质之外,水源难免带有一些病原体或流行性病菌。众所周知,血吸虫病曾是 20 世纪我国南方广为传播的疾病,俗称"大肚子病",近年虽已得到控制,但传播途径及危害依然存在。20 世纪 60 年代末,作者曾随家人数月参与武汉市政府组织的在东西湖(姑嫂树张公堤外约 2km 外)疫区的铲土、夯埋的"灭螺"工作,尚了解其病情及严重性。在东线南水北用过程中,加强水质监测,管控携带途径,防范病原传播,非常重要。

1)血吸虫病的规模

血吸虫也称裂体吸虫,寄生于多数脊椎动物,其卵穿过静脉壁进入膀胱,随尿排出。幼虫在中间宿主螺类体内发育,通过皮肤或口进入终宿主体内。根据有关资料,全球血吸虫分布于亚洲、非洲及拉丁美洲约 76 个国家和地区,约 5 亿~6 亿人口受染病威胁,截至 1990 年的患病人数达 2 亿,每年约 100 万死于该病。我国只流行日本血吸虫病,该病是危害最重的寄生虫病之一;20 世纪 40 年代末,全国约有 1 000 万人染病者,另外约有 1 亿人受到感染威胁;钉螺分布 13 个省、市面积约 128 亿 m²;在严重流行区,人烟稀少、十室九空、田园荒芜;新中国成立后,政府对血吸虫病进行了大规模的防治工作;20 世纪 70 年代末,患病人数降为 250 万,灭螺面积达 90 多亿 m²。

2)我国血吸虫病的分布

有研究指出,我国血吸虫病流行区以按地理环境、钉螺分布以及流行病学特点,可分为三种类型,即平原水网型、山区丘陵型和湖沼型。

(1)平原水网型。主要分布在长江三角洲如上海、江苏、浙江等处,这类地区河道纵横,密如蛛网、钉螺沿河岸呈线状分布,因生产和生活接触疫水而感染。

(2)山区丘陵型。主要分散在我国南部,如四川、云南等地,但华东的江苏、安徽、福建、浙江,华南的广西,广东都有此类型;这类钉螺分布单元性很强,严格按水系分布,面积虽不很大,但分布范围广,环境较为复杂。

(3)湖沼型。主要分布于长江流域的湖北、湖南、安徽、江西、江苏等省,尤其是长江沿岸及湖泊周围;存在着大片冬陆夏水的洲滩,钉螺分布面积大,呈片状分布,占全国钉螺总面积的 82.8%。

3)血吸虫病的病情类型

医学上将血吸虫病分为以下几种类型:

(1)慢性血吸虫病。表现为感染数量少、反复感染;大部分时间无明显症状;一般流行区患者多属此类,其健康未受到明显影响,常规体检或因其他疾病就医时可发现;少数患者可有轻度肝脾肿大;最常见症状为慢性腹泻和慢性痢疾,如轻者每日排便 2~3 次,偶尔带有少量血丝和黏液;重者似急性细菌性痢疾发作。

(2)急性血吸虫病。在夏秋季疫区,多发生于缺乏免疫力的初次感染者,但慢性血吸虫病患者再度感染大量尾蚴亦可发病;患者多有明确疫水接触日期,潜伏期 23~73 天,平均一个月左右;临床表现为发热和血清病样反应,此外尚有肝脾肿大、腹部和肺部症状;发热时,可为间隙热、弛张热、不规则低热等,以间隙热和弛张热为多见。

(3)晚期血吸虫病。主要表现为血吸虫病患者肝纤维化,病程多在 5~15 年;疾病初期仅有肝脾肿大,后期逐渐出现显著的静脉高压及不同程度的肝功能缺失;严重时,可出现巨脾、腹水、结肠增殖,也可合并存在。

(4)并发症。此时消化道发生出血,2/3 以上晚期血吸虫病患者有食管下段或胃底静脉曲张,同时伴有肝昏迷。常见诱因有消化道出血、手术与麻醉、感染、水电解质平衡失调,含氨物质摄入过多等,有时无明显诱因。前者经消除诱因和积极治疗,一般尚可清醒;后者往往是肝功能完全衰竭的表现.对各种治疗反应极差。

4)东线微山湖区船渔民血吸虫病流行病学调查

山东省为血吸虫病非流行区,所属微山湖区无当地的血吸虫感染者。但随着水上航运业的发展和船员流动,大量船舶通过疫区和将要运营的南水北调东线输水渠道,或往返于长江流域诸省市和山东微山湖区之间。为了解这一特定人群的血吸虫病流行状况,山东省寄生虫病防治研究所缪峰、魏庆宽等研究人员和中国疾病预防控制中心寄生虫病预防控制所吴晓华学者曾于 2006 年 3 月在山东省微山县的微山湖区,以船和渔民为对象开展了水上流动人口血吸虫病调查。

(1)调查地点和对象。调查点设在山东省微山县境内的微山湖二级坝船闸,选取驶往长江流域的船队,采用随机整群抽样的方法确定调查船队;以中签船队的全体乘员(渔船民)为调查对象,受检率约 90%。

(2)问卷调查。经专业人员在现场直接询问调查对象本人情况后填写问卷调查表;内容包括一般情况、血吸虫病防治知识、认知程度、血防态度、卫生习惯等四部分,共计 28 项。

(3)血清学筛查。在问卷调查的同时,以塑料管法采集调查对象耳垂血 4 滴并编号,带回实验室采用间接血凝试验(IHA)检测血吸虫抗体。

(4)病原学检查和阳性者治疗。对阳性者,以改良加藤厚涂片法进行病原学检查,统计感染率和感染度;对持阳性者、无血吸虫病史和治疗史达 3 年者,在排除病原学治疗禁忌证后,给予相应治疗。

(5)调查对象。对渔船民共调查 11 个船队 273 名船渔民,分别来至山东籍占 65.93%、江苏籍占 35.96%、安徽籍 0.73%、福建籍 0.36%;男性占 76.92%,女性占 23.07%;在 270 名能上岗劳动的调查对象中,文盲占 13.7%、小学占 31.85%、初中占 46.67%、高中占 7.78%;从事航运业的占 97.06%,从事捕鱼业占 2.93%;航(渔)龄 1 年以内者 15 人,1~10 年者 168 人,11~20 年者 55 人,20 年以上者 35 人,最少者 0.5 年,最多者 53 年,平均 10.59 年;2006—2009 年,这些船渔民中由微山湖区到达或经过血吸虫病疫区者有 674 人次,占 91.32%。

(6)调查结论。根据调查情况和分析计算,山东微山湖区渔民和其他大多数百姓普遍缺乏血吸虫病知识,绝大多数人基本不了解血吸虫及染病途径,对预防此类流行病也不关心;对人员流动和东线调水工程能否导致血吸虫病的疫区北移表示怀疑。即便出现这种疾病,只是希望政府采取防范措施来保障船渔民的身体健康。

(7)调查结果。按照血清学筛查和病原学检查要求,对272名调查对象的血清进行了间接血凝试验(IHA),查出血吸虫抗体阳性者3人,阳性率为1.10%。其中,抗体阳性者均来自血吸虫病非疫区,查出华支睾吸虫卵、克粪卵数为72,另有2例血检阳性者失访。

5)防控输入血吸虫病的对策措施

我国血吸虫病分布广泛,流行严重,传播因素复杂。虽然,几十年来的病学研究和防治实践已经为我国医疗卫生领域建立了一套有效的因地制宜、综合治理、科学预防血吸虫病的方针政策和具体地"血防"措施。但经济发展使人员、货物流动越来越频繁,跨流域调水又增加了受水地区钉螺和人畜血吸感染者输入的途径及可能性;尤其是东线工程南端长江地区的钉螺在山东省一些湖区不仅可以越冬,而且可以繁殖,子代钉螺可逸出尾蚴、传播血吸虫病。一旦存在输入性钉螺和传染源,东线水源区的血吸虫病就有可能北移至受水地区,血防形势十分严峻。未雨绸缪、防患未然,受水区应当重视血吸虫病及其他流行性病原的传播;参照南方地区的成功经验,研究制定有效的防控、应对措施。

(1)受水区的专门机构应增加血吸虫等流行性病的防控职能,迅速开展血防宣传教育,普及相关知识,提高公民的血防意识和工作人员的责任意识。

(2)加强受水地区的病原监测,尤其需要针对特定人群定期开展体检筛查,及时发现、及时治疗和控制。

(3)消灭传染源。血吸虫病的宿主钉螺一般生活在草滩、池塘、沟渠等多水区域;消灭传染源,要求受水区科学规划蓄水水域和不接触野外不明水域,避免血吸虫的幼虫尾蚴进入人体、造成感染。

(4)粪便管理。人、畜粪便是血吸虫病的重要传播途径之一,受感染者的大便中会带有毛蚴;如果在野外随意排泄,毛蚴可能通过水进入钉螺体内,就会造成血吸虫大规模扩散的恶性循环;管好人、畜粪便,能够有效防止病虫污染水体(如建造无害化粪池等)。

(5)感染者筛查。病人的筛查需要粪检虫卵或孵化毛蚴,随着接触南方疫区水源和血吸虫病患者的人数增多,粪检虫卵的工作量与日俱增;因此,受水区应向南方疫区取经,应用先进的血清诊断方法,实施经常性大规模的现场普查,及时发现感染者。

(6)安全供水。安全用水是预防血吸虫病的一项重要措施,同时,也是改善农村卫生条件及减少肠道传染病的重要方法;在受水区,结合城镇化的建设,可兴建现代化的自来水厂,确保受水区所有居民安全用水。

(7)查杀钉螺。在可能滋生钉螺的水域环境,实时监测检查是否存在血吸虫寄生的钉螺;通过事前的规划、试验、分析,找到因地制宜的灭螺方法;如土埋灭螺,挖新填旧和药物灭螺方法等。

(8)设置警示标志。政府的防疫机构应建立血吸虫病预防机制,在受水区特定水域和自生水体设立预防血吸虫病的警示标志,提醒公民避免进入易感染地带打草、捕鱼、捞虾、游泳、戏水、洗涤和放牧。

(9)及时治疗。20世纪70年代,我国就研究合成了吡喹酮等安全、有效、使用方便的药物;对已经感染血吸虫病的患者或因工作需要接触疫水的人员(如夏季参与防汛工作的人员),政府应当及时安排免费治疗,为跨流域用水提供保障。

6.3.3.4 调水影响长江河口生态的对策措施

根据南水北调总体规划(2001修订)方案,国家实施的南水北调工程东、中、西线设计拟调水规模448亿m³,加上地方政府实施的跨流域调水等工程(如陕西省实施的引汉江水15亿m³到黄河的支流渭河,既"引汉济渭"),长江流域在枯水年的枯期(冬季)中游来水势必有大幅度减少。如果不考虑众多水库之死库容淤满泥沙的期间产生的水沙变化,调水河流下游减水河段的河道可能因枯水期含沙量减少使河床下切、缩窄,而汛期又因来沙增多淤积和抬高河床及水位,这种冲、淤反复变化会导致减水河段生态发生一系列改变,尤其是长江流域的河口生态改变尤甚;需要加强监测,科学、准确判识有利或不利变化的趋势,制定具体措施,应对可能产生的不利改变。

1)初步建模研究计算

通常,大江大河的流域下游和河口地区,都是人口密集、经济活动频繁的地区;同时,这些地区往往也是水环境污染较为严重、生态情势较为敏感的区域。由于大型跨流域调水工程,将从一些大江大河调出部分水资源,导致其流域下游和河口地区的来水减少,区域水环境和生态必然发生一定程度的改变。考虑到此类区域水环境和生态改变有许多因素共同发挥作用,很难将某一情势或改变归结到单一因素(如来水减少)。长江科学院河流研究所范北林、万建蓉、黄悦学者针对南水北调中线工程调水百亿使下游水量减少带给中下游河势、防洪、引水和航运的影响曾进行了专题研究。

(1)调水下游河道条件。汉江丹江口水库至碾盘山,长240km,属分汊型河段,沿程有蛮河、南河、唐白河等支流入汇;从碾盘山至河口,长409km,属弯曲性河流,沿程有直河、天门河等多条支流入汇,右岸有东荆河分流入长江。

(2)大坝加高前的河势变化。水库初期运行后,汉江中下游河道的来水来沙过程发生了重大变化;由于含沙量锐减,水流挟沙能力处于非饱和状态,导致中下游河床沿程发生强烈的冲刷;河床因冲刷而粗化,水位相应降低,比降有所调平,流速减小,此变化有利于河道的稳定;加上丹江口水库调洪削峰和其后修建的一系列整治工程,河势逐步向稳定方向发展。

(3)数学模型及计算条件。根据河道不平衡输沙原理,上述学者建立了汉江中下游一维非均匀河床冲淤数学模型;河段选择丹江口至汉江河口,长649km;计算的时段从1978—1988年间共11年;初始地形为长江水利委员会水文局1978年施测的1/10 000水道地形,剖取336个断面,平均断面间距为1.93km;以1966年、1985年丹江口水库下泄的流量与沙量作为下游计算进口条件。

2)计算结果及变化趋势

计算中,糙率采用同一流量对应不同组水位的方法确定,求得不同流量下不同组水位时的糙率;根据实测资料,将河段划分为观音阁—皇庄、皇庄—新城、新城—仙桃3段;冲淤实测与计算对比成果见表6-20。以结果分析,计算值与实测值的分段冲淤误差均小于18%;验证各水文站1983年水位过程成果表明,计算与实测水位变化过程趋势基本一致。

表 6-20　三汉江中下游冲淤量实测与计算对比　　　　　　　　　　单位:万 m³

河段	实测值	计算值	误差/%	河段	实测值	计算值	误差/%
观音阁—皇庄	-4 146	-3 527	14.9	皇庄—新城	-3 291	-3 788	15.1
新城—仙桃	-6 103	-7 184	17.7	观音阁—仙桃	-13 540	-14 499	7.0

研究表明,调水后总趋势是上游来水减少,引起沿程水位下降;在淤积死库容的周期内,坝下全河段发生冲刷(冲刷量为 0.72 亿~1.56 亿 m³),黄家港至襄阳段冲刷量较小,襄阳至皇庄段冲刷量较大,而皇庄至仙桃段为集中冲刷河段。其中,马良以上河道较宽,通过河床冲刷与河势调整后,将会使一些支汊淤堵、洲滩合并,水流逐渐归槽趋于稳定;但这一段控制较差,河床可能发生岸滩崩坍,冲、淤交替发生;马良以下河段将逐渐变窄,顺直段与弯曲段上下相连,宽窄相间。在河床冲刷下切的过程中,弯道凹岸冲刷,其顶冲点的位置将发生一定的变化。

流量减少,河道比降进一步变小,河道向单一微弯型发展,河槽将朝窄深方向发展,河宽变小;水位下降 0.16~0.53m,变幅视上游来水排沙与调水量的变化动态改变。由于丹江口大坝加高,水库调蓄作用将增强,洪峰流量被削减,洪、枯水时间缩短,流量年内变化更趋均匀、变幅减小;加上"引江济汉"使兴隆以下河段水流稳定,汉江中下游生态环境不会发生快速的改变。

3)长江河口生态变化情势

长江河口及三角洲地区,面临海洋;受季风气候控制的同时,又受长江中下游洪水、台风、暴雨及风暴潮袭击,频发外洪、内涝或外洪内涝并发的水灾。长江三角洲地区,多年平均降雨量约 1000mm,多年平均产生径流量为 508.4 亿 m³,水量尚属丰沛;但年际、年内变化较大,人均水资源占有量较低;如不计过境的长江水量,长江三角洲人均水资源量只有 774.9m³,相当于全国平均水平的 1/3。即便加上引江水量,该区人均水资源占有量仍低于全国平均值。尽管河口及三角洲地区水网稠密,但当地水资源并不充足;同时,由于人口稠密、经济发达,加上承接上游转移的污染,水环境形势十分严峻。

长江河口生态,是大区域的生态问题;三角洲的形成,为该区域提供了土地来源,同时造成水量减少;而近海海域来至河流携带的污水及有机养分增加,水质不断恶化;2017年,环保部最新监测的结果是,上海、浙江的近海水域水质极差。冬季枯水期,降水和上游来水锐减,导致海水入侵、咸潮上溯,对城市生活、生产取水造成影响;湿地的减少、土地盐碱化使区域土地性质发生改变,生态风险增大。根据多年测报,大通站平均水位 8.48m左右,丰枯相差 6m;枯水期咸水入侵,江阴站下降至 3.3m,徐六泾下降至 3.01m,存在 2m的变化;潮流为 1.0~1.3m/s,有 0.2~0.8m/s 的变化;盐度在 0.14‰~6.0‰之间,南北槽差异 11‰~19‰之间;含沙量变化呈中、低、高、低的变化,平均为 0.3~1.0kg/m³。

4)长江口河段水质及生态变化的对策措施

长江流域正常的年际降水丰枯变化,已使快速发展的河口及三角洲地区用水紧张,生态环境不堪重负。南水北调东线、中线、西线工程和全流域不断新增的许多引水灌溉工程、"引江济渭"工程等,将进一步加剧长江河口及三角洲地区用水紧张和生态的不利改变。当我们尚无法准确预测其改变的速度和最终结果之前,及时转变地区发展思路,确立可持续发展目标,保护和维持江河生态,无疑是正确选择。针对长江河口及三角洲地区的上述问题,需要建立、实施下列对策措施。

(1)可持续发展的理念与措施。实现经济社会可持续发展,要求我们迅速转变经济增长方式,控制过高的增长幅度,降低"高投入、高污染和高能耗"。多年来,作者在多篇专著和期刊论文都曾提出"理性发展、适度增长"的发展想法;2017年5月26日的中央政治局第41次学习中,习近平总书记根据十八届五中全会确立的(创新、协调、绿色、开发、共享)的绿色发展理念,再次强调"推动形成绿色发展方式和生活方式是贯彻新发展理念的必然要求,必须把生态文明建设摆在全局工作的突出地位",并正式提出适度增长的概念。

(2)科学调水、动态优化调水规模。南水北调中线一期工程设计调水规模为95亿m³,但大部分时间受水地区并不需要如此规模的水量;而且,受水区仍存有较大的节水空间。因此,受水区和南水北调工程运行管理单位需要转变工作思路,根据调水区和受水区实际来水和用水状况,充分利用雨洪资源,实施汛期调水,科学调水、动态优化调水规模,将水资源配置到效益更高的地方,尽可能避免调水区生态环境发生恶化。

(3)建立边滩调节水库、避咸蓄淡,缓解枯季淡水紧缺的状况。有研究表明,近20年来长江口河段水环境变化尤为显著,这与苏浙沪地区经济持续高速增长和大量排污不无关系;解决水资源季节性短缺,一方面可从本地合理用水、节水、减少污染及管控浪费着手;另一方面,在取水集中的长江口南支南岸,选取合适的岸段修建边滩调节水库,在枯季盐水入侵污染发生以前,蓄存大量淡水,扩大长江口本地水资源的调蓄能力,以满足枯季河口水体含氯度升高时各部门用水的需要。

从长江河口河段河势来看,整个南支两岸(包括长兴和横沙等沙洲)的边滩基本上是稳定的,均有条件修建边滩水库储水;徐六泾以上河段,盐水入侵污染概率较小,尚不需要修建水库;徐六泾至宝山河段,是北支盐水倒灌的主要影响区,封堵北支虽对该河段水环境质量有较大改善,但也仅能满足丰、平水年用水的需要;在长江入海流量不足9 000m³/s的特枯水年枯季,该河段水质仍难以保证上海城市供水要求。因此,在该段修建边滩调节水库十分重要。

(4)疏浚和实施长江口整治工程,减缓北支盐水倒灌,降低南支河段水体含氯度。自20世纪初以来,长江口北支一直处于萎缩过程中,尤其在20多年里,其平均来水(入海)流量仅1 173m³/s,分流比不足4.3%,使其成为一个以涨潮流为主的支汊河段,基本失去航运和作为水源地等功能;长江枯季大潮期,北支涨潮流挟带的大量泥沙和盐量绕过崇明岛进入南支河段,成为南支吴淞口以上尤其是宝山以上河段盐水入侵的主要来源。因此,配套实施长江口综合整治工程,对北支河道进行合理的治理,不仅可以增加南支入海流量,减少外海盐水直接入侵上溯距离,而且可消除北支涨潮流挟带的大量盐量对南支倒灌的影响,使南支吴淞口以上河段水体含氯度大幅度降低。

(5)发挥地下水的调节功能,夏灌冬用,合理开发利用地下水资源。地表水与地下水两者之间相互联系、相互转化;有专家提出,可以利用地下水的调节功能,在南支南岸用水集中的地段建立回灌场,在非枯水季节大量回灌,枯季适当开采使用,以补充枯季河口河段地表淡水的不足,从而建立起一个地表水与地下水相结合的供水系统。

但是,过量开采地下水,又可能带来地下水位下降和地面沉降等一系列环境地质问题;特别是在河口海岸地区,地下水水位漏斗的长期存在,势必会引起海水入侵地下含水层,造成地下水环境的恶化;同时,地面下沉又会加大相对海平面上升的幅度,加剧河口盐水入侵强度。因此,必须坚持采灌平衡的原则,严格控制集中过量开采,以确保地下水资源的永续利用。

(6)整体优化水利、水电工程运行调度,改善河口水环境状况。近年,珠江水利委员会通过联合调度上游多个电站水库,"补水压咸"、确保了枯期向香港供水。虽然,南水北调东线和中线工程的调水必然导致入海流量减少、河口潮位升高,加重长江口河段的盐水入侵强度;但长江中游以上建有三峡水利枢纽和数以百计的大型水力发电站;中央政府尚可从国家层面统一优化调度,既能够管控汛期洪水,让每年超过 300 亿 m^3 的弃洪水量全部分蓄在不同水库,又能够增加枯水期的发电量,同时可以改善长江口枯季咸潮的入侵。具体地讲,建议国家防总将长江口水环境问题及水量调度纳入优化控制内容,针对不同水文年份各月入海流量变化的实际情况,合理调整水库运行调度方案,汛期储存雨洪资源,提前分散蓄水,避免集中蓄水无水可蓄;在长江枯水年份枯季河口盐水入侵情况下,通过应急调度,增加下泄水量,减轻盐水入侵强度,最大限度改善河口河段水环境。

(7)加强长江河口及调水流域减水河段水环境监测力度,及时掌握河口及减水河段水环境变化情势。水环境事关全民生存、健康和经济发展;南水北调工程运行前,长江流域尤其是长江河口的水环境已经发生较大变化;调水后,必然加剧其变化;在我们尚无法及时、准确预测、发现这种变化及态势情况下,加强对长江河口及调水流域减水河段水环境监测,有助于了解、分析其变化的过程、机理,管控其不利变化;如建立河口水文站和水环境监测系统,可以动态反映河口水环境变化规律,为优化调度上游来水、以淡压咸、改善水质等提供科学依据。